Digitale Fernsehtech

Walter Fischer

Digitale Fernsehtechnik in Theorie und Praxis

**MPEG-Basiscodierung
DVB-, DAB-, ATSC-Übertragungstechnik
Messtechnik**

Mit 428 Abbildungen

 Springer

Dipl.-Ing. (FH) Walter Fischer
Rohde & Schwarz GmbH & Co KG
Geschäftsbereich Messtechnik
Mühldorfstr. 15
81671 München
Walter.Fischer@rsd.rohde-schwarz.com

Bibliografische Information der Deutschen Bibliothek
Die Deutsche Bibliothek verzeichnet diese Publikation in der Deutschen Nationalbibliografie;
detaillierte bibliografische Daten sind im Internet unter <http://dnb.ddb.de> abrufbar.

ISBN-10   3-540-29203-9 Springer Berlin Heidelberg New York
ISBN-13   978-3-540-29203-6 Springer Berlin Heidelberg New York

Springer ist ein Unternehmen von Springer Science+Business Media
springer.de
© Springer-Verlag Berlin Heidelberg 2006
Printed in Germany

Satz: Digitale Druckvorlage des Autors
Einbandgestaltung: eStudio Calamar, Frido Steinen-Broo, Spanien
Herstellung: PTP-Berlin Protago-TEX-Production GmbH, Berlin (www.ptp-berlin.com)
Gedruckt auf säurefreiem Papier   62/3141/Yu - 5 4 3 2 1 0

Vorwort

Die Welt der Rundfunk- und Fernsehtechnik hat mich schon recht früh fasziniert und seit meiner Diplomarbeit zum Thema "Prüfzeilenerzeugung" an der Fachhochschule München im Jahre 1983 bei Prof. Rudolf Mäusl nicht mehr losgelassen. Im Rahmen dieser Diplomarbeit entstanden Verbindungen zur Fa. Rohde&Schwarz, die mein späterer Arbeitgeber werden sollte. Bis 1999 war ich dort als Entwicklungsingenieur immer im Bereich Videomesstechnik, aber dort in verschiedenen Produkt- und Tätigkeitsfeldern tätig. Analoge Videomesstechnik, v.a. Prüfzeilenmesstechnik begleitete mich über lange Jahre. Ab Mitte der 90er Jahre wurde dann Digital Video Broadcasting (DVB) immer mehr mein Hauptgebiet. Während meiner Entwicklertätigkeit war ich natürlich auch intensiv in das Gebiet der Firm- und Softwareentwicklung eingebunden. Intensive Auseinandersetzung mit der Programmiersprache C und C++ führten mich in den Bereich von Softwareschulungen, die ich seit Anfang der 90er Jahre firmenintern verstärkt durchführte. Ich weiß nicht mehr wie viele Seminare und Seminarteilnehmer mir die Freude an dieser Art "Arbeit" vermittelt hatten. Jedenfalls entstand während dieser etwa 40 Seminare die Liebe zum Training, das ich dann im Jahre 1999 zum Hauptberuf wählte. Seit März 1999 bin ich im Trainingszentrum von Rohde&Schwarz als Trainer im Bereich Rundfunk- und Fernsehtechnik mit Hauptgebiet Digital Video Broadcasting (DVB) tätig. Seit dieser Zeit habe ich weltweit viele Hunderttausende von Flugkilometern zurückgelegt, um das neue Gebiet "Digitales Fernsehen" mit dem Praxisschwerpunkt Messtechnik zu lehren. Ich war unterwegs zwischen Stockholm und Sydney.

Wichtige Impulse entstanden während dieser bis heute 9 Australienreisen. Ich habe große praktische Erfahrung während meiner Seminare in "Down Under" gesammelt und ich weiß nicht, ob dieses Buch zustande gekommen wäre, wenn ich nicht all diese praktischen Erfahrungen dort gemacht hätte. Besonderer Dank gebührt meinem australischen Kollegen von Rohde&Schwarz Australien Simon Haynes, der mich intensivst unterstützt hat. Wir haben oft über die Publizierung der Seminarinhalte gesprochen. Den Aufwand hatte ich jedoch unterschätzt. Die ursprünglichen Seminarunterlagen waren nur geringfügig direkt für das Buch geeignet. Praktisch alle Texte entstanden komplett neu. Es entstand die erste englische Auflage meines Buches „Digital Television – A practical Guide for Engineers". Die Leserschaft, die ich ansprechen will, sind Leute, die mit dem neuen Thema "Digitales Fernsehen, " bzw. „Digitale Rundfunktechnik" in der Praxis zu tun haben. Dies ist ein Buch für Techniker und Ingenieure, die sich in dieses Gebiet einarbeiten wollen. Ich habe so wenig wie möglich mathematischen Ballast eingebaut, obwohl mich selber das Gebiet der Mathematik immer sehr interessiert und fasziniert hat. Aber wo es nicht notwendig ist, da soll und muss es auch nicht sein.

Herzlichen Dank an Professor Rudolf Mäusl. Er hat mir die Welt der Fernsehtechnik nahegebracht hat wie kein anderer. Seine Vorlesungen an der Fachhochschule und seine Art der Wissensvermittlung waren mir immer ein Vorbild und haben auch die Art und Weise dieses Buches hoffentlich positiv beeinflusst. Seine vielen Veröffentlichungen und Bücher sind als Literatur nur zu empfehlen. Der Kontakt zu ihm ist nie abgerissen. Vielen Dank für die vielen Gespräche und Anregungen.

Herzlichen Dank auch an den Springer Verlag, Hr. Dr. Merkle und Frau Jantzen, für die tatkräftige Unterstützung und die Möglichkeit beim Springer Verlag dieses Buch herausgeben zu können.

Und vielen Dank für die Unterstützung weltweit von Schweden, Grönland, Australien, Türkei, Dänemark, Frankreich, Deutschland, Österreich, Schweiz, USA, Kanada, UK, Neuseeland, Russland, Lettland, Italien, Spanien, Portugal, Niederlande, Belgien, Luxemburg, Singapur und all die anderen Länder in denen ich war oder aus denen Seminarteilnehmer nach München oder an einen der vielen Seminarorte weltweit kamen, um mit mir das komplexe Thema Digitales Fernsehen bzw. Digitaler Rundfunk zu erfahren.

Es waren nun bisher an die 600 Seminartage weltweit zum Thema analoges und digitales Fernsehen, sowie Digital Audio Broadcasting mit mehr als 2500 Teilnehmern aus der ganzen Welt. Die internationalen Seminare waren und sind eine reiche persönliche Erfahrung. Ich blicke mit großem Dank auf die vielen geknüpften Kontakte, die teils per Email immer noch bestehen.

Die englische Auflage dieses Buches ist Anfang 2004 erschienen. Im Vergleich zur englischen sind in dieser deutschen Version aber nun auch schon einige neue Kapitel und Ergänzungen, sowie auch der verwandte Bereich „Digital Audio Braodcasting – DAB" enthalten. Außerdem gab es einige Erweiterungen in den Standards, neue Standards, aber auch neue Erkenntnisse für mich.

Moosburg an der Isar, bei München, im März 2006   Walter Fischer

Geleitwort

Über mehr als 20 Jahre hat Walter Fischer die Entwicklung der Fernsehtechnik praktisch miterlebt. Ich kenne den Autor dieses Buches seit Anfang der 80er Jahre, als er bei mir Vorlesungen an der Fachhochschule
München, unter anderem auch die „Fernsehtechnik", besuchte und mit einer hervorragenden Diplomarbeit sein Studium zum Abschluss brachte.
   Schon damals ist er durch exzellentes Wissen und die Fähigkeit, sich
mit komplexen Problemen auseinander zu setzen, aufgefallen. Als Entwicklungsingenieur im Hause Rohde&Schwarz hat er umfangreiche praktische Erfahrungen gesammelt.
   Seine didaktischen Fähigkeiten hat Walter Fischer schon sehr bald und
zwischenzeitlich langjährig in Vorträgen und Seminaren nicht nur im Hause Rohde&Schwarz, sondern darüber hinaus in verschiedenen Ländern und
Kontinenten der Erde bewiesen.
   Nach dem großen Erfolg seines Buches „Digital Television" in engli-
scher Sprache erscheint nun die aktualisierte und erweiterte Version in
deutscher Sprache. Auch dazu wünsche ich Walter Fischer viel Erfolg mit
diesem Standardwerk der Fernsehtechnik.

Aschheim bei München, im Januar 2006   Rudolf Mäusl

Inhaltsverzeichnis

1 Einleitung...1

2 Analoges Fernsehen 7
   2.1 Abtastung einer Schwarz-Weiß-Bildvorlage 10
   2.2 Horizontal- und Vertikal-Synchronimpuls 12
   2.3 Hinzunehmen der Farbinformation... 14
   2.4 Übertragungsverfahren 17
   2.5 Verzerrungen und Störungen 19
   2.6 Signale in der Vertikalaustastlücke..20
   2.7 Messungen an analogen Videosignalen..25

3 Der MPEG-2-Datenstrom 31
   3.1 Der Packetized Elementary Stream (PES) 34
   3.2 Das MPEG-2-Transportstrompaket 38
   3.3 Informationen für den Empfänger 42
      3.3.1 Synchronisierung auf den Transportstrom............................ 43
      3.3.2 Auslesen der aktuellen Programmstruktur............................ 44
      3.3.3 Der Zugriff auf ein Programm 46
      3.3.4 Zugriff auf verschlüsselte Programme.................................. 47
      3.3.5 Programmsynchronisation (PCR, DTS, PTS) 49
      3.3.6 Zusatz-Informationen im Transportstrom (PSI / SI / PSIP) 52
      3.3.7 Nicht-private und private Sections und Tabellen 52
      3.3.8 Die Service Information gemäß DVB (SI) 62
   3.4 PSIP gemäß ATSC 75
   3.5. ARIB-Tabellen gemäss ISDB-T 77
   3.6. DMB-T (China) Tabellen 79
   3.7 Weitere wichtige Details des MPEG-2 Transportstromes 80
      3.7.1 Die Transport Priority... 81
      3.7.2 Die Transport Scrambling Control Bits 81
      3.7.3 Die Adaptation Field Control Bits... 81
      3.7.4 Der Continuity Counter 81

4 Digitales Videosignal gemäß ITU-BT.R601 (CCIR601).................. 83

5 High Definition Television – HDTV **89**

**6 Transformationen vom Zeitbereich in den Frequenzbereich und
zurück** **93**
   6.1 Die Fouriertransformation 94
   6.2. Die Diskrete Fouriertransformation (DFT)....................................97
   6.3 Die Fast Fouriertransformation (FFT) 99
   6.4. Praktische Realisierung und Anwendung der DFT und FFT.......100
   6.5. Die Diskrete Cosinustransformation (DCT)................................101
   6.6 Signale im Zeitbereich und deren Transformierte im
   Frequenzbereich..104
   6.7 Systemfehler der DFT bzw. FFT und deren Vermeidung 107
   6.8 Fensterfunktionen 110

7 Videocodierung gemäß MPEG-2...**113**
   7.1 Videokomprimierung..113
      7.1.1 Zurücknahme der der Quantisierung von 10 auf 8 Bit 115
      7.1.2 Weglassen der H- und V-Lücke 115
      7.1.3 Reduktion der Farbauflösung auch in vertikaler Richtung
      (4:2:0) 117
      7.1.4 Weitere Schritte zur Datenreduktion 117
      7.1.5 Differenz-Plus-Code-Modulation von Bewegtbildern..........118
      7.1.6 Diskrete Cosinustransformation mit nachfolgender
      Quantisierung...124
      7.1.7 Zig-Zag-Scan und Lauflängencodierung von Null-Sequenzen
     130
      7.1.8 Huffmann-Codierung..131
   7.2 Zusammenfassung 132
   7.3 Aufbau des Videoelementarstroms...135
   7.4 Modernere Videokomprimierungsverfahren 137

**8. Komprimierung von Audiosignalen gemäß MPEG und Dolby
Digital**..**139**
   8.1 Das digitale Audioquellensignal..139
   8.2 Geschichte der Audiokomprimierung...141
   8.3 Das psychoakustische Modell des menschlichen Ohres...............142
   8.4 Grundprinzip der Audiocodierung..147
   8.5 Teilbandcodierung bei MPEG Layer I, II.....................................150
   8.6 Transformationscodierung bei MPEG Layer III
   und Dolby Digital 152
   8.7 Mehrkanalton..154

9 Videotext, Untertitel und VPS gemäß DVB......................................**155**
  9.1 Videotext und Untertitel 156
  9.2 Video Program System (VPS)..159

10 Digitale Videostandards im Vergleich **163**
  10.1 MPEG-1 und MPEG-2, Video-CD und DVD, M-JPEG und
  MiniDV..163
  10.2. MPEG-3, MPEG-4, MPEG-7 und MPEG-21 166
  10.3 Physikalische Schnittstellen für digitale Videosignale 170
    10.3.1 "CCIR601" Parallel und Seriell..171
    10.3.2 Synchrone, parallele Transportstromschnittstelle (TS
    PARALLEL) 172
    10.3.3 Asynchrone serielle Transportstromschnittstelle (TS- ASI) 174

11 Messungen am MPEG-2-Transportstrom **177**
  11.1 Verlust der Synchronisation (TS-Sync-Loss) 178
  11.2 Fehlerhafte Sync-Bytes (Sync_Byte_Error) 180
  11.3 Fehlende oder fehlerhafte Program Association Table (PAT)
  (PAT_Error)..180
  11.4 Fehlende oder fehlerhafte Program Map Table (PMT)
  (PMT_Error) 181
  11.5 Der PID_Error 182
  11.6 Der Continuity_Count_Error 183
  11.7 Der Transport_Error 185
  11.8 Der Cyclic Redundancy Check-Fehler 185
  11.9 Fehler der Program Clock Reference (PCR_Error, PCR_accuracy)
 186
  11.10 Der Presentation Time Stamp Fehler (PTS_Error)....................188
  11.11 Fehlende oder fehlerhafte Conditional Access Table
  (CAT_Error) 189
  11.12 Fehlerhafte Wiederholrate der Service Informationen
  (SI_Repetition_Error) 190
  11.13 Überwachung der Tabellen NIT, SDT, EIT, RST
  und TDT/TOT...191
  11.14 Nicht referenzierte PID (unreferenced_PID) 192
  11.15 Fehler bei der Übertragung zusätzlicher Service Informationen
  SI_other_Error 192
  11.16 Fehlerhafte Tabellen NIT_other, SDT_other_Error,
  EIT_other_Error) 193
  11.17 Überwachung eines ATSC-konformen Transportstroms..........193

12 Bildqualitätsanalyse an digitalen TV-Signalen **195**
   12.1 Methoden zur Bildqualitätsmessung... 197
      12.1.1 Subjektive Bildqualitätsanalyse.. 198
      12.1.2 Double Stimulus Continual Quality Scale Method DSCQS 199
      12.1.3 Single Stimulus Continual Quality Scale Method SSCQE.. 199
   12.2 Objektive Bildqualitätsanalyse 199

13 Grundlagen der Digitalen Modulation..**207**
   13.1 Einführung 207
   13.2 Mischer 209
   13.3 Amplitudenmodulation 211
   13.4 IQ-Modulator.. 213
   13.5 Der IQ-Demodulator... 221
   13.6 Anwendung der Hilbert-Transformation bei der IQ-Modulation225
   13.7. Praktische Anwendungen der Hilbert-Transformation 228

14 Übertragung von digitalen Fernsehsignalen über Satellit............**231**
   14.1 Die DVB-S-Systemparameter.. 234
   14.2 Der DVB-S-Modulator 237
   14.3 Faltungscodierung... 241
   14.4 Signalverarbeitung im Satelliten... 247
   14.5 Der DVB-S-Empfänger 248
   14.6 Einflüsse auf der Satellitenübertragungsstrecke 251
   14.7 DVB-S2 255

15 DVB-S Messtechnik **261**
   15.1 Einführung 261
   15.2 Messung der Bitfehlerraten... 262
   15.3 Messungen an DVB-S-Signalen mit einem Spektrumanalyzer .. 264
      15.3.1 Näherungsweise Ermittelung der Rauschleistung N 266
      15.3.2 C/N, S/N und Eb/N0.. 267
      15.3.3 Ermittelung des E_B/N_0 268
   15.4 Messung des Schulterabstandes.. 269
   15.5 DVB-S-Empfänger-Test 269

16 Die Breitbandkabelübertragung gemäß DVB-C............................**271**
   16.1 Der DVB-C-Standard 272
   16.2 Der DVB-C-Modulator.. 274
   16.3 Der DVB-C-Empfänger... 275
   16.4 Störeinflüsse auf der DVB-C-Übertragungsstrecke.................. 277

17 Die Breitbandkabelübertragung nach ITU-T J83B **281**

18 Messungen an digitalen TV-Signalen im Breitbandkabel 283
18.1 DVB-C/J83A,B,C-Messempfänger mit Konstellationsanalyse .. 284
18.2 Erfassung von Störeinflüssen mit Hilfe
der Konstellationsanalyse 288
   18.2.1 Additives weißes gauß'sches Rauschen (AWGN) 288
   18.2.2 Phasenjitter 291
   18.2.3 Sinusförmiger Interferenzstörer 292
   18.2.4 Einflüsse des IQ-Modulators 292
   18.2.5 Modulation Error Ratio (MER) - Modulationsfehler 295
   18.2.6 Error Vector Magnitude (EVM) 297
18.3 Messung der Bitfehlerrate (Bit Error Rate BER) 297
18.4 Messungen mit einem Spektrumanalyzer 298
18.5 Messung des Schulterabstandes 300
18.6 Messung der Welligkeit im Kanal bzw. Kanalschräglage 301
18.7 DVB-C/J83ABC-Empfänger-Test 301

19 Coded Orthogonal Frequency Division Multiplex (COFDM) 303
19.1 Warum Mehrträgerverfahren? 305
19.2 Was ist COFDM? 308
19.3 Erzeugung der COFDM-Symbole 313
19.4 Zusatzsignale im COFDM-Spektrum 321
19.5 Hierarchische Modulation 323
19.6 Zusammenfassung 324

**20 Die terrestrische Übertragung von digitalen TV-Signalen über
DVB-T 325**
20.1 Der DVB-T-Standard 328
20.2 Die DVB-T-Träger 329
20.3 Hierarchische Modulation 335
20.4 DVB-T-Systemparameter des 8/7/6-MHz-Kanals 337
20.5 DVB-T-Modulator und Sender 347
20.6 Der DVB-T-Empfänger 350
20.7 Störeinflüsse auf der DVB-T-Übertragungsstrecke 355
20.8 DVB-T-Gleichwellennetze (SFN) 364
20.9 Mindestens notwendiger Empfängereingangspegel bei DVB-T 372

21 Messungen an DVB-T-Signalen 379
21.1 Messung der Bitfehlerraten 381
21.2 Messungen an DVB-T-Signalen mit einem Spektrumanalyzer .. 383
21.3 Konstellationsanalyse an DVB-T-Signalen 387
   21.3.1 Weißes Rauschen (AWGN =
   Additive White Gaussian Noise) 387

21.3.2 Phasenjitter 388
21.3.3 Interferenzstörer...389
21.3.4 Echos, Mehrwegeempfang 389
21.3.5 Dopplereffekt...389
21.3.6 IQ-Fehler des Modulators..389
21.3.7 Ursache und Auswirkung von IQ-Fehlern bei DVB-T........392
21.4 Messung des Crestfaktors 402
21.5 Messung des Amplituden-, Phasen- und
Gruppenlaufzeitganges 402
21.6 Messung der Impulsantwort..403
21.7 Messung des Schulterabstandes..404

22 DVB-H – Digital Video Broadcasting for Handhelds..................409
22.1 Einführung...409
22.2 Konvergenz zwischen Mobilfunk und Broadcast....................411
22.3 DVB-H – die wesentlichen Parameter...................................413
22.4 DSM-CC Sections 414
22.5 Multiprotocol Encapsulation (MPE)......................................415
22.6 DVB-H – Standard 416
22.7 Zusammenfassung 420

23 Digitales Terrestrisches Fernsehen gemäß ATSC (Nordamerika)425
23.1 Der 8VSB-Modulator 430
23.2 8VSB-Brutto- und Nettodatenrate 439
23.3 Der ATSC-Empfänger 440
23.4 Störeinflüsse auf der ATSC-Übertragungsstrecke....................440

24 ATSC/8VSB-Messtechnik 443
24.1 Messung der Bitfehlerraten...444
24.2 8VSB-Messungen mit Hilfe eines Spektrumanalysators...........445
24.3 Konstellationsanalyse an 8VSB-Signalen 446
24.4 Ermitelung des Amplituden- und Gruppenlaufzeitganges........448

25 Digitales Terrestrisches Fernsehen gemäß ISDB-T (Japan).........451

26 Digital Audio Broadcasting - DAB 455
26.1 Vergleich DAB und DVB..456
26.2 DAB im Überblick..460
26.3 Der physikalische Layer von DAB...466
26.4 DAB – Forward Error Correction – FEC................................476
26.5 DAB-Modulator und Sender...481
26.6 DAB-Datenstruktur..485

26.7 DAB-Gleichwellennetze 490
26.8 DAB Data Broadcasting 492

27 DVB-Datendienste: MHP und SSU 495
27.1 Data Broadcasting bei DVB 496
27.2 Object Carousels 497
27.3 MHP = Multimedia Home Platform 499
27.4 System Software Update – SSU 501

28 DMB-T und T-DMB 503
28.1 DMB-T 503
28.2 T-DMB 503

29 Digitales Fernsehen weltweit - ein Ausblick 507

Abkürzungsverzeichnis 517

TV-Kanaltabellen 533

Sachverzeichnis 539

1 Einleitung

Fernsehtechnik und Datentechnik führten über viele Jahrzehnte parallele, jedoch völlig voneinander unabhängige Wege. Man benutzte zwar im Heimbereich in den achtziger Jahren des nun schon vergangenen Jahrhunderts Fernsehempfänger als erste Computermonitore, mehr hatten aber beide Bereiche nicht miteinander zu tun. Heute tut man sich aber immer schwerer, klare Trennlinien zwischen dem Medium Fernsehen und Computer zu finden. Beide Bereiche wachsen im Zeitalter von Multimedia immer mehr zusammen. Es gibt mittlerweile hervorragende TV-Karten für Personal Computer, so dass teilweise der PC zum Zweitfernseher werden kann. Auf der anderen Seite wurde schon in den achtziger Jahren Teletext als frühes Medium von digitalen Zusatzinformationen im analogen TV-Bereich eingeführt. Die Jugend nimmt dieses Informationsmedium z.B. als elektronische Programmzeitschrift als so selbstverständlich wahr, als hätte es diesen Teletext schon seit Beginn des Fernsehens an gegeben. Und seit 1995 leben wir nun auch im Zeitalter des digitalen Fernsehens. Über den Weg dieses neuen Mediums verwischt sich der Bereich der Fernsehtechnik und der Datentechnik immer mehr. Hat man die Möglichkeit, weltweit die Entwicklungen auf diesem Gebiet zu verfolgen, was dem Autor aufgrund zahlreicher Seminarreisen möglich war, so wird man immer mehr Applikationen finden, die entweder beide Dienste - Fernsehen und Datendienste - gemeinsam in einem Datensignal beinhalten oder man findet manchmal gar nur reine Datendienste, z.B. schnellen Internetzugang über eigentlich für digitales Fernsehen vorgesehene Kanäle. Die hohe Datenrate ist es, die beide gemeinsam haben und zur Verschmelzung führt. Das Verlangen nach Informationsvielfalt ist es, die die heutige Generation gewohnt ist, zu bekommen. Spricht man mit Telekommunikations-Spezialisten über Datenraten, so blicken sie ehrfürchtig auf die Datenraten, mit denen im digitalen TV-Bereich gearbeitet wird. So spricht man z.B. im GSM-Bereich von Datenraten von Netto 9600 bit/s, bzw. bei UMTS von maximal 2 Mbit/s unter günstigsten Bedingungen für z.B. Internetzugriffe. Ein ISDN-Telefonkanal weist eine Datenrate von 2 mal 64 kbit/s auf. Im Vergleich hierzu beträgt die Datenrate eines unkomprimierten digitalen Standard-TV-Signals schon 270 Mbit/s. High Definition Television (HDTV) liegt unkomprimiert jenseits von 1 Gbit/s. Nicht nur von den Datenraten her, auch in Anbetracht der schon immer sehr breiten analogen TV-Kanäle spricht man hier im Fernsehbereich berechtigterweise von Breitbandtechnik. Ein analoger und digitaler terrestrischer, also „erdgebundener" TV-Kanal ist 6, 7 oder 8 MHz breit, über Satellit werden sogar bis zu 36 MHz breite Kanäle benutzt. Es ist kein Wunder, dass vor allem das Breitband-TV-Kabel nun einen neuen Boom erleben wird, nämlich als Medium für einen Hochgeschwindigkeits-Internetzugang im Heimbereich im Mbit/s-Bereich über die sog. Rückkanaltechnik bei Verwendung von Kabelmodems.

Die Grundlagen für das analoge Fernsehen wurden schon 1883 von Paul Nipkow bei der Entwicklung der sog. Nipkow-Scheibe gelegt. Paul Nipkow hatte die Idee, ein Bild durch zeilenweise Zerlegung zu übertragen. Erste wirkliche analoge TV-Übertragungen im eigentlichen Sinne gab es schon in den 30er Jahren. Einen wirklichen Startschuss für das analoge Fernsehen gab es jedoch, gebremst durch den 2. Weltkrieg, erst in den 50er Jahren zuerst als Schwarzweiß-Fernsehen. Farbig wurde der Fernseher dann gegen Ende der 60er Jahre und seit dieser Zeit wurde diese TV-Technik im wesentlichen nur noch sowohl im Studiobereich als auch im Heimbereich verfeinert. Am wesentlichen Prinzip hat sich nichts mehr geändert. Oft sind die analogen TV-Übertragungen von der Bildqualität so perfekt, dass man sich schwer tut, jemandem ein Empfangsgerät für digitales Fernsehen zu verkaufen.

In den 80er Jahren wurde mit D2MAC versucht, den traditionellen Weg des analogen Fernsehens zu verlassen. Dies ist aber aus verschiedensten Gründen nicht gelungen; D2MAC ist gescheitert. Vor allem in Japan und USA wurden parallel hierzu auch Bestrebungen für die Übertragungen von hochauflösendem Fernsehen angestrengt. Weltweite Verbreitung haben all diese Verfahren nicht gefunden. Einen kleinen Sprung hat in Europa das PAL-System 1991 durch die Einführung von PALplus erlebt. Dieser ist aber nur unwesentlich marktmäßig bis in den Endgerätebereich durchgeschlagen und ist heute eigentlich wieder bedeutungslos.

Digitale Fernsehsignale gibt es im Studiobereich seit etwa Anfang der 90er Jahre und zwar als unkomprimierte digitale TV-Signale gemäß "CCIR 601". Diese Datensignale weisen eine Datenrate von 270 Mbit/s auf und sind für die Verteilung und Verarbeitung im Studiobereich bestens geeignet und heute sehr beliebt; sie eignen sich aber keinesfalls für die Ausstrahlung und Übertragung bis hin zum Endteilnehmer. Hierfür würden die Kanalkapazitäten über Kabel, terrestrische Kanäle und Satellit keinesfalls auch nur annähernd ausreichen. Bei HDTV-Signalen liegt die Datenrate unkomprimiert bei über 1 Gbit/s. Ohne Komprimierung besteht keine Chance solche Signale auszustrahlen.

Als Schlüsselereignis für den digitalen TV-Bereich kann man die Fixierung des JPEG-Standards ansehen. JPEG steht für Joint Photographics Expert Group, also Expertengruppe für Standbildkomprimierung. Bei JPEG wurde Ende der 80er Jahre erstmals die Diskrete Cosinus-Transformation (DCT) zur Standbildkomprimierung angewendet. Heute ist JPEG ein gängiger Standard im Datenbereich und wird sehr erfolgreich im Bereich der digitalen Fotographie eingesetzt. Die digitalen Fotoapparate erlebten einen regelrechten Boom. Es ist absehbar, dass dieses Medium die klassische Fotographie in vielen Bereichen ersetzen wird.

Die DCT wurde auch für MPEG der Basisalgorithmus. Die Moving Pictures Expert Group hat bis 1993 den MPEG-1 und bis 1995 den MPEG-2-Standard entwickelt. MPEG-1 hatte als Ziel, bei Datenraten bis 1.5 Mbit/s Bewegtbild-Wiedergabe mit der CD als Datenträger zu realisieren. Das bei MPEG-2 gesteckte Ziel war höher, MPEG-2 sollte schließlich weltweit das Basisbandsignal für digitales Fernsehen werden. Zunächst war bei MPEG-2 nur Standard Definition Television (SDTV) vorgesehen, es wurde aber auch High Definition Television (HDTV) realisiert, was ursprünglich angeblich als MPEG-3 vorgesehen war. MPEG-3 gibt es aber nicht und hat auch nichts mit den MP3-Files zu tun. Im Rahmen von MPEG-2 wurde sowohl die MPEG-Datenstruktur beschrieben (ISO/IEC 13818-1) als auch ein Verfahren zur Bewegtbild-Komprimierung (ISO/IEC 13818-2) und Verfahren zur Audiokomprimierung (ISO/IEC 13181-3) definiert. Diese Verfahren kommen nun weltweit zum Einsatz. MPEG-2 erlaubt es nun, diese digitalen TV-Signale von ursprünglich 270 Mbit/s auf etwa 2 ... 7 Mbit/s zu komprimieren. Auch die Datenrate eines Stereo-Audiosignales von unkomprimiert etwa 1.5 Mbit/s lässt sich auf etwa 100 ... 400 kbit/s reduzieren. Durch diese hohen Kompressionsfaktoren lassen sich jetzt sogar mehrere Programme zu einem Datensignal zusammenfassen, das dann in einem z.B. 8 MHz breiten ursprünglich analogen TV-Kanal Platz hat.

Mittlerweile gibt es MPEG-4, MPEG-7 und MPEG-21.

Anfang der 90er Jahre wurde dann DVB - Digital Video Broadcasting als europäisches Projekt gegründet. Im Rahmen dieser Arbeiten wurden mehrere Übertragungsverfahren entwickelt, nämlich DVB-S, DVB-C und DVB-T, sowie jetzt auch DVB-H und DVB-S2. Über Satellit wird das Übertragungsverfahren DVB-S schon seit etwa 1995 benutzt. Unter Verwendung des Modulationsverfahren QPSK bei etwa 33 MHz breiten Satellitenkanälen ist hierbei eine Bruttodatenrate von 38 Mbit/s möglich. Bei ca. 6 Mbit/s pro Programm ist es hier möglich, bis zu 6, 8 oder gar 10 Programme je nach Datenrate und Inhalt nun in einem Kanal zu übertragen. Oft findet man über 20 Programme in einem Kanal, darunter dann jedoch auch sehr viele Hörfunk-Programme. Über Koax-Kabel wird bei DVB-C mit Hilfe von 64QAM-Modulation ebenfalls eine Datenrate von 38 Mbit/s bei nur 8 MHz Bandbreite zur Verfügung gestellt. Auch DVB-C ist seit etwa 1995 im Einsatz. Digitales terrestrisches Fernsehen DVB-T startete 1998 in Großbritannien im 2K-Mode flächendeckend. Weltweit breitet sich dieser terrestrische Weg zur Ausstrahlung von digitalen TV-Signalen immer mehr aus. Bei DVB-T sind Datenraten zwischen 5...31 Mbit/s möglich. Üblicherweise liegt hier die tatsächlich verwendete Datenrate bei etwa 20 ... 22 Mbit/s, wenn ein DVB-T-Netz für Dachantennenempfang ausgelegt worden ist oder bei ca. 13 ...15 Mbit/s bei „portable Indoor". In Deutschland wird momentan von Region zu Region komplett vom analogen terrestrischen Fernsehen auf DVB-T umgestellt.

In Nordamerika kommen andere Verfahren zum Einsatz. Anstelle von DVB-C wird für die Kabelübertragung hier ein sehr ähnliches Verfahren gemäß dem Standard ITU-J83B eingesetzt. Im terrestrischen Bereich wird dort das ATSC-Verfahren angewendet. ATSC steht für Advanced Television Systems Committee. Auch in Japan kommen eigene Übertragungsverfahren zur Anwendung, nämlich im Kabelbereich ITU-J83C, ebenfalls sehr nach verwandt mit DVB-C (= ITU J83A) und im terrestrischen Bereich ist der ISDB-T-Standard vorgesehen. In China ist ein weiteres terrestrisches Übertragungsverfahren im Test (DMB-T). Gemeinsam haben alle diese Verfahren das MPEG-2-Basisbandsignal.

1999 ist dann auch der Startschuss für eine weitere Applikation gefallen, nämlich die DVD. Auf der DVD-Video, der Digital Versatile Disc wird ebenfalls MPEG-2-Datenstrom mit MPEG-Video, MPEG oder Dolby Digital Audio angewendet.

Mittlerweile wurde der Bereich des Digitalen Fernsehens auf den mobilen Empfang erweitert; es wurden Standards für die Empfangbarkeit solcher Dienste auf Mobiltelefonen entwickelt. DVB-H – Digital Video Broadcasting for Handhelds und T-DMB – Terrestrial Digital Multimedia Broadcasting sind die Schlagwörter hierfür.

Dieses Buch beschäftigt sich mit allen gegenwärtigen digitalen TV-Übertragungsverfahren, also MPEG, DVB, ATSC und ISDB-T. In Ansätzen wird auch die DVD-Video diskutiert. Den Schwerpunkt stellt die möglichst praxisnahe Behandlung dieser Themen dar. Mathematische Darstellungen werden zwar verwendet, aber meist nur zur Ergänzung eingesetzt. Der mathematische Ballast soll für den Praktiker so gering wie möglich gehalten werden. Dies hat nichts mit einer möglichen Abneigung des Autors mit dem Thema Mathematik zu tun, ganz im Gegenteil. Im Rahmen vieler Seminare mit zusammen Tausenden von Teilnehmern weltweit wurden Präsentationsformen entwickelt, die zum besseren und leichteren Verständnis dieser teilweise sehr komplexen Themen beigetragen haben. Zum Teil sind auch Grundlagenkapitel wie Digitale Modulation oder Transformationen in den Frequenzbereich im Buch enthalten, die dann vom einen

oder anderen Leser teilweise übersprungen werden können. Erfahrungsgemäß empfiehlt sich jedoch auch diese Lektüre, bevor mit dem eigentlichen Thema „Digitales Fernsehen" gestartet wird. Ein großer Schwerpunkt
ist die Messtechnik an diesen verschiedenen digitalen TV-Signalen. Notwendige und sinnvolle Messtechniken werden ausführlich besprochen und
praktische Beispiele und Hinweise gegeben.

Table 1.1. Verfahren und Standards für digitales Fernsehen

Verfahren/Standards	Anwendung
JPEG	Standbildkomprimierung, Fotographie, Internet
Motion-JPEG	DVPRO, MiniDV, Digitale Heimvideokamera
MPEG-1	Video auf CD
MPEG-2	Basisbandsignal für digitales Fernsehen, DVD-Video
DVB	Digital Video Broadcasting
DVB-S	Digitales Fernsehen über Satellit
DVB-S2	Neuer DVB-Satellitenstandard
DVB-C	Digitales Fernsehen über Breitbandkabel
DVB-T	Digitales terrestrisches Fernsehen
MMDS	Multipoint Microwave Distribution System, lokale ter- restrische Multipunktausstrahlung von digitalem Fernse- hen als Ergänzung zum Breitbandkabel
J83A	= DVB-C
J83B	Nordamerikanischer Kabelstandard
J83C	Japanischer Kabelstandard
ATSC	Nordamerikanischer Standard für digitales terrestrisches Fernsehen (USA, Kanada)
ISDB-T	Japanischer Standard für digitales terrestrisches Fernse- hen
DMB-T	Chinesischer Standard für digitales terrestrisches Fern- sehen (Digital Multimedia Broadcasting terrestrial)
DAB	Digital Audio Broadcasting
T-DMB	Südkoreanischer Standard für mobile Übertragung von MPEG-Video und Audio basierend auf DAB (Terrestrial Digital Multimedia Broadcasting)
DVB-H	Digital Video Broadcasting for Handhelds
MHP	Multimedia Home Platform

Praktische Erkenntnisse und Erlebnisse v.a. aus viele Seminarreisen des
Autors wurden soweit wie möglich, immer wieder in die einzelnen Kapitel
eingebaut. Vom Inhalt her ist dieses Buch so aufgebaut, dass beim analogen TV-Basisbandsignal gestartet wird, um dann den MPEG-2-
Datenstrom, digitales Video, digitales Audio und die Komprimierungsverfahren zu besprechen. Nach einem Ausflug in die digitalen Modulationsverfahren werden dann alle Übertragungsverfahren wie DVB-S, DVB-C,

ITU-J83ABC, DVB-T, ATSC und ISDB-T bis ins Detail behandelt. Dazwischen finden sich dann die Kapitel zur jeweiligen Messtechnik. Nachdem es auch auf DAB – Digital Audio Broadcasting basierende Übertragungsverfahren gibt, wird auch darauf eingegangen.

Die innerhalb dieses Buches diskutierten Verfahren und Standards zum Themenbereich "Digitales Fernsehen" sind in Tabelle 1.1. aufgeführt.

Literatur: [ISO13818-1], [ISO13818-2], [ISO13818-3], [ETS300421], [ETS300429], [ETS300744], [A53], [ITU205].

2 Analoges Fernsehen

Beim Analogen Fernsehen gibt es weltweit zwei Hauptstandards, nämlich das 625-Zeilensystem mit 50 Hz Bildwechselfrequenz und das 525-Zeilensystem mit 60 Hz Bildwechselfrequenz. Und bezüglich der Farbübertragungsart beim Composite-Videosignal (FBAS=Farb-Bild-Austast-Synchron-Signal, CCVS=Color Composite Video Signal) unterscheidet man zwischen

- PAL (= Phase Alternating Line)
- SECAM (= Sequentielle a Memoire)
- NTSC (= North American Television System Committee)

PAL, SECAM und NTSC-Farbübertragung ist in 625- und 525-Zeilensystemen möglich. Es wurden aber nicht alle Kombinationen wirklich realisiert. Das geschlossen codierte Videosignal wird dann einem Träger, dem Bildträger in den meisten Fällen negativ amplitudenmoduliert (AM) aufgeprägt. Lediglich beim Standard L (Frankreich) wird mit Positiv-Modulation (Sync innen) gearbeitet. Der erste und zweite Tonträger ist üblicherweise ein frequenzmodulierter (FM) Träger. Es wird jedoch auch mit einem amplitudenmodulierten Tonträger gearbeitet (Std. M/Nordamerika). In Nordeuropa findet man beim 2. Tonträger einen digital modulierten NICAM-Träger. Die Unterschiede zwischen den in den einzelnen Ländern verwendeten Verfahren liegen zwar meist nur im Detail, ergeben aber in Summe eine Vielzahl von unterschiedlichen nicht untereinander kompatiblen Standards. Die Standards des analogen Fernsehens sind alphabetisch von A...Z durchnummeriert und beschreiben im wesentlichen die Kanalfrequenzen und Bandbreiten in den Frequenzbändern VHF Band I, III (47...68 MHz, 174 ... 230 MHz), sowie UHF Band IV und V (470 ... 862 MHz); Beispiel: Standard B, G Deutschland: B = 7 MHz VHF, G = 8 MHz UHF.
In der Videokamera wird jedes Teilbild in eine Zeilenstruktur zerlegt, in 625 bzw. 525 Zeilen. Wegen der endlichen Strahlrücklaufzeit im Fernsehempfänger wurde jedoch eine Vertikal- und Horizontalaustastlücke notwendig. Somit sind nicht alle Zeilen sichtbare Zeilen, sondern Zeilen der

Vertikalaustastlücke. Auch innerhalb einer Zeile ist nur ein bestimmter Teil tatsächlich sichtbar. Beim 625-Zeilensystem sind 50 Zeilen nicht sichtbar, die Anzahl der sichtbaren Zeilen beträgt hier 575. Beim 525-Zeilensystem fallen zwischen 38 und 42 Zeilen in den Bereich der Vertikalaustastlücke.

Zur Reduzierung des Flimmereffektes wird jedes Vollbild in zwei Halbbilder eingeteilt. Zu Halbbildern sind die geradzahligen bzw. die ungeradzahligen Zeilen zusammengefasst. Die Halbbilder werden abwechselnd übertragen und geben zusammen eine Halbbildwechselfrequenz, die doppelt so groß ist, wie die Bildwechselfrequenz. Der Beginn einer Zeile ist durch den Horizontal-Synchronimpuls markiert, einem Impuls, der im Videosignal unter Null Volt zu liegen kommt und -300 mV groß ist. Jeder Zeitpunkt im Videosignal ist auf die Sync-Vorderflanke und dort exakt auf den 50%-Wert bezogen. 10 µs nach der Sync-Vorderflanke beginnt beim 625-Zeilensystem der aktive Bildbereich in der Zeile. Der aktive Bildbereich ist hier 52 µs lang.

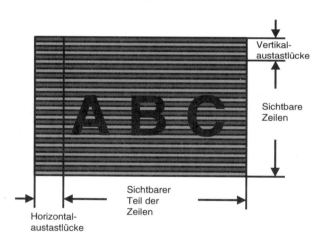

Abb. 2.1. Einteilung eines Bildes in Zeilen

Zunächst wird in der Matrix in der Videokamera das Luminanzsignal (= Y-Signal oder Schwarzweißsignal), das Helligkeitsdichtesignal gewonnen und in ein Signal umgesetzt, das einen Spannungsbereich zwischen 0 Volt (entspricht hierbei Schwarz) und 700 mV (entspricht 100% Weiß) aufweist. Ebenfalls in der Matrix in der Videokamera werden aus Rot, Grün und Blau die Farbdifferenzsignale gewonnen. Man hat sich für Farbdifferenzsignale entschieden, da zum einen die Luminanz aus Kompatibilitätsgründen zum Schwarz-Weiß-Fernsehen getrennt übertragen muss und man anderseits eine möglichst effektive bandbreitensparende Farbübertragung wählen wollte. Aufgrund des reduzierten Farbauflösungsvermögens des menschlichen Auges kann man nämlich die Bandbreite der Farbinformation reduzieren.

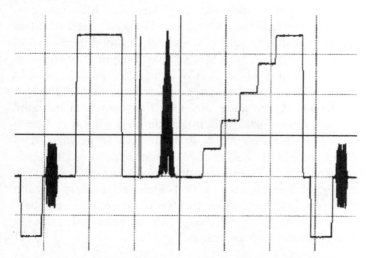

Abb. 2.2. Analoges FBAS-Signal oder Composite-Video Signal (PAL)

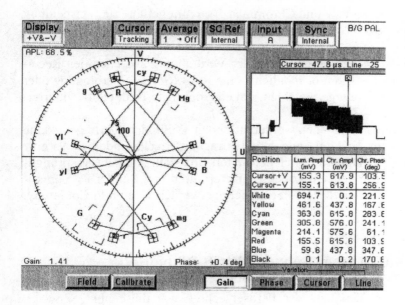

Abb. 2.3. Vektordiagramm eines Composite-Videosignals (PAL)

Tatsächlich wird die Farbbandbreite gegenüber der Luminanzbandbreite deutlich reduziert. Die Luminanzbandbreite liegt zwischen 4.2 MHz (Std. M), 5 MHz (Std. B/G) und 6 MHz (Std. D/K, L), die Chrominanzbandbreite ist hingegen meist nur 1.3 MHz.

Im Studiobereich arbeitet man noch direkt mit den Farbdifferenzsignalen U=R-Y und V=B-Y. Zur Übertragung werden U und V, die Farbdifferenzsignale aber einem Farbträger vektor-moduliert (IQ-moduliert) aufgeprägt im Falle von PAL und NTSC. Bei SECAM wird die Farbinformation frequenzmoduliert übertragen. PAL, SECAM und NTSC haben aber alle gemeinsam, dass die Farbinformation einem höherfrequenten Farbträger aufmoduliert wird, der im oberen Ende des Videofrequenzbereiches zum Liegen kommt und dem Luminanzsignal einfach durch Addition zugesetzt wird. Die Frequenz des Farbträgers wurde dabei jeweils so gewählt, dass sie den Luminanzkanal möglichst wenig stört. Oft ist jedoch ein Übersprechen zwischen Luminanz- und Chrominanz und umgekehrt nicht vermeidbar, z.B. wenn ein Nachrichtensprecher einen Nadelstreifenanzug gewählt hat. Die dann sichtbaren farbigen Effekte am Nadelstreifenmuster entstehen durch dieses Übersprechen (Cross-Color-, Cross-Luminanz-Effekte).

Endgeräte können folgende Videoschnittstellen aufweisen:

- FBAS/CCVS 75 Ohm, $1V_{ss}$ (geschlossen kodiertes Videosignal)
- RGB-Komponenten (Scart)
- Y/C (Luminanz und Chrominanz getrennt geführt zur Vermeidung von Cross-Color/Cross-Luminanz).

Beim digitalen Fernsehen ist bei der Verdrahtung zwischen den Receivern und dem TV-Monitor möglichst eine RGB (Scart) - Verbindung oder eine Y/C - Verbindung zu wählen, um eine optimale Bildqualität zu erreichen.

Beim digitalen Fernsehen werden nur noch Vollbilder übertragen, keine Halbbilder mehr. Erst am Ende der Übertragungsstrecke findet wieder eine Generierung von Halbbildern in der Settop-Box statt. Auch das ursprüngliche Quellmaterial liegt im Zeilensprungverfahren vor. Bei der Kompression muss dies entsprechend berücksichtigt werden (Halbbild-Codierung, Field-Codierung).

2.1 Abtastung einer Schwarz-Weiß-Bildvorlage

Zu Beginn des Zeitalters der Fernsehtechnik war diese nur „Schwarz-Weiß". Die damals in den 50er Jahren verfügbare Schaltungstechnik bestand aus Röhrenschaltungen, die relativ groß, anfällig und auch ziemlich energieintensiv waren. Der damalige Fernsehtechniker war wirklich noch Reparaturfachmann und kam im Falle einer Störung mit seinem „Röhrenkoffer" auf Kundenbesuch.

Betrachten wir zunächst, wie sich ein solches Schwarz-Weiß-Signal, ein sog. Luminanzsignal zusammensetzt, bzw. entsteht. Als beispielhafte Bildvorlage soll der Buchstabe „A" dienen (siehe Abb. 2.4.). Das Bild wird mit einer TV-Kamera gefilmt und dabei zeilenförmig von dieser abgetastet. In früheren Zeiten geschah dies durch eine Röhrenkamera, bei der ein Lesestrahl (Elektronenstrahl) eine lichtempfindliche Schicht in der Röhre, auf die das Bild durch eine Optik projeziert wurde, zeilenförmig abgetastet hat. Die Ablenkung des Elektronenstrahles erfolgte durch horizontale und vertikale Magnetfelder.

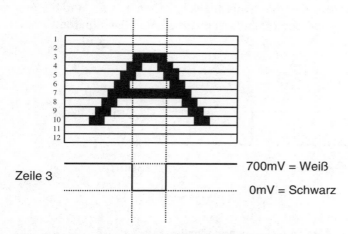

Abb. 2.4. Abtastung einer Schwarz-Weiß-Bildvorlage

Heute werden jedoch ausnahmslos CCD-Chips (Charge Coupled Devices = Eimerkettenspeicher) in den Kameras verwendet. Lediglich in den TV-Empfängern ist uns das Prinzip des abgelenkten Elektronenstrahles noch erhalten geblieben, auch wenn sich hier die Technik wandelt (Plasma- und LCD-Empfänger).

Beim Abtasten der Bildvorlage entsteht das sogenannte Leuchtdichtesignal oder Luminanz-Signal. 100% Schwarz entsprechen hierbei 0 mV und 100% Weiß 700 mV. Die Bildvorlage wird zeilenförmig von oben nach unten abgetastet. Es entstehen die sog. Videozeilen, entweder 625 oder 525 je nach TV-Standard. Es sind aber nicht alle Zeilen sichtbar. Wegen der endlichen Strahlrücklaufzeit musste eine Vertikalaustastlücke von bis zu 50 Zeilen gewählt werden. Auch innerhalb einer Zeile ist nur ein bestimmter Teil ein sichtbarer Bildinhalt. Grund hierfür ist die endliche Strahlrücklaufzeit vom rechten zum linken Bildrand, die Horizontalaustastlücke. Abb. 2.4. zeigt die Beispielvorlage und Abb. 2.5. das zugehörige Videosignal.

2.2 Horizontal- und Vertikal-Synchronimpuls

Nun ist es jedoch notwendig, in einem Videosignal den linken und rechten Bildrand, aber auch den oberen und unteren in irgendeiner Form zu markieren. Dies geschieht mit Hilfe der Horizontal- und Vertikal-Synchronimpulse. Beide Impulsarten wurden zu Beginn des Fernsehzeitalters so geschaffen, dass sie vom Empfänger leicht zu erkennen und zu unterscheiden waren – sie liegen im ultraschwarzen, nicht sichtbaren Bereich unter Null Volt.

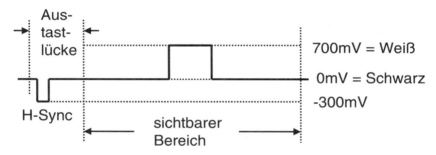

Abb. 2.5. Einfügen des Horizontal-Synchronimpulses

Der Horizontal-Synchronimpuls (Abb. 2.5.) markiert den Beginn einer Zeile. Als Zeilenbeginn gilt der 50%-Wert der Synchronimpuls-Vorderflanke (-150 mV nominal). Auf diesen Zeitpunkt sind alle Zeiten innerhalb einer Zeile bezogen. 10 µs nach der Sync-Vorderflanke beginnt per Definition die aktive Zeile, die 52 µs lang ist. Der Sync-Impuls selbst ist 4.7 µs lang und verharrt während dieser Zeit auf −300 mV.

Zu Beginn der Fernsehtechnik musste man mit den Möglichkeiten der damaligen eingeschränkten, aber immerhin schon erstaunlichen Impuls-Verarbeitungstechnik zurecht kommen. Das spiegelt sich auch in der Beschaffenheit der Synchronimpulse wieder. Der Horizontal-Synchronimpuls (H-Sync) ist als relativ kurzer Impuls (ca. 5 µs) ausgelegt worden. Der

Vertikal-Synchronimpuls (V-Sync) ist dagegen 2.5 Zeilen lang (ca. 160 µs). Die Länge einer Zeile inclusive H-Sync beträgt in einem 625-Zeilensystem 64 µs. Der V-Sync lässt sich deswegen leicht vom H-Sync unterscheiden. Der V-Sync (Abb. 2.6.) liegt ebenfalls im ultraschwarzen Bereich unter Null Volt und markiert den Beginn eines Bildes bzw. Halbbildes.

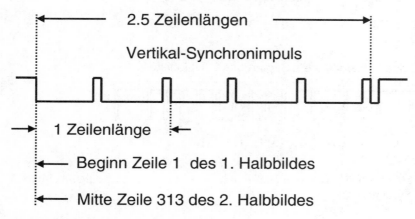

Abb. 2.6. Vertikal-Synchronimpuls

Wie schon erwähnt, wird ein Bild, das in einem 625-Zeilensystem eine Bildwechselfrequenz von 25 Hz = 25 Bilder pro Sekunde aufweist, in 2 Halbbilder (Fields) unterteilt. Dies geschieht deswegen, weil man dann damit die Trägheit des menschlichen Auges überlisten kann und Flimmereffekte weitestgehend unsichtbar machen kann. Ein Halbbild besteht aus den ungeradzahligen Zeilen, das andere aus geradzahligen Zeilen. Die Halbbilder werden abwechselnd übertragen, es ergibt sich somit in einem 625-Zeilensystem eine Halbbildwechselfrequenz von 50 Hz. Ein Vollbild (Beginn des 1. Halbbildes) beginnt dann, wenn genau zu Beginn einer Zeile der V-Sync 2.5 Zeilen lang auf –300 mV Pegel geht. Das 2. Halbbild beginnt, wenn der V-Sync in der Mitte einer Zeile genau gesagt bei Zeile 313 zweieinhalb Zeilen lang auf –300 mV Pegel sinkt.

Das erste und zweite Halbbild wird verkämmt ineinander übertragen und reduziert so den Flimmereffekt. Wegen den eingeschränkten Möglichkeiten der Impulstechnik zu Beginn der Fernsehtechnik hätte ein 2.5 Zeilen langer V-Sync zum Ausrasten des Zeilenoszillators geführt. Deswegen wurde dieser zusätzlich durch sog. Trabanten unterbrochen. Des weiteren wurden auch Vor- und Nachtrabanten vor und nach dem V-Sync eingetastet, die zum heutigen Erscheinungsbild des V-Sync beitragen (Abb. 2.7.). Aus heutiger Sicht der Signalverarbeitungstechnik wären diese aber nicht mehr notwendig.

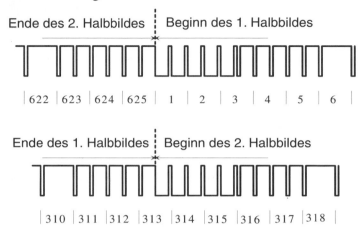

Abb. 2.7. Vertikal-Synchronimpulse mit Vor- und Nachtrabanten beim 625-Zeilen-System

2.3 Hinzunehmen der Farbinformation

Die Schwarz-Weiß-Technik war deswegen zu Beginn des TV-Zeitalters ausreichend, weil das menschliche Auge sowieso die höchste Auflösung und Empfindlichkeit im Bereich der Helligkeitsunterschiede aufweist und damit das Gehirn die wichtigsten Informationen daraus erhält. Das menschliche Auge hat deutlich mehr S/W-Rezeptoren als Farbrezeptoren in der Netzhaut. Aber genauso wie beim Kino hat die Fernsehtechnik der Begehrlichkeit wegen den Übergang vom Schwarz-Weißen zur Farbe geschafft, heute nennt man das Innovation. Beim Hinzunehmen der Farbinformation in den 60er Jahren hat man die Kenntnisse über die Anatomie des menschlichen Auges berücksichtigt. Der Farbe (=Chrominanz) wurde deutlich weniger Bandbreite, also Auflösung zugestanden, als der Helligkeitsinformation (=Luminanz). Während die Luminanz mit meist etwa 5 MHz Bandbreite übertragen wird, so sind es bei der Chrominanz nur etwa 1.3 MHz. Hierbei wird die Chrominanz kompatibel in das Luminanzsignal eingebettet, so dass sich ein Schwarz-Weiß-Empfänger ungestört fühlte, ein Farbempfänger aber sowohl Farbe als auch Helligkeitsinformation

richtig wiedergegeben werden konnte. Wenn das nicht immer hundertpro-
zentig funktioniert, so spricht man von Cross-Luminanz- und Cross-Color-
Effekten.

Sowohl bei PAL, SECAM, als auch bei NTSC werden die Farbkompo-
nenten Rot, Grün und Blau zunächst in 3 separaten Aufnahmesystemen
(früher Röhrenkameras, heute CCD-Chips) erfasst und dann einer Matrix
zugeführt. In der Matrix erfolgt dann die Bildung des Luminanzsignals als
Summe aus R + G + B und die Bildung des Chrominanzsignals. Das
Chrominanzsignal besteht aus zwei Signalen, nämlich dem Farbdifferenzsignal Blau minus Luminanz und Rot minus Luminanz. Die Bildung des
Luminanzsignales und der Chrominanzsignale muss aber entsprechend der
Augenempfindlichkeit richtig mit entsprechenden Bewertungsfaktoren
versehen matriziert, also berechnet werden.

Es gilt:

$$Y = 0.3 \bullet R + 0.59 \bullet G + 0.11 \bullet B;$$
$$U = 0.49 \bullet (B - Y);$$
$$V = 0.88 \bullet (R - Y);$$

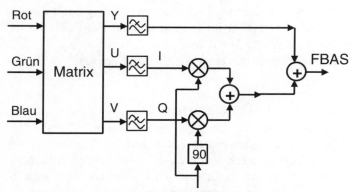

PAL Farbträger 4.43 MHz

Abb. 2.8. Blockschaltbild eines PAL-Modulators

Das Luminanzsignal Y kann der Schwarz-Weiß-Empfänger direkt zur
Wiedergabe verwenden. Die beiden Chrominanz-Signale werden für den
Farbempfänger mit übertragen. Aus Y, U und V können R, G und B zu-
rückgerechnet werden (De-Matrizierung). Hierbei ist die Farbinformation
dann in entsprechender reduzierter Bandbreite und die Luminanzinforma-
tion in größerer Bandbreite verfügbar („Malkastenprinzip").

Zur Einbettung der Farbinformation in ein zunächst für einen Schwarz-Weiß-Empfänger vorgesehenes BAS-Signal (Bild-Austast-Synchron-Signal) musste eine Methode gefunden werden, die sowohl den Schwarz-Weiß-Empfänger möglichst wenig beeinträchtigt, also die Farbinformation für ihn unsichtbar hält, als auch alles Nötige für den Farbempfänger beinhaltet.

Man wählte grundsätzlich 2 Methoden, nämlich die Einbettung der Farbinformation entweder über eine analoge Amplituden-Phasenmodulation (IQ-Modulation) wie bei PAL und NTSC oder eine Frequenzmodulation wie bei SECAM.

Bei PAL und NTSC werden die Farbdifferenzsignale mit gegenüber dem Luminanzsignal reduzierter Bandbreite einem IQ-Modulator (Abb. 2.8.) zugeführt. Der IQ-Modulator erzeugt ein Chrominanzsignal als amplituden-phasenmodulierter Farbträger, in dessen Amplitude die Farbsättigung steckt und in dessen Phase die Farbart steckt. Mit Hilfe eines Oszilloskopes wäre deswegen nur erkennbar, ob und wie viel Farbe da wäre, aber die Farbart wäre nicht zu identifizieren. Hierzu benötigt man dann schon ein Vektor-Scope, das beide Informationen liefert.

Die Farbinformation wird bei PAL (= Phase Alternating Line) und NTSC (= North American Television Committee) einem Farbträger aufmoduliert, der im Frequenzbereich des Luminanzsignals liegt, mit diesem aber spektral so verkämmt ist, dass er im Luminanzkanal nicht sichtbar ist. Dies wird erreicht durch geeignete Wahl der Farbträgerfrequenz.

Die Wahl der Farbträgerfrequenz bei PAL, Europa erfolgte durch folgende Formel:

$$f_{sc} = 283.75 \bullet f_h + 25 \text{ Hz} = 4.43351875 \text{ MHz};$$

Bei SECAM (Sequentielle a Memoire) werden die Farbdifferenzsignale frequenzmoduliert von Zeile zu Zeile wechselnd 2 verschiedenen Farbträgern aufmoduliert. Das SECAM-Verfahren wird zur Zeit nur noch in Frankreich und in französisch-sprachigen Ländern in Nordafrika und zusätzlich in Griechenland verwendet. Frühere Ostblockstaaten wechselten in den 90er-Jahren von SECAM auf PAL.

PAL hat einen großen Vorteil gegenüber NTSC. Es ist wegen der von Zeile zu Zeile wechselnden Phase unempfindlich gegenüber Phasenverzerrungen. Die Farbe kann deshalb durch Phasenverzerrungen auf der Übertragungsstrecke nicht verändert werden. NTSC wird v.a. in Nordamerika im Bereich des analogen Fernsehens angewendet. Wegen der Farbverzerrungen spotten manche auch deswegen über „Never The Same Color" = NTSC.

Das geschlossen codierte Videosignal (Abb. 2.9.) gemäß PAL, NTSC und SECAM wird durch Überlagerung des Scharz-Weiß-Signals, der Synchron-Information und des Chrominanzsignals erzeugt und heißt nun FBAS-Signal (Farb-Bild-Austast-Synchron-Signal) oder CCVS-Signal. Bild 2.9. zeigt ein FBAS-Signal eines Farbbalkensignals. Deutlich erkennt man den sog. Burst. Der Burst übermittelt dem TV-Empfänger die Referenzphase des Farbträgers, auf den der Farboszillator einrasten muss.

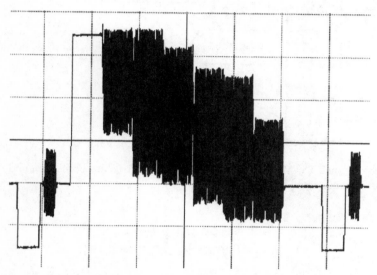

Abb. 2.9. Oszillogramm eines FBAS-Signals (geschlossen codiertes Videosignal, Composite Videosignal)

2.4 Übertragungsverfahren

Analoges Fernsehen wird über 3 Übertragungswege verbreitet, nämlich über terrestrische Übertragungswege, über Satellit und Breitbandkabel. Welche Übertragungswege Priorität haben, hängt ganz stark von den Ländern und Regionen ab. In Deutschland hat momentan das klassische analoge „Antennenfernsehen" untergeordnete Priorität bei weniger als 10 %, wobei dieser Begriff eher vom Endverbraucher benutzt und verstanden wird, der eigentliche Fachbegriff heißt terrestrisches, als „erdgebundenes" Fernsehen. Dies liegt an der guten Versorgung über Satellit und Kabel, bei besseren Angeboten. Ändern wird sich dies deutlich beim Umstieg auf DVB-T, wie schon in einigen Regionen sichtbar geworden ist.

Die Übertragungswege des analogen Fernsehens über die Terrestrik und über Satellit werden in wenigen Jahren auf die Bedeutungslosigkeit zurückgehen. Wie lange das noch im Bereich Breitbandkabel aufrecht erhalten wird, kann nicht vorher gesagt werden.

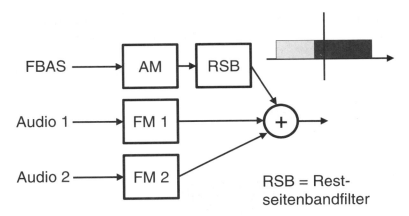

Abb. 2.10. Prinzip eines TV-Modulators für analoges terrestrisches Fernsehen und analoges TV-Breitbandkabel

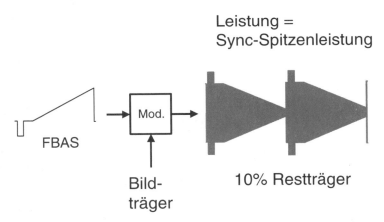

Abb. 2.11. Bildmodulator

Bei der terrestrischen und der kabelgebundenen Übertragung von analogen TV-Signalen wird als Modulationsverfahren Amplitudenmodulation meist mit Negativmodulation verwendet. Lediglich beim Standard L Frankreich wird mit Positivmodulation gearbeitet.

Die Tonträger sind meist frequenzmoduliert.

Um Bandbreite zu sparen, wird der Bildträger restseitenbandmoduliert, d.h. ein Teil des Spektrums wird durch Bandpassfilterung unterdrückt. Abb. 2.10. und 2.11. zeigen das Prinzip.

Über Satellit wird wegen der Nichtlinearitäten und des geringen Störabstands der Übertragungsstrecke Frequenzmodulation verwendet.

Da die Bedeutung dieser analogen Übertragungswege immer mehr sinkt, soll in diesem Buch auch nicht mehr genauer darauf eingegangen werden, sondern auf entsprechende Literaturstellen verwiesen werden.

2.5 Verzerrungen und Störungen

Ein analoges Videosignal ist auf der gesamten Übertragungsstrecke Einflüssen ausgesetzt, die sich unmittelbar auf dessen Qualität auswirken und meist sofort sichtbar werden. Diese Verzerrungen und Störungen kann man grob in folgende Kategorien einordnen:

- lineare Verzerrungen (Amplituden- und Phasenverzerrungen)
- nichtlineare Verzerrungen
- Rauschen
- Interferenzstörer
- Intermodulation.

Lineare Verzerrungen werden durch passive elektronische Bauelemente verursacht. Die Amplitude oder Gruppenlaufzeit ist über einen bestimmten Frequenzbereich nicht mehr konstant. Der für Video relevante Frequenzbereich liegt bei 0 ... 5 MHz. Bei linearen Verzerrungen werden Teile des relevanten Frequenzbereiches mehr oder weniger verzerrt, je nach Charakteristik der beteiligten Übertragungsstrecke. Im Zeitbereich werden dadurch bestimmte Signalbestandteile des Videosignals „verschliffen". Am schlimmsten wirkt sich die Verschleifung des Synchronimpulses aus, was zu Synchronisationsproblemen des TV-Empfängern führt, wie z.B. „Verziehen des Bildes" von oben nach unten oder „Durchlaufen". Das Bild „läuft durch", „fängt sich nicht", man kennt diese Begriffe bereits aus frühen Tagen der Fernsehtechnik. Bedingt durch den „Kopfwechsel" verursachen manche ältere Videorecorder ähnliche Effekte am oberen Bildrand, das Bild wird „verzogen".

Dank moderner Empfangstechniken und relativ guter Übertragungstechnik ist dies jedoch relativ selten geworden. Im aktiven Bildbereich sind lineare Verzerrungen entweder als Unschärfe, Überschärfe, Verzeichnung oder als Verschiebung des Farbbildes gegenüber dem Helligkeitsbild zu erkennen.

Nichtlineare Verzerrungen ordnet man ein in

- statische Nichtlinearität
- differentielle Amplitude
- differentielle Phase.

Bei nichtlinearen Verzerrungen werden sowohl die Graustufen als auch der Farbträger in Amplitude und Phase nicht richtig wiedergegeben. Verursacht werden nichtlineare Verzerrungen durch aktive elektronische Bauelemente (Senderöhre, Transistoren) in der Übertragungsstrecke. Im Endeffekt sind sie aber erst sichtbar bei Aufaddierung vieler Prozesse, da das menschliche Auge hier sehr tolerant ist. Man kann dies so ausdrücken: „Man trifft die gewünschte Graustufe nicht, aber man erkennt das nicht." Wegen der Art und Weise der Farbübertragung wirkt sich dies im Farbkanal sowieso weniger aus, speziell bei PAL.

Einer der am besten sichtbaren Effekte ist der Einfluss von rauschartigen Störungen. Diese entstehen einfach durch Überlagerung des allgegenwärtigen gausschen Rauschens, dessen Pegel nur eine Frage des Abstandes zum Nutzpegel des Signals ist. D.h. ist der Signalpegel zu niedrig, so wird Rauschen sichtbar. Der Pegel des thermischen Rauschens ist einfach über die Boltzmann-Konstante, die Bandbreite des Nutzkanals und der üblichen Umgebungstemperatur bestimmbar und somit eine fast feste Größe. Rauschen bildet sich sofort sichtbar im analogen Videosignal ab. Dies ist auch der große Unterschied zum digitalen Fernsehen.

Intermodulationsprodukte und Interferenzstörer sind im Videosignal ebenfalls sehr deutlich und sehr störend erkennbar. Es erscheinen Moire-Muster im Bild. Diese Effekte entstehen durch Überlagerung des Videosignals mit einem Störprodukt entweder aus Nachbarkanälen oder unmittelbar in das Nutzspektrum hineinfallenden Störern aus der gesamten Umwelt. Diese Art von Störungen ist am besten sichtbar und stört auch am meisten den Gesamteindruck des Bildes. Wegen der Vielkanalbelegung des Kabelfernsehens ist dies dort auch am meisten sichtbar.

2.6 Signale in der Vertikalaustastlücke

Die ursprünglich dem vertikalen Strahlrücklauf dienende Vertikalaustastlücke ist seit Mitte der 70er Jahre nicht mehr nur „leer" oder „schwarz". Vielmehr wurden dort anfangs sog. Prüfzeilensignale eingefügt, mit denen die Qualität des analogen Videosignals beurteilt werden konnte. Des weiteren findet man dort den Videotext und die Datenzeile.

Prüfzeilensignale dienen und dienten dazu, die Übertragungsqualität einer TV-Übertragungsstrecke oder eines Abschnittes quasi online ohne Freischaltung der Strecke erfassen zu können. In diesen Prüfzeilen sind Testsignale enthalten, mit denen man Rückschlüsse auf die Fehlerursachen machen kann.

Die Prüfzeile „CCIR 17" – heute „ITU 17" (links im Bild 2.12.) beginnt mit dem sog. Weißimpuls (Bar). Er dient als messtechnische Spannungsreferenz für 100% Weiß. Seine Amplitude liegt bei 700 mV nominal. Das „Dach" des Weißimpulses ist 10 μs lang und soll flach und ohne Überschwinger sein. Es folgt dann der 2T-Impuls. Dieser ist ein sog. $\cos^2$-Impuls mit einer Halbwertsdauer von 2T = 2 • 100 ns = 200 ns. Die Hauptbestandteile seines Spektrums reichen bis zum Ende des Luminanzkanals von 5 MHz. Er reagiert sehr empfindlich auf Amplitudengang und Gruppenlaufzeitverzerrungen von 0 ... 5 MHz und dient somit der „optischen", aber auch messtechnischen Beurteilung linearer Verzerrungen. Der darauf folgende 20T-Impuls ist ein mit Farbträger überlagerter $\cos^2$-Impuls mit einer Halbwertsdauer von 20T = 20 • 100 ns = 2 μs. An ihm sind lineare Verzerrungen des Farbkanals gegenüber dem Luminanzkanal gut erkennbar.

Lineare Verzerrungen des Farbkanals gegenüber dem Luminanzkanal sind:

- Unterschiedliche Amplitude des Farbkanals gegenüber Luminanz
- Verzögerung Luminanz-Chrominanz verursacht durch Gruppenlaufzeit

Mit Hilfe der 5-stufigen Grautreppe lassen sich nichtlineare Verzerrungen leicht nachweisen. Alle 5 Treppenstufen müssen gleich hoch sein. Sind sie aufgrund von Nichtlinearitäten nicht gleich hoch, so spricht man von statischer Nichtlinearität (Luminanz Nonlinearity). Bei Prüfzeile „ITU 330" ist die Grautreppe durch eine farbträgerüberlagerte Treppe ersetzt. An ihr lassen sich nichtlineare Effekte am Farbträger, wie differentielle Amplitude und Phase nachweisen. Die der Grautreppe überlagerten Farbpakete sollen im Idealfalle alle gleich groß sein und dürfen an den Sprungstellen der Treppenstufen keine Phasenverschiebung aufweisen.

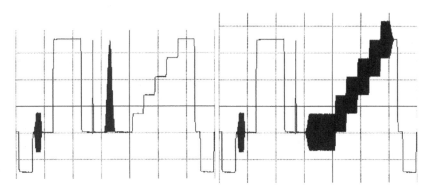

Abb. 2.12. Prüfzeile „CCIR 17 und 330"

Videotext (Abb. 2.13. und 2.14.) ist mittlerweile allgemeinbekannt. Videotext ist ein Datenservice im Rahmen des analogen Fernsehens. Die Datenrate liegt bei ca. 6.9 Mbit/s, jedoch nur im Bereich der wirklich benutzten Zeilen in der Vertikalaustastlücke. Tatsächlich ist die Datenrate deutlich niedriger. Pro Videotextzeile werden 40 Nutzzeichen übertragen. Eine Videotextseite setzt sich auch 40 Zeichen mal 24 Zeilen zusammen. Würde man die gesamte Vertikalaustastlücke benutzen, so könnte man pro Halbbild knapp weniger als eine Videotextseite übertragen. Videotext wird im sog. NRZ = Non-Return-to-Zero Code übertragen.

Eine Videotextzeile beginnt mit dem 16 Bit langen Run-In. Dies ist eine Folge von 10101010 ... zum Einphasen des Videotext-Decoders im Empfänger. Anschließend folgt der sog. Framing-Code. Diese Hex-Zahl 0xE4 markiert den Beginn des aktiven Videotextes. Nach Magazin- und Zeilennummer werden die 40 Zeichen einer Zeile des Videotextes übertragen. Eine Videotextseite setzt sich aus 24 Textzeilen zusammen.

Hier sind die wichtigsten Videotextparameter:

- Code: Not-Return-to-Zero
- Datenrate: 444 * 15625 kBit/s = 6.9375 Mbit/s
- Fehlerschutz: Gerade Parität
- Zeichen pro Zeile: 40
- Zeilen pro Videotextseite: 24

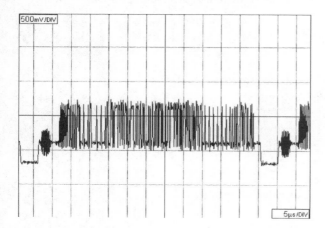

Abb. 2.13. Videotext-Zeile

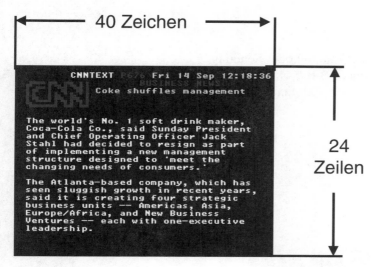

Abb. 2.14. Videotextseite

   Mit Hilfe der Datenzeile (z.B. Zeile 16 und korrespondierende Zeile im 2. Halbbild, Abb. 2.15.) werden Steuerinformationen, Signalisierung und u.a. die VPS-Daten (Video Program System) zur Steuerung von Videorecordern übertragen.

Im Detail werden folgende Daten mit Hilfe der Datenzeile übermittelt:

Byte 1: Run-In 10101010
Byte 2: Startcode 01011101
Byte 3: Quellen-ID
Byte 4: serielle ASCII-Textübertragung (Quelle)
Byte 5: Mono/Stereo/Dual Sound
Byte 6: Videoinhalt-ID
Byte 7: serielle ASCII-Textübertragung
Byte 8: Fernbedienung (routing)
Byte 9: Fernbedienung (routing)
Byte 10: Fernbedienung
Byte 11 to 14: Video Program System (VPS)
Byte 15: reserviert

Die VPS-Byte beinhalten diese Information:

Tag (5 Bit)
Monat (4 Bit)
Stunde (5 Bit)
Minute (6 Bit)
= virtueller Startzeitpunkt der Sendung
Länderkennung (4 Bit)
Programm-Quellen-Kennung (6 Bit)

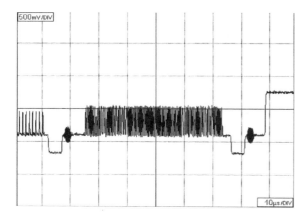

Abb. 2.15. Datenzeile (meist Zeile 16 der Vertikalaustastlücke)

Die Übertragungsparameter der Datenzeile sind:

- Zeile: 16/329
- Code: Return-to-Zero-Code
- Datenrate: 2.5 MBit/s
- Pegel: 500 mV
- Daten: 15 Byte pro Zeile

Gemäß DVB (Digital Video Broadcasting) werden diese Signale der Vertikalaustastlücke teilweise im Receiver wieder neu erzeugt, um möglichst kompatibel zum analogen Fernsehen zu sein. Lediglich die Prüfzeilensignale sind nicht mehr vorhanden.

2.7 Messungen an analogen Videosignalen

Messungen an analogen Videosignalen wurden seit Beginn des TV-Zeitalters durchgeführt, anfangs mit einfachen Oszilloskopen und Vektorskopen, dann später mit immer aufwändigeren Videoanalysatoren, die zuletzt dann digital arbeiteten (Abb. 2.22.). Mit Hilfe der Videomesstechnik sollen die Verzerrungen am analogen Videosignal erfasst werden.

Mit Hilfe der Prüfzeilenmesstechnik werden v.a. die folgenden Messparameter ermittelt:

- Weißimpulsamplitude
- Sync-Amplitude
- Burst-Amplitude
- Dachschräge am Weißimpuls
- 2T-Impuls-Amplitude
- 2T-K-Faktor
- Luminanz zu Chrominanz-Amplitude am 20T-Impuls
- Luminanz zu Chrominanz-Verzögerung am 20T-Impuls
- Statische Nichtlinearität an der Grautreppe
- Differentielle Amplitude an der farbträgerüberlagerten Grautreppe
- Differentielle Phase an der farbträgerüberlagerten Grautreppe
- Bewerteter und unbewerteter Luminanz-Signal-Rauschabstand
- Brumm.

Ein analoger TV-Messempfänger liefert zusätzlich noch Aussagen über:

- Bildträger-Pegel
- Tonträger-Pegel
- Aussteuerung der Tonträger
- Frequenzen von Bild- und Tonträger
- Restträger.

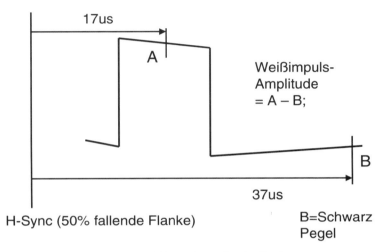

Abb. 2.16. Messung der Weißimpulsamplitude (Bar)

Der wichtigste messtechnische Parameter am analogen TV-Signal ist die Weißimpulsamplitude. Sie wird gemäß Abb. 2.16. gemessen. Der Weiß-impuls kann im ungünstigsten Fall auch aufgrund linearer Verzerrungen ziemlich „verschliffen" sein, wie im Bild dargestellt.

Die Sync-Amplitude (siehe Abb. 2.17.) wird in den Endgeräten als Spannungsreferenz verwendet und hat deswegen besondere Bedeutung. Nominal gilt als Sync-Amplitude der Wert 300mV unter Schwarz. Als Zeitreferenz im analogen Videosignal gilt der 50%-Wert der fallenden Flanke des Synchronimpulses.

Der Burst (siehe Abb. 2.17.) dient als Spannungs- und Phasenreferenz für dem Farbträger. Dessen Amplitude beträgt 300 mV$_{ss}$. Amplitudenver-zerrungen des Bursts wirken sich in der Praxis wenig auf die Bildqualität aus.

Lineare Verzerrungen führen zur sog. Dachschräge des Weißimpulses (Tilt, Abb. 2.18.). Auch dies ist ein wichtiger Messparameter. Man tastet hierzu den Weißimpuls am Anfang und Ende ab und berechnet die Differenz, die dann ins Verhältnis zur Weißimpulsamplitude gesetzt wird.

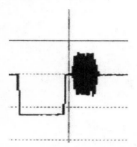

Abb. 2.17. Sync-Impuls und Burst

Der 2T-Impuls reagiert empfindlich auf lineare Verzerrungen im gesamten relevanten Übertragungskanal. Abb. 2.19. (links) zeigt den unverzerrten 2T-Impuls. Er dient seit den 70er Jahren als Messsignal zum Nachweis von linearen Verzerrungen. Ein durch lineare Verzerrungen veränderter 2T-Impuls ist ebenfalls in Abb. 2.19. (rechts) dargestellt. Handelt es sich bei den Verzerrungen am 2T-Impuls um symmetrische Verzerrungen, so sind diese durch Amplitudengang-Fehler verursacht. Wirkt der 2T-Impuls unsymmetrisch, so sind Gruppenlaufzeitfehler (nicht-linearer Phasengang) im Spiel.

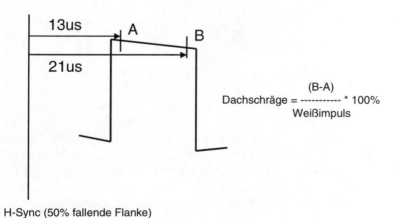

Abb. 2.18. Dachschräge des Weißimpulses (Tilt)

Der 20T-Impuls (Abb. 2.20. Mitte) wurde speziell für Messungen am Farbkanal geschaffen. Er reagiert sofort auf Unterschiede zwischen Luminanz und Chrominanz. Spezielles Augenmerk gilt hier dem „Boden" des 20T-Impulses. Dieser soll einfach gerade ohne jede Art von „Eindellung" sein. Der 20T-Impuls sollte im Idealfall ebenso wie der 2T-Impuls genauso groß sein wie der Weißimpuls (nominal 700 mV).

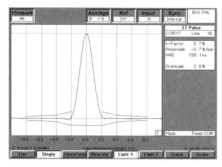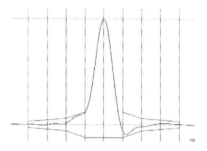

Abb. 2.19. unverzerrter und verzerrter 2T-Impuls

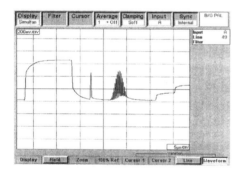

Abb. 2.20. Linear verzerrter Weißimpuls, 2T-Impuls und 20T-Impuls

Nichtlinearitäten verzerren das Videosignal aussteuerungsabhängig. Am besten lassen sich diese an treppenförmigen Signalen nachweisen. Hierzu wurde Grautreppe und die farbträgerüberlagerte Treppe als Messsignal eingeführt. In Gegenwart von Nichtlinearitäten sind dieses Treppenstufen einfach verschieden groß.

Rauschen und Intermodulation lässt sich am besten in einer Schwarzzeile (Abb. 2.21.) nachweisen. Hierzu wurde meist Zeile 22 frei von Information gehalten, was aber heute oft auch nicht mehr gilt. Sie ist vielmehr meist mittlerweile auch mit Videotext belegt. Zur Messung dieser Effekte

muss man sich innerhalb er 625 oder 525 Zeilen einfach eine hierfür geeignete leere Zeile aussuchen. Dies ist auch meist von Programm zu Programm verschieden.

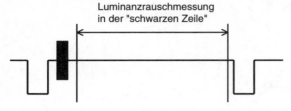

Abb. 2.21. Luminanzrauschmessung in einer „schwarzen Zeile"

Prüfzeilenmesstechnik macht im Rahmen des digitalen Fernsehens nur
noch zur Beurteilung des Anfanges (Studio-Equipment) und des Endes
(Receiver) der Übertragungsstrecke Sinn. Dazwischen – auf der eigentlichen Übertragungsstrecke passieren keine hierüber nachweisbaren Einflüsse. Die entsprechenden Messungen an den digitalen Übertragungsstrecken
werden in den jeweiligen Kapiteln ausführlich beschrieben.

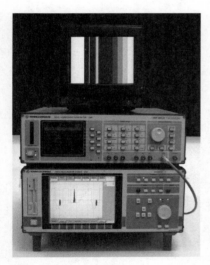

Abb. 2.22. Analoge Videomesstechnik: Videotestsignal-Generator und Video-
Analyzer (Rohde&Schwarz SAF und VSA)

Literatur: [MAEUSL3], [MAEUSL5], [VSA], [FISCHER6]

3 Der MPEG-2-Datenstrom

MPEG steht zwar zunächst für Moving Pictures Expert Group, d.h. MPEG beschäftigt sich in der Hauptsache mit digitaler Bewegtbildübertragung und zugehörigem lippensynchronen Audio. Das im MPEG-2-Standard (Abb. 3.1.) definierte Datensignal kann jedoch auch ganz allgemeine Daten tragen, die überhaupt nichts mit Video und Audio zu tun haben. Dies können z.B. Internetdaten sein. Und man findet tatsächlich weltweit immer wieder MPEG-Applikationen, in denen man vergeblich nach Video- und Audiosignalen sucht. So wird z.B. etwa 70 km südlich von Sydney/Australien in Woollongong von einem australischen Pay-TV-Provider über MMDS (Microwave Multipoint Distribution System) mit Hilfe von MPEG-2-Datensignalen reines Datacasting betrieben. "Austar" stellt hier seinen Kunden schnelle Internetverbindungen im Mbit/s-Bereich zur Verfügung.

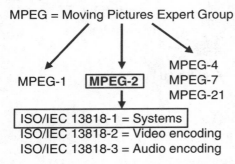

MPEG = Moving Pictures Expert Group

MPEG-1   MPEG-2   MPEG-4
                    MPEG-7
                    MPEG-21

ISO/IEC 13818-1 = Systems
ISO/IEC 13818-2 = Video encoding
ISO/IEC 13818-3 = Audio encoding

Abb. 3.1. MPEG Standards; MPEG-2 Datenstruktur definiert in ISO/IEC13818-1

Wie im MPEG-Standard [ISO13818-1] selber auch, wird nun zunächst der allgemeine Aufbau des MPEG-Datensignals ganz losgelöst von Video und Audio beschrieben. Auch ist das Verständnis der Datensignalstruktur für die meisten Praktiker von größerer Bedeutung als das Detailverständnis der Video- und Audiocodierung, die später aber auch besprochen wird.

Beginnen wir jedoch bei der Beschreibung des Datensignalaufbaues zunächst mit den unkomprimierten Video- und Audiosignalen.

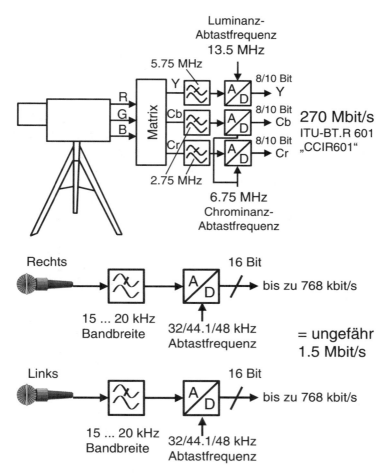

Abb. 3.2. Video- und Audio-Datensignale

Ein nicht-datenreduziertes Standard Definition Videosignal (SDTV) weist eine Datenrate von 270 Mbit/s auf, ein digitales Stereoaudiosignal in CD-Qualität hat eine Datenrate von etwa 1.5 Mbit/s (Abb. 3.2.).

Die Videosignale werden gemäß MPEG-1 auf ca. 1 Mbit/s und gemäß MPEG-2 auf ca. 2 ... 7 Mbit/s komprimiert. Die Videodatenrate kann konstant oder auch variabel (statistischer Multiplex) sein. Die Audiosignale weisen nach der Komprimierung eine Datenrate von etwa 200 ... 400 kbit/s auf. Die Audiodatenrate ist aber immer konstant und ein Vielfaches von 8 kbit/s. Mit der Komprimierung selbst werden wir uns in einem eigenen Kapitel beschäftigen. Die komprimierten Video- und Audiosignale nennt man bei MPEG Elementarströme, kurz ES. Es gibt Video-, Audio- und ganz allgemein auch Datenelementarströme. Die Datenelementarströme können beliebigen Inhalt haben, meist handelt es sich hierbei aber um Videotext oder VPS-Daten (Video Program System). Alle Elementarströme werden bei MPEG-1 und MPEG-2 unmittelbar nach der Komprimierung (= Encodierung) in Pakete variabler Länge eingeteilt (Abb. 3.3.).

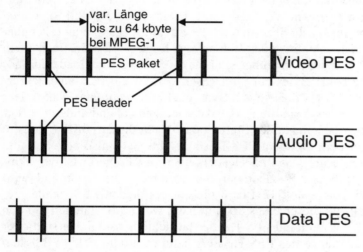

Abb. 3.3. MPEG-Elementarströme

Da man abhängig vom aktuellen Video- und Audioinhalt manchmal mehr, manchmal weniger stark komprimieren kann, braucht man im Datensignal Container variabler Länge. Diese Container tragen im Falle des Videosignals ein oder mehrere komprimierte Bilder, im Falle des Audiosignals ein oder mehrere komprimierte Audiosignalabschnitte. Diese in Pakete eingeteilten Elementarströme (Abb. 3.3.) nennt man Packetized Elementary Streams, kurz einfach PES. Jedes PES-Paket ist üblicherweise bis zu 64 kByte groß. Es besteht aus einem relativ kurzen Kopfanteil, dem Header und aus einem Nutzlastanteil (= Payload). Im Header findet man u.a. einen 16-Bit langen Längenindikator für die maximal 64 kByte Paketlänge. Im Payloadanteil befindet sich der komprimierte Video- und Audioelementarstrom oder auch ein pures Datensignal. Videopakete können aber gemäß MPEG-2 auch manchmal länger als 64 kByte sein. In diesem Fall wird der Längenindikator auf Null gesetzt. Der MPEG-Dekoder muss dann andere Mechanismen anwenden, um das Paket-Ende zu finden.

3.1 Der Packetized Elementary Stream (PES)

Im Rahmen von MPEG werden alle Elementarströme, also Video, Audio und Daten zunächst in Pakete variabler Länge, sog. PES-Paketen (Abb. 3.4.) eingeteilt. Die zunächst bis zu max. 64 Byte großen Pakete beginnen mit einem mindestens 6 Byte langen PES-Header. Die ersten 3 Byte dieses Headers stellen den sog. Start Code Prefix dar, dessen Inhalt immer 0x00, 0x00, 0x01 (0x = Hexadezimalsyntax gemäß C/C++ Schreibweise) ist und der zur Startidentifikation eines PES-Pakets dient. Das Byte, das dem Start Code folgt, ist die Stream ID, die die Art des im Payloadanteil folgenden Elementary Stream beschreibt. Anhand der Stream ID kann man erkennen, ob z.B. ein Video-, Audio- oder Datenstrom folgt. Weiterhin findet man dann 2 Byte Paketlänge - hierüber sind bis zu 64 kByte Payloadanteil adressierbar. Sind beide Bytes auf Null gesetzt, so ist ein PES-Paket zu erwarten, dessen Länge diese 64 kByte auch überschreiten kann. Der MPEG-Decoder muss dann die PES-Paket-Grenzen anhand anderer Strukturen erkennen, z.B. anhand des Start Codes. Nach diesem 6 Byte langem PES-Header wird ein Optional PES-Header (Abb. 3.4.) also eine variable optionale Verlängerung des PES-Headers übertragen. Dieser ist den aktuellen Bedürfnissen der Elementarstromübertragung angepasst und wird von 11 Flags in insgesamt 12 Bit in diesem optionalen PES-Header gesteuert. D.h. anhand dieser Flags erkennt man, welche Bestandteile in den Optional Fields im Optional PES-Header tatsächlich vorhanden sind oder nicht. Die Gesamtlänge des PES-Headers kann man dem Feld "PES Header Data Length" entnehmen. In den Optional Fields im Optional Header findet man u.a. die Presentation Time Stamps (PTS) und Decoding Time Stamps (DTS), die für die Synchronisierung von Video und Audio verwendet werden. Nach dem kompletten PES-Header wird der eigentliche Nutzanteil des Elementarstromes übertragen, der abzüglich des Optional PES-Headers üblicherweise bis zu 64 kByte lang sein kann, in Sonderfällen auch länger.

Bei MPEG-1 werden einfach Video-PES-Pakete mit Audio-PES-Paketen gemultiplext und auf einem Datenträger gespeichert (Abb. 3.5.). Die maximale Datenrate beträgt für Video und Audio etwa 1.5 Mbit/s. Der Datenstrom umfasst nur einen Video- und Audioelementarstrom.

Dieser Paketized Elementary Stream (PES) mit seinen relativ langen Paketstrukturen ist aber nicht geeignet für die Übertragung und speziell nicht für die Ausstrahlung mehrerer Programme in einem Datensignal.

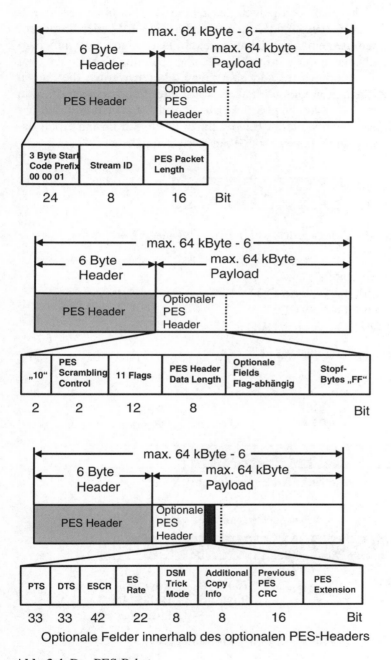

Optionale Felder innerhalb des optionalen PES-Headers

Abb. 3.4. Das PES-Paket

Bei MPEG-2 hat man sich jedoch das Ziel gesetzt, in einem MPEG-2-Datensignal bis zu 6, 10, 20 oder mehr unabhängige TV- oder Radioprogramme zu einem gemeinsamen gemultiplexten Datensignal zusammenzufassen. Dieses Datensignal wird dann z.B. über Satellit, Kabel oder über terrestrische Übertragungsstrecken übertragen. Hierzu werden die langen PES-Pakete zusätzlich in kleinere Pakete konstanter Länge eingeteilt. Man entnimmt immer 184 Byte lange Stücke aus den PES-Paketen und fügt dazu einen 4 Byte langen weiteren Header hinzu (Abb. 3.6.). Man erhält damit jetzt 188 Byte lange Pakete, sog. Transportstrompakete.

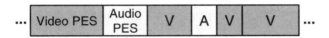

Gemultiplexte Video- und Audio-PES-Pakete

Beispiele:
MPEG-1 Video CD
MPEG-2 SVCD
MPEG-2 Video DVD

Abb. 3.5. Gemultiplexte PES-Pakete

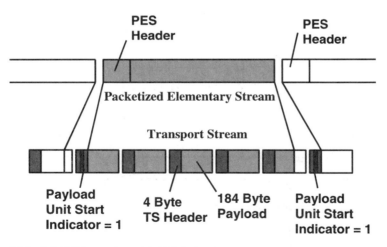

Abb. 3.6. Bildung eines MPEG-2-Transportstrom-Paketes

Diese Transportstrompakete werden nun gemultiplext. D.h. man verschachtelt zunächst die Transportstrompakete eines Programms miteinander. Ein Programm kann aus einem oder mehreren Video- oder Audiosignalen bestehen. Man denke hier einfach mal als Extrembeispiel an eine Formel-1-Übertragung mit mehreren Kameraperspektiven (Strecke, Boxengasse, Auto, Helikopter) mit verschiedenen Sprachen. Alle gemultiplexten Datenströme aller Programme werden nun nochmals gemultiplext und zu einem Gesamtdatenstrom zusammengefasst. Man spricht von nun von einem MPEG-2-Transportstrom.

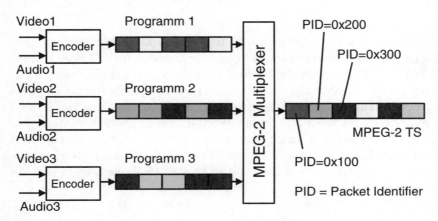

Abb. 3.7. Gemultiplexte MPEG-2-Transportstrompakete

In einem MPEG-2-Transportstrom findet man die 188-Byte langen Transportstrompakete aller Programme mit allen Video-, Audio- und Datensignalen. Je nach Datenraten findet man häufiger oder weniger häufiger Pakete des einen oder anderen Elementarstromes im MPEG-2-Transportstrom, kurz TS. Pro Programm gibt es einen MPEG-Encoder, der alle Elementarströme encodiert, eine PES-Struktur generiert und dann diese PES-Pakete in Transportstrompakete verpackt. Üblicherweise liegt die Datenrate pro Programm bei ca. 2... 7 Mbit/s; die Summendatenrate für Video, Audio und Daten kann konstant sein oder auch je nach aktuellem Programminhalt variieren. Man nennt dies im letzteren Fall dann „Statistical Multiplex". Die Transportströme aller Programme werden dann im MPEG-2-Multiplex zu einem Gesamttransportstrom zusammengefasst (Abb. 3.7.), der dann eine Datenrate bis zu ca. 40 Mbit/s aufweisen kann. Oft findet man bis zu 6, 8 oder 10 Programme manchmal auch über 20 Programme in einem Transportstrom. Die Datenraten können während der Übertragung schwanken, nur die Gesamtdatenrate, die muss konstant bleiben. In einem Programm können Video und Audio, mehrere Video-, Audio- und Datensignale, nur Audio (Hörfunk) oder auch nur Daten enthalten sein, somit ist die Struktur flexibel und kann sich auch während der Übertragung ändern. Um die aktuelle Struktur des Transportstromes beim Dekodiervorgang ermitteln zu können, werden Listen im Transportstrom mitgeführt, sog. Tabellen, die den Aufbau beschreiben.

3.2 Das MPEG-2-Transportstrompaket

Der MPEG-2-Transportstrom besteht aus Paketen konstanter Länge (Abb. 3.8.). Die Länge beträgt immer 188 Byte; sie ergibt sich aus 4 Byte Header und 184 Byte Payload. In der Payload sind die Video-, Audio- oder allgemeinen Daten enthalten. Im Header finden wir zahlreiche für die Übertragung der Pakete wichtigen Informationen. Das erste Byte des Headers ist das Sync-Byte. Es weist immer den Wert 47hex (Schreibweise 0x47 laut C/C++ Syntax) auf und man findet es in einem konstanten Abstand von 188 Byte im Transportstrom. Es ist nicht verboten und kann gar nicht verboten werden, dass sich ein Byte mit dem Wert 0x47 auch irgendwo anders im Paket befinden darf.

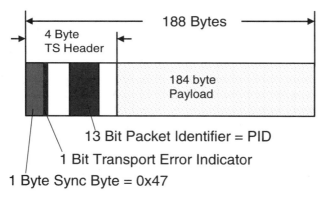

Abb. 3.8 MPEG-2-Transportstrom-Paket

Das Sync-Byte dient der Synchronisierung auf den Transportstrom und zwar wird der Wert und der konstante Abstand von 188 Byte zur Synchronisierung verwendet. Laut MPEG erfolgt am Dekoder Synchronisierung nach dem Empfang von 5 Transportstrompaketen. Ein weiterer wichtiger Bestandteil des Transportstrompaketes ist der 13 Bit lange Packet Identifier, kurz PID. Die PID beschreibt den aktuellen Inhalt des Payloadanteiles dieses Paketes. Über die 13 Bit lange Hexadezimalzahl und über mitgeführte Listen kann man herausfinden, um welchen Bestandteil des Elementarstromes es sich hier handelt.

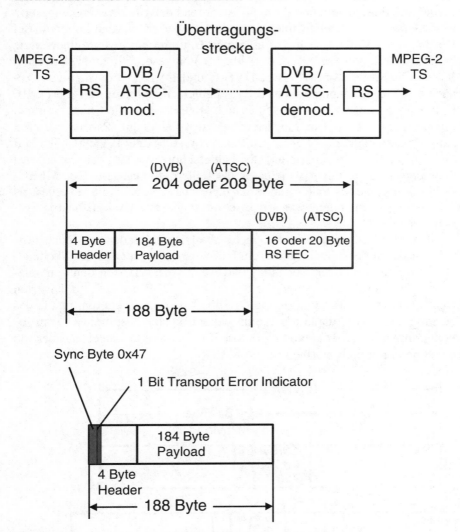

Abb. 3.9. Reed-Solomon-FEC (= Forward Error Correction)

Das Bit, das dem Sync-Byte unmittelbar folgt, nennt man Transport Error Indicator Bit (Abb. 3.8.). Dieses Bit markiert Transportstrompakete nach der Übertragung als fehlerhaft. Es wird von Demodulatoren in den Receivern am Ende der Übertragungsstrecke gesetzt, wenn z.B. zu viele Fehler aufgetreten sind und diese über während der Übertragung eingesetzte Fehlerkorrekturmechanismen nicht mehr repariert werden konnten. Bei DVB (Digital Video Broadcasting) wird z.B. immer als erster Fehlerschutz der Reed-Solomon-Fehlerschutz (Abb. 3.9.) eingesetzt. In einer der ersten Stufen des Modulators (DVB-S, DVB-C und DVB-T) fügt man zum zunächst 188 Byte langen Paket 16 Byte Fehlerschutz hinzu. Bei diesem 16 Byte langen Fehlerschutz handelt es sich um eine spezielle Check-Summe, mit der man auf der Empfangsseite bis zu 8 Fehler pro Paket reparieren kann. Liegen mehr als 8 Fehler pro Paket vor, so besteht keine Möglichkeit mehr, die Fehler zu reparieren, der Fehlerschutz versagt, das Paket wird über den Transport Error Indicator als fehlerhaft markiert. Der MPEG-Dekoder darf dieses Paket nun nicht mehr auswerten, er muss Fehlerverschleierung vornehmen, was im Bild meist als eine Art „Blocking" erkennbar ist.

Ab und zu ist es notwendig, mehr als 4 Byte Header pro Transportstrompaket zu übertragen. In diesem Fall wird der Header in den Playload-Anteil hinein verlängert. Der Playload-Anteil verkürzt sich dann entsprechend, die Gesamtpaketlänge bleibt konstant 188 Byte. Den verlängerten Header nennt man Adaptation Field (Abb. 3.10.). Die weiteren Inhalte des Headers und des Adaptation Fields werden später besprochen. Man erkennt anhand sog. Adaptation Control Bits im 4 Byte langen Header, ob ein Adaptation Field vorliegt oder nicht.

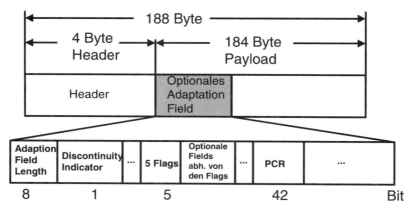

Abb. 3.10. Transportstrom-Paket mit Adaption Field

Die Struktur und speziell die Länge eines Transportstrompaketes lehnt sich sehr stark an eine Art der Datenübertragung an, die aus der Telefonie- und LAN-Technik bekannt ist, an - nämlich an den Asynchronous Transfer Mode, kurz ATM. ATM wird heutzutage sowohl in Weitverkehrsnetzen für Telefonie und Internetverbindungen verwendet, als auch für die Vernetzung von Rechnern in einem LAN-Netz in Gebäuden. ATM hat ebenfalls eine Paketstruktur. Die Länge einer ATM-Zelle beträgt 53 Byte; darin enthalten sind 5 Byte Header. Der Nutzlastanteil beträgt also 48 Byte. Schon von Beginn an dachte man bei MPEG-2 an die Möglichkeit, MPEG-2-Datensignale über ATM-Strecken zu übertragen. Daraus ergibt sich auch die Länge eines MPEG-2-Transportstrompaketes. Unter Berücksichtigung eines speziellen Bytes im Payloadteil einer ATM-Zelle bleiben 47 Byte Nutzdaten übrig. Mit Hilfe von 4 ATM-Zellen kann man dann 188 Byte Nutzinformation übertragen. Und dies entspricht genau der Länge eines MPEG-2-Transportstrompaketes. Heutzutage finden tatsächlich MPEG-2-Übertragungen über ATM-Strecken statt. Beispiele hierfür findet man z.B. in Österreich, wo alle Landesstudios der Österreichischen Rundfunks (ORF) über ein ATM-Netzwerk verbunden sind (dort genannt LNET). Aber auch in Deutschland werden MPEG-Ströme über ATM-Strecken ausgetauscht.

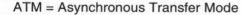

ATM = Asynchronous Transfer Mode

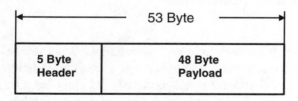

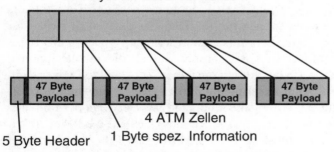

Abb. 3.11. Übertragung eines MPEG-2-Transportstromes über ATM

Bei der Übertragung von MPEG-Signalen über ATM-Strecken können auf ATM-Ebene verschiedene Übertragungs-Modi angewandt werden, man spricht von ATM Adaptation Layern. Der in Abb. 3.11. dargestellte Mode entspricht ATM Adaptation Layer 1 ohne FEC (=AAL1 ohne FEC). Möglich ist aber auch ATM Adaptation Layer 1 mit FEC (= Forward Error Correction) oder ATM Adaptation Layer 5 (AAL5). Als geeignetster Layer erscheint eigentlich AAL1 mit FEC, da hier der Inhalt während der ATM-Übertragung einem Fehlerschutz unterliegt.

Besonders entscheidend ist, dass der MPEG-2-Transportstrom ein völlig asynchrones Datensignal darstellt. Es ist nicht bekannt, welche Information im nächsten Zeitschlitz = Transportstrompaket folgt. Dies kann nur anhand der PID des Transportstrompaketes erkannt werden. Die wirklichen Nutzdatenraten im Nutzlastanteil (= Payload) können schwanken; es wird ggf. auf die fehlenden 184 Byte „aufgestopft". Diese Asynchronität hat große Vorteile hinsichtlich Zukunftsoffenheit. Beliebige neue Verfahren können ohne große Anpassung implementiert werden. Dies bringt aber auch manche Nachteile mit sich; der Empfänger muss immer mithören und verbraucht dadurch mehr Strom; ungleicher Fehlerschutz, wie z.B. bei DAB (= Digital Audio Broadcasting) ist nicht möglich, verschiedene Inhalte können nicht nach Bedarf mehr oder weniger geschützt werden.

3.3 Informationen für den Empfänger

Im folgenden sollen nun die für den Empfänger notwendigen Bestandteile des Transportstromes besprochen werden. Notwendige Bestandteile heißt in diesem Fall: Was braucht der Empfänger, d.h. der MPEG-Dekoder z.B. im Receiver, um aus der Vielzahl von Transportstrompaketen mit unterschiedlichsten Inhalten, genau die "herauszufischen" = demultiplexen, die für die Dekodierung des gewünschten Programms benötigt werden (siehe Abb. 3.12.). Des weiteren muss sich der Decoder dann auch richtig auf dieses Programm aufsynchronisieren können. Der MPEG-2-Transportstrom ist ein völlig asynchrones Signal, die Inhalte kommen rein zufällig bzw. nach Bedarf in den einzelnen Zeitschlitzen vor. Es gibt keine konkrete Regel, nach der ermittelt werden könnte, welche Information im nächsten Transportstrompaket enthalten ist. Der Decoder und auch jedes Element auf der Übertragungsstrecke muss sich auf die Paketstruktur aufsynchronisieren. Anhand des Packet Identifiers = PID kann ermittelt werden, was im jeweiligen Element tatsächlich übertragen wird. Diese Asynchronität hat auf der einen Seite Vorteile, wegen der totalen Flexibilität, auf der anderen Seite aber auch Nachteile hinsichtlich Stromsparen. Jedes, aber auch wirklich jedes Transportstrom-Paket muss zunächst im Empfänger analysiert werden.

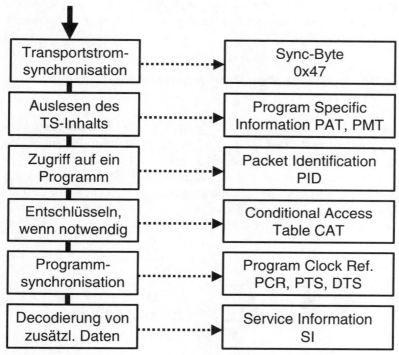

Abb. 3.12. Informationen für den Empfänger

3.3.1 Synchronisierung auf den Transportstrom

Verbindet man den MPEG-2-Dekodereingang mit einem MPEG-2-Transportstrom, so muss sich dieser zunächst auf den Transportstrom, sprich auf die Paketstruktur aufsynchronisieren. Hierzu sucht der Dekoder nach den Sync-Bytes im Transportstrom. Diese weisen konstant auf den Wert 0x47 auf und erscheinen immer am Anfang eines Transportstrompaketes. Sie liegen also in einem konstanten Abstand von 188 Byte vor. Beides, der konstante Wert 0x47 und der konstante Abstand von 188 Byte wird zur Synchronisierung verwendet. Erscheint ein Byte mit dem Wert 0x47, so untersucht der MPEG-Dekoder den Bereich n mal 188 Byte davor und dahinter im Transportstrom, ob dort auch ein Sync-Byte vorgelegen hat oder vorliegen wird. Ist dies der Fall, so handelt es sich um ein Sync-

Byte, ist dies nicht der Fall, so war es einfach irgend ein Codewort, das zufällig diesen Wert angenommen hat. Es ist nicht vermeidbar, dass das Codewort 0x47 auch im laufenden Transportstrom vorkommt. Nach 5 Transportstrompaketen tritt Synchronisierung ein, nach dem Verlust von 3
Paketen fällt der Dekoder aus der Synchronisierung - so sagt es zumindest
der MPEG-2-Standard.

3.3.2 Auslesen der aktuellen Programmstruktur

Die Anzahl und der Aufbau der im Transportstrom übertragenen Programme ist flexibel und offen. D.h. es kann ein Programm mit einem Vi-
deo- und Audioelementarstrom enthalten sein, es können aber auch 20
Programme oder mehr teils nur mit Audio, teils mit Video und Audio, teils
mit Video und mehreren Audiosignalen ausgestrahlt werden. Es ist deshalb
notwendig, bestimmte Listen im Transportstrom mitzuführen, die den aktuellen Transportstromaufbau beschreiben.

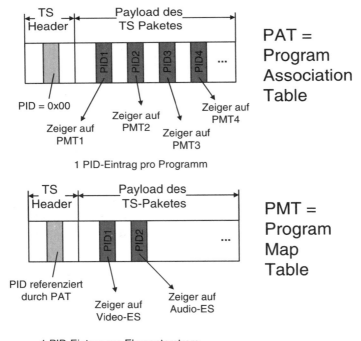

Abb. 3.13. PAT und PMT

Diese Listen sind die sog. Program Specific Information, kurz PSI (Abb. 3.13.) genannt. Es handelt sich hierbei um Tabellen, die im Payloadanteil ab und zu übertragen werden. Die erste Tabelle ist die Program Association Table (PAT). Diese Tabelle gibt es genau einmal pro Transportstrom, sie wird aber alle 0.5 s wiederholt. In dieser Tabelle ist abgelegt, wieviele Programme es in diesem Transportstrom gibt. Transportstrompakete, die diese Tabelle tragen, haben als Packet Indentifier (PID) den Wert Null, sind also sehr leicht identifizierbar. Im Payloadanteil der Program Association Table wird eine Liste von spezielle PID´s übertragen. Man findet genau einen Packet Identifier (PID) pro Programm in der Program Association Table (Abb. 3.13.).

Diese PID`s sind gewissermaßen Zeiger auf weitere Informationen, die jedes einzelne Programm näher beschreiben. Diese PID`s zeigen auf weitere Tabellen, die sog. Program Map Tables (PMT). Die Program Map Tables sind wiederum spezielle Transportstrompakete mit speziellem Payloadanteil und spezieller PID. Die PID`s der PMT`s werden in der PAT übertragen. Will man z. B. Programm Nr. 3 empfangen, so wählt man in der Program Association Table (PAT) die PID der Nr. 3 in der Liste aller PID`s im Payloadanteil aus. Ist diese z. B. 0x1FF3, so sucht man nun nach Transportstrompaketen mit PID = 0x1FF3 im Header. Diese Pakete sind jetzt die Programm Map Table für Programm Nr. 3 im Transportstrom. In der Program Map Table (PMT) sind wiederum PID`s eingetragen und zwar die PID`s für alle in diesem Programm enthaltenen Elementarströme (Video, Audio, Daten). Da mehrere Video- und Audioelementarströme enthalten sein können - man denke z. B. an eine Formel 1 - Übertragung mit mehreren Sprachen - muss nun der Zuschauer die zu dekodierenden Elementarströme auswählen. Er wählt letztendlich genau 2 PID`s aus - eine für den Videoelementarstrom und eine für den Audioelementarstrom. Dies ergibt z. B. die beiden Hexadeximalzahlen PID1 = 0x100 und PID2 = 0x110. PID1 ist dann z. B. die PID für den zu dekodierenden Videoelementarstrom und PID2 die PID für den zu dekodierenden Audioelementarstrom. Nun wird sich der MPEG-2-Dekoder nur noch für diese Transportstrompakete interessieren, diese aufsammeln, also demultiplexen und wieder zu den PES-Paketen zusammenbauen. Es entstehen nun PES-Pakete für Video und Audio und genau diese Pakete werden nun dem Video- und Audiodekoder zugeführt, um dann wieder ein Video- und Audiosignal zu erzeugen. Die Zusammensetzung des Transportstromes kann sich während der Übertragung ändern, d. h. es können z. B. Lokalprogramme nur in bestimmten Zeitfenstern übertragen werden. Eine sog. Settop-Box, also ein Receiver für z. B. DVB-S-Signale muss deshalb im Hintergrund ständig den aktuellen Aufbau des Transportstromes überwachen, die PAT und PMT´s auslesen und sich auf neue Situationen einstellen. Im Header

einer Tabelle ist dafür eine sog. Versionsverwaltung vorgesehen, die dem
Receiver signalisiert, ob sich etwas im Aufbau verändert hat. Dass dies
leider immer noch nicht für alle DVB-Receiver gilt, ist bedauerlich. Oft
erkennt ein Receiver erst dann eine Änderung der Programmstruktur, wenn
ein erneuter Programmsuchlauf gestartet wurde. In manchen deutschen
Bundesländern werden im Rahmen von DVB-T in den öffentlich-
rechtlichen Programmen sog. „regionale Fensterprogramme" zu gewissen
Zeiten am Tag eingetastet. Diese werden durch eine sog. „dynamische
PMT" realisiert, d.h. die Inhalte der PMT werden verändert und signali-
sieren Änderungen in den PID's der Elementarströme.

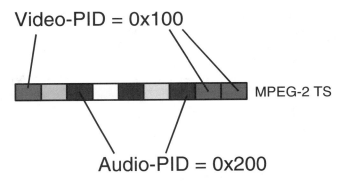

Abb. 3.14. Zugriff auf ein Programm über Video- und Audio-PID

3.3.3 Der Zugriff auf ein Programm

Nachdem über die Informationen in der PAT und den PMT´s die PID´s aller im Transportstrom enthaltenen Elementarströme bekannt gemacht wurden und sich der Benutzer auf ein Programm, einen Video- und Audioelementarstrom festgelegt hat, stehen nun eindeutig genau 2 PID's fest (Abb.
3.14.): die PID für das zu dekodierende Videosignal und die PID für das zu
dekodierende Audiosignal. Nehmen wir an, die Video-PID sei nun 0x100
und die Audio-PID sein nun 0x110. Jetzt wird der MPEG-2-Decoder auf
Anweisung des Benutzers der Settop-Box sich nur noch für diese Pakete
interessieren. Es findet ein Demultiplexing-Vorgang statt, bei dem alle TS-
Pakete mit 0x100 zu Video-PES-Paketen zusammengebaut werden und
dem Videodecoder zugeführt werden. Das gleiche gilt für die 0x110-
Audio-Pakete. Diese werden aufgesammelt und wieder zu Audio-PES-
Paketen zusammengefügt und dem Audiodecoder zugeführt. Falls die

Elementarströme nicht verschlüsselt sind, können diese nun auch direkt dekodiert werden.

3.3.4 Zugriff auf verschlüsselte Programme

Oft ist es aber so, dass die Elementarströme verschlüsselt übertragen werden. Im Falle von Pay-TV oder nur aus lizenzrechtlichen Gründen lokal beschränkter Empfangsrechte werden alle oder teilweise die Elementarströme durch einen elektronischen Verschlüsselungscode geschützt übertragen. Die Elementarströme werden durch veschiedene Verfahren (Viacess, Betacrypt, Irdeto, Conax, Nagravision ...) gescrambled (Abb. 3.17.) und können ohne Zusatzhardware und Berechtigung nicht empfangen werden. Diese Zusatzhardware muss aber mit entsprechenden Entschlüsselungs- und Berechtigungsdaten aus dem Transportstrom versorgt werden. Hierzu überträgt man eine spezielle Tabelle, die sog. Conditional Access Table (CAT) im Transportstrom. Die CAT (Abb. 3.15.) liefert uns die PID's für weitere Datenpakete im Transportstrom, in denen diese Entschlüsselungsinformationen übertragen werden. Diese weiteren Entschlüsselungsinformationen nennt man ECM's und EMM's. Man spricht von Entitlement Control Massages und Entitilement Management Massages. Die Entitlement Control Massages (ECM) dienen zur Übertragung der Entschlüsselungscodes und die Entitlement Management Massages dienen der Benutzerverwaltung. Wichtig ist, dass nur die Elementarströme selbst und keine Transportstromheader und auch keine Tabellen verschlüsselt werden dürfen. Es ist auch nicht erlaubt, den Transportstromheader und das Adaptationfield zu scramblen.

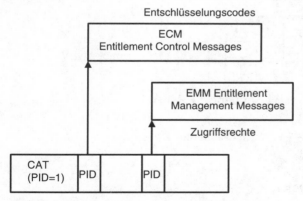

Abb. 3.15. Die Conditional Access Table (CAT)

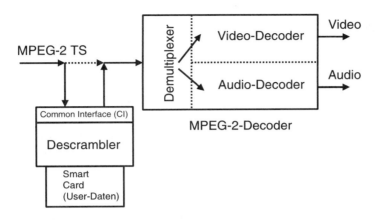

Abb. 3.16. Entschlüsselung im DVB-Receiver

Die Entschlüsselung selbst wird außerhalb des MPEG-Decoders in einer vom Verschlüsselungsverfahren abhängigen Zusatzhardware vorgenommen, die üblicherweise steckbar an einem sog. Common Interface (CI) in die Settop-Box integriert wird. Der Transportstrom wird durch diese Hardware geschleift (Abb. 3.16., Abb. 3.17.), bevor er im MPEG-Decoder weiterverarbeitet wird. Mit den Informationen der ECM's und EMM's, sowie dem Benutzerschlüssel aus der Smart-Card findet dann die Entschlüsselung statt.

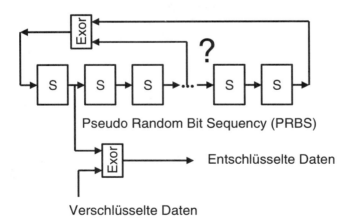

Abb. 3.17. Verschlüsselung und Entschlüsselung durch PRSB-Generator im CA-System und im Receiver

3.3.5 Programmsynchronisation (PCR, DTS, PTS)

Nachdem nun die PID`s für Video- und Audio feststehen und evtl. ver-
schlüsselte Programme entschlüsselt worden sind, werden nun nach dem
Demultiplex-Vorgang wieder Video- und Audio-PES-Pakete erzeugt. Diese werden dann dem Video- und Audiodecoder zugeführt. Für die eigentliche Decodierung sind nun aber einige weitere Synchronisierungsschritte
notwendig. Der erste Schritt ist die Anbindung des Decodertaktes an den
Encodertakt. Wie eingangs angedeutet, werden das Luminanzsignal mit
13.5 MHz und die beiden Farbdifferenzsignale mit 6.75 MHz abgetastet.
27 MHz ist ein Vielfaches dieser Abtastfrequenzen und wird deshalb auf
der Senderseite als Referenz- oder Basisfrequenz für alle Verarbeitungsschritte bei der MPEG-Encodierung verwendet. Ein 27 MHz-Oszillator
speist beim MPEG-Encoder die System Time Clock (STC). Die STC ist
im wesentlichen ein 42-Bitzähler, mit eben dieser 27 MHz-Taktung, der
nach einem Überlauf wieder mit Null startet. Die LSB-Stellen laufen hierbei nicht bis 0xFFF, sondern nur bis 0x300. Alle etwa 26.5 Stunden beginnt ein Neustart bei Null. Auf der Empfangsseite muss ebenfalls eine
System Time Clock (STC) vorgehalten werden. D.h. man benötigt hier
ebenfalls einen 27 MHz-Oszillator und einen daran angeschlossenen 42
Bit-Zähler. Es muss jedoch sowohl der 27 MHz-Oszillator vollkommen
frequenzsynchron zur Sendeseite laufen, als auch der 42-Bit-Zähler vollkommen synchron zählen.

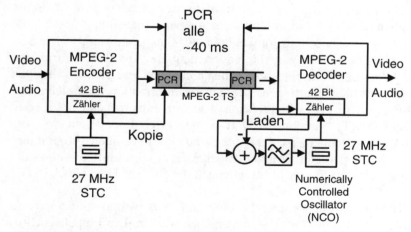

Abb. 3.18. Program Clock Reference (PCR)

Um dies zu ermöglichen werden Referenzinformationen im MPEG-Datenstrom übertragen (Abb. 3.18.). Bei MPEG-2 sind dies die sog. PCR-Werte. PCR steht für Program Clock Reference und ist nichts anderes als eine in den Transportstrom zu einem bestimmten Zeitpunkt eingespeiste aktuelle Kopie des STC-Zählers. Im Datenstrom wird also eine genaue interne "Uhrzeit" mitgeführt. Alle Codier- und auch Decodiervorgänge werden von dieser Uhrzeit gesteuert. Dazu muss der Empfänger, also der MPEG-Decoder die "Uhrzeit", diese PCR-Werte auslesen und mit seiner eigenen Systemuhr, also seinem eigenen 42 Bit-Zähler vergleichen.

Laufen die empfangenen PCR-Werte synchron zur decoderseitigen Systemuhr, so stimmt der 27 MHz-Takt auf der Empfangsseite mit der Sendeseite überein. Im Falle einer Abweichung kann aus der Größe der Abweichung eine Regelgröße für eine PLL (Phase Locked Loop) erzeugt werden. D.h. der Oszillator auf der Empfangsseite kann nachgezogen werden. Außerdem wird parallel hierzu der 42-Bit-Zählerwert immer wieder auf den empfangenen PCR-Wert zurückgesetzt. Dies ist speziell für eine Grundinitialisierung und bei einem Programmwechsel notwendig.

Die PCR-Werte müssen in ausreichender Anzahl, also in einem Maximalstand und relativ genau, also jitterfrei vorliegen. Laut MPEG beträgt der Maximalstand pro Programm 40 ms zwischen einzelnen PCR-Werten. Der PCR-Jitter muss kleiner als ± 500 ns sein. PCR-Probleme äußern sich zunächst meist in einer Wiedergabe eines Schwarzweißbildes anstelle eines farbigen Bildes. PCR-Jitter-Probleme können v. a. bei einem Remultiplexing eines Transportstromes auftreten. Dies entsteht dadurch, dass z.B. die Zusammensetzung des Transportstromes geändert wird, ohne die darin enthaltenen PCR-Information anzupassen. Manchmal findet man PCR-Jitter von bis zu ± 30 μs, obwohl nur ± 500 ns erlaubt sind. Viele Set-top-Boxen kommen damit zurecht, jedoch nicht alle. Die PCR-Information wird im Adaption Field eines zum entsprechenden Programm gehörigen Transportstrompaket übertragen. Die genaue Information, in welcher Art von TS-Paketen dies geschieht, kann man der entsprechenden Program Map Table (PMT) entnehmen. Dort in der PMT findet man die sog. PCR_PID, die jedoch meist der Video-PID des jeweiligen Programmes entspricht. Nach erfolgter Program Clock Synchronisation laufen nun die Video- und Audiocodierungsschritte gemäß der System Time Clock (STC) ab.

Nun tritt jedoch ein weiteres Problem auf. Video- und Audio müssen lippensynchron decodiert und wiedergegeben werden. Um Lippensynchronisation, also Synchronisation zwischen Video und Audio erreichen zu können, werden zusätzliche Zeitformationen in die Header der Video- und Audio- Packetized Elementary Streams eingetastet. Diese Zeitinformationen sind von der Systemuhr (STC, 42 Bit) abgeleitet. Man verwendet die

33 höherwertigsten Bits (MSB = Most Significant Bits) der STC und trägt diese in die Video- und Audio-PES-Header in einem maximalen Abstand von 700 ms ein. Man nennt diese Werte Presentation Time Stamps (PTS) (Abb. 3.19.).

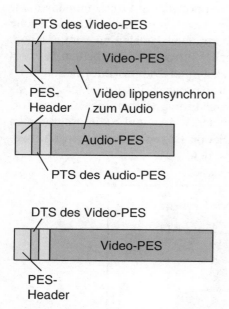

Abb. 3.19. Presentation Time Stamps (PTS) und Decoding Time Stamps (DTS)

Wie wir später bei der Videocodierung sehen werden, wird die Übertragungsreihenfolge der komprimierten Bildinformationen eine andere sein, als die Aufzeichnungsreihenfolge. Die Bildreihenfolge ist nun nach einer gewissen Gesetzmäßigkeit verwürfelt. Dies ist notwendig, um Speicher im Decoder zu sparen. Um die Originalreihenfolge wieder gewinnen zu können, müssen zusätzliche Zeitmarken in den Videoelementarstrom eingetastet werden. Diese Informationen heißen Decoding Time Stamps (DTS) (Abb. 3.19.) und werden ebenfalls im PES-Header übertragen.

Ein MPEG-2-Decoder in einer Settop-Box ist nun in der Lage, Video- und Audioelementarströme eines Programms zu decodieren. D.h. es entstehen nun wieder Video- und Audiosignale in analoger oder auch digitaler Form.

3.3.6 Zusatz-Informationen im Transportstrom (PSI / SI / PSIP)

Gemäß MPEG werden nur relativ hardwarenahe Informationen im Transportstrom übertragen, gewissermaßen nur absolute Minimalanforderungen. Dies macht die Bedienbarkeit einer Settop-Box aber nicht besonders benutzerfreundlich. Es ist z.B. sinnvoll und notwendig Programmnamen zur Identifikation zu übertragen. Außerdem ist es wünschenswert, die Suche nach benachbarten physikalischen Übertragungskanälen zu vereinfachen. Die Übertragung von elektronischen Programmzeitschriften (EPG = Electronical Program Guide), sowie Zeit- und Datums-Informationen ist ebenfalls notwendig. Sowohl die europäische DVB-Projektgruppe, als auch die nordamerikanische ATSC-Projektgruppe haben hier Zusatzinformationen für die Übertragung von digitalen Video- und Audioprogrammen definiert, die die Bedienbarkeit von Settop-Boxen vereinfachen und wesentlich benutzerfreundlicher machen sollen.

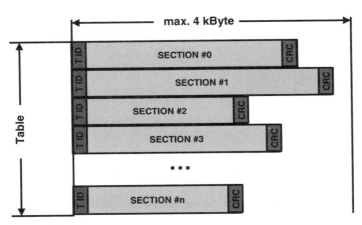

Abb. 3.20. Sections und Tabellen

3.3.7 Nicht-private und private Sections und Tabellen

Für evtl. Erweiterungen hat man beim MPEG-2-Standard eine sog. "Offene Tür" eingebaut. Neben der sog. Program Specific Information (PSI), nämlich der Program Association Table (PAT), der Program Map Table (PMT) und der Conditional Access Table (CAT) wurde die Möglichkeit geschaffen, sog. Private Sections und Private Tables (Abb. 3.20.) in den Transportstrom einzubauen. Es wurden Mechanismen definiert, wie eine Section, bzw. Tabelle auszusehen hat, wie sie aufgebaut sein muss und nach welchen Gesetzmäßigkeiten sie in den Transportstrom einzubinden ist.

Gemäß MPEG-2-Systems (ISO/IEC 13818-1) wurde für jede Art von Tabelle folgendes festgelegt:

- Eine Tabelle wird im Payloadteil eines Transportstrompaketes oder mehrerer Transportstrompakete mit einer speziellen PID, die nur für diese Tabelle (DVB) oder einige Tabellenarten (ATSC) reserviert ist, übertragen.
- Jede Tabelle beginnt mit einer Table ID. Hierbei handelt es sich um ein spezielles Byte, das genau diese Tabelle identifiziert. Die Table ID ist das erste Nutzbyte einer Tabelle.
- Jede Tabelle ist in Sections unterteilt, die eine maximale Größe von 4 kByte haben dürfen. Jede Section einer Tabelle wird mit einer 32 Bit langen CRC-Checksum über die ganze Section abgeschlossen.

Die PSI (Program Specific Information) ist genauso aufgebaut: Die PAT (Program Association Table) hat als PID die Null und beginnt mit Table ID Null. Die PMT (Program Map Table) hat als PID die in der PAT definierten PID`s und eine Table ID von 2. Die CAT (Conditional Access Table) weist als PID und als Table ID die „1" auf. Die PSI kann sich aus einem oder abhängig vom Inhalt auch aus mehreren Transportstrompaketen für PAT, PMT und CAT zusammensetzen.

Neben den bisher genannten PSI-Tabellen PAT, PMT und CAT wurde bei MPEG grundsätzlich eine weitere Tabelle, die sog. Network Information Table NIT vorgesehen, aber im Detail nicht standardisiert.

Die tatsächliche Realisierung von der NIT erfolgte im Rahmen des DVB-Projektes (Digital Video Broadcasting).

Alle Tabellen sind über den Mechanismus der Sections realisiert. Es gibt nicht-private und private Sections (Abb. 3.21.). Nicht-private Sections sind im Original-MPEG-2-Systems-Standard definiert. Alle anderen sind sinngemäß privat. Zu den nicht-privaten Sections gehören die PSI-Tabellen, zu den privaten die SI-Tabellen von DVB, sowie auch die MPEG-2-DSM-CC-Sections (Data Storage Media Command and Control), die für Data Broadcasting Anwendung finden. Im Header einer Tabelle findet man eine Verwaltung über die Versionsnummer einer Tabelle, sowie eine Angabe über die Anzahl der Sections, aus der eine Tabelle aufgebaut ist. Ein Receiver muss v.a. erst den Header dieser Sections durchscannen, bevor er den Rest der Sections und Tabellen auswertet. Alle Sections müssen natürlich von ursprünglich max. 4 kByte Länge auf je max. 184 Byte Nutzlastlänge eines MPEG-2-Transportstrompaketes heruntergebrochen werden, bevor sie übertragen werden.

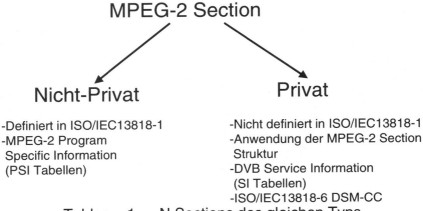

Tables = 1 ... N Sections des gleichen Typs
(max. 1024 Byte / 4096 Byte pro Section)

Abb. 3.21. Sections und Tabellen gemäß MPEG-2

Bei PSI/SI ist die Grenze der Section-Länge bei fast allen Tabellen auf 1 kByte heruntersetzt, eine Ausnahme bildet hier nur die EIT (= Event Information Table), die der Übertragung der elektronischen Programmzeitschrift (EPG = Electronical Program Guide) dient. Die Sections der EIT können die max. Größe von 4 kByte annehmen, über sie wird ja auch im Falle eines 1 Wochen langen EPG jede Menge an Information übertragen.

Beginnt eine Section in einem Transportstrompaket (Abb. 3.22.), so wird dort im Header der Payload Unit Start Indicator auf „1" gesetzt. Unmittelbar nach dem TS-Header folgt dann der sog. Pointer. Dies ist ein Zeiger (in Anzahl an Bytes) auf den tatsächlichen Beginn der Section. Meistens – und bei PSI/SI immer – ist dieser Pointer auf Null gesetzt und dies bedeutet dann, dass unmittelbar nach dem Pointer die Section beginnt. Weist der Pointer einen von Null verschiedenen Wert auf, so findet man dann noch Reste der vorangegangenen Section in diesem Transportstrompaket. Ausgenutzt wird dies, um TS-Pakete zu sparen; ein Beispiel hierfür ist die Multi-Protocol-Encapsulation (MPE) über sog. DSM-CC-Sections im Falle von IP over MPEG-2 (siehe DVB-H).

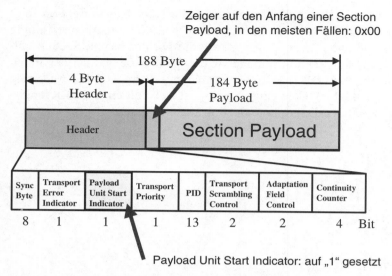

Zeiger auf den Anfang einer Section
Payload, in den meisten Fällen: 0x00

188 Byte

4 Byte
Header

184 Byte
Payload

Header   Section Payload

Sync Byte	Transport Error Indicator	Payload Unit Start Indicator	Transport Priority	PID	Transport Scrambling Control	Adaptation Field Control	Continuity Counter	
8	1	1	1	13	2	2	4	Bit

Payload Unit Start Indicator: auf „1" gesetzt

Abb. 3.22. Beginn einer Section in einem MPEG-2-Transportstrom-Paket

```
table_id                                    8 Bit
section_syntax_indicator                    1
private_indicator                           1
reserved                                    2
section_length                              12
if (section_syntax_indicator == 0)
  table_body1() /* short table */
else
  table_body2() /* long table */
if (section_syntax_indicator == 1)
  CRC                                       32 Bit
```

Abb. 3.23. Aufbau einer Section

Sections sind immer nach dem gleichen Bauplan aufgebaut (Abb. 3.23., Abb. 3.24.). Eine Section beginnt mit der Table_ID, einem Byte, das den Tabellentyp signalisiert. Über das Section-Syntax-Indicator-Bit wird gekennzeichnet, ob es sich von der Art her um eine kurze Section (Bit = 0)

oder lange Section (Bit = 1) handelt. Im Falle einer langen Section folgt dann ein verlängerter Section-Kopf, in dem u.a. die Versionsverwaltung der Section und auch deren Länge, sowie die Nr. der letzten Section enthalten ist. Über die Versionsnummer wird signalisiert, ob sich der Inhalt der Section verändert hat (z.B. bei einer dynamischen PMT, bei Änderung der Programmstruktur). Eine lange Section ist stets mit einer 32 Bit langen CRC-Checksum über die gesamte Section abgeschlossen.

```
table_body1()
{
  for (i=0;i<N;i++)
    data_byte                    8 Bit
}
```

```
table_body2()
{
  table_id_extension            16 Bit
  reserved                       2
  version_number                 5
  current_next_indicator         1
  section_number                 8
  last_section_number            8

  for (i=0;i<N;i++)
    data_byte                    8 Bit
}
```

Abb. 3.24. Aufbau der Section Payload

Nun ist auch der Detailaufbau einer PAT und PMT leichter zu verstehen. Eine PAT (Abb. 3.25., Abb. 3.26.) beginnt mit der Table_ID = 0x00. Sie ist vom Typ her eine nicht-private lange Tabelle, d.h. es folgt im Tabellenkopf die Versionsverwaltung. Da die zu übertragenden Informationen über die Programmstruktur sehr kurz sind, kommt man aber quasi immer mit einer einzelnen Section aus (last_section_no = 0), die noch dazu in ein Transportstrompaket hineinpasst. In der Program-Loop werden für jedes Programm dessen Programmnummer und die zugehörige Program Map PID aufgelistet. Eine besondere Ausnahme bildet die Programm Nr.

Null, über sie wird die PID der späteren NIT (= Network Information Table) bekannt gemacht. Die PAT schließt dann mit der CRC-Checksum ab. Eine PAT gibt es einmal pro Transportstrom, wird aber alle 0.5 s wiederholt ausgestrahlt. Im Kopf der Tabelle wird dem Transportstrom eine eindeutige Nummer, die Transport Stream_ID verpasst, über die er in einem Netzwerk adressiert werden kann (z.B. Satellitennetzwerk mit vielen Transportströmen). In der PAT ist keinerlei Textinformation enthalten.

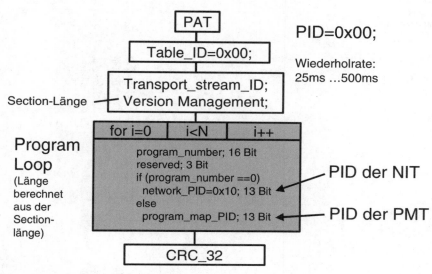

Abb. 3.25. Detailaufbau der PAT

Die Program Map Table (PMT) (Abb. 3.27.) beginnt mit der Table_ID = 0x02. Die PID wird über die PAT signalisiert und liegt im Bereich von 0x20 … 0x1FFE. Auch die PMT ist eine sog. nicht-private Tabelle mit Versionsverwaltung und abschließender CRC-Checksum. Im Header der PMT taucht die schon von der PAT her bekannte Program_no. auf. Die Program_no. in PAT und PMT müssen sich entsprechen, also gleich sein.

Nach dem Header der PMT folgt eine Schleife, die sog. Program_info_loop, in die je nach Bedarf verschiedene Descriptoren eingeklinkt werden können, die dann Programmbestandteile näher beschreiben. Diese muss aber nicht ausgenutzt werden. Die eigentlichen Programmbestandteile wie Video, Audio oder Teletext werden über die Stream Loop bekannt gemacht. Dort finden sich die Einträge für den jeweiligen Stream Type und die PID des Elementarstromes.

Für jeden Programmbestandteil können in der ES_info_loop mehrere Descriptoren eingeklinkt werden. Die PMT gibt es für jedes Programm einmal und wird alle 0.5 s ausgestrahlt. In der PMT ist auch keinerlei Textinformation enthalten.

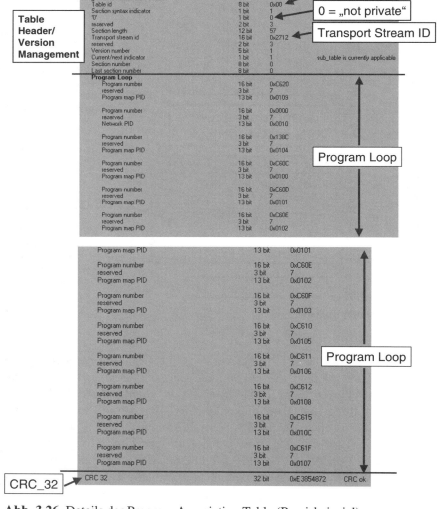

Abb. 3.26. Details der Program Association Table (Praxisbeispiel)

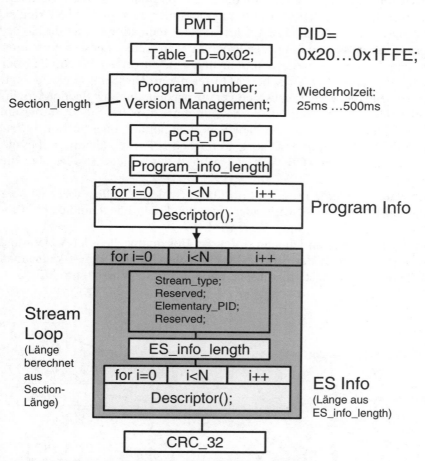

Abb. 3.27. Detailaufbau der Program Map Table

Abb. 3.28. zeigt ein konkretes Beispiel für den Aufbau einer in diesem Fall recht kurzen Program Map Table. Stellvertretend für viele andere folgende Tabellen soll nun diese näher diskutiert werden. Das mit einem MPEG-2-Analyzer aufgenommene Beispiel zeigt, dass die PMT mit der Table ID = 0x02 beginnt, einem Byte, an dem es eindeutig als solche identifizierbar ist. Das Section-Syntax-Indicator-Bit ist auf „1" gesetzt und besagt, dass es sich um eine lange Tabelle mit Versionsverwaltung handelt. Das darauf folgende Bit ist auf „0" gesetzt und identifiziert diese Tabelle als sog. nicht-private MPEG-Tabelle. Die Section Length besagt, wie lange diese aktuelle Section dieser Tabelle gerade ist; sie ist in diesem Falle

23 Byte lange. Im Feld der Table_ID-Extension findet man die Programm-Nr.; einen korrespondierenden Eintrag muss man auch in der PAT finden. Über die Versions-Nr. und dem Current/Next-Indicatior erfolgt die Signalisierung einer Veränderung der Program Map Table. Diese Information muss ein Receiver ständig abprüfen und ggf. auf einen Wechsel in der Programmstruktur (dynamische PMT) reagieren. Die Section-No. besagt, um welche aktuelle Section es sich gerade handelt, die Last Section No. informiert über die Nr. der letzten Section einer Tabelle. Sie ist in diesem Falle auf Null gesetzt, d.h. die Tabelle besteht nur aus einer Section.

Die PCR_PID (Program Clock Reference – Packet Identifier) besagt, auf welcher PID der PCR-Wert ausgestrahlt wird. Meist ist dies aber die Video-PID.

Es würde nun eine Program-Info-Loop (Schleife) finden, diese ist aber in diesem Beispiel nicht vorhanden, was durch den Längenindicator „Program_info_length = 0" signalisiert wird.

In der Stream Loop jedoch erfolgt das Bekanntmachen der Video- und Audio-PID. Anhand der Stream-Types (siehe Tabelle 3.1.) erkennt man den Typ der Nutzlast, in diesem Falle MPEG-2-Video und MPEG-2-Audio.

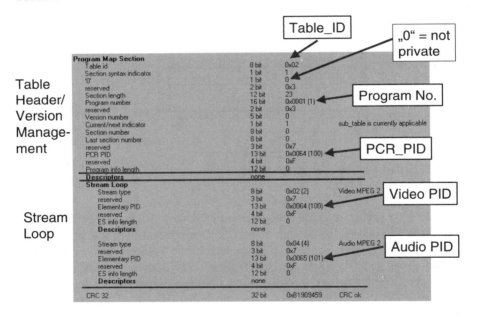

Abb. 3.28. Details der Program Map Table (Praxisbeispiel)

Tabelle 3.1. Stream Types der Program Map Table

Wert	Beschreibung
0x00	ITU-T/ISO/IEC reserviert
0x01	ISO/IEC 11172 MPEG-1 Video
0x02	ITU-T H.262 / ISO/IEC13818-2 MPEG-2 Video
0x03	ISO/IEC 11172 MPEG-1 Audio
0x04	ISO/IEC 13818-3 MPEG-2 Audio
0x05	ITU-T H222.0 / ISO/IEC 13818-1 private Sections
0x06	ITU-T H.222.0 / ISO/IEC 13818-1 PES Pakete mit privaten Daten
0x07	ISO/IEC 13522 MHEG
0x08	ITU-T H.222.0 /ISO/IEC 13818-1 Annex A DSM-CC
0x09	ITU-T H.222.1
0x0A	ISO/IEC 13818-6 DSM-CC Typ A
0x0B	ISO/IEC 13818-6 DSM-CC Typ B
0x0C	ISO/IEC 13818-6 DSM-CC Typ C
0x0D	ISO/IEC 13818-6 DSM-CC Typ D
0x0E	ISO/IEC 13818-1 auxiliary
0x0F-0x7F	ITU-T H.222.0 / ISO/IEC 13818-1 reserviert
0x80-0xFF	User Private

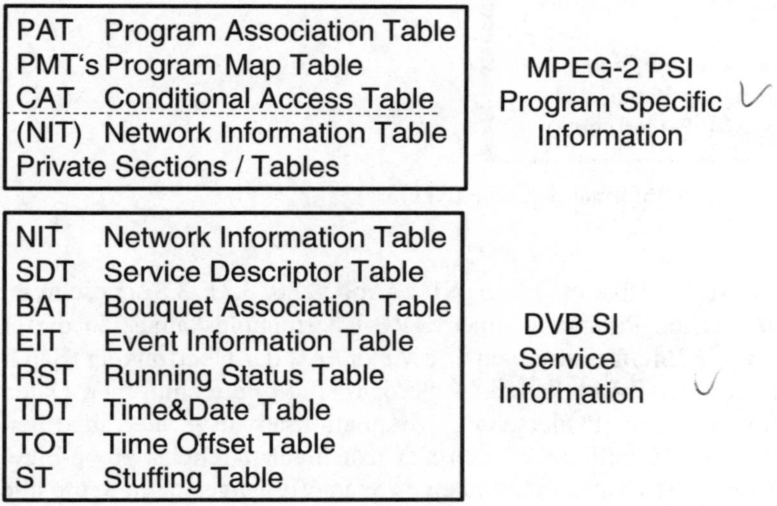

PAT Program Association Table PMT's Program Map Table CAT Conditional Access Table (NIT) Network Information Table Private Sections / Tables	MPEG-2 PSI Program Specific Information

NIT Network Information Table SDT Service Descriptor Table BAT Bouquet Association Table EIT Event Information Table RST Running Status Table TDT Time&Date Table TOT Time Offset Table ST Stuffing Table	DVB SI Service Information

Abb. 3.29. MPEG-2-PSI und DVB-SI

3.3.8 Die Service Information gemäß DVB (SI)

$\left(3.3.6 \ 2 \right)$

Die europäische DVB (Digital Video Broadcasting)-Gruppe hat unter Ausnutzung der Private Sections und Private Tables zahlreiche zusätzliche Tabellen eingeführt. Mit Hilfe dieser Tabellen sollte die Bedienung der Settop-Boxen oder ganz allgemein der DVB-Empfangsgeräte (Receiver) vereinfacht werden. Diese zusätzlichen Tabellen nennt man Service Information (SI). Sie sind im ETSI-Standard [ETS300468] definiert.

Es handelt sich hierbei um folgende Tabellen (Abb. 3.29.): die Network Information Table (NIT), die Service Descriptor Table (SDT), die Bouquet Association Table (BAT), die Event Information Table (EIT), die Running Status Table (RST), die Time&Date Table (TDT), die Time Offset Table (TOT) und schließlich die Stuffing Table (ST). Diese 8 Tabellen werden nun im folgenden Abschnitt genauer beschrieben.

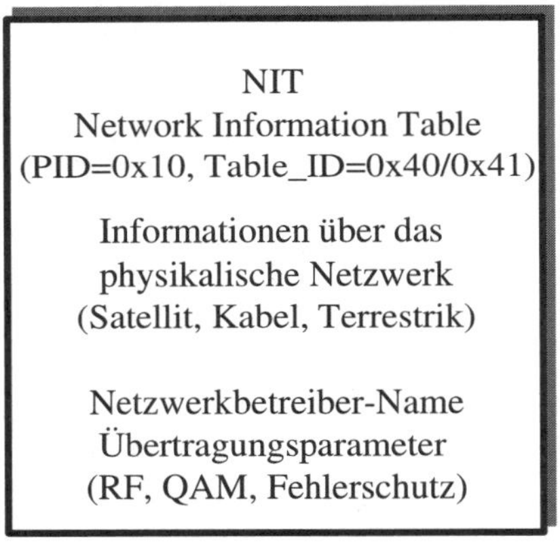

```
NIT
Network Information Table
(PID=0x10, Table_ID=0x40/0x41)

Informationen über das
physikalische Netzwerk
(Satellit, Kabel, Terrestrik)

Netzwerkbetreiber-Name
Übertragungsparameter
(RF, QAM, Fehlerschutz)
```

Abb. 3.30. Network Information Table (NIT)

$\left(3.21 \right)$

Die Network Information Table (NIT) (Abb. 3.30, 3.31, 3.32) beschreibt alle physikalischen Parameter eines DVB-Übertragungskanals. In dieser NIT ist z. B. die Empfangsfrequenz, sowie die Art der Übertragung (Satellit, Kabel, terrestrisch) enthalten. Außerdem sind alle technischen Daten der Übertragung, d. h. Fehlerschutz, Modulationsart, usw. hier abgespeichert. Sinn dieser Tabelle ist es, den Kanalsuchlauf möglichst zu optimieren. Eine Settop-Box kann während eines Scan-Vorganges beim Setup alle Parameter eines physikalischen Kanals speichern. Innerhalb eines Netzwerkes (z.B. Satellit, Kabel) kann z.B. in jedem Kanal eine Information über alle verfügbaren physikalischen Kanäle ausgestrahlt werden. Somit kann eigentlich die tatsächliche physikalische Suche nach Kanälen entfallen.

Inhalte der NIT sind:

- Übertragungsweg (Satellit, Kabel, Terrestrik)
- Empfangsfrequenz
- Modulationsart
- Fehlerschutz
- Übertragungsparameter

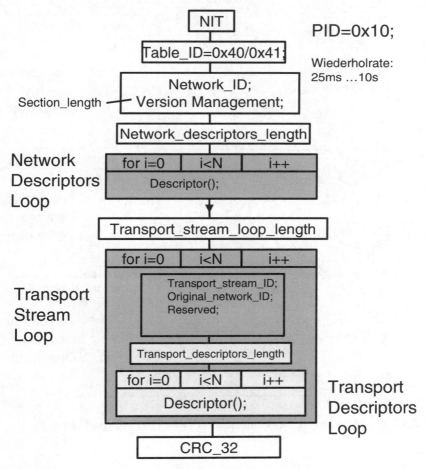

Abb. 3.31. Aufbau der Network Information Table (NIT)

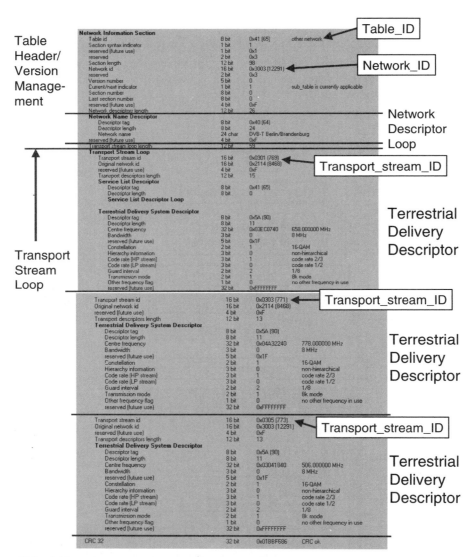

Abb. 3.32. Beispiel einer Network Information Table (NIT) (Praxisbeispiel)

Wichtig im Zusammenhang mit der NIT ist, dass sich manche Empfänger, sprich Settop-Boxen etwas "eigenartig" verhalten können, wenn die Übertragungsparameter in der NIT nicht zur tatsächlichen Übertragung

passen. Stimmt z. B. die in der NIT übertragene Sendefrequenz nicht mit
der tatsächlichen Empfangsfrequenz überein, so können manche Empfänger einfach ohne Angabe von Gründen die Bild- und Tonwiedergabe ver-
weigern.

In der Service Descriptor Table (SDT) findet man nähere Beschreibun-
gen der im Transportstrom enthaltenen Programme, der Services. V.a. findet man dort als Text die Bezeichnung der Programme. Dies ist z. B.
"CNN", "Eurosport", "ARD", "ZDF", "BBC", usw. D.h. parallel zu den in
der PAT eingetragenen Programm-PID`s findet man in der SDT nun Text-
informationen für den Benutzer. Dies soll die Bedienung des Empfangsge-
rätes anhand von Textlisten erleichtern.

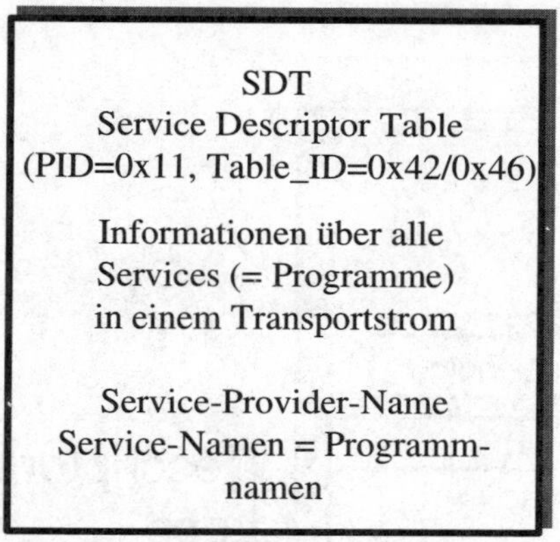

```
            SDT
     Service Descriptor Table
  (PID=0x11, Table_ID=0x42/0x46)

     Informationen über alle
     Services (= Programme)
      in einem Transportstrom


     Service-Provider-Name
  Service-Namen = Programm-
            namen
```

Abb. 3.33. Service Descriptor Table (SDT)

(3·22)

Mit der Service Descriptor Table ganz nah verwandt ist die Bouquet Association Table (BAT). SDT und BAT haben gleiche PID, sie unterscheiden sich nur in der Table ID. Während die SDT einen physikalischen Kanal bezüglich seiner Programmstruktur beschreibt, so beschreibt eine BAT
mehrere oder eine Vielzahl physikalischer Kanäle bezüglich der Programmstruktur.

Die BAT ist also nichts anderes als eine kanalübergreifende Programm-
tabelle. Sie gibt also eine Übersicht über alle in einem Bündel, einem sog.
Bouquet von Kanälen enthaltenen Services. Programmanbieter können
z.B. ein ganzes Bouquet von physikalischen Kanälen für sich beanspru-
chen, wenn ein einzelner Kanal nicht ausreicht, um das ganze Programm-
angebot zu übertragen. Ein Beispiel hierfür ist der Pay-TV-Anbieter "Premiere" in Deutschland. Hier sind etwa eine Hand voll DVB-Kanäle über
Satellit oder über Kabel zu einem Bouquet dieses Providers zusammenge-

fasst. Die zugehörige BAT wird in allen Einzelkanälen übertragen und verbindet dieses Bouquet.

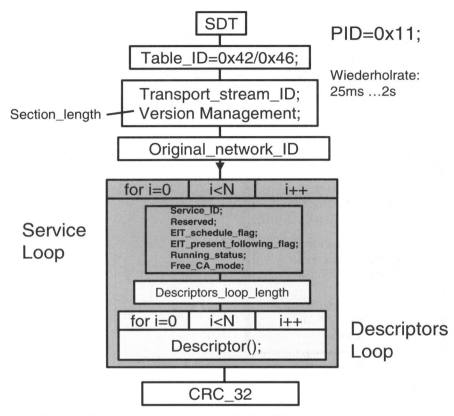

Abb. 3.34. Aufbau der Service Descriptor Table (SDT)

Tatsächlich findet man aber eine Bouquet Association Table meist aber recht selten in einem Transportstrom. Die ARD und das ZDF in Deutschland, sowie Premiere strahlen für ihr jeweiliges Bouquet eine BAT aus. Manchmal findet man eine BAT in Netzen von Kabelnetz-Providern.

Häufig ist die BAT aber wie schon erwähnt, gar nicht vorhanden. In der BAT wird meist über sog. „Linkage-Descriptoren" mitgeteilt, in welchen Transportströmen welcher Service einer bestimmten Service-ID zu finden ist.

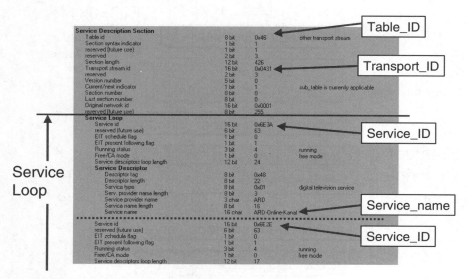

Abb. 3.35. Beispiel einer SDT (Praxisbeispiel)

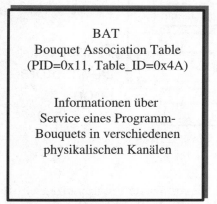

Abb. 3.36. Bouquet Association Table (BAT)

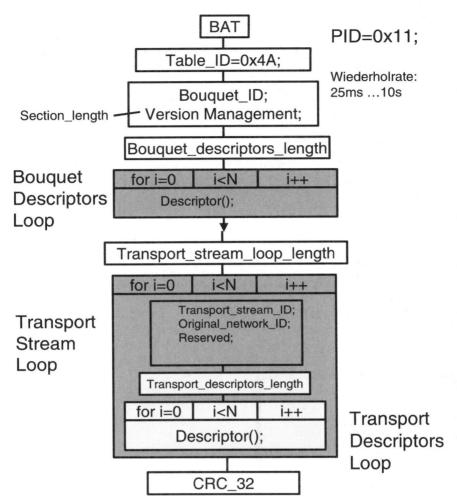

Abb. 3.37. Aufbau einer Bouquet Association Table (BAT)

Viele Anbieter übertragen auch eine elektronische Programmzeitschrift (Electronical Program Guide, EPG, Abb. 3.38. und 3.39.). Hierzu gibt es innerhalb DVB eine eigene Tabelle, die sog. Event Information Table, kurz EIT. Man findet hier die geplanten Startzeiten, sowie die Dauer aller Sendungen z.B. eines Tages oder einer Woche. Die dort mögliche Struktur ist sehr flexibel und erlaubt auch die Übertragung jeder Menge von Zusatzinformationen. Leider unterstützen nicht alle Settop-Boxen dieses Feature, bzw. unzureichend.

Oft treten jedoch Abweichungen, Verzögerungen der geplanten Start- und Stopzeiten von Sendungen auf. Um z.B. Videorecorder gezielt starten und stoppen zu können wird in der sog. Running Status Table (RST, Abb. 3.40., 3.41.) hierzu Steuerinformation übertragen. Man kann also die RST durchaus vergleichen mit dem VPS-Signal in der Datenzeile eines analogen TV-Signals. Die RST wird in der Praxis momentan nicht verwendet, zumindest wurde sie vom Autor nirgendwo auf der Welt in einem Transportstrom gefunden, außer in „synthetischen" Transportströmen. Vielmehr wurde zur Steuerung von Videorecordern und ähnlichen Aufzeichnungsmedien die Datenzeile mit der VPS-Information (Video Program System) innerhalb von DVB adaptiert.

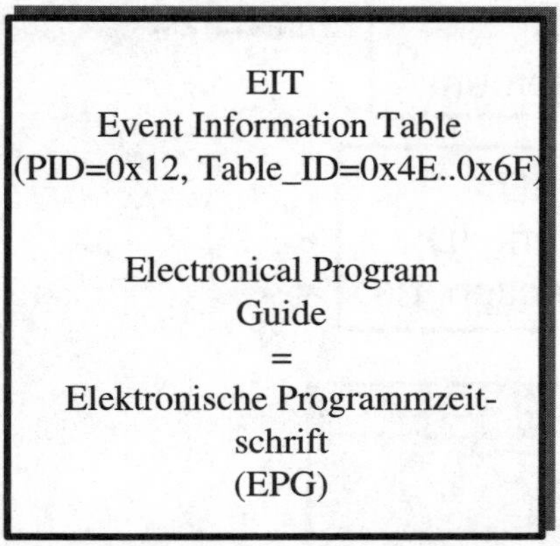

EIT
Event Information Table
(PID=0x12, Table_ID=0x4E..0x6F)

Electronical Program
Guide
=
Elektronische Programmzeit-
schrift
(EPG)

Abb. 3.38. Event Information Table (EIT)

Zur Handhabung der Settop-Box ist es auch notwendig die aktuelle Uhrzeit und das aktuelle Datum zu übertragen. Dies geschieht in zwei Stufen. In der Time&Date Table (Abb. 3.42. und 3.43.) (TDT) wird die Greenwich Mean Time (=GMT, UTC), also die aktuelle Uhrzeit am Null-Grad-Meridian in London ohne Sommerzeitverschiebung übertragen. In einer Time Offset Table (TOT) (Abb. 3.42. und 3.43.) können dann für unterschiedliche Zeitzonen die jeweiligen aktuellen Zeitoffsets ausgestrahlt werden. Wie und wieweit die Informationen in der TDT und TOT ausgewertet werden, hängt von der Software der Settop-Box ab. Zur vollständigen Unterstützung dieser ausgestrahlten Zeitinformationen wäre es notwendig, der Settop-Box den aktuellen Ort mitzuteilen. Speziell in Ländern mit einer Vielzahl von Zeitzonen, muss man diesen Punkt mehr Aufmerksamkeit widmen.

Manchmal kann es notwendig sein, gewisse Informationen, speziell Tabellen im Transportstrom ungültig zu machen. Nach dem Empfang eines DVB-S-Signals in einer Kabelkopfstation kann es durchaus vorkommen, dass z. B. die NIT ausgetauscht oder überschrieben werden muss, oder dass einzelne Programme für die Weiterversendung unbrauchbar gemacht werden müssen. Dies kann mit Hilfe der Stuffing Table (ST) (Abb. 3.44.) geschehen. Mit Hilfe der ST können Informationen im Transportstrom überschrieben werden.

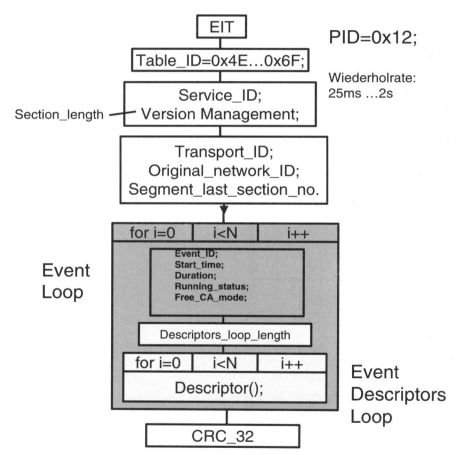

Abb. 3.39. Aufbau der Event Information Table (EIT)

RST
Running Status Table
(PID=0x13,Table ID=0x71)

Akuteller Status eines
Events

Abb. 3.40. Running Status Table (RST)

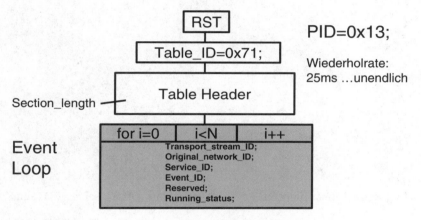

Abb. 3.41. Aufbau der Running Status Table (RST)

TDT/TOT
Time and Date Table,
Time Offset Table
(PID=0x14, Table ID =0x70, 0x74)

Aktuelle Uhrzeit und Datum
(UTC/GMT)
und
örtlicher Zeitoffset

Abb. 3.42. Time and Date (TDT) und Time Offset Table (TOT)

Time and Date Section			
Table id	8 bit	0x70	
Section syntax indicator	1 bit	0	
reserved (future use)	1 bit	1	
reserved	2 bit	3	
Section length	12 bit	5	
UTC time	40 bit	0xCA79	2000/10/16
		0x105827	10:58:27

Time Offset Section			
Table id	8 bit	0x73 (115)	
Section syntax indicator	1 bit	0	
reserved (future use)	1 bit	0x1	
reserved	2 bit	0x3	
Section length	12 bit	26	
UTC time	40 bit	0xCA79	2000/10/16
		0x112519	11:25:19
reserved	4 bit	0xF	
Descriptors loop length	12 bit	15	
Local Time Offset Descriptor			
Descriptor tag	8 bit	0x58 (88)	
Descriptor length	8 bit	13	
Country Loop			
Country code	3 char	DEU	
Country region id	6 bit	0	no time zone extension used
reserved	1 bit	0x1	
Local time offset polarity	1 bit	0	local time is advanced to UTC
Local time offset	16 bit	0x0200	02:00
Time of change	40 bit	0xCA86	2000/10/29
		0x030000	03:00:00
Next time offset	16 bit	0x0100	01:00
CRC 32	32 bit	0xD49C603D	CRC ok

Abb. 3.43. Beispiel einer Time&Date Table und Time Offset Table (TDT und TOT)

ST
Stuffing Table
(Table ID=0x72)

Ungültigmachen
von existierenden Sections
in einem
Zuführungssystem

z.B. bei Kabelkopfstellen

Abb. 3.44. Stuffing Table (ST)

Die PID's und die Table ID's für die Service Information sind innerhalb von DVB fest vergeben worden in der nachfolgenden Tabelle (Tabelle 3.2.) aufgelistet.

Tabelle 3.2. PID's und Table ID's der PSI/SI-Tabellen

Tabelle	PID	Table_ID
PAT	0x0000	0x00
PMT	0x0020...0x1FFE	0x02
CAT	0x0001	0x01
NIT	0x0010	0x40...0x41
BAT	0x0011	0x4A
SDT	0x0011	0x42, 0x46
EIT	0x0012	0x4E...0x6F
RST	0x0013	0x71
TDT	0x0014	0x70
TOT	0x0014	0x73
ST	0x0010...0x0014	0x72

Die PSI/SI-Tabellen sind miteinander über verschiedenste Identifier miteinander verknüpft (Abb. 3.45.). Dies sind sowohl PID's = Packet Identifier, als auch spezielle tabellenabhängige Identifier. In der PAT sind über die Prog_no die PMT_PID's miteinander verkettet. Jeder Prog_no ist eine PMT_PID zugeordnet, die auf ein Transportstrompaket mit der entsprechenden PMT dieses zugeordneten Programmes verweist. Die Prog_no ist dann auch im Header der jeweiligen PMT zu finden. Prog_no = 0 ist der NIT zugeordnet; dort findet man die PID der NIT.

In der NIT sind über die TS_ID's aller Transportströme eines Netzwerks deren physikalische Parameter beschrieben. Eine TS_ID entspricht dem aktuellen Transportstrom; in der PAT ist in deren Header auch genau diese TS_ID an der Stelle der Table ID Extension zu finden.

In der Service Descriptor Table sind über die Service ID's die in diesem Transportstrom enthaltenen Services = Programme aufgelistet. Die Service_ID's müssen den Prog_no in der PAT und in den PMT's entsprechen.

Genauso geht es in der EIT weiter; man findet für jeden Service eine EIT. Im Header der EIT entspricht die Table_ID_Extension der Service_ID des zugeordneten Programmes. In der EIT sind die Events über Event_ID's diesen zugeordnet. Gibt es zugehörige RST's, so sind diese über diese Event_ID's mit der jeweiligen RST verkettet.

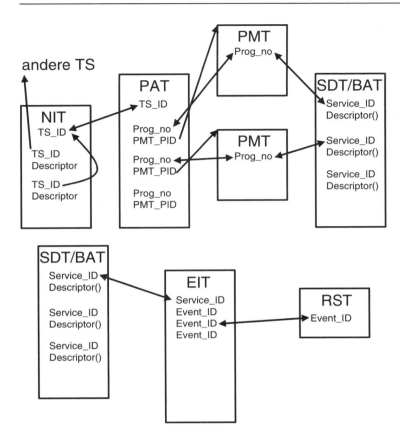

Abb. 3.45. Verknüpfung der PSI/SI-Tabellen

Tabelle 3.3. Wiederholraten der PSI/SI-Tabellen gemäß MPEG/DVB

PSI/SI-Tabelle	Max. Intervall (komplette Tabelle)	Min. Intervall (einzelne Sections)
PAT	0.5 s	25 ms
CAT	0.5 s	25 ms
PMT	0.5 s	25 ms
NIT	10 s	25 ms
SDT	2 s	25 ms
BAT	10 s	25 ms
EIT	2 s	25 ms
RST	-	25 ms
TDT	30 s	25 ms
TOT	30 s	25 ms

Die Wiederholraten der PSI/SI-Tabellen sind über MPEG-2-Systems [ISO/IEC13818-1] bzw. DVB-SI [ETS300468] geregelt (Tabelle 3.3).

3.4 PSIP gemäß ATSC

In den USA wurde für das Digitale Terrestrische bzw. Kabel- Fernsehen ein eigener Standard festgelegt, nämlich ATSC. ATSC steht für Advanced Television System Committee. Im Breitbandkabel wird ATSC jedoch nicht eingesetzt. Im Rahmen der Arbeiten zu ATSC wurde entschieden, dass als Basísbandsignal MPEG-2 Transportstrom mit MPEG-2-Video und AC-3 Dolby Digital Audio verwendet wird. Als Modulationsart dient 8 oder 16-VSB. Es wurde außerdem die Notwendigkeit für weitere über PSI hinausgehende Tabellen erkannt. So wie es bei DVB die SI-Tabellen gibt, so gibt es bei ATSC die PSIP-Tabellen. Diese werden im folgenden näher beschrieben.

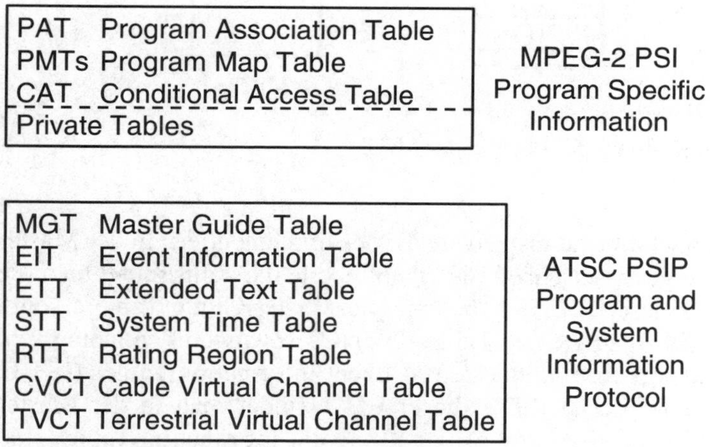

```
PAT    Program Association Table
PMTs   Program Map Table              MPEG-2 PSI
CAT    Conditional Access Table       Program Specific
Private Tables                        Information
```

```
MGT    Master Guide Table
EIT    Event Information Table        ATSC PSIP
ETT    Extended Text Table            Program and
STT    System Time Table              System
RTT    Rating Region Table            Information
CVCT   Cable Virtual Channel Table    Protocol
TVCT   Terrestrial Virtual Channel Table
```

Abb. 3.46. PSIP-Tabellen gemäß ATSC

PSIP steht für Program and System Information Protocol und ist nichts anderes als eine andere Art der Darstellung von ähnlichen Informationen wie im Beispiel des vorigen Kapitels über DVB SI. Bei ATSC werden folgende Tabellen eingesetzt: die Master Guide Table (MGT) (Abb. 3.47), die Event Information Table (EIT), die Extended Text Table (ETT), die System Time Table (STT), die Rating Region Table (RRT), sowie die Cable

Virtual Channel Table (CVCT) oder die Terrestrial Virtual Channel Table (TVCT).

Gemäß ATSC werden die bei MPEG-2 definierten PSI Tabellen, so wie im MPEG-Standard vorgesehen verwendet, um auf die Video- und Audio-elementarströme zugreifen können. D.h. es werden im Transportstrom eine PAT und mehrere PMT`s mitgeführt. Auch wird über eine CAT die Conditional Access-Information referenziert.

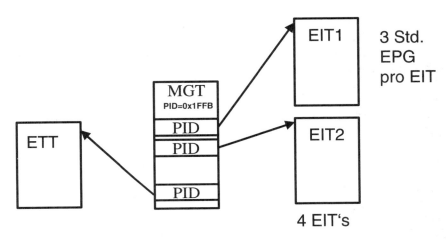

Abb. 3.47. Referenzierung der PSIP in der MGT

Die ATSC-Tabellen sind als Private Tables implementiert. In der Master Guide Table, die gewissermaßen die Haupttabelle darstellt, findet man die PID`s für einige dieser ATSC-Tabellen. Die Master Guide Table erkennt an der PID=0x1FFB, sowie der Table ID=0xC7. Zwingend enthalten sein müssen im Transportstrom mindestens 4 Event Information Tables (EIT-0, EIT-1, EIT-2, EIT-3). Die PID`s dieser EIT`s findet man in der Master Guide Table. Weitere insgesamt bis zu 128 Event Information Tables sind möglich, aber optional. Innerhalb einer EIT findet man einen 3 Stunden-Abschnitt einer elektronischen Programmzeitschrift (Electronic Programm Guide, EPG). Mit den 4 zwingend notwendigen EIT`s kann also ein Zeitraum von 12 Stunden abgedeckt werden. Weiterhin können in der MGT optional Extended Text Tables referenziert werden. Jede vorhandene Extended Text Table (ETT) ist einer EIT zugeordnet.

So findet man z. B. in der ETT-0 erweiterte Textinformationen für die EIT-0. Bis zu insgesamt 128 ETT`s sind möglich.

In der Virtual Channel Table, die je nach Übertragungsweg als Terrestrial Virtual Channel Table (TVCT) oder als Cable Virtual Channel Table (CVCT) vorliegen kann, werden Identifikationsinformationen für die in einem Transportstrommultiplex enthaltenen virtuellen Kanäle, sprich Programme übertragen. In der VCT findet man u. a. die Programmnamen. Man kann also die VCT vergleichen mit der DVB-Tabelle SDT.

In der System Time Table (STT) werden alle notwendigen Zeitinformationen übertragen. Man erkennt die STT an der PID=0x1FFB und der Table ID=0xCD.

In der STT wird die GPS-Zeit (Global Positioning System) und die Zeitdifferenz zwischen GPS-Zeit und UTC übertragen. Mit Hilfe der Rating Region Table (RRT) kann der Zuschauerkreis regional oder nach Alter eingeschränkt werden. Es wird hier neben der Information über Region (US-Bundesstaat) auch eine Information übertragen, welches Mindestalter für die gerade ausgestrahlte Sendung Vorraussetzung ist. Mit Hilfe der RRT kann also in einer Settop-Box eine Art Kindersicherung verwirklicht werden.

Die RRT erkennt man an der PID=0x1FFB und der Table ID=0xCA.

In der folgenden Tabelle sind die PID`s und Table ID`s der PSIP-Tabellen aufgelistet:

Tabelle 3.4. PSIP-Tabellen

Tabelle	PID	Table ID
Program Association Table (PAT)	0x0	0x0
Program Map Table (PMT)	über PAT	0x2
Conditional Access Table (CAT)	0x1	0x1
Master Guide Table (MGT)	0x1FFB	0xC7
Terrestrial Virtual Channel Table (TVCT)	0x1FFB	0xC8
Cable Virtual Channel Table (CVCT)	0x1FFB	0xC9
Rating Region Table (RRT)	0x1FFB	0xCA
Event Information Table (EIT)	über PAT	0xCB
Extended Text Table (ETT)	über PAT	0xCC
System Time Table (STT)	0x1FFB	0xCD

3.5. ARIB-Tabellen gemäss ISDB-T

Wie DVB (Digital Video Broadcasting) und ATSC (Advanced Televison Systems Committee), so hat auch Japan in seinem ISDB-T-Standard (Integrated Services Digital Broadcasting – Terrestrial) seine eigenen Tabellen definiert. Diese heißen hier ARIB-Tabellen (Association of Radio Industries and Business) gemäß ARIB-Std.-B10.

Folgende Tabellen werden gemäß ARIB-Standard vorgeschlagen:

Tabelle 3.5. ARIB-Tabellen

Type	Name	Anmerkung
PAT	Program Association Table	ISO/IEC 13818-1 MPEG-2
PMT	Program Map Table	ISO/IEC 13818-1 MPEG-2
CAT	Conditional Access Table	ISO/IEC 13818-1 MPEG-2
NIT	Network Information Table	wie DVB-SI, ETS 300468
SDT	Service Description Table	wie DVB-SI, ETS 300468
BAT	Bouquet Association Table	wie DVB-SI, ETS 300468
EIT	Event Information Table	wie DVB-SI, ETS 300468
RST	Running Status Table	wie DVB-SI, ETS 300468
TDT	Time&Date Table	wie DVB-SI, ETS 300468
TOT	Time Offset Table	wie DVB-SI, ETS 300468
LIT	Local Event Information Table	
ERT	Event Relation Table	
ITT	Index Transmission Table	
PCAT	Partial Content Announcement Table	
ST	Stuffing Table	wie DVB-SI, ETS 300468
BIT	Broadcaster Information Table	
NBIT	Network Board Information Table	
LDT	Linked Description Table	
sowie weitere		
ECM	Entitlement Control Message	
EMM	Entitlement Management Message	
DCT	Download Control Table	
DLT	Download Table	
SIT	Selection Information Table	
SDTT	Software Download Trigger Table	
DSM-CC	Data Storage Media Command & Control	

Die BAT, PMT und die CAT entspricht hierbei voll der MPEG-2 PSI. Ebenso sind die NIT, SDT, BAT, EIT, RST, TDT, TOT und ST genauso aufgebaut, wie bei DVB-SI und haben auch die gleiche Funktionalität. So wird im ARIB-Standard auch auf ETS 300468 verwiesen.

Tabelle 3.6. PID's und Table ID's der ARIB-Tabellen

Tabelle	PID	Table ID
PAT	0x0000	0x00
CAT	0x0001	0x01
PMT	über PAT	0x02
DSM-CC	über PMT	0x3A...0x3E
NIT	0x0010	0x40, 0x41
SDT	0x0011	0x42, 0x46
BAT	0x0011	0x4A
EIT	0x0012	0x4E...0x6F
TDT	0x0014	0x70
RST	0x0013	0x71
ST	alle außer 0x0000, 0x0001, 0x0014	0x72
TOT	0x0014	0x73
DIT	0x001E	0x7E
SIT	0x001F	0x7F
ECM	über PMT	0x82...0x83
EMM	über CAT	0x84...0x85
DCT	0x0017	0xC0
DLT	über DCT	0xC1
PCAT	0x0022	0xC2
SDTT	0x0023	0xC3
BIT	0x0024	0xC4
NBIT	0x0025	0xC5, 0xC6
LDT	0x0025	0xC7
LIT	über PMT oder 0x0020	0xD0

3.6. DMB-T (China) Tabellen

Auch China hat seinen eigenen digital-terrestrischen TV-Standard, genannt DMB-T – Digital Multimedia Broadcasting - Terrestrial. Es ist anzunehmen, dass es auch hier eigene oder modifizierte oder kopierte Tabelle mit vergleichbarer Bedeutung wie bei DVB-SI gibt. Welche Modifikationen vorgenommen wurden, ist aber momentan nicht veröffentlicht.

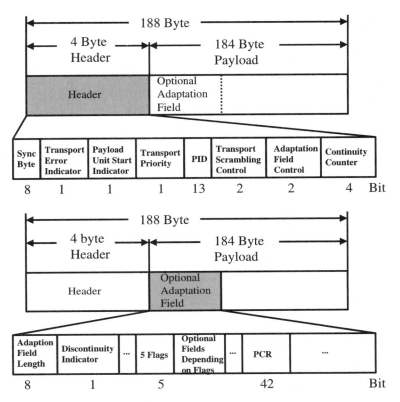

Abb. 3.48. Weitere wichtige Details im Transportstrom-Paket

3.7 Weitere wichtige Details des MPEG-2 Transportstromes

Im folgenden Abschnitt wird auf weitere Details des MPEG-2-Transportstrom-Headers näher eingegangen.

Im Transportstrom-Header findet man neben dem schon bekannten Sync-Byte (Synchronisation auf dem Transportstrom), dem Transportstrom Error Indikator (Fehlerschutz) und dem Packet Identifier (PID) noch zusätzlich:

- den Payload Unit Start Indicator
- die Transport Priority

- die Transport Scrambling Control Bits
- die Adaptation Field Control Bits
- den Continuity Counter

Der Payload Unit Start Indicator ist ein Bit, das den Start einer Payload kennzeichnet. Ist dieses Bit gesetzt, so heißt dies, dass eine neue Payload genau in diesem Transportstrompaket startet: man findet dann in diesem Transportstrompaket entweder den Anfang eines Video- oder Audio-PES-Paketes samt PES-Header oder den Beginn einer Tabelle samt Table ID als erstes Byte im Payload-Bereich des Transportstrompakets.

3.7.1 Die Transport Priority

Dieses Bit kennzeichnet, das dieses Transportstrompaket eine höhere Priorität hat als andere Transportstrompakete gleicher PID.

3.7.2 Die Transport Scrambling Control Bits

Mit Hilfe der zwei Transport Scrambling Control Bits kann man erkennen, ob der Payload -Bereich eines Transportstrompaketes verschlüsselt ist oder nicht. Sind beide Bits auf Null gesetzt, so heißt dies, dass der Nutzlastanteil unverschlüsselt übertragen wird. Ist eines der beiden Bits verschieden von Null, so wird die Nutzlast verschlüsselt übertragen. In diesem Falle benötigt man eine Conditional Access Table (CAT) zum Entschlüsseln.

3.7.3 Die Adaptation Field Control Bits

Diese beiden Bits kennzeichnen, ob ein verlängerter Header, sprich ein Adaptation Field vorliegt oder nicht. Sind beide Bits auf Null gesetzt, so liegt kein Adaptation Field vor. Bei einem vorliegenden Adaptation Field verkürzt sich der Payloadanteil, der Header wird länger, die Paketlänge bleibt konstant 188 Byte.

3.7.4 Der Continuity Counter

Jedes Transportstrompaket mit gleicher PID führt einen eigenen 4 Bit-Zähler mit sich. Man nennt diesen Zähler, der immer kontinuierlich von TS-Paket zu TS-Paket von 0-15 zählt und dann wieder bei Null beginnt, Continuity_counter. Anhand des Continuity_counters kann man sowohl fehlende Transportstrompakete erkennen, als auch einen fehlerhaften Multiplex identifizieren (Diskontinuität des Zählers). Eine Diskontinuität bei einem Programmwechsel ist möglich und erlaubt und wird dann im Discontinuity Indicator im Adaptation Field angezeigt.

Literatur: [ISO13818-1], [ETS300468], [A53], [A65], [REIMERS], [SIGMUND], [DVG], [DVMD], [GRUNWALD], [FISCHER3], [FISCHER4], [DVM]

4 Digitales Videosignal gemäß ITU-BT.R601 (CCIR601)

Im Fernsehstudiobereich wird seit längerer Zeit mit digitalen unkomprimierten Videosignalen gearbeitet. Basierend auf der ursprünglichen Norm
CCIR601, die heute ITU-BT.R601 genannt wird, gewinnt man dieses Datensignal, wie im folgenden beschrieben.

Die analoge Videokamera liefert zunächst die analogen Signale Rot,
Grün und Blau (R, G, B). Diese Signale werden schon in der Kamera
matriziert zu Luminanz (Y) und zu den Farbdifferenzsignalen C_B (Component Blue) und C_R (Component Red) (= Chrominanz) (Abb. 4.1.).

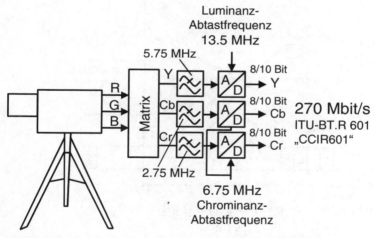

Abb. 4.1. Digitalisierung von Luminanz und Chrominanz

Diese Signale entstehen durch einfache Summen- oder Differenzbildung
aus R, G, B:

$$Y = (0.30 \cdot R) + (0.59 \cdot G) + (0.11 \cdot B);$$
$$C_B = 0.56 \cdot (B-Y);$$
$$C_R = 0.71 \cdot (R-Y);$$

Das Luminanzsignal wird dann mit Hilfe eines Tiefpassfilters auf eine Bandbreite von 5.75 MHz bandbegrenzt (Abb. 4.1.). Die beiden Farbdifferenzsignale limitiert man auf 2.75 MHz (Abb. 4.1.). D.h. die Farbauflösung ist gegenüber der Helligkeitsauflösung deutlich reduziert. Dies ist aber möglich und erlaubt, da das menschliche Auge ein gegenüber dem Helligkeitsempfinden deutlich reduziertes Farbauflösungsvermögen aufweist. Dieses Prinzip ist schon von den Kindermalbüchern her bekannt, wo sich der Schärfeeindruck einfach durch gedruckte schwarze Linien ergibt. Auch schon beim analogen Fernsehen (PAL, SECAM, NTSC) ist die Farbauflösung auf etwa 1.3 MHz reduziert. Die tiefpassgefilterten Signale Y, C_B und C_R werden dann mit Hilfe von Analog/Digital-Wandlern abgetastet und digitalisiert. Der AD-Wandler im Luminanz-Zweig arbeitet mit einer Abtastfrequenz von 13.5 MHz, die beiden Farbdifferenzsignale C_B und C_R werden mit je 6.75 MHz abgetastet.

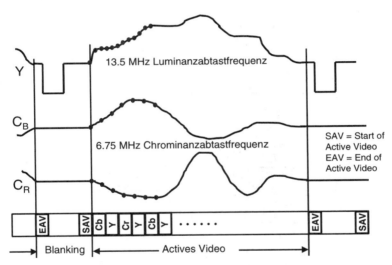

Abb. 4.2. Abtastung der Komponenten gemäß ITU-BT.R601

Das Abtasttheorem ist damit erfüllt. Es sind keine Signalanteile mehr über der halben Abtastfrequenz enthalten. Alle 3 AD-Wandler können eine Auflösung von 8 oder 10 Bit aufweisen. Bei einer Auflösung von je 10 Bit ergibt sich dann eine Gesamtdatenrate von 270 MBit/s. Diese hohe Datenrate ist nun für eine Verteilung im Studio möglich; für eine TV-Übertragung über existierende Kanäle (terrestrisch, Kabel Satellit) ist sie viel zu hoch. Die Abtastwerte aller 3 AD-Wandler werden in folgender Reihenfolge gemultiplext (Abb. 4.2.): C_B Y C_R Y C_B Y... Man findet also in diesem digitalen Videosignal abwechselnd einen Luminanzwert und dann entweder einen C_B- oder C_R-Wert. Es sind doppelt so viele Y-Werte gegenüber C_B- oder C_R-Werten enthalten. Man spricht von einer 4:2:2-Auflösung. Unmittelbar nach der Matrizierung war die Auflösung aller Komponenten gleich groß, also 4:4:4.

Dieses digitale TV-Signal kann in paralleler Form an einem 25-poligen Sub-D-Stecker vorliegen oder in serieller Form an einer 75-Ohm-BNC-Buchse. Im Falle einer seriellen Schnittstelle spricht man dann von SDI. SDI steht für Serial Digital Interface und ist die mittlerweile am meisten verwendete Schnittstelle, da ein übliches 75-Ohm-BNC-Kabel verwendet werden kann.

Innerhalb des Datenstromes ist der Start und das Ende des aktiven Videosignales durch spezielle Codewörter gekennzeichnet (Abb. 4.2.); diese heißen SAV (=Start of Active Video) und EAV (End of Active Video). Zwischen EAV und SAV befindet sich die Horizontalaustastlücke, die keine für das Videosignal relevanten Informationen beinhaltet. D.h. der Synchronimpuls ist nicht im digitalen Signal enthalten. In der Horizontalantastlücke können Zusatzinformationen übertragen werden; dies können z. B. Audiosignale oder Fehlerschutzinformationen für das digitale Videosignal sein.

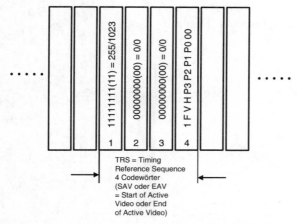

Abb. 4.3. SAV- und EAV-Codewörter im ITU-BT.R601-Signal

Die SAV- und EAV-Codewörter (Abb. 4.3.) bestehen aus jeweils 4 Codewörtern zu je 8 oder 10 Bit. SAV und EAV beginnt mit einem Codewort bei dem alle Bits auf Eins gesetzt sind, gefolgt von 2 Wörtern bei denen alle Bits auf Null gesetzt sind. Im vierten Codewort sind Informationen über das jeweilige Halbbild bzw. über die vertikale Austastlücke enthalten. Über dieses vierte Codewort kann der Start des Vollbildes, Halbbildes und des aktiven Bildbereiches in vertikaler Richtung erkannt werden. Das höherwertigste Bit des 4. Codewortes ist immer 1. Das nächste Bit (Bit Nr. 8) im Falle einer 10-Bit-Übertragung, bzw. Bit Nr. 6 im Falle einer 8-Bit-Übertragung kennzeichnet das Halbbild; ist dieses Bit auf Null gesetzt, so handelt es sich um eine Zeile des 1. Halbbildes. Ist dieses Bit auf Eins gesetzt, so ist dies eine Zeile des 2. Halbbildes. Das nächste Bit (Bit Nr. 7 bei einer 10-Bit Übertragung / Bit Nr. 5 bei einer 8-Bit-Übertragung) markiert den aktiven Videobereich in vertikaler Richtung. Ist dieses Bit auf Null gesetzt, so befindet man sich im sichtbaren aktiven Videobereich, andernfalls befindet man sich in der Vertikalaustastlücke. Bit Nr. 6 (10 Bit) bzw. Bit Nr. 4 (8 Bit) gibt uns Informationen darüber, ob das vorliegende Codewort ein SAV oder EAV ist. SAV liegt vor, wenn dieses Bit auf Null gesetzt ist, sonst liegt EAV vor. Bit Nr. 5...2 (10 Bit) bzw. 3...0 (8 Bit) dienen zum Fehlerschutz der SAV- und EAV-Codewörter.

Im Codewort Nr. 4 der Time Reference Sequence (TRS) sind folgende Informationen enthalten:

- F = Field/Halbbild (0 = 1. Halbbild, 1 = 2. Halbbild)
- V = V-Austastlücke (1 = Vertikalaustastlücke aktiv)
- H = SAV/EAV Identifikation (0 = SAV, 1 = EAV)
- P0, P1, P2, P3 = Schutzbits (Hamming Code)

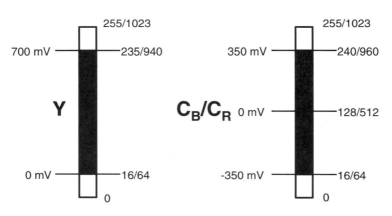

Abb. 4.4. Aussteuerbereich der AD-Wandler

Weder beim Luminanzsignal (Y), noch bei den Farbdifferenzsignalen (C_B, C_R) wird der gesamte Aussteuerbereich (10 Bit/8 Bit) verwendet

(Abb. 4.4.). Es wird ein verbotener Bereich vorgehalten, der zum einen Headroom ist und zum anderen eine leichte Identifikation von SAV und EAV erlaubt. Ein Y-Signal bewegt sich zwischen 16 dezimal / 64 dezimal (8/10Bit) und 240/960 dezimal (8/10 Bit).

Der Aussteuerbereich von C_B und C_R beträgt 16 bis 240 dezimal (8 Bit), bzw. 64 bis 960 dezimal (10 Bit). Der Bereich außerhalb dient als Headroom bzw. zur Synchronisationskennung.

Ein digitales Videosignal gemäß ITU-BT.R601, üblicherweise als SDI-Signal (SDI=Serial Digital Interface, siehe Kapitel 9.3) vorliegend, ist das Eingangssignal eines MPEG-Encoders.

Literatur: [ITU601], [MAEUSL4], [GRUNWALD]

5 High Definition Television – HDTV

Das seit den 50er Jahren eingeführte SDTV = Standard Definition Television ist immer noch in allen Ländern weltweit quasi der „Hauptstandard" für analoges und digitales Fernsehen. Moderne TV-Kameras und mittlerweile auch Endgeräte wie Plasmabildschirme und LCD-Fernseher ermöglichen aber ähnlich wie im Computerbereich auch deutlich höhere Pixelauflösungen.

Die Auflösungen im Computerbildschirmbereich liegen bei

- VGA 640 x 480 (4:3)
- SVGA 800 x 600 (4:3)
- XGA 1024 x 768 (4:3)
- SXGA 1280 x 1024 (5:4)
- UXGA 1600 x 1200 (4:3)
- HDTV 1920 x 1080 (16:9)
- QXGA 2048 x 1536 (4:3)

Pixeln mit dem jeweils angegebenen Bildschirmseitenverhältnis Breite zu Höhe.

Schon seit den 90er Jahren gibt es Bestrebungen und Entwicklungen in manchen Ländern von SDTV überzugehen auf HDTV = High Definition Television, dem hochauflösenden Fernsehen. Erste Ansätze hierzu gab es in Japan mit MUSE, entwickelt durch die dortige Rundfunkanstalt NHK (Nippon Hoso Kyokai). Auch in Europa beschäftigte man sich Anfang der 90er Jahre mit HDTV. HD-MAC (= High Definition Multiplexed Analog Components) wurde aber nie in den Markt eingeführt. Im Rahmen von ATSC = Advanced Television System Committee in den USA Mitte der 90er Jahre wurde festgelegt, auch HDTV zu senden. Auch in Australien wurde schon zu Beginn der Festlegung auf den DVB-T-Standard entschieden, im Zuge des digitalen terrestrischen Fernsehens auch HDTV auszustrahlen. Sowohl in Japan, USA, als auch in Australien wird HDTV momentan über MPEG-2-Videocodierung realisiert. Europa beginnt jetzt mit der Einführung von HDTV.

Bei HDTV wollte man zunächst von einer Verdoppelung der Zeilenzahl und Verdoppelung der Pixelzahl pro Zeile ausgehen.
Dies ergäbe bei

- einem 625 Zeilensystem 1250 Zeilen brutto mit 1440 aktiven Bildpunkten (4:3) und 1152 aktiven Zeilen
- einem 525 Zeilensystem 1050 Zeilen insgesamt mit 1440 aktiven Bildpunkten (4:3) und 960 aktiven Zeilen

bei der Einführung von HDTV.
In einem 625-Zeilensystem sind 50 Hz Halbbildwechselfrequenz und bei einem 525-Zeilensystem 60 Hz Halbbildwechselfrequenz üblich. Zu tun hat dies mit den in den Ursprungsländern üblichen Stromwechselfrequenzen 50/60 Hz. Beim Übergang auf HDTV ist ein verändertes Seiten-Höhenverhältnis anzustreben von 16:9 gegenüber dem meist üblichen 4:3 bei SDTV, wobei 16:9 auch im Rahmen von SDTV angewendet wird.
Die in USA im Rahmen von ATSC und HDTV benutzte Auflösung beträgt jedoch 1280 x 720 bei 60 Hz. In Australien beträgt die Auflösung bei HDTV im Rahmen von DVB-T üblicherweise 1920/1440 x 1080 Pixel bei 50 Hz. Auch in Europa ging über Satellit Anfang 2004 ein HDTV-Kanal on Air, nämlich EURO1080. Dort wird über MPEG-2-Codierung eine Auflösung von 1920 Pixeln mal 1080 aktiven Zeilen bei 50 Hz Halbbildwechselfrequenz gearbeitet.

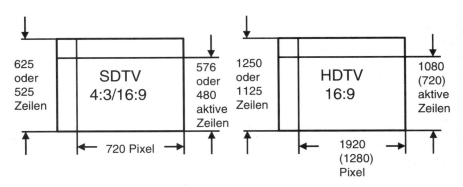

Abb. 5.1. SDTV- und HDTV-Auflösung

Wird jedoch in Europa flächendeckend HDTV eingeführt werden, so wird dies nicht mehr über MPEG-2-Videocodierung erfolgen, sondern über MPEG-4 Part 10 H.264 – Videocodierung, die mindestens um den Faktor 2 bis 3 effektiver sein wird. In diesem Kapitel soll aber zunächst nur das digitale unkomprimierte Basisbandsignal für HDTV beschrieben werden, wie es gemäß den Standards ITU-R BT.709 und ITU-R BT.1120 definiert wurde.

Man hat sich bei der ITU allgemein auf eine Gesamtzeilenzahl von 1125 Zeilen im 50 und im 60 Hz-System geeinigt, die aktiven Zeilen betragen 1080 Zeilen (Abb. 5.1.). Die Anzahl der Pixel pro Zeile beträgt im 50 und 60 Hz-System 1920 Pixel. Ein 1920 Pixel mal 1080 Zeilen großes aktives Bild nennt man CIF (= Common Image Format). Die Abtastrate des Luminanzsignals beträgt 74.25 MHz (Abb. 5.2.), das Format $Y:C_B:C_R$ ist 4:2:2. Die Abtastfrequenz der Farbdifferenzsignale liegt bei 0.5 x 74.25 MHz = 37.125 MHz. Beim 1250-Zeilensystem mit 50 Hz Halbbildwechselfrequenz war laut ITU-R.BT 709 eine Abtastfrequenz von 72 MHz für die Luminanz und 36 MHz für die Chrominanz vorgesehen. Zur Vermeidung von Aliasing wird das Luminanzsignal vor der Abtastung durch Tiefpassfilterung auf 30 MHz und die Chrominanzsignale auf 15 MHz bandbegrenzt.

Beim 1125/60-System (Abb. 5.2.) ergibt sich hieraus eine physikalische Bruttodatenrate bei 10 Bit Auflösung von

$Y:$ 74.25 x 10 Mbit/s = 742.5 Mbit/s
$C_B:$ 0.5 x 74.25 x 10 Mbit/s = 371.25 Mbit/s
$C_R:$ 0.5 x 74.25 x 10 Mbit/s = 371.25 Mbit/s

1.485 Gbit/s Bruttodatenrate (1125/60)

Wegen den etwas niedrigeren Abtastfrequenzen beim 1250/50-System (Abb. 5.2.) beträgt die Bruttodatenrate dort bei 10 Bit Auflösung:

$Y:$ 72 x 10 Mbit/s = 720 Mbit/s
$C_B:$ 0.5 x 72 x 10 Mbit/s = 360 Mbit/s
$C_R:$ 0.5 x 72 x 10 Mbit/s = 360 Mbit/s

1.44 Gbit/s Bruttodatenrate (1250/50)

Vorgesehen ist sowohl das Zwischenzeilenverfahren (interlaced) als auch die Übertragung von Vollbildern (progressiv). V.a. bei Flachbildschirmen wie Plasmaschirmen und LCD's macht ein progressiver Betrieb Sinn, da diese technologiebedingt sowieso nur Vollbilder wiedergeben und das Zwischenzeilenverfahren eher zu unschönen Artefakten führen kann. Bei 50/60 Bildern progressiv verdoppeln sich die Abtastraten auf 148.5 MHz bzw. 144 MHz für das Luminanzsignal und 74.25 MHz bzw. 72

MHz für die Farbdifferenzsignale. Die Bruttodatenraten liegen in diesem Fall beim ebenfalls doppelten Wert von 2.97 Gbit/s bzw. 2.88 Gbit/s.

Der Aufbau des digitalen unkomprimierten HDTV-Datensignals ist ähnlich wie bei ITU-R BT.601. Es ist eine parallele, sowie eine serielle Schnittstelle (HD-SDI) definiert.

Nachdem HDTV nach wie vor weltweit bis auf wenige Ausnahmen erst vor der Einführung steht, sind die tatsächlichen technischen Parameter aber noch im Fluss.

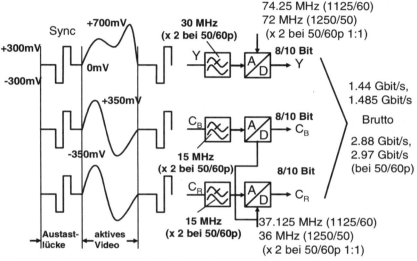

Abb. 5.2. Abtastung eines HDTV (= High Definition Television)-Signals gemäß ITU-R.BT.709

Literatur: [MÄUSL6], [ITU709], [ITU1120]

6 Transformationen vom Zeitbereich in den Frequenzbereich und zurück

In diesem Kapitel werden Grundlagen der Transformationen vom Zeitbereich in den Frequenzbereich und zurück besprochen. Es beschreibt Methoden, die ganz allgemein in der elektrischen Nachrichtentechnik angewendet werden. Das Verständnis dieser Grundlagen ist aber von ganz großer Bedeutung für die nachfolgenden Kapitel der Video-Encodierung, Audio-Encodierung, sowie für den Orthogonal Frequency Division Multiplex (OFDM) bzw. DVB-T und DAB. Experten können dieses Kapitel einfach überspringen.

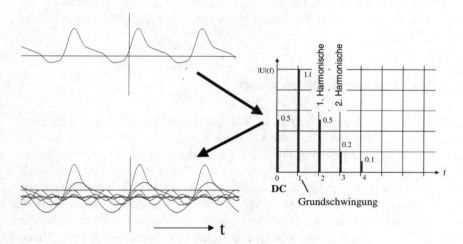

$$u(t) = 0.5 + 1.0\sin(t+0.2)+0.5\sin(2t)+0.2\sin(3t-1)+0.1\sin(4t-1.5);$$

Abb. 6.1. Fourieranalyse eines Zeitsignales

Signale werden üblicherweise als Signalverlauf über die Zeit dargestellt. Ein Oszilloskop zeigt uns z.B. ein elektrisches Signal, eine Spannung im Zeitbereich. Voltmeter geben uns nur wenige Parameter dieser elektrischen Signale, z.B. den Gleichspannungsanteil und den Effektivwert. Beide Parameter kann man mit Hilfe moderner Digital-Oszilloskope auch aus dem Spannungsverlauf berechnen lassen. Ein Spektrumanalysator zeigt uns das Signal im Frequenzbereich. Jedes beliebige Zeitsignal kann man sich zusammengesetzt denken aus unendlich vielen Sinussignalen ganz bestimmter Amplitude, Phase und Frequenz. Das Signal im Zeitbereich ergibt sich, wenn man all diese Sinus-Signale an jedem Zeitpunkt aufaddiert; das ursprüngliche Signal ergibt sich also aus der Überlagerung. Ein Spektrumanalysator zeigt uns jedoch nur die Information über die Amplitude bzw. Leistung dieser sinusförmigen Teilsignale, man spricht von Harmonischen. Mathematisch kann man ein periodisches Zeitsignal mit Hilfe der Fourieranalyse (Abb. 6.1.) in seine Harmonischen zerlegen. Ein periodisches Zeitsignal beliebiger Form kann man sich zusammengesetzt denken aus der Grundwelle, die die gleiche Periodendauer aufweist wie das Signal selber, sowie den Oberwellen, die einfach an Vielfachen der Grundwelle zu finden sind. Außerdem weist jedes periodische Zeitsignal auch einen bestimmten Gleichanteil auf. Die Gleichspannung entspricht der Frequenz Null. Auch nichtperiodische Signale lassen sich im Frequenzbereich darstellen. Nichtperiodische Signale haben jedoch kein Linienspektrum, sondern ein kontinuierliches Spektrum. Man findet also im Spektralbereich nicht nur an bestimmten Stellen Spektrallinien, sondern dann an beliebig vielen Stellen.

6.1 Die Fouriertransformation

Das Spektrum jedes beliebigen Zeitsignales erhält man mathematisch durch die sog. Fouriertransformation (Abb. 6.2.). Es handelt sich hierbei um eine Integraltransformation, bei der man das Zeitsignal von minus Unendlich bis plus Unendlich beobachten muss. Richtig lösbar ist also solch eine Fouriertransformation nur, wenn das Zeitsignal mathematisch eindeutig beschreibbar ist. Die Fouriertransformation berechnet dann aus dem Zeitsignal den Verlauf der Realteile, sowie den Verlauf der Imaginärteile über die Frequenz. Jedes sinusförmige Signal beliebiger Amplitude, Phase und Frequenz lässt sich zusammensetzen aus einem cosinusförmigen Signalanteil dieser Frequenz mit spezieller Amplitude und einem sinusförmigen Signalanteil dieser Frequenz und spezieller Amplitude. Der Realteil beschreibt genau die Amplitude des Cosinusanteiles und der Imaginärteil genau die Amplitude des Sinusanteiles.

Im Vektordiagramm (Abb. 6.3.) ergibt sich der Vektor einer sinusförmigen Größe durch vektorielle Addition von Realteil und Imaginärteil, also von Cosinus- und Sinusanteil. Die Fouriertransformation liefert uns also die Information über den Realteil, also Cosinusanteil und den Imaginärteil, also Sinusanteil an jeder beliebigen Stelle im Spektrum, unendlich fein aufgelöst. Die Fouriertransformation ist vorwärts und rückwärts möglich, man spricht von der Fouriertransformation und von der inversen Fouriertransformation (FT und IFT).

$$H(f) = \int_{-\infty}^{+\infty} h(t)e^{-j2\pi ft}\,dt;\ \text{Fourier-Transformation (FT)}$$

$$h(t) = \int_{-\infty}^{\infty} H(f)e^{j2\pi ft}\,df;\ \text{Inverse Fourier-Transformation (IFT)}$$

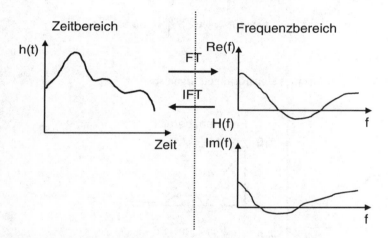

Abb. 6.2. Fouriertransformation

Aus einem reellen Zeitsignal entsteht durch die Fouriertransformation ein komplexes Spektrum, das sich aus Realteilen und Imaginärteilen zusammensetzt. Das Spektrum besteht aus positiven und negativen Frequenzen, wobei uns der negative Frequenzbereich keine zusätzlichen Informationen über unser Zeitsignal liefert. Der Realteil ist spiegelsymmetrisch zur Frequenz Null; es gilt Re(-f) = Re(f). Der Imaginärteil ist punkt-zu-punkt-symmetrisch; es gilt Im(-f) = - Im(f). Die inverse Fouriertransformation liefert uns aus dem komplexen Spektralbereich wieder ein einziges reelles Zeitsignal. Die Fourieranalyse, also die Harmonischenanalyse ist nichts anderes als ein Sonderfall der Fouriertransformation. Es ist einfach die Fouriertransformation angewendet auf ein periodisches Signal, wobei dann das Integral ersetzt werden kann durch eine Summenformel. Das Signal ist eindeutig beschreibbar, da es periodisch ist. Es genügt die Information über eine Periodendauer.

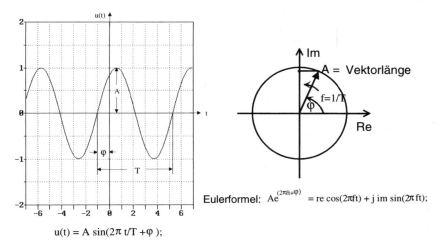

$$u(t) = A \sin(2\pi\, t/T + \varphi\,);$$

Eulerformel: $Ae^{(2\pi ft + \varphi)} = re\cos(2\pi ft) + j\, im\sin(2\pi ft);$

Abb. 6.3. Vektordiagramm eines sinusförmigen Signals

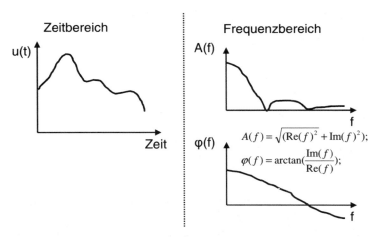

$$A(f) = \sqrt{(\mathrm{Re}(f)^2 + \mathrm{Im}(f)^2)};$$

$$\varphi(f) = \arctan(\frac{\mathrm{Im}(f)}{\mathrm{Re}(f)});$$

Abb. 6.4. Amplituden- und Phasenverlauf

Aus den Realteilen und Imaginärteilen lassen sich durch Anwendung des Satzes des Pythagoras bzw. der Anwendung des Arcustangens Amplituden- und Phaseninformation ermitteln (Abb. 6.4.), falls dies gewünscht ist. Durch Differenzieren des Phasenverlaufes über die Frequenz erhält man den Verlauf der Gruppenlaufzeit.

6.2. Die Diskrete Fouriertransformation (DFT)

Ganz allgemeine Signale lassen sich nicht mathematisch beschreiben; man findet keine Periodizitäten - man müsste sie unendlich lang beobachten, was natürlich in der Praxis nicht möglich ist. Somit ist also weder ein mathematischer, noch ein numerischer Ansatz möglich, um den Spektralbereich zu berechnen. Eine Lösung, die uns annähernd den Frequenzbereich liefert, stellt die Diskrete Fouriertransformation (DFT) dar. Man tastet das Signal z.B. mit Hilfe eines Analog-Digital-Wandlers an diskreten Stellen im Zeitbereich im Abstand Δt ab und beobachtet das Signal auch nur innerhalb eines begrenzten Zeitfensters an N Punkten (Abb. 6.5.).

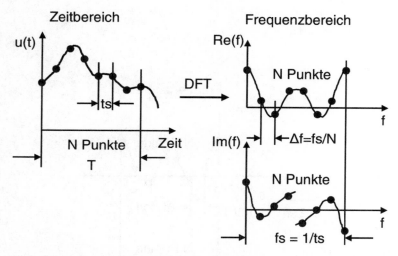

Abb. 6.5. Diskrete Fouriertransformation (DFT)

Anstelle eines Integrals von minus Unendlich bis plus Unendlich ist dann nur eine Summenformel zu lösen und dies ist sogar rein numerisch durch digitale Signalverarbeitung möglich. Man erhält als Ergebnis der Diskreten Fouriertransformation im Spektralbereich N Punkte für den Realteil(f) und N Punkte für den Imaginärteil(f).

Die Diskrete Fouriertransformation (DFT) und die Inverse Diskrete Fouriertransformation ergibt sich über folgende mathematische Beziehung:

$$H_n = \sum_{k=0}^{N-1} h_k e^{-j2\pi k \frac{n}{N}} = -\sum_{k=0}^{N-1} h_k \cos(2\pi k \frac{n}{N}) - j\sum_{k=0}^{N-1} h_k \sin(2\pi k \frac{n}{N}); \text{DFT}$$

$$h_k = \frac{1}{N} \sum_{n=0}^{N-1} H_n e^{j2\pi k \frac{n}{N}} \text{ ; IDFT}$$

Der Frequenzbereich ist also nicht mehr unendlich fein aufgelöst, sondern nur an diskreten Frequenzstützpunkten beschrieben. Der Frequenzbereich erstreckt sich von Gleichspannung bis zur halben Abtastfrequenz um sich dann symmetrisch bzw. punkt-zu-punkt-symmetrisch bis zur Abtastfrequenz fortzusetzen. Der Realteilgraph ist symmetrisch zur halben Abtastfrequenz, der Imganiärteil punkt-zu-punkt-symmetrisch. Die Frequenzauflösung hängt von der Anzahl der Punkte im Beobachtungsfenster und der Abtastfrequenz ab.

Es gilt $\Delta f = f_s/N$; $\Delta t = 1/f_s$;

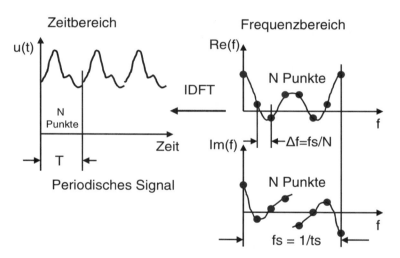

Abb. 6.6. Inverse Diskrete Fouriertransformation (IDFT)

In Wirklichkeit entspricht die Diskrete Fouriertransformation (DFT) eigentlich der Fourieranalyse des beobachteten Zeitfensters des bandbegrenzten Signals. Man nimmt also an, dass sich das Signal im beobachteten Zeitfenster periodisch fortsetzt (Abb. 6.6.). Durch diese Annahme entstehen "Unschärfen" in der Analyse, so dass die Diskrete Fouriertransformation nur näherungsweise Informationen über den tatsächlichen Frequenzbereich liefern kann. Näherungsweise insofern, als dass man den Bereich vor und nach dem Zeitbereichsbeobachtungsfenster nicht in Betracht zieht und den Signalausschnitt hart „ausstanzt". Die DFT ist aber mathematisch und numerisch einfach lösbar. Die Diskrete Fouriertransformation funktioniert sowohl vorwärts als auch rückwärts in den Zeitbereich (Inverse Diskrete Fouriertransformation, IDFT, Abb. 6.6.). Aus einem reellen Zeitsignalabschnitt lässt sich durch die DFT ein komplexes Spektrum (Realteil und Imaginärteil) an diskreten Stellen berechnen. Aus dem komplexen Spektrum entsteht durch die IDFT wieder ein reelles Zeitsignal. Der ausgestanzte und in den Frequenzbereich transformierte Zeitsignalabschnitt ist aber in Wirklichkeit periodisiert worden (Abb. 6.6.).

Nachdem der Zeitsignalabschnitt rechteckförmig ausgeschnitten wurde, entspricht das Spektrum nun der Faltung aus einer sin(x)/x-Funktion und dem Originalspektrum des Signals. Dadurch entstehen unterschiedliche Effekte, die bei einer mit Hilfe der DFT vorgenommenen Spektralanalyse mehr oder weniger das Messergebnis stören und beeinflussen. In der Messtechnikanwendung würde man deshalb keine rechteckförmige Fensterfunktion, sondern z.B. eine $\cos^2$-förmige „Ausschneidefunktion" wählen, die den Zeitsignalausschnitt „geschmeidiger" ausschneiden würde und zu weniger Störungen im Frequenzbereich führen würde. Es werden unterschiedliche Fensterfunktionen angewendet, z.B. Rechteckfenster, Hanningfenster, Hammingfenster, Blackmanfenster usw. „Fenstern" heißt, man schneidet den Signalausschnitt zunächst rechteckförmig aus, um ihn dann mit der Fensterfunktion zu multiplizieren (siehe später Abschnitt 6.8).

6.3 Die Fast Fouriertransformation (FFT)

Die Diskrete Fouiertransformation ist ein einfacher aber relativ zeitaufwendiger Algorithmus. Schränkt man jedoch die Anzahl der Punkte N im Beobachtungsfenster auf $N=2^x$, also Zweierpotenzen ein, so kann man einen weniger aufwendigeren, also weniger Rechenzeit in Anspruch nehmenden Algorithmus (nach Cooley, Tukey, 1965) verwenden, die sog. Fast Fouriertransformation (FFT). Der Algorithmus selbst liefert absolut das gleiche Resultat wie eine DFT, nur eben wesentlich schneller und mit der Einschränkung auf $N=2^x$ Punkte (2, 4, 8, 16, 32, 64, ..., 256, ..., 1024, 2048, ... 8192 ...). Die Fast Fouriertransformation ist vorwärts wie rückwärts (Inverse Fast Fouriertransformation, IFFT) möglich.

Der FFT-Algorithmus benutzt Methoden der Linearen Algebra. Die Abtastwerte werden im sog. Bitreversal vorsortiert und dann mit Hilfe von Butterfly-Operationen bearbeitet. Signalprozessoren und spezielle FFT-Chips haben diese Operationen als Maschinencodes implementiert.

Der zeitliche Gewinn der FFT gegenüber der DFT ergibt sich aus:

Anzahl der benötigten Multiplikationen:
DFT N $\bullet$ N
FFT N $\bullet$ log(2N)

Die FFT wird schon relativ lange im Bereich der Akustik (Vermessen von Konzerthallen, Kirchen) und in der Geologie (Suche nach Mineralien, Erzen, Erdöl, ...) eingesetzt. Die Analysen wurden jedoch Offline mit schnellen Rechnern durchgeführt. Man regt hierbei das zu untersuchende Medium (Halle, Gestein) mit einem Dirac-Stoß, also einem sehr kurzen, sehr kräftigen Impuls an und zeichnet dann die Impulsantwort des Systemes auf. Im Dirac-Stoß sind praktisch alle Frequenzen enthalten und man kann somit das Frequenzverhalten des zu untersuchenden Mediums erfassen. Ein akustischer Dirac-Stoß ist z.B. ein Pistolenschuss, ein geologischer Dirac-Stoß ist die Explosion eines Sprengsatzes.

Ca. 1988 benötigte eine 256-Punkte-FFT auf einem PC noch eine Rechenzeit im Minutenbereich. Heute ist eine 8192-Punkte-FFT (8K-FFT) in Rechenzeiten von deutlich unter einer Millisekunde machbar! Dies öffnete Tür und Tor für neue interessante Applikationen, z.B. Video- und Audiokomprimierung, Orthogonal Frequency Division Multiplex (OFDM). Die FFT wird auch seit etwa Ende der 80er Jahre vermehrt in der analogen Videomesstechnik zur Spektralanalyse, sowie zum Erfassen des Amplituden- und Gruppenlaufzeitganges von Videoübertragungsstrecken eingesetzt. Auch moderne Speicheroszilloskope verfügen heutzutage oft über diese interessante Messfunktion. Damit kann man gewissermaßen eine Low-Cost-Spektrumanalyse durchführen. Speziell auch in der Audiomesstechnik ist die FFT ideal einsetzbar.

6.4. Praktische Realisierung und Anwendung der DFT und FFT

Sowohl die Fouriertransformation als auch die Diskrete Fouriertransformation und Fast Fouriertransformation arbeiten im komplexen Zahlenbereich. Dies bedeutet, dass sowohl das Zeitsignal, als auch der Frequenzbereich aufgespalten in Real- und Imaginärteil vorliegen. Ein gewöhnliches Zeitsignal liegt aber als rein reelles Signal vor, d.h. der Imagnärteil ist zu jedem Zeitpunkt immer Null. Somit ist dieser bei der Anwendung der Fouriertransformation als auch bei den numerischen Abwandlungen DFT und FFT auf Null zu setzen.

Auch jede praktische Realisierung einer DFT bzw. FFT sowie IDFT und IFFT weist zwei Eingangssignale auf (Abb. 6.7.). Die Eingangssignale liegen in Form von Realteil- und Imäginärteiltabellen vor und entsprechen dem abgetasteten Zeit- bzw. Frequenzbereich. Nachdem ein gewöhnliches Zeitsignal nur als reell abgetasteter Signalausschnitt mit N Punkten vorliegt, ist der entsprechende imäginäre Zeitbereich an jeder Stelle der N Punkte auf Null zu setzen. D.h. die Tabelle für den imäginären Zeitsignalbereich ist mit Nullen vor zu belegen. Bei der Rücktransformation erhält man wieder nur Nullen für den imäginären Zeitsignalbereich unter der Voraussetzung, dass der Frequenzbereich für den Realteil spiegelsymmetrisch und für den Imaginärteil punkt-zu-punktsymmetrisch zur halben Abtastfrequenz vorliegt. Eine Verletzung dieser Symmetrien im Frequenzbereich führt zu einem komplexen Zeitsignal. D.h. in diesem Fall erhält man auch ein Ausgangssignal am Imäginärausgang im Zeitbereich.

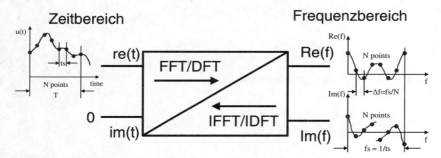

Abb. 6.7. Praktische Realisierung einer DFT/IDFT und FFT/IFFT.

6.5. Die Diskrete Cosinustransformation (DCT)

Die Diskrete Fouriertransformation und damit als deren Sonderfall auch die Fast Fouriertransformation ist eine Cosinus-Sinus-Transformation, wie man schon an deren Formel erkennen kann; man versucht einen Zeitsignalabschnitt durch Überlagerung vieler Cosinus- und Sinussignale unterschiedlicher Frequenz und Amplitude zusammenzusetzen. Ähnliches kann man jedoch auch erreichen, wenn man nur Cosinussignale oder nur Sinussignale verwendet.

Man spricht dann von einer Diskreten Cosinustransformation (DCT) (Abb. 6.8.) oder einer Diskreten Sinustransformation (DST) (Abb. 6.9.). Die Summe der notwendigen Einzelsignale bleibt hierbei gegenüber der DFT gleich, nur sind nun doppelt soviele Cosinussignale oder Sinussignale

notwendig. Auch sind nun nicht nur ganzzahlige sondern auf halbzahlige
Vielfache der Grundwelle notwendig. Speziell die Diskrete Cosinustransformation (Abb. 6.8.) hat für die Video- und Audiokomprimierung eine
große Bedeutung erlangt.

$$F_k = \sum_{z=0}^{N-1} f_z \cos\left(\frac{\pi k (z + \frac{1}{2})}{N}\right);$$

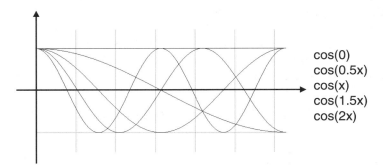

Abb. 6.8. Diskrete Cosinustransformation

$$F_k = \sum_{z=0}^{N-1} f_z \sin\left(\frac{\pi z k}{N}\right);$$

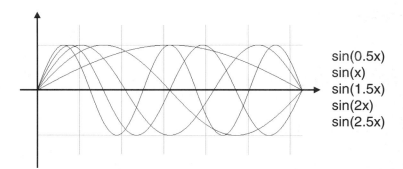

Abb. 6.9. Diskrete Sinustransformation

Die DCT liefert uns im Frequenzbereich die Amplituden der Cosinus-
signale, aus denen man den analysierten Zeitabschnitt zusammensetzen
kann. Der „nullte" Koeffizient entspricht dem Gleichspannungsanteil des

Signalabschnittes. Alle anderen Koeffizienten beschreiben zunächst die tieffrequenten, dann die mittelfrequenten, dann die höherfrequenten Signalbestandteile, bzw. die Amplituden der Cosinusfunktionen, aus denen man den Zeitsignalabschnitt durch deren Überlagerung erzeugen kann. Die DCT reagiert relativ „gutmütig" an den Rändern des ausgeschnittenen Signalabschnittes und führt zu geringeren „Stoßstellen", wenn man ein Signal abschnittsweise transformiert und rücktransformiert. Dies dürfte der Grund sein, warum die DCT im Bereich der Komprimierung eine so große Bedeutung erlangt haben dürfte. Die DCT ist der Kernalgorithmus der JPEG- und MPEG-Bildkomprimierung (Digitale Fotographie und Video). Ein Bild wird hier blockweise zweidimensional in den Frequenzbereich transformiert und Block für Block datenkomprimiert. Hierbei ist es besonders wichtig, dass man die Blockränder nach der Dekomprimierung im Bild nicht erkennen kann (keine Stoßstellen an den Rändern).

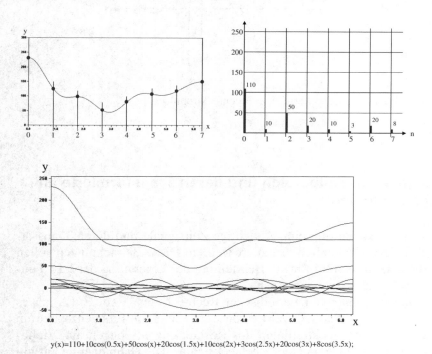

$y(x)=110+10\cos(0.5x)+50\cos(x)+20\cos(1.5x)+10\cos(2x)+3\cos(2.5x)+20\cos(3x)+8\cos(3.5x);$

Abb. 6.10. DCT und IDCT

Die Diskrete Cosinustransformation (DCT) liefert uns die Koeffizienten im Frequenzbereich nicht paarweise, also nicht getrennt nach Realteil und Imaginärteil. Man erhält keine Information über die Phase, nur Information über die Amplitude. Auch entspricht der Amplitudenverlauf nicht direkt dem Ergebnis der DFT. Für viele Applikationen genügt diese Art der Frequenztransformation, die ebenfalls vorwärts wie rückwärts (Inverse Diskrete Cosinustransformation, IDCT) möglich (Abb. 6.10.) ist.

Grundsätzlich gibt es natürlich auch eine diskrete Sinustransformation (Abb. 6.9.), die ein beliebiges Zeitsignal durch Überlagerung von reinen Sinussignalen nachzubilden versucht.

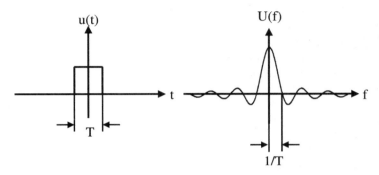

Abb. 6.11. Fouriertransformierte eines Rechteckimpulses

6.6 Signale im Zeitbereich und deren Transformierte im Frequenzbereich

Im folgenden sollen nun einige wichtige Zeitsignale und deren Transformierte im Frequenzbereich diskutiert werden. Diese Betrachtungen sollen dazu dienen, ein Gefühl für die Beurteilung der Ergebnisse der Fast Fourier Transformation zu bekommen.

Beginnen wir mit einem periodischen Rechtecksignal (Abb. 6.12.): da es ein periodisches Signal ist, weist es diskrete Linien im Frequenzspektrum auf; alle diskreten Spektrallinien des Recktecksignals liegen auf Vielfachen der Grundschwingung des Rechtecksignals. Die Hauptenergie wird in der Grundwelle selber zu finden sein. Wenn ein Gleichspannungsanteil vorhanden ist, so wird dieser eine Spektrallinie bei der Frequenz Null zur Folge haben (Abb. 6.14.). Die Spektrallinien der Grundwelle und der Oberwellen haben als Einhüllende die sin(x)/x-Funktion.

Lässt man nun die Periodendauer T des Reckteksignales gegen Unendlich laufen, so rücken die diskreten Spektrallinien immer näher zusammen, bis sich ein kontinuierliches Spektrum eines Einzelimpulses ergibt (Abb. 6.11.).

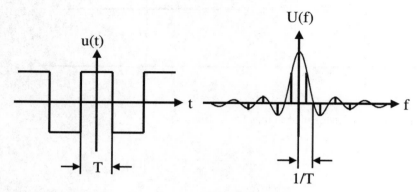

Abb. 6.12. Fouriertransformierte eines periodischen Rechtecksignals

Das Spektrum eines einzelnen Rechteckimpulses ist eine sin(x)/x-Funktion. Lässt man nun die Pulsbreite Tp immer kleiner werden und gegen Null laufen, so laufen alle Nullstellen der sin(x)/x-Funktion ins Unendliche. Im Zeitbereich erhält man einen unendlich kurzen Impuls, einen sogenannten Dirac-Impuls, dessen Fouriertransformierte eine Gerade ist; d.h. die Energie ist von der Frequenz Null bis Unendlich gleich verteilt (Abb. 6.13.).

Umgekehrt entspricht eine einzelne Dirac-Nadel bei f=0 im Frequenzbereich einer Gleichspannung im Zeitbereich.

Eine Dirac-Impulsfolge von Impulsen im Abstand T zueinander hat wieder ein diskretes Spektrum von Dirac-Nadeln im Frequenzbereich im Abstand 1/T zur Folge (Abb. 6.15.). Wichtig ist die Dirac-Impulsfolge zur Betrachtung eines Abtastsignales. Eine Abtastung eines analogen Signales hat zur Folge, dass dieses Signal mit einer Dirac-Impulsfolge gefaltet ist.

Schließlich und endlich betrachten wir noch ein reines sinusförmiges Signal. Dessen Fouriertransformierte ist eine Dirac-Nadel bei der Frequenz der Sinusschwingung fs und –fs (Abb. 6.16.).

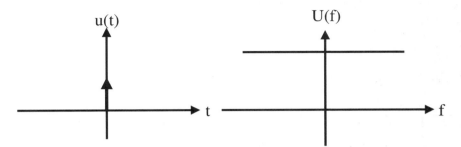

Abb. 6.13. Fouriertransformierte eines Dirac-Impulses

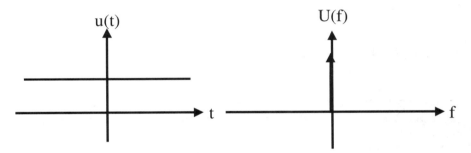

Abb. 6.14. Fouriertransformierte einer DC (Gleichspannung)

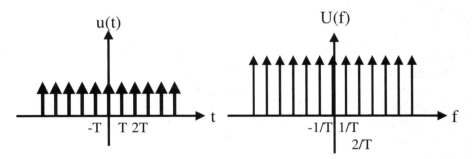

Abb. 6.15. Fouriertransformierte einer Diracimpulsfolge

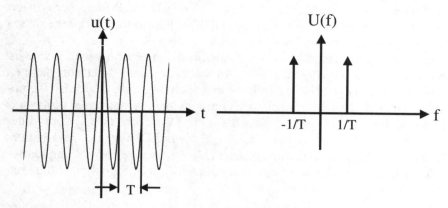

Abb. 6.16. Fouriertransformierte eines sinusförmigen Signales

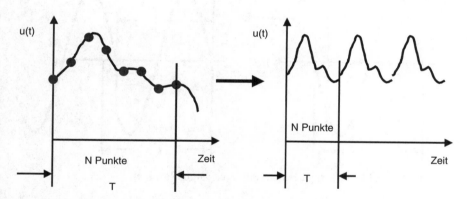

Abb. 6.17. Periodische Wiederholung eines Signalausschnittes durch die DFT und FFT

6.7 Systemfehler der DFT bzw. FFT und deren Vermeidung

Um exakt das Ergebnis der Fouriertransformation zu erhalten, müsste man ein Zeitsignal unendlich lang beobachten. Bei der Diskreten Fouriertransformation wird aber nur ein Signalausschnitt eine endliche Zeit lang betrachtet und transformiert. Somit wird das Ergebnis der DFT bzw. FFT immer von dem der Fouriertransformation abweichen. Wir haben gesehen, dass dieser analysierte Zeitabschnitt bei der DFT im Prinzip periodisiert wird. D.h. man muss das Resultat der DFT als Fouriertransformierte dieses periodisierten Zeitabschnittes betrachten.

Es liegt auf der Hand, dass das Transformationsergebnis natürlich stark von der Art und der Position des „Ausstanzvorganges", der sogenannten Fensterung abhängt. Am besten kann man sich dies anhand der DFT eines sinusförmigen Signals vorstellen. Entnimmt man genau eine Probe aus dem sinusförmigen Signal, so dass diese eine Vielfache n=1, 2, 3 usw. der Periodendauer lang ist, so wird das Ergebnis der DFT genau mit dem der Fouriertransformation übereinstimmen, denn eine Periodisierung dieses Zeitabschnittes wird wieder ein exakt sinusförmiges Signal zur Folge haben.

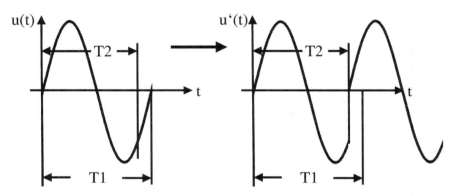

Abb. 6.18. Rechteckförmige Fensterung eines sinusförmigen Signales

Weicht jedoch die Länge des Ausstanzfensters (Abb. 6.18.) von der Periodendauer ab, so wird das Transformationsergebnis abhängig von der Anzahl der erfassten Schwingungen mehr oder weniger vom Erwartungswert abweichen. Am schlimmsten wird sich eine Abtastung von weniger als einer Grundwelle auswirken. Aus einer Dirac-Nadel wird eine breitere „Keule" z. T. mit „Nebenkeulen" werden. Die Amplitude der Hauptkeule wird mehr oder weniger mit dem Erwartungswert übereinstimmen. Lässt man die Beobachtungszeit konstant und verändert die Frequenz des Signales, so wird die Amplitude der Spektrallinie schwanken, sie wird immer dann mit dem Erwartungswert übereinstimmen, wenn genau ein Vielfaches der Periodendauer im Beobachtungsfenster liegt; sie wird dazwischen kleiner werden und immer wieder den exakten Wert annehmen.

Man nennt dies den sogenannten „Lattenzauneffekt" (Abb. 6.19.).

Das Schwanken der Amplitude der Spektrallinie wird verursacht durch ein Verschmieren der Energie durch Verbreiterung der Hauptkeule und durch Auftauchen von Nebenkeulen (Abb. 6.20.).

Zusätzlich können Aliasing-Produkte auftauchen, wenn das Messsignal nicht ordentlich bandbegrenzt wird; außerdem ist das sogenannte Quantisierungsrauschen sichtbar; es wird uns den Dynamikbereich begrenzen.

Diese Systemfehler können vermieden bzw. unterdrückt werden durch eine entsprechend lange Beobachtungszeit, durch eine entsprechend gute Unterdrückung von Alias-Produkten und durch AD-Wandler mit entsprechend hoher Auflösung. Im nächsten Kapitel werden wir die „Fensterung" als weiteres Hilfsmittel zur DFT-Systemfehlerunterdrückung kennen lernen.

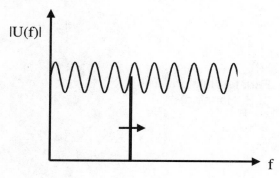

Abb. 6.19. Lattenzauneffekt

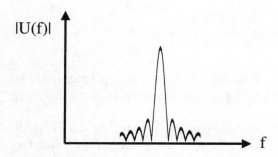

Abb. 6.20. Verschmierung der Energie auf Haupt- und Nebenkeulen

6.8 Fensterfunktionen

Im letzten Abschnitt wurde gezeigt, dass aufgrund des scharfen „Ausstan-
zens" Störeffekte, sogenannte Leckeffekte (Leakage) als Lattenzauneffekt,
sowie Nebenkeulen auftreten. Die Hauptkeule wird verschmiert, abhängig
davon ob ein Vielfaches der Periodendauer abgetastet wurde oder nicht.

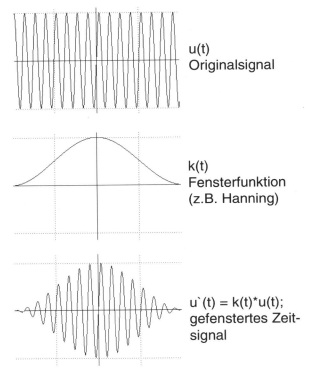

u(t)
Originalsignal

k(t)
Fensterfunktion
(z.B. Hanning)

u`(t) = k(t)*u(t);
gefenstertes Zeit-
signal

Abb. 6.21. Multiplizieren eines Signals mit einer Fensterfunktion

Diese Leckeffekte kann man vermindern, wenn man das Originalsignal
nicht hart rechteckförmig, sondern weich mit Hilfe von Fensterfunktionen
ausschneidet.

Anhand Abb. 6.21. erkennt man, dass bei der Fensterung das Originalsignal mit der Fensterfunktion k(t) bewertet, d.h. multipliziert wird. Das
Signal wird weich zum Rand hin ausgeschnitten. Die dargestellte Fensterfunktion ist die Hanning-Fensterfunktion - ein einfaches Cosinusquadrat-
Fenster. Das Hanningfenster ist das gebräuchlichste Fenster. Die Nebenkeulen werden stärker gedämpft, der Lattenzauneffekt verringert.

Nun gibt es in der Praxis eine Reihe von gebräuchlichen Fenstern.
Beispiele hierfür sind:

- Rechteckfenster
- Hanningfenster
- Hammingfenster
- Dreiecksfenster
- Tukey-Fenster
- Kaiser-Bessel-Fenster
- Gauß-Fenster
- Blackman-Fenster.

Abhängig vom gewählten Fenster werden die Hauptkeulen mehr oder
weniger verbreitert und die Nebenkeulen mehr oder weniger gedämpft,
sowie der Lattenzauneffekt mehr oder weniger vermindert. Rechteckfens-
terung heißt keine Fensterung bzw. maximal hartes Ausstanzen; das Han-
ning-Cosinus-Quadrat-Fenster wurde im Bild dargestellt. Bei den weiteren
Fenstern sei auf die entsprechenden Literaturstellen verwiesen u.a. auch
auf den Artikel [HARRIS].

Literatur: [COOLEY], [PRESS], [BRIGHAM], [HARRIS], [FISCHER1],
[GIROD], [KUEFPF], [BRONSTEIN]

7 Videocodierung gemäß MPEG-2

Digitale Standard Definition Videosignale (SDTV) weisen eine Datenrate von 270 Mbit/s auf. Diese Datenrate ist jedoch viel zu hoch, um solche Signale übertragen, also ausstrahlen zu können. Deswegen werden diese einem Kompressionsprozess unterworfen, bevor sie für die Übertragung aufbereitet werden. 270 Mbit/s müssen auf ca. 2...7 Mbit/s datenkomprimiert werden. Dies ist ein sehr hoher Kompressionsfaktor, der aber aufgrund vieler Redundanz- und Irrelevanzreduktionsmechanismen möglich ist. Die Datenrate eines unkomprimierten HDTV-Signals liegt sogar jenseits von 1 Gbit/s; MPEG-2-codierte HDTV-Signale haben eine Datenrate von etwa 15 Mbit/s.

7.1 Videokomprimierung

Um Daten zu komprimieren, kann man redundante oder irrelevante Information aus dem Datenstrom entfernen. Redundanz heißt Überfluss, Irrelevanz bedeutet unnötig. Überflüssige Information ist Information, die entweder mehrfach im Datenstrom enthalten ist, oder Information die keinerlei Informationsgehalt hat oder einfach Information, die man problemlos durch Rechenvorgänge auf der Empfangsseite verlustfrei zurückgewinnen kann. Redundanzreduktion kann z.B. über eine Lauflängencodierung erreicht werden. Anstelle einer Übertragung von 10 Nullen kann man bei der Übertragung durch einen speziellen Code auch einfach die Information 10 mal 0 versenden, was wesentlich kürzer ist.

Auch das Morsealphabet stellt gewissermaßen eine Redundanzreduktion dar. Häufig benutzte Buchstaben werden durch kurze Codesequenzen dargestellt, weniger häufig verwendete Buchstaben durch längere Codesequenzen repräsentiert. In der Datentechnik spricht man hier von Huffmann-Codierung bzw. Variable Length Coding.

Irrelevante Information ist Information, die z.B. die menschlichen Sinne nicht wahrnehmen. Im Videosignal sind dies Bestandteile, die das menschliche Auge aufgrund seiner Anatomie nicht wahrnehmen kann. Das menschliche Auge hat deutlich weniger Farbrezeptoren als Erfassungszellen für Helligkeitsinformation. Man kann also deswegen die "Schärfe in der Farbe" zurücknehmen, was eine Bandbreitenreduktion in der Farbinformation bedeutet. Auch ist bekannt, dass wir feine Bildstrukturen, also z.B. dünne Striche anders - ungenauer wahrnehmen als grobe Bildstrukturen. Genau hier setzen die Datenreduktionsverfahren gemäß JPEG und MPEG hauptsächlich an. Irrelevanzreduktion bedeutet aber immer Informationsverlust und zwar irreparabel. In der üblichen Datentechnik kommt deshalb nur Redundanzreduktion in Frage, z. B. bei den bekannten ZIP-Files.

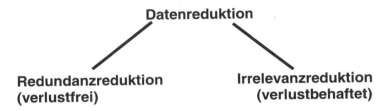

Bei MPEG werden folgende Schritte durchgeführt, um eine Datenreduktion bis zu einem Faktor von etwa 130 zu erreichen:

- 8 Bit Auflösung anstelle von 10 Bit (Irrelevanzreduktion)
- Weglassen der H- und V-Lücke (Redundanzreduktion)
- Reduktion der Farbauflösung auch in vertikaler Richtung (4:2:0) (Irrelevanzreduktion)
- Differenzpulscodemodulation von Bewegtbildern (Redundanzreduktion)
- Diskrete Cosinus-Transformation (DCT) mit nachfolgender Quantisierung (Irrelevanzreduktion)
- Zig-Zag-Scanning mit Lauflängencodierung (Redundanzreduktion)
- Huffmann-Codierung (Redundanzreduktion)

Beginnen wir hier wieder mit dem analogen Videosignal einer Fernsehkamera. Die Ausgangssignale Rot, Grün und Blau (RGB) werden zu Y, C_B und C_R matriziert. Es folgt dann eine Bandbegrenzung dieser Signale, sowie eine A/D-Wandlung. Gemäß ITU-BT.R601 erhält man ein Datensignal mit einer Datenrate von 270 Mbit/s. Die Farbauflösung ist gegenüber der Helligkeitsauflösung reduziert. Die Anzahl der Helligkeitsabtastwerte ist doppelt so groß wie die der C_B- und C_R-Werte; man spricht von einem 4:2:2-Signal (Abb. 7.2). D. h. schon bei ITU-BT.R601 wurde eine Irrelevanzreduktion vorgenommen. Dieses hochdatenratige Signal von 270

Mbit/s muss nun im MPEG-Videocodierungsprozess auf etwa 2...7 Mbit/s komprimiert werden.

7.1.1 Zurücknahme der der Quantisierung von 10 auf 8 Bit

Beim analogen TV-Signal galt die Faustregel, dass wenn ein Videosignal einen auf den Weißimpuls bezogenen und bewerteten Signal-Rauschabstand von mehr als 48 dB aufweist, der Rauschanteil für das menschliche Auge gerade nicht mehr wahrnehmbar ist. Das aufgrund von 8 Bit Auflösung verursachte Quantisierungsgeräusch ist bei entsprechender Aussteuerung des AD-Wandlers bereits deutlich unter der Wahrneh-mungsgrenze, so dass außerhalb des Studiobereiches auf 10 Bit Auflösung bei Y, C_B und C_R verzichtet werden kann. Im Studiobereich bietet sich 10 Bit Auflösung wegen der leichteren und besseren Nachbearbeitbarkeit an. Eine Zurücknahme der Auflösung von 10 auf 8 Bit gegenüber ITU-BT.R601 bedeutet eine um 20% ((10-8)/10 = 2/10 = 20%) geringere Da-tenrate; dies ist aber eine Irrelevanzreduktion, d.h. das Signal ist bei der Decodierung auf der Empfangsseite nicht wieder im ursprünglichen Zu-stand zurückgewinnbar. Nach der Faustregel S/N [dB]=6•N ist nun das Quantisierungsgeräusch um 12 dB angestiegen.

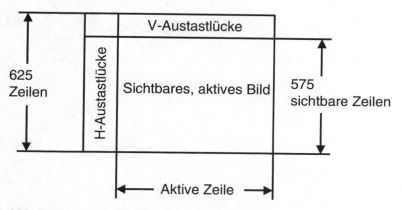

Abb. 7.1. Horizontale und vertikale Austastlücke

7.1.2 Weglassen der H- und V-Lücke

In der Horizontal- und Vertikal-Austastlücke (Abb. 7.1.) eines digitalen Videosignals gemäß ITU-BT.R601 ist keinerlei relevante Information, auch kein Videotext enthalten. In diesem Bereich können Zusatzdaten, z.B. Tonsignale enthalten sein, die aber gemäß MPEG eigens codiert übertragen werden. Man lässt deshalb den Bereich der H- und V-Lücke bei MPEG während der Übertragung komplett weg. Die H- und V-Lücke und alle darin enthaltenen Signale können problemlos auf der Empfangsseite wieder neu erzeugt werden.

Ein PAL-Signal hat 625 Zeilen, davon sind 575 sichtbar. 50 geteilt durch 625 ergibt 8%, d.h. die Datenratenersparnis beim Weglassen der V-Lücke ergibt 8%. Die Zeilenlänge beträgt 64µs - der aktive Videobereich ist nur 52µs lang. 12µs geteilt durch 64 ergibt 19%. Man erspart sich weitere 19% Datenrate. Nachdem es eine Überlappung beider Spareffekte gibt, beträgt das Gesamtergebnis dieser Redundanzreduktion etwa 25%.

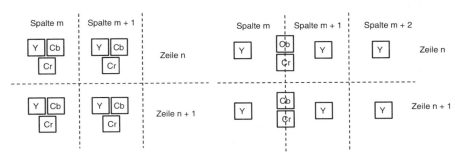

Abb. 7.2. 4.4.4- und 4:2:2-Auflösung

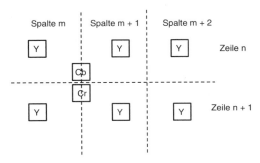

Abb. 7.3. 4:2:0-Auflösung

7.1.3 Reduktion der Farbauflösung auch in vertikaler Richtung (4:2:0)

Die beiden Farbdifferenzsignale C_B und C_R werden im Vergleich zum Luminanzsignal Y mit der halben Datenrate abgetastet. Dazu wurde auch die Bandbreite von C_B und C_R auf 2.75 MHz gegenüber der Luminanzbandbreite von 5.75 MHz begrenzt. Man spricht von einem 4:2:2-Signal (Abb. 7.2.). Dieses 4:2:2-Signal hat aber nur in horizontaler Richtung eine reduzierte Farbauflösung. Die vertikale Farbauflösung entspricht der vollen sich durch die Zeilenzahl ergebenden Auflösung.

Das menschliche Auge unterscheidet aber bezüglich der Farbauflösung nicht zwischen horizontal und vertikal. Man kann deshalb auch die Farbauflösung in vertikaler Richtung auf die Hälfte zurücknehmen, ohne dass es das Auge wahrnimmt. Dies wird bei MPEG-2 üblicherweise auch in einem der ersten Schritte getan. Man spricht dann von einem 4:2:0-Signal (Abb. 7.3.). Zu jeweils 4 Y-Pixeln ist nun nur noch je ein C_B- und ein C_R-Wert zugeordnet. Durch diese Art der Irrelevanzreduktion spart man exakt 25% Datenrate ein.

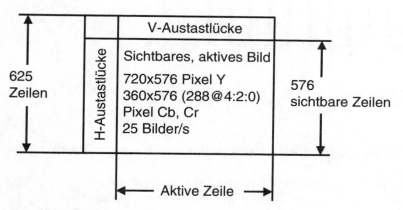

Abb. 7.4. Erste Datenreduktionen

7.1.4 Weitere Schritte zur Datenreduktion

Als Bilanz der bisher durchgeführten Datenreduktion (Abb. 7.4) ist folgendes festzustellen: Beginnend mit einer ursprünglichen Datenrate des ITU-BT.R601-Signals von 270 Mbit/s wurde dieses Signal nun auf über die Hälfte, auf 124.5 Mbit/s komprimiert. Dies ergibt sich aus folgenden Maßnahmen:

- ITU-BT.R601 (unkomprimiert)   270 Mbit/s
- 8 Bit anstelle 10 Bit (-20%)   216
- H-Banking + V-Banking (ca. -25%)   1,66
- 4:2:0 (-25%)
- Datenrate nachher: 124.5 Mbit/s

Zwischen den nun erreichten 124.5 Mbit/s und den geforderten 2...6 MBit/s mit Obergrenze 15 Mbit/s klafft aber noch eine große Lücke, die mit weiteren wesentlich aufwändigeren Schritten geschlossen werden muss.

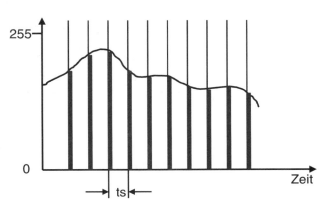

Abb. 7.5. Pulse Code Modulation

7.1.5 Differenz-Plus-Code-Modulation von Bewegtbildern

Bewegte benachbarte Bilder unterscheiden sich meist nur sehr geringfügig voneinander. In bewegten Bildern findet man feststehende Bereiche, die sich von Bild zu Bild überhaupt nicht verändern; man findet Bereiche die nur die Lage ändern und findet Objekte, die vollkommen neu hinzukommen. Würde man jedes Bild immer wieder komplett übertragen, so überträgt man zum Teil die gleiche Information immer wieder. Dies ergibt eine sehr große Datenrate. Es liegt nun nahe, zwischen den oben genannten Bildbereichen zu unterscheiden und wirklich nur das Delta von einem zum anderen Bild zu übertragen. Angelehnt an ein Verfahren, das es schon lange gibt, nennt man diese Methode der Redundanzreduktion Differenz-Puls-Code-Modulation (DPCM).

Was nun aber bedeutet Differenz-Puls-Code-Modulation? Wird ein zunächst kontinuierliches analoges Signal abgetastet und digitalisiert, so liegen dann diskrete, also nicht mehr kontinuierliche Werte im äquidistanten Zeitabstand vor (Abb. 7.5.). Diese Werte kann man als Impulse im äquidistanten Abstand repräsentieren. Diese Darstellung entspricht dann einer Puls-Code-Modulation. Jeder Impuls trägt in seiner Höhe in diskreter, nicht kontinuierlicher Form eine Information über den aktuellen Zustand des abgetasteten Signals zu genau diesem Zeitpunkt.

In der Realität sind die Unterschiede benachbarter Abtastwerte, also der PCM-Werte wegen der vorherigen Bandbegrenzung nicht sehr groß. Überträgt man nur die Differenz zwischen benachbarten Abtastwerten, so kann man Übertragungskapazität einsparen, die benötigte Datenrate geht zurück. Diese Idee ist relativ alt, man nennt diese Art der Puls-Code-Modulation nun Differenz-Puls-Code-Modulation (Abb. 7.6.).

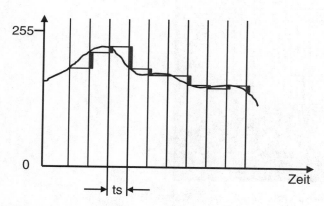

Abb. 7.6. Differenz-Puls-Code-Modulation

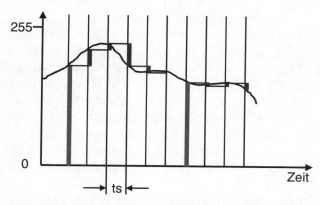

Abb. 7.7. Differenz-Puls-Code-Modulation mit Referenzwerten

Bei der üblichen DPCM hat man aber das Problem, dass es nach einem Einschaltvorgang oder nach Übertragungsfehlern sehr lange dauert, bis das demodulierte Zeitsignal wieder einigermaßen dem Originalsignal entspricht. Dieses Problem kann man durch einen kleinen Trick leicht beseitigen. Man überträgt einfach in einem regelmäßigen Abstand komplette Abtastwerte und dann einige Male Differenzen, dann wieder einen kompletten Abtastwert, usw. (Abb. 7.7.). Wir sind nun dem Verfahren der Differenz-Puls-Code-Modulation (DPCM) bei der Bildkomprimierung gemäß MPEG-1/-2 sehr nahe gekommen.

Abb. 7.8. Einteilen eines Bildes in Blöcke bzw. Makro-Blöcke

Bevor ein Bild auf feststehende und bewegte Bestandteile untersucht wird, wird es zunächst in zahlreiche Blöcke, in Quadrate von je 16 x 16 Luminanzpixeln bzw. 8 x 8 C_B- und C_R-Pixeln eingeteilt (Abb. 7.8). Aufgrund der 4:2:0-Struktur liegen je 8 x 8 C_B und 8 x 8 C_R-Pixeln über einem 16 x 16 Luminanz-Pixel-Layer. Solch eine Anordnung nennt man nun Makro-Block (siehe auch Abb. 7.20.). Ein einzelnes Bild besteht nun aus vielen Makro-Blöcken. Die horizontale und vertikale Pixelanzahl für Luminanz und Chrominanz ist dabei so gewählt, dass sie durch 16 und auch durch 8 teilbar ist (Y: 720 x 576 Pixel). Man überträgt nun in einem bestimmten Abstand immer wieder vollständige ohne Differenzbildung ermittelte Referenzbilder, sogenannte I-Bilder und dann dazwischen die Differenzbilder.

Die Differenzbildung erfolgt hierbei auf Makro-Block-Ebene. D.h. man vergleicht immer den jeweiligen Makro-Block eines nachfolgenden Bildes mit dem Makro-Block des vorhergehenden Bildes. Genauer gesagt untersucht man zunächst, ob sich dieser aufgrund von Bewegung im Bild in irgend eine Richtung verschoben hat, sich überhaupt nicht geändert hat, sich geringfügig verändert hat, oder ob die in diesem Makro-Block vorhandene Bildinformation komplett neu entstanden ist. Im Falle einer einfachen Verschiebung überträgt man nur einen sog. Bewegungsvektor. Zusätzlich zum Bewegungsvektor kann dann noch eine evtl. vorhandene Differenz zum vorhergehenden Makro-Block gesendet werden. Hat sich der Makro-Block weder verschoben, noch verändert, so braucht gar nichts übertragen zu werden.

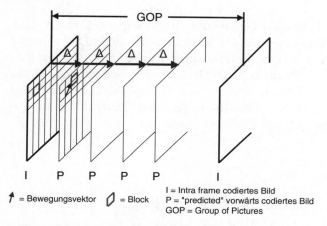

Abb. 7.9. Vorwärts codierte Differenzbilder

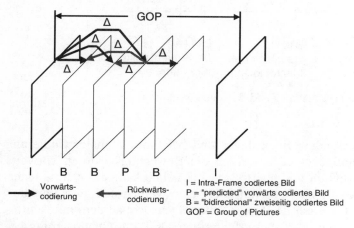

Abb. 7.10. Bidirektional codierte Differenzbilder

Ist keine Korrelation mit einem benachbarten vorhergehenden Makro-Block bestimmbar, so wird der Makro-Block komplett neu codiert. Solche durch einfache Vorwärts-Differenz-Bildung erzeugten Bilder nennt man P-Bilder (Predicted Pictures) (Abb. 7.9.).

Neben einfach vorwärts prädizierten Bildern gibt es jedoch auch beidseitig, also vorwärts- und rückwärts differenzgebildete Bilder, sog. B-Bilder (Bidirectional Predicted Pictures). Der Grund hierfür ist die dadurch mögliche deutlich niedrigere Datenrate in den B-Bildern gegenüber P- oder gar I-Bildern. Alle zwischen 2 I-Bildern, also Komplettbildern vorkommende Bilderanordnung nennt man Group of Pictures (GOP) (Abb. 7.10.).

Die Bewegungsschätzung zur Gewinnung der Bewegungsvektoren läuft hierbei wie folgt ab. Ausgehend von einem zu codierenden Differenzbild sucht man im Bild davor (Vorwärts-Prädiktion P) und evtl. auch im Bild danach (Bidirektionale Prädiktion B) nach passenden Makro-Block-Informationen im Umfeld des zu codierenden Makro-Blocks (Abb. 7.11.). Dies erfolgt nach dem Prinzip des Block-Matchings innerhalb eines bestimmten Suchbereiches um den Makro-Block herum.

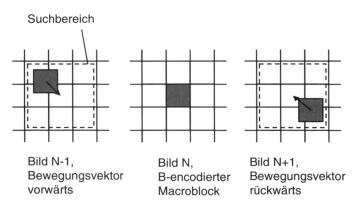

Suchbereich

Bild N-1,
Bewegungsvektor
vorwärts

Bild N,
B-encodierter
Macroblock

Bild N+1,
Bewegungsvektor
rückwärts

Abb. 7.11. Bewegungsschätzung und Bewegungsvektoren

Ist ein gut passender Block davor und bei bidirektionaler Codierung auch dahinter gefunden, dann werden die Bewegungsvektoren vorwärts und rückwärts ermittelt und übertragen. Zusätzlich kann ein evtl. notwendiges zusätzliches Block-Delta mit übertragen werden und zwar vorwärts und rückwärts. Das Block-Delta wird aber eigens gemäß dem im nachfolgenden Kapitel beschriebenen Verfahren der DCT mit Quantisierung besonders speichersparend codiert.

Eine Group of Pictures (GOP) besteht nun also aus einer bestimmten Anzahl und aus einer bestimmten Struktur von zwischen zwei I-Bildern angeordneten B- und P-Bildern. Üblicherweise ist eine GOP 12 Bilder lang und entspricht der Reihenfolge I, B, B, P, B, B, P,... Die B-Bilder sind also zwischen I- und P-Bildern eingebettet. Bevor man auf der Empfangsseite jedoch ein B-Bild - dekodieren kann braucht man unbedingt die Information der vorhergehenden I und P-Bilder, als auch die Information des jeweils nachfolgenden I- oder P-Bildes. Die GOP-Struktur kann aber gemäß MPEG variabel gestaltet sein. Um nun nicht unendlich Speicherplatz auf der Empfangsseite vorhalten zu müssen, muss bei der Übertragung die GOP-Struktur so geändert werden, dass die jeweilige Rückwärtsprädiktions-Information schon vor den eigentlichen B-Bildern vorhanden ist. Man überträgt deshalb die Bilder in einer Reihenfolge, die nicht mehr der Originalreihenfolge entspricht.

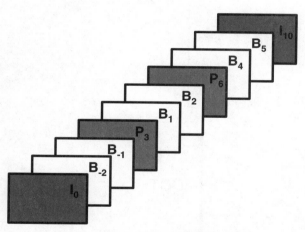

Abb. 7.12. Reihenfolge bei der Bilderübertragung

Anstelle der Reihenfolge I_0, B_1, B_2, P_3, B_4, B_5, P_6, B_7, B_8, P_9, wird nun üblicherweise in der folgenden Bildreihenfolge ausgestrahlt. I_0, B_{-2}, B_{-1}, P_3, B_1, B_2, P_6, B_4, B_5, P_9, usw. (Abb. 7.12.). D.h. es liegen nun die den B-Bildern nachfolgenden P- oder I-Bilder auf der Empfangsseite vor, bevor die entsprechenden B-Bilder empfangen werden und decodiert werden können. Der auf der Empfangsseite vorzuhaltende Speicherbedarf ist nun kalkulierbar und limitiert. Um die Originalreihenfolge wieder herstellen zu können, müssen in irgend einer Weise die Bildnummern codiert übertragen werden. Hierzu dienen u.a. die DTS-Werte, die Decoding Time Stamps, die im PES-Header enthalten sind (siehe Kapitel MPEG-Datenstrom).

7.1.6 Diskrete Cosinustransformation mit nachfolgender Quantisierung

Schon seit Ende der 80er-Jahre wird ein Verfahren zur Standbildkomprimierung sehr erfolgreich eingesetzt: das JPEG-Verfahren, das mittlerweile sehr erfolgreich auch bei digitalen Fotoapparaten Anwendung findet - bei hervorragender Bildqualität. JPEG steht für Joint Photographics Experts Group, also Expertengruppe zur Standbildcodierung. Der bei JPEG angewendete Basis-Algorithmus ist die Diskrete Cosinus-Transformation (Abb. 7.13.), kurz DCT genannt. Diese DCT bildet gewissermaßen auch den Kernalgorithmus des MPEG-Videocodierungsverfahrens.

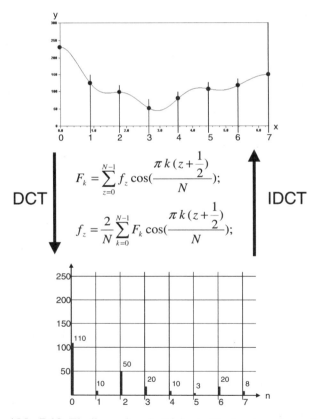

$$F_k = \sum_{z=0}^{N-1} f_z \cos\left(\frac{\pi k\left(z+\frac{1}{2}\right)}{N}\right);$$

$$f_z = \frac{2}{N}\sum_{k=0}^{N-1} F_k \cos\left(\frac{\pi k\left(z+\frac{1}{2}\right)}{N}\right);$$

DCT

IDCT

Abb. 7.13. Eindimensionale Diskrete Cosinustransformation

Das menschliche Auge nimmt feine Bildstrukturen anders wahr als grobe Bildstrukturen. Schon in der analogen Videomesstechnik war bekannt, dass tieffrequente Bildstörungen, also Bildstörungen, die groben Bildstrukturen entsprechen oder diese stören eher wahrgenommen werden, als hochfrequente Bildstörungen, d.h. Störungen die feinen Bildstrukturen entsprechen oder diese stören.

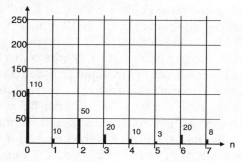

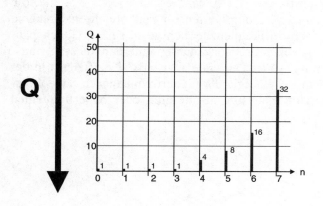

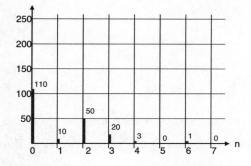

Abb. 7.14. Quatisierung der DCT-Koeffizienten

Deshalb hat man schon zu Beginn der Videomesstechnik den Sig-
nal/Rauschabstand bewertet, also bezogen auf die Augenempfindlichkeit
gemessen. In Richtung höhere Bildfrequenzanteile, also in Richtung feinere Bildstrukturen konnte man sich deutlich mehr Rauschen erlauben als bei
groben niederfrequenten Signalbestandteilen. Dieses Wissen nutzt man bei
JPEG und bei MPEG aus. Man codiert niederfrequente, also grobe Bildbestandteile mit feinerer Quantisierung und feine Bildbestandteile mit gröbe-
rer Quantisierung, um damit Datenrate zu sparen. Aber wie kann man nun
grobe von mittleren und feinen Bildbestandteilen trennen? Man nutzt hier
das Verfahren der Transformationscodierung (Abb. 7.13.). D.h. man macht
zunächst einen Übergang von Zeitbereich des Videosignals in den Frequenzbereich. Die Diskrete Cosinus-Transformation ist eine Spezialform
der Diskreten Fourier Transformation bzw. der Fast Fourier Transformation. Bezüglich dieser Transformationen sei auf ein eigenes Kapitel in diesem Zusammenhang hingewiesen. Beginnen wir mit einem einfachen Beispiel: 8 Abtastwerte in einer Videozeile werden mit Hilfe der DCT in den
Frequenzbereich überführt (Abb. 7.13). Man erhält wieder 8 Werte, die
aber nun nicht mehr Videospannungswerten im Zeitbereich entsprechen,
sondern 8 Leistungswerten im Frequenzbereich gestuft nach Gleichspannung, tiefen, mittleren bis hohen Frequenzanteilen innerhalb dieser 8 trans-
formierten Videospannungswerte. Der erste Wert (DC-Koeffizient) in der
Frequenzebene entspricht der Energie der niederfrequentesten Videokom-
ponente in diesem Abschnitt bis hin zu mittleren oder höherfrequenten
Signalanteilen.

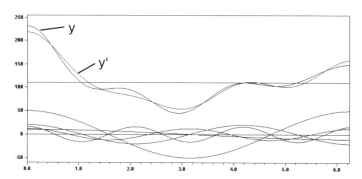

y(x)=110+10cos(0.5x)+50cos(x)+20cos(1.5x)+10cos(2x)+3cos(2.5x)+20cos(3x)+8cos(3.5x);

y'(x)=110+10cos(0.5x)+50cos(x)+20cos(1.5x)+12cos(2x)+0cos(2.5x)+16cos(3x)+0cos(3.5x);

Abb. 7.15. Ursprüngliche (y) und nach der Quantizierung zurückgewonnene Kurve (y')

Nun sind die Informationen über einen Videosignalabschnitt so aufbereitet, dass man eine Irrelevanzreduktion entsprechend dem Erfassungsvermögen des menschlichen Auges vornehmen kann.

In einem ersten Schritt werden hierzu diese Koeffizienten in der Frequenzebene quantisiert, d.h. man teilt jeden Koeffizienten durch einen bestimmten Quantisierungsfaktor (Abb. 7.14.). Je höher der Wert des Quantisierungsfaktors ist, desto gröber wird die Quantisierung. Bei groben Bildstrukturen darf die Quantisierung nur wenig oder gar nicht verändert werden, bei feinen Bildstrukturen nimmt man die Quantisierung mehr zurück. D.h. die Quantisierungsfaktoren steigen in Richtung feinere Bildstrukturen an. Durch die Quantisierung ergeben sich in Richtung feinere Bildstrukturen, also in Richtung höhere Frequenzkoeffizienten viele Werte die zu Null geworden sind. Diese kann man dann speziell codiert und damit platzsparend übertragen. Die nach der Quantisierung durch Decodierung auf der Empfangsseite zurückgewonnene Kurve entspricht jedoch dann nicht mehr 100% der Originalkurve (Abb. 7.15.). Sie weist Quantisierungsfehler auf.

183	198	220	239	244	236	222	211
198	209	222	231	229	215	198	186
144	154	170	184	190	190	185	180
162	164	166	167	165	161	157	154
195	191	185	180	178	178	179	181
174	168	161	156	160	170	183	192
174	160	138	119	112	115	125	133
152	138	119	105	104	115	133	146

f(x,y)

Abb. 7.16. 8x8 Pixel-Block

In Wirklichkeit wird jedoch bei JPEG und MPEG eine Zweidimensionale Transformationscodierung vorgenommen. Dazu teilt man das Bild in 8 x 8-Pixelblöcke ein (Abb. 7.8.). Jeder 8 x 8-Pixelblock (Abb. 7.16.) wird dann mit Hilfe der zweidimensionalen Diskreten Cosinus -Transformation in den Frequenzbereich überführt. Vor der Transformation selber wird aber zunächst von allen Pixelwerten der Wert 128 abgezogen, um vorzeichenbehaftete Werte zu erhalten (Abb. 7.17.).

Das Ergebnis (Abb. 7.18) der zweidimensionalen Diskreten Cosinus-Transformation eines 8 x 8-Pixelfeldes ist dann wiederum ein 8 x 8-Pixelfeld, jetzt aber in der Frequenzebene. Der erste Koeffizient der ersten Zeile ist der sog. DC-Koeffizient; er entspricht dem Gleichspannungsanteil des gesamten Blockes. Der zweite Koeffizient entspricht der Energie der gröbsten Bildstrukturen in horizontaler Richtung. Der letzte Koeffizient der ersten Zeile entspricht der Energie der feinsten Bildstrukturen in horizontaler Richtung. In der ersten Spalte des 8 x 8-Pixelblockes findet man von oben nach unten die Energien der gröbsten bis feinsten Bildstrukturen in vertikaler Richtung. In diagonaler Richtung sind die Koeffizienten der groben bis feinen Bildstrukturen eben in diagonaler Richtung zu finden.

55	70	92	111	116	108	94	83
70	81	94	103	101	87	70	58
16	81	42	56	62	62	57	52
34	36	38	39	37	33	29	26
67	63	57	52	50	50	51	53
46	40	33	28	32	42	55	64
46	32	10	-9	-16	-13	-3	5
24	10	-9	-23	-24	-13	5	18

Abb. 7.17. Subtraktion von 128

Zeitbereich   Frequenzbereich

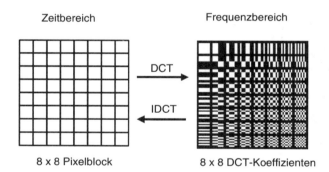

8 x 8 Pixelblock   8 x 8 DCT-Koeffizienten

DC-Koeffizient (mit höherer Genauigkeit)

1384	0	0	0	0	0	0	0
216	-36	-99	0	0	0	0	0
0	0	0	0	0	0	0	0
99	0	0	0	0	0	0	0
0	0	0	0	0	0	0	0
-58	0	0	0	0	0	0	0
0	-60	0	0	0	0	0	0
0	0	0	0	0	0	0	1

$F(v,u) = DCT(f(x,u);$

Abb. 7.18. Zweidimensionale DCT

Im nächsten Schritt erfolgt die Quantisierung. Man teilt alle Koeffizienten durch geeignete Quantisierungsfaktoren. Im MPEG-Standard sind Quantisierungstabellen definiert; jeder Encoder kann diese aber austauschen und eigene verwenden. Diese müssen dann aber auch durch eine Übertragung dem Decoder bekannt gemacht werden. Aufgrund der Quantisierung ergeben sich üblicherweise sehr viele Werte, die nun zu Null geworden sind. Auch ist die Matrix nach der Quantisierung relativ symmetrisch zur diagonalen Achse von links oben nach rechts unten. Deshalb liest man die Matrix in einen Zig-Zag-Scan-Vorgang aus, um dann sehr viele benachbarte Nullen zu erhalten. Diese kann man dann im nächsten Schritt lauflängencodieren, um dann eine sehr große Datenreduktion zu erreichen.

Die Quantisierung ist die einzige "Stellschraube" zur Steuerung der Datenrate des Videoelementarstromes.

Diese Transformationscodierung mit anschließender Quantisierung muss für die Y-Pixel-Ebene und für die C_B- und C_R-Ebenen durchgeführt werden.

8	16	19	22	26	27	29	34
16	16	22	24	27	29	34	37
19	22	26	27	29	34	34	38
22	22	26	27	29	34	37	40
22	26	27	29	32	35	40	48
26	27	29	32	35	40	48	58
26	27	29	34	38	46	56	69
27	29	35	38	46	56	69	83

Q(v,u)

scale_factor = 2 ;

173	0	0	0	0	0	0	0
6	-1	-2	0	0	0	0	0
0	0	0	0	0	0	0	0
2	0	0	0	0	0	0	0
0	0	0	0	0	0	0	0
-1	0	0	0	0	0	0	0
0	-1	0	0	0	0	0	0
0	0	0	0	0	0	0	0

QF(v,u) = F(v,u) / Q(v,u) / scale_factor ;

Abb. 7.19. Quantisierung nach der DCT

Bei der 4:2:0-Codierung sind 4 Y - 8x8-Pixelblöcke und je ein C_B - 8x8- und C_R - 8x8- Pixelblock zu einem Makroblock (Abb. 7.20.) zusammengefasst. Von Makroblock zu Makroblock kann die Quantisierung für Y, C_B und C_R durch einen speziellen Quantizer Scale Factor verändert werden. Dieser Faktor verändert alle Quantisierungsfaktoren entweder der MPEG-Standardtabellen oder der durch den Encoder vorgegeben Quantisierungstabellen durch eine einfache Multiplikation mit einem bestimmten Faktor. Dieser Scale-Factor ist die eigentliche „Stellschraube" für die Videodatenrate. Die komplette Quantisierungstabelle kann nur zu bestimmten Zeitpunkten - wie wir später sehen werden - auf Sequence-Ebene ausgetauscht werden.

Bei I-Bildern werden alle Makro-Blöcke so codiert, wie eben beschrieben. Bei den P-und B-Bildern werden jedoch die Pixeldifferenzen von Makro-Block in einem Bild zu Makro-Block in einem anderen Bild transformationscodiert. D.h. man verschiebt evtl. zuerst den Makro-Block des davorliegenden Bildes mit Hilfe des Bewegungsvektors des Makro-Blocks an eine passende Position und errechnet dann noch die Differenz zum Makro-Block an dieser Stelle. Diese 8 x 8-Differenzwerte werden dann mit Hilfe der DCT in den Frequenzbereich überführt und dann quantisiert. Das gleiche gilt auch für die Rückwärtsprädiktion von B-Bildern.

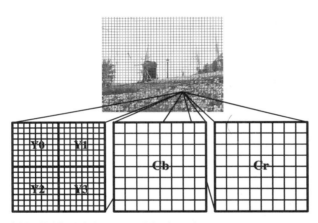

Abb. 7.20. 4:2:0-Macro-Blockstruktur

7.1.7 Zig-Zag-Scan und Lauflängencodierung von Null-Sequenzen

Nach dem Zig-Zag-Scan (7.21.) der quantisierten DCT-Koeffizienten erhält man sehr viele benachbarte Nullen. In einer Lauflängencodierung (Run Length Coding, RLC) (Abb. 7.22.) wird dann anstelle dieser vielen Nullen einfach nur deren Anzahl übertragen also z.B. die Information 10 mal 0 anstelle von 0,0,0... 0. Diese Art der Redundanzreduktion in Verbindung mit DCT und Quantisierung ergibt den Hauptgewinn bei der Datenkompression.

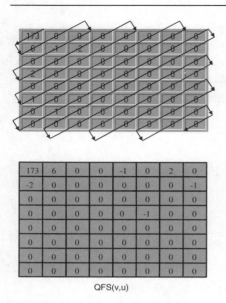

QFS(v,u)

Abb. 7.21. Zig-Zag-Scanning

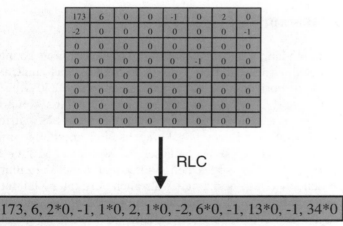

RLC

173, 6, 2*0, -1, 1*0, 2, 1*0, -2, 6*0, -1, 13*0, -1, 34*0

Abb. 7.22. Lauflängencodierung (RLC)

7.1.8 Huffmann-Codierung

Häufig vorkommende Codes im lauflängencodierten Datenstrom werden dann noch einer Huffman-Codierung (Abb. 7.23.) unterzogen. D.h. die Codewörter werden geeignet umcodiert, so dass sich eine weitere Redun-

danzreduktion ergibt. Dabei werden wie bei der Morsecodierung die
Codes, die häufig verwendet werden, in besonders kurze Codes umcodiert.

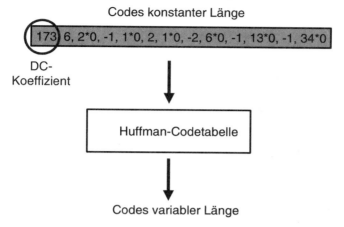

Codes konstanter Länge

DC-
Koeffizient

Huffman-Codetabelle

Codes variabler Länge

Abb. 7.23. Huffmann-Codierung (VLC, Variable Length Coding)

7.2 Zusammenfassung

Mit Hilfe einiger Redundanz - und Irrelevanzreduktionsverfahren konnte
die Datenrate eines Standard Definition Television-Signals, das zunächst
gemäß ITU-BT.R601 im Format 4:2:2 mit einer Datenrate von 270 Mbit/s
vorgelegen hat, auf etwa 2...7 Mbit/s mit Obergrenze 15 Mbit/s komprimiert werden. Als Kern dieses Kompressionsverfahrens kann eine Differenz-Puls-Code-Modulation mit Bewegungskompensation kombiniert mit
einer DCT-Transformationscodierung angesehen werden. MPEG-2-
Signale, die für die Distribution vorgesehen sind, also für die Verteilung
zum Haushalt, werden sowohl in horizontaler als auch vertikaler Richtung
in der Farbauflösung reduziert. Man spricht vom 4:2:0-Format. Für die
Contribution, also für die Zuspielung von Studio zu Studio ist gemäß
MPEG auch 4:2:2 vorgesehen bei natürlich etwas höherer Datenrate. Bei
4:2:0/Standard Definition spricht man von Main Profile@Main Level,
4:2:2/Standard Definition nennt man High Profile@Main Level (Abb.
7.24.). Jedoch ist im MPEG-2-Standard auch High Definition Television
implementiert und zwar sowohl als 4:2:0-Signal (Main Profile@High Level) und als 4:2:2-Signal (High Profile@High Level). Die Ausgangsdatenrate eines HDTV-Signale liegt mit über 1 Gbit/s deutlich höher als die eines SDTV-Signales. Alle Kompressionsvorgänge bei HDTV, SDTV und
4:2:2, 4:2:0 laufen jedoch wie zuvor beschrieben in der gleichen Form ab.

Im Ergebnis unterscheiden sich die Signale nur in der unterschiedlichen Qualität und natürlich in der Datenrate.

Ein 6 Mbit/s - SDTV-Signal im MPEG-2-4:2:0-Format entspricht in etwa der Qualität eines herkömmlichen analogen TV-Signals. In der Praxis findet man jedoch Datenraten, die sich im Bereich von 2...7 Mbit/s bewegen. Davon abhängig ist natürlich die Bildqualität. Eine entsprechend hohe Datenrate benötigt man speziell bei Sportübertragungen.

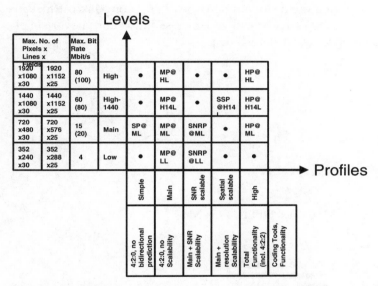

Abb. 7.24. MPEG-2 Profiles und Levels

Die Datenrate des Videoelementarstromes kann konstant sein oder auch abhängig vom aktuellen Bildinhalt variieren. Gesteuert wird die Datenrate abhängig vom Füllzustand des Ausgangpuffers des MPEG-Encoders über die Änderung des Scale-Factors.

Die Makro-Blöcke eines I-, P- oder B-Bildes können auf unterschiedliche Art kodiert werden. Speziell beim B-Bild kann man die zahlreichsten Varianten vorfinden. Dort kann ein Makro-Block folgendermaßen codiert sein:

- Intraframe-codiert (komplett neu)
- einfach vorwärts codiert
- vorwärts- und rückwärts codiert
- gar nicht codiert (skipped).

Die Art der Codierung entscheidet der Encoder (Abb. 7.25.) anhand des aktuellen Bildinhaltes und der zur Verfügung stehenden Kanalkapazität (Datenrate). Anders als beim analogen Fernsehen üblich, werden keine Teilbilder übertragen, sondern immer nur Vollbildinformationen. Die Halbbilder entstehen erst wieder auf der Empfangsseite durch spezielles Auslesen des Bildspeichers. Jedoch ist eine spezielle Art der DCT-Codierung möglich, die eine bessere Bildqualität für das Zwischenzeilenverfahren ergibt bei entsprechend codiertem Ausgangsmaterial. Man spricht von Frame- und Field-Codierung (Abb. 7.26.) von Makro-Blöcken. Dabei werden die Makro-Blöcke erst zeilenweise umsortiert, bevor sie einer DCT-Codierung unterworfen werden.

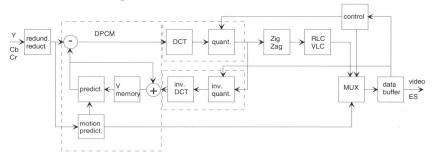

Abb. 7.25. Blockschaltbild eines MPEG-2 Encoders

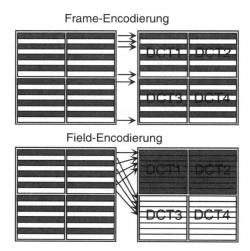

Abb. 7.26. Frame- und Field-Encodierung von Macro-Blocks

7.3 Aufbau des Videoelementarstroms

Die kleinste Einheit des Videoelementarstromes ist ein Block, bestehend aus 8 mal 8 Pixeln. Jeder Block wird bei der Videokomprimierung einer eigenständigen Diskreten Cosinustransformation (DCT) unterworfen. Beim 4:2:0-Profile ergeben vier Luminanzblöcke und je ein C_B- und C_R-Block zusammen einen Makroblock. Jeder Makroblock kann eine unterschiedliche Quantisierung aufweisen, d.h. stärker oder weniger stark komprimiert werden. Hierzu kann der Videoencoder unterschiedliche Sklarierungsfaktoren wählen, durch die dann jeder DCT-Koeffizient noch zusätzlich geteilt wird. Diese Quantizer - Skalierungsfaktoren sind die eigentlichen "Stellschrauben" für die Datenrate des Videoelementarstromes. Die Quantisierungstabelle selber kann nicht von Makroblock zu Makroblock getauscht werden. Jeder Makroblock kann entweder frame- oder field-encodiert sein. Das entscheidet der Encoder anhand von Notwendigkeit und Möglichkeit. Eine Notwendigkeit zur Field-Encodierung ergibt sich aus Bewegungsanteilen zwischen erstem und zweitem Halbbild und eine Möglichkeit hierzu ergibt sich aus der zur Verfügung stehenden Datenrate.

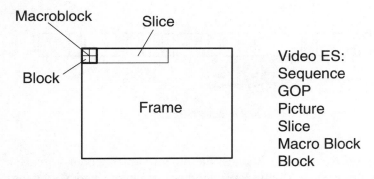

Abb. 7.27. Block, Macro-Block, Slice und Frame

Eine gewisse Anzahl von Makroblöcken in einer Zeile ergeben zusammen dann einen Slice (Abb. 7.27.). Jeder Slice startet mit einem Header, der dem Neuaufsynchronisieren z.B. bei Bitfehlern dient. Die Fehlerverschleierung auf Videoelementarstromebene findet v.a. auf Slice-Ebene statt, d.h. die MPEG-Dekoder kopieren bei Bitfehlern den Slice des Vorgängerbildes in das aktuelle Bild. Mit Beginn eines neuen Slices kann der

MPEG-Dekoder wieder neu aufsynchronisieren. Je kürzer die Slices sind, desto geringer fällt dann die durch Bitfehler verursachte Bildstörung aus. Viele Slices zusammen ergeben dann einen Frame (Picture), also ein Bild. Auch ein Frame startet mit einem Header, nämlich dem Picture-Header. Es gibt unterschiedliche Arten von Frames, nämlich I-, P- und B-Frames. Die Reihenfolge der Frames entspricht nicht der Originalreihenfolge wegen der bidirektionalen Differenzcodierung. In den Headern, v.a. auch in den PES-Headern wird hierzu eine Zeitmarke übertragen, um die Originalreihenfolge wieder herstellen zu können (DTS).

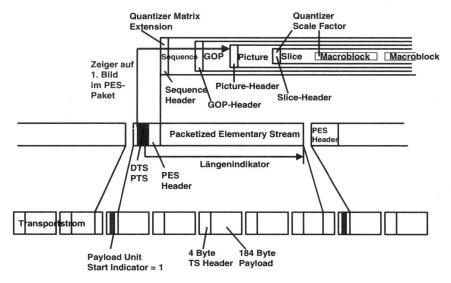

Abb. 7.28. Aufbau des MPEG-2-Videoelementarstromes

Eine bestimmte Anzahl von Frames, die einem vom Encoder vorgegebenen Codiermuster der I-, P- und B-Bildcodierung entsprechen, sind dann zusammen eine GOP, eine Group of Pictures. Jede GOP verfügt über einen GOP-Header. Beim Broadcast-Betrieb wird mit relativ kurzen GOP's gearbeitet; sie sind in der Regel 12 Bilder lang, also etwa eine halbe Sekunde lang. Mit GOP-Beginn, also mit dem ersten empfangenen I-Bild kann der MPEG-Dekoder erst aufsynchronisieren und mit der Bildwiedergabe beginnen. Daraus ergibt sich die minimal notwendige Umschaltzeit von einem Programm zum nächsten. Auf Massenspeichern wie z.B. der DVD können durchaus auch längere GOP's gewählt werden, da dort der Lesekopf leicht auf das erste I-Bild positioniert werden kann.

Ein oder mehrere GOP's ergeben eine Sequence. Jede Sequence startet ebenfalls mit einem Header. Auf Sequence-Header-Ebenene können wesentliche Videoparameter verändert werden, wie z.B. die Quantisierungstabelle. Verwendet ein MPEG-Encoder eine eigene vom Standard abweichende Tabelle, so ist diese dort zu finden, bzw. wird hier dem MPEG-Dekoder mitgeteilt.

Die soeben beschriebene Videoelementarstromstruktur (Abb. 7.28.) ist als Ganzes oder in Teilen in die Video-PES-Pakete eingebettet. Die Art- und Weise der Einbettung, sowie die Länge eines PES-Paketes bestimmt der Videoencoder. Auf Massenspeichern, wie z.B. der DVD sind die PES-Pakete zusätzlich noch in sog. Pack's eingefügt. PES-Pakete und Pack's starten ebenfalls mit einem Header.

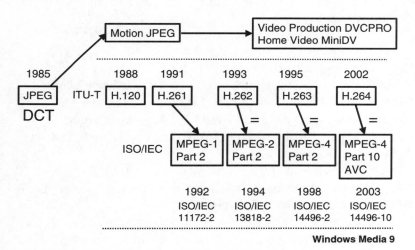

Abb. 7.29. Entwicklungsgeschichte der Videocodierung

7.4 Modernere Videokomprimierungsverfahren

Die Zeit ist nicht stehen geblieben. Es gibt heute schon modernere, weiterentwickelte Komprimierungsverfahren, wie MPEG-4 Part 10 Advanced Video Coding (AVC) (H.264). Bei um den Faktor 2...3 niedrigeren Datenraten ist z.T. eine bessere Bildqualität erreichbar als bei MPEG-2. Das Grundprinzip der Videocodierung ist jedoch das gleiche geblieben, die Unterschiede liegen im Detail. So wird z.B. bei H.264 mit variablen Transformations-Blockgrößen gearbeitet. Es ist davon auszugehen, dass bei Einführung von HDTV in Europa mit H.264 (= MPEG.4 Part 10 AVC) gearbeitet wird. In Abb. 7.29. ist die Entwicklungsgeschichte der Videocodierung dargestellt. Wie schon mehrfach erwähnt, war die Fixierung des JPEG-Standards auch ein gewisser Meilenstein für die Bewegtbildcodierung. Im Rahmen von JPEG wurde zum erstenmal die DCT eingesetzt. Erst bei MPEG-4 Part 10 = H.264 wurde diese durch eine ähnliche Transformation, nämlich durch eine Integer-Transformation ersetzt. Die Videocodierung wurde im Rahmen von ITU-T H.xxx – Standards entwickelt und dann als MPEG-1, MPEG-2 und MPEG-4-Video in die Reihe der MPEG-Videocodierungsverfahren eingegliedert. H.262 entspricht MPEG-2 Part 2 Video, H.263 MPEG-4 Part 2 Video und schließlich ITU-T H.264 MPEG-4 Part 10 AVC = Advanced Video Coding.

MPEG-4 Part 10 Advanced Video Coding (=H.264) zeichnet sich durch folgende Merkmale aus:

- Unterstützung der Formate 4:2:0, 4:2:2 und 4:4:4
- Maximum von bis zu 16 Referenz-Bildern
- Verbesserte Bewegungskompensation (1/4 Pixel Genauigkeit)
- Switching P (SP) und Switching I (SI) Frames
- Höhere Genauigkeit aufgrund von 16 Bit-Implementierung
- Flexible Makro-Block-Struktur (16x16, 16x8, 8x16, 8x8, 8x4, 4x8, 4x4)
- 52 wählbare Sets von Quantisierungstabellen
- Integer- bzw. Hadamard-Transformation anstelle einer DCT (Blockgröße: 4x4 bzw. 2x2 Pixel)
- In-Loop Deblocking-Filter (beseitigt Blocking-Artefakte)
- Flexible Slice-Struktur (bessere Bitfehler-Performance)
- Entropie-Codierung: VLC=Variable Length Coding und CABAC=Context Adaptive Binary Arithmetic Coding)

MPEG-4 Part 10 AVC erlaubt eine um mindestens 30 % bis zu 50% effektivere Bildkompression bei besserer Bildqualität.

Literatur: [ITU13818-2], [TEICHNER], [GRUNWALD], [NELSON], [MÄUSL4], [REIMERS], [ITU-T H.264]

8. Komprimierung von Audiosignalen gemäß MPEG und Dolby Digital

8.1 Das digitale Audioquellensignal

Das menschliche Ohr weist eine Dynamik von etwa 140 dB und eine Hörbandbreite von bis zu 20 kHz auf. Folglich müssen hochqualitative Audiosignale diesem Anspruch genügen. Bevor man diese zunächst analogen Audiosignale abtastet und digitalisiert, müssen diese durch ein Tiefpassfilter bandbegrenzt werden. Die Analog-Digital-Wandlung erfolgt dann mit einer Abtastrate von 32, 44.1 oder 48 kHz (und jetzt auch 96 kHz) bei einer Auflösung von mindestens 16 Bit. 44.1 kHz Abtastrate entspricht der Audio-CD, 48/96 kHz entsprechen Studioqualität. 32 kHz Abtastfrequenz sind zwar bei MPEG im Standard noch vorgesehen, aber mittlerweile veraltet. Eine Abtastrate von 48 kHz bei 16 Bit Auflösung ergibt dann z.B. eine Datenrate von 786 kbit/s pro Kanal. D.h. das sind dann also etwa 1.5 Mbit/s für ein Stereosignal (Abb. 8.1.).

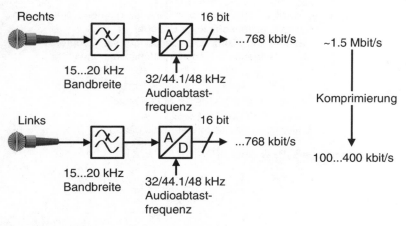

Abb. 8.1. Digitales Audioquellensignal

Aufgabe der Audiokomprimierung ist es nun, diese Datenrate von 1.5 Mbit/s zu reduzieren auf etwa 100...400 kbit/s. Bei den heutzutage sehr weit verbreiteten MP3-Audiofiles findet man oft sogar nur eine Datenrate von 32 kbit/s. Man erreicht dies wie auch bei der Videokomprimierung durch Anwendung von Redundanz- und auch Irrelevanzreduktion. Bei der Redundanzreduktion werden überflüssige Information einfach weggelassen, es tritt kein Informationsverlust auf. Bei der Irrelevanzreduktion hingegen lässt man hingegen Informationen weg, die der Empfänger - in unserem Fall das menschliche Ohr - nicht wahrnehmen kann. Alle Audiokompressionsverfahren basieren auf dem psychoakustischen Modell, d.h. sie nutzen "Unzulänglichkeiten" des menschlichen Ohres aus, um eine Irrelevanzreduktion im Audiosignal vornehmen zu können. Das menschliche Ohr vermag Schallereignisse, die nahe an einem starken Schallereignis in zeitlicher oder in Frequenzrichtung liegen, nicht wahrzunehmen. Schallereignisse maskieren also für das Ohr bestimmte andere Schallereignisse geringerer Amplitude.

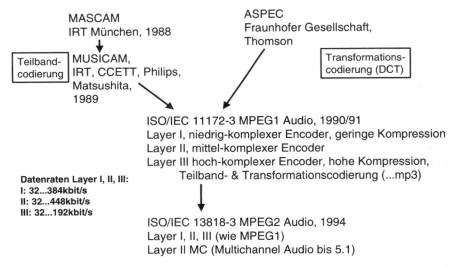

Abb. 8.2. Entwicklung von MPEG-Audio [DAMBACHER]

8.2 Geschichte der Audiokomprimierung

Im Jahre 1988 wurde am Institut für Rundfunktechnik (IRT) in München in Vorarbeiten zu Digital Audio Broadcasting (DAB) zunächst das MASCAM-Verfahren (Masking-Pattern Adapted Subband Coding And Multiplexing) (siehe Abb. 8.2.) entwickelt, aus dem dann 1989 in Zusammenarbeit mit CCETT, Philips und Matsushita das MUSICAM-Verfahren (Masking-Pattern Universal Subband Integrated Coding and Multiplexing) entstand.

MUSICAM-codierte Audiosignale werden bei DAB (Digital Audio Broadcasting) eingesetzt. Sowohl MASCAM als auch MUSICAM verwendet das sog. Teilbandcodierungsverfahren. Ein Audiosignal wird in viele Teilbänder aufgespalten und jedes Teilband wird dann mehr oder weniger irrelevanzreduziert.

Parallel zu diesem Teilbandcodierungsverfahren wurde von der Fraunhofer Gesellschaft und Thomson das ASPEC-Verfahren (Adaptive Spectral Perceptual Entropy Encoding) fixiert, das nach dem Prinzip der Transformationscodierung arbeitet. Man führt hierbei das Audiosignal mit Hilfe der DCT (Diskrete Cosinus-Transformation) vom Zeitbereich in den Frequenzbereich über, um dann irrelevante Signalanteile zu entfernen.

Sowohl das teilbandorientierte MUSICAM- als auch das transformationscodierende ASPEC-Verfahren (Abb. 8.2.) flossen dann in das MPEG-1-Audiokompressionsverfahren ein, das 1991 festgeschrieben wurde (Standard ISO/IEC 11172-3). MPEG-1-Audio besteht aus 3 möglichen Layern: Layer I und Layer II verwenden im Prinzip die MUSICAM-Codierung, das ASPEC-Verfahren findet man in Layer III. MP3-Audiofiles sind codiert gemäß MPEG-1 Layer III. MP3 wird oft fälschlicherweise mit MPEG-3 verwechselt. MPEG-3 hatte ursprünglich HDTV (High Definition Television) als Ziel; nachdem aber HDTV schon in MPEG-2 integriert wurde, wurde MPEG-3 übersprungen und gar nicht erst in Angriff genommen - es gibt also kein MPEG-3.

Bei MPEG-2-Audio wurden die 3 Layer aus MPEG-1-Audio übernommen und Layer II wurde erweitert auf Layer II MC (Multichannel). Der MPEG-2-Audiostandard ISO/IEC13818-3 wurde 1994 verabschiedet.

Parallel zu MPEG-Audio wurde von den Dolby Labs in den USA der Dolby-Digital-Audio-Standard - auch AC-3 Audio (Audio Coding – 3) genannt - entwickelt. Dieser Standard wurde 1990 fixiert und erstmals im Dezember 1991 beim Kinofilm "Star Track VI" öffentlich demonstriert. Heutzutage werden alle großen Kinofilme mit Dolby Digital - Ton produziert. In den USA wird beim digitalen terrestrischen Fernsehstandard ATSC ausschließlich AC-3-Ton übertragen. Viele andere Länder weltweit verwenden jetzt zusätzlich zu MPEG-Audio auch AC-3-Audio. Moderne MPEG-Decoder-Chips unterstützen beide Verfahren. Auch auf der Video-DVD kann neben PCM-Ton und MPEG-Ton auch Dolby Digital AC-3 - Audio aufgezeichnet sein. Hier ist nochmals tabellarisch die Entwicklungsgeschichte von Dolby Digital:

- 1990 Dolby Digital AC-3 Audio

- 1991 erste Kinovorführung eines AC-3-Audio codierten Filmes

- Dez. 1991 „Star Track VI" mit AC-3-Audio

- Heute: AC-3 bei vielen Kinofilmen Standard, angewendet bei ATSC und weltweit in MPEG-2-Transportströmen zusätzlich zu MPEG-Audio (DVB), außerdem auf der DVD. Dolby AC-3 Audio: Transformierungs-Coding unter Anwendung der Modifizierten Diskreten Cosinus Transformation (MDCT), 5.1 Audio Kanäle (Links, Mitte, Rechts, Links Surround, Rechts Surround, Subwoofer); 128 kbit/s pro Kanal.

Auch bei MPEG ging die Entwicklung weiter; es gibt hier folgende weitere Audiocodierungsverfahren:

- MPEG-2 AAC ISO/IEC 13818-7 AAC = Advanced Audio Coding

- MPEG-4 ISO/IEC 14496-3, AAC und AAC Plus

8.3 Das psychoakustische Modell des menschlichen Ohres

Doch nun kommen wir nun zum Audiokomprimierungsverfahren selbst. Durch verlustfreie Redundanzreduktion, sowie verlustbehaftete Irrelevanzreduktion wird dem ursprünglichen Audiosignal bis zu etwa 70% bis 90% Datenrate entzogen. Bei der Irrelevanzreduktion greift man auf das sog. psychoakustische Modell des menschlichen Ohres zurück, das vor allem auf Arbeiten von Prof. Zwicker (ehemals TU München, Lehrstuhl für Elektroakustik) zurückgeht. Man spricht hier von einer sog. "Wahrnehmungscodierung". Audiobestandteile, die das menschliche Ohr nicht wahrnimmt, werden nicht übertragen.

Betrachten wir zunächst den anatomischen Aufbau des menschlichen Ohres (Abb. 8.3., sowie Abb. 8.4.). Es besteht im Prinzip aus 3 Abschnitten, dem äußeren Ohr, dem Mittelohr und dem Innenohr. Das äußere Ohr samt Gehörgang bildet eine Impedanzanpassung, Schall-Luftleitung und ein Filter, das eine leichte Resonanzüberhöhung in der Gegend von 3 kHz aufweist. Im Bereich von 3...4 kHz ist das menschliche Ohr auch am empfindlichsten. Das Trommelfell wandelt dann die Schallwellen in mechanische Schwingungen um, um sie dann über Hammer, Amboss und Steigbügel auf eine Fenstermembran des Hörorgans im Innenohr zu übertragen. Vor und hinter dem Trommelfell muss der gleiche Luftdruck herrschen. Um dies zu gewährleisten, gibt es eine Verbindung des Raumes hinter dem Trommelfell mit dem Rachenraum, die sog. Eustachische Röhre. Jeder kennt die Druckausgleichsprobleme beim Erklimmen größerer Höhen. Durch Schlucken bringt man die Schleimhaut in der Eustachischen Röhre dazu, den Weg zum Druckausgleich frei zu machen.

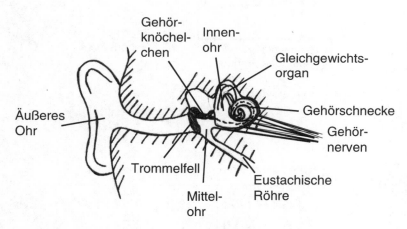

Abb. 8.3. Anatomie des menschlichen Ohres

Im Innenohr findet man sowohl das sich aus mehreren flüssigkeitsgefüllten Bögen zusammensetzende Gleichgewichtsorgan, als auch die Gehörschnecke. Bei der Hörschnecke handelt es sich um das aufgerollte eigentliche Hörorgan. Würde man die Hörschnecke abwickeln, so würde man am Eingang zunächst die Sensoren für die hohen, dann die mittleren und am Ende für die tiefen Frequenzen vorfinden.

Der Gehörschneckengang ist durch eine von vorne nach hinten breiter werdende Membran in zwei Teile eingeteilt. Auf dieser Membran sitzen die frequenzselektiven Tonerfassungssensoren (Rezeptoren), von denen die Gehörnerven zum Gehirn laufen. In den Hörnerven laufen elektrische Signale, die eine Amplitude von etwa 100 mV$_{ss}$ aufweisen. Die Wiederholrate der elektrischen Impulse liegt in der Größenordnung von 1 kHz; in der Wiederholrate steckt die Information, wie laut oder leise ein Ton bei einer bestimmten Frequenz ist. Je lauter ein Ton ist, desto höher ist die Wiederholrate. Jeder Frequenzsensor hat eine eigene Nervenleitung zum Gehirn. Die Frequenzselektivität der Sensoren ist am größten bei niedrigen Frequenzen und nimmt in Richtung höhere Frequenzen ab.

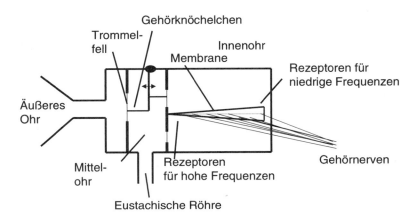

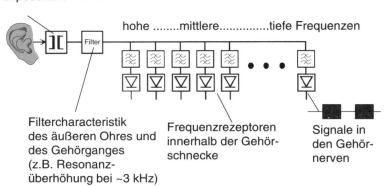

Abb. 8.4. Technisches Modell des menschlichen Ohres

Betrachten wir nun die für die Audiocodierung interessanten Eigenschaften des menschlichen Ohres. Zunächst einmal ist die Empfindlichkeit des Ohres sehr stark frequenzabhängig. Töne unter 20 Hz und über 20 kHz sind praktisch nicht hörbar. Am empfindlichsten ist das Ohr bei etwa 3...4 kHz, dann nimmt diese nach unten und nach oben hin ab. Töne mit einem Pegel unter einer bestimmten Schwelle, der sog. Hörschwelle werden vom Ohr nicht mehr wahrgenommen. Die Hörschwelle (Abb. 8.5.) ist frequenzabhängig. Falls im Audiosignal Töne irgendwo im Spektrum unter der Hörschwelle liegen, brauchen diese nicht übertragen werden; sie sind irrelevant für das menschliche Ohr. In Abb. 8.5. ist der prinzipielle Verlauf der Hörschwelle über der Frequenz dargestellt.

Nun zur nächsten für die Audiocodierung wichtigen Eigenschaft des menschlichen Ohres, dem sog. Maskierungsverhalten. Nimmt man als Testsignal für das Ohr eines Probanden z.B. einen Sinusträger bei 1 kHz und untersucht die Gegend um 1 kHz mit ebenfalls sinusförmigen Trägern und variiert Frequenz und Amplitude dieser Testsignale, so wird man feststellen, dass diese Testsignale unterhalb einer gewissen frequenzabhängigen Schwelle um 1 kHz herum nicht mehr hörbar sind. Man spricht von einer Mithörschwelle oder Maskierungsschwelle (Abb. 8.6.). Der Verlauf der Maskierungsschwelle hängt von der Frequenz des maskierenden Signals ab. Der maskierte Bereich ist umso breiter, je höher die Frequenz des maskierenden Signals wird. Diese Eigenschaft des Ohres nennt man Maskierung im Frequenzbereich. Wichtig für die Audiocodierung ist hierbei, dass man Tonbestandteile, die sich unterhalb irgend einer Maskierungsschwelle befinden, nicht zu übertragen braucht.

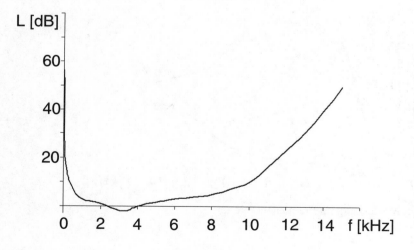

Abb. 8.5. Verlauf der Hörschwelle

Maskierungsverhalten gibt es jedoch nicht nur im Frequenzbereich, sondern auch im Zeitbereich (Abb. 8.7.). Ein starker Impuls im Zeitbereich maskiert Töne im Bereich vor dem Impuls, als auch dahinter, sofern sie sich unter einer bestimmten Schwelle befinden. Dieser Effekt, speziell die zeitliche Vormaskierung ist nur schwer vorstellbar, aber durchaus erklärbar. Dieser Effekt kommt von der zeitlich endlichen Auflösung des Ohres in Verbindung mit der Art und Weise wie die Signale über die Hörnerven zum Gehirn übertragen werden.

Bei den bisher bekannten Audiokomprimierungsverfahren wird aber nur das frequenzmaskierende Verhalten des menschlichen Ohres berücksichtigt und zwar bei allen Verfahren in sehr ähnlicher Form.

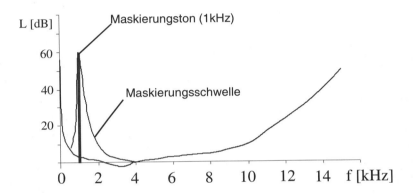

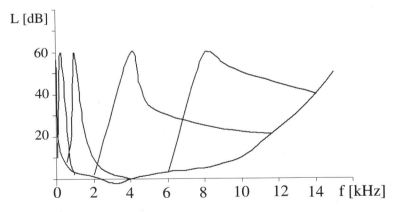

Abb. 8.6. Maskierung im Frequenzbereich

8.4 Grundprinzip der Audiocodierung

Bevor wir nun gleich auf das Prinzip der Irrelevanzreduktion bei Audio näher eingehen, nun aber noch eine Betrachtung des Quantisierungsrauschens. Steuert man einen Analog/Digital-Wandler voll mit einem sinusförmigen Signal aus, so ergibt sich bei einer Auflösung von N Bit ein Signal-Störabstand bedingt durch entstehendes Quantisierungsrauschen von etwa 6 mal N dB (Faustformel) (Abb. 8.8.). Bei 8 Bit Auflösung erhält man also etwa 48 dB und bei 16 Bit Auflösung etwa 96 dB. Üblicherweise tastet man Audiosignale mit 16 oder mehr Bit ab. 16 Bit Auflösung entsprechen aber immer noch nicht dem Dynamikbereich des menschlichen Ohres, der etwa bei 140 dB liegt.

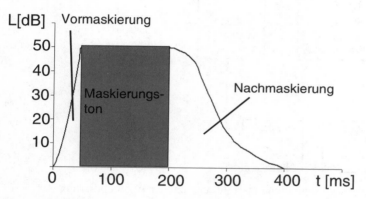

Abb. 8.7. Maskierung im Zeitbereich

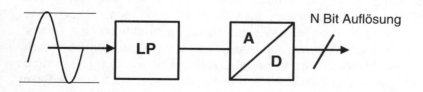

Abb. 8.8. Quantisierungsgeräusch

Kommen wir nun zum Grundprinzip der Audiocodierung (Abb. 8.9). Das digitale Audioquellensignal wird im Coder aufgespaltet in 2 Zweige und nun sowohl einem Filterprozess, als auch einen Frequenzanalysator zugeführt. Der Frequenzanalysator führt mit Hilfe einer Fast Fourier Transformation (FFT) eine Spektrumanalyse durch und ermittelt zeitlich in grober Auflösung, dafür frequenzmäßig in feiner Auflösung die aktuellen Audiosignalbestandteile. Mit der Kenntnis des Psychoakustischen Modells (Maskierungsverhalten) ist es nun möglich, im aktuellen Signal irrelevante Frequenzanteile zu identifizieren.

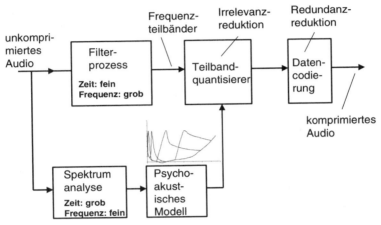

Abb. 8.9. Prinzip der Wahrnehmungscodierung bei der Audiocodierung

Durch den parallel hierzu durchgeführten Filterprozess wird das Audiosignal in viele Frequenzteilbänder aufgespaltet. Nun kann es sein, dass ein Teilband durch Signale in anderen Teilbändern komplett maskiert wird, d.h. das Signal in diesem Teilband liegt vom Pegel her unter der Mithörschwelle. In diesem Fall braucht man dieses Teilband nicht zu übertragen; die Information ist komplett irrelevant für das menschliche Ohr. Der Filterprozess, der das Audiosignal zerlegt, muss eine feine zeitliche Auflösung haben, d.h. es dürfen keine Informationen in Zeitrichtung verloren gehen; es genügt aber eine grobe Auflösung in Frequenzrichtung. In Bezug auf die Irrelevanzreduktion gibt es eine zweite Möglichkeit. Es kann sein, dass Signale in Teilbändern zwar über der Maskierungsschwelle liegen, aber evtl. nur leicht darüber. In diesem Fall reduziert man die Quantisierung in diesem Teilband so, dass das Quantisierungsgeräusch in diesem Teilband unter der Mithörschwelle zum liegen kommt, also nicht hörbar ist.

Signale, die unter der Hörschwelle liegen, brauchen ebenfalls nicht mit übertragen zu werden. Auch kann man damit die Quantisierung aufgrund der Hörschwelle in den unterschiedlichen Teilbändern unterschiedlich wählen, so dass das dadurch entstehende Quantisierungsrauschen unter der Hörschwelle zum liegen kommt. Speziell bei höheren Frequenzen kann man mit geringerer Bitauflösung arbeiten.

Die Entscheidung, ob ein Teilband komplett unterdrückt wird oder ob nur die Quantisierung geändert wird, fällt im Bearbeitungsblock "Psychoakustisches Modell", der als Eingangssignal die Information des Spektrumanalyseblocks erhält. Im Teilband-Qantisierer erfolgt dann die Unterdrückung bzw. Steuerung der Quantisierung. Nachfolgend kann dann noch durch eine spezielle Codierung der Daten eine Redundanzreduktion erfolgen. Anschließend liegt das komprimierte Audiosignal vor.

Nun gibt es unterschiedliche Ausprägungen des Verfahrens der sog. Wahrnehmungscodierung (engl. Perceptual Coding). Man spricht von einer reinen Teilbandcodierung und von einer Transformationscodierung. Es gibt auch Mischlösungen sog. Hybridverfahren, die beides benutzen.

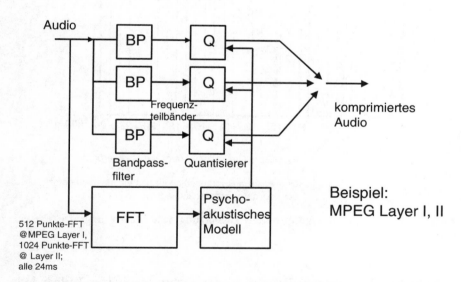

Abb. 8.10. Teilbandcodierung mit Hilfe von 32 Bandpassfiltern bei MPEG-1 und MPEG-2 Audio Layer I, II

8.5 Teilbandcodierung bei MPEG Layer I, II

Beginnen wir zunächst mit dem Verfahren der Teilbandcodierung. So wird z.B. bei MPEG Layer I und II (Abb. 8.10.) das Audiosignal mit Hilfe von 32 Teilbandfiltern in 750 Hz breite Frequenzteilbänder eingeteilt. In jedem Teilband findet man einen Quantisierer, der über einen FFT-Block und das psychoakustische Modell angesteuert wird und die zuvor beschriebenen Teilbänder entweder komplett unterdrückt oder die Quantisierung entsprechend zurücknimmt. Bei Layer II wird die FFT alle 24 Millisekunden über 1024 Abtastwerte gerechnet. D.h. alle 24 Millisekunden ändert sich die Information für das Psychoakustische Modell. Während dieser Abschnitte werden die Teilbänder entsprechend der Information aus dem psychoakustischen Modell irrelevanzreduziert. Es wird also 24 ms lang so getan, als hätte sich die Zusammensetzung des Signals nicht verändert.

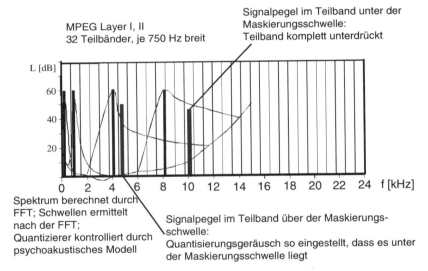

Abb. 8.11. Irrelevanzreduktion durch Ausnutzung von Maskierungseffekten bei MPEG Layer I und II

Aufgrund der Hörschwelle wird in den unterschiedlichen Teilbändern von Haus aus mit unterschiedlicher Bitzuweisung, d.h. Quantisierung gearbeitet. Bei tiefen Tönen muss die Quantisierung am feinsten sein und kann in Richtung höheren Frequenzen abnehmen.

In Abb. 8.11. ist nochmals an zwei Beispielen das Prinzip der Irrelevanzreduktion bei Audio dargestellt. In einem Teilband bei ca. 5 kHz liegt ein Signal, dessen Pegel über der Mithörschwelle liegt. Hier kann nur die Quantisierung zurückgenommen werden. In einem Teilband bei ca. 10 kHz liegt ein anderes Signal, dessen Pegel unter der Mithörschwelle liegt. Es wird also vollkommen durch Signale in benachbarten Teilbändern maskiert und kann vollkommen unterdrückt werden.

Bei der Irrelevanzreduktion wird auch untersucht, ob sich in einem Teilband eine Harmonische eines tieferen Teilbandsignals befindet, d.h. ob es sich um ein tonales (harmonisches) oder atonales Signal handelt. Nur atonale maskierte Signale dürfen komplett unterdrückt werden.

Bei MPEG werden immer eine bestimmte Anzahl Abtastwerte zu Frames (Rahmen) zusammengefasst. Bei Layer I bilden pro Teilband 12 Abtastwerte einen Layer I Frame. Bei Layer II werden pro Teilband 3 mal 12 Abtastwerte zu einem Layer II Frame verbunden (Abb. 8.12.).

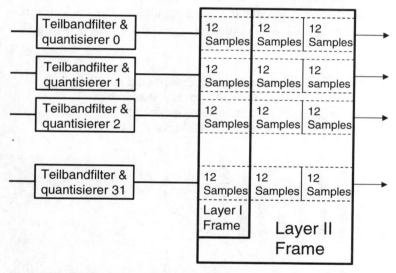

Abb. 8.12. MPEG Layer I und II Datenstruktur

Innerhalb eines Blocks von 12 Abtastwerten wird dann jeweils nach dem größten Abtastwert gesucht. Aus diesem größten Abtastwert wird dann ein Skalierungsfaktor bestimmt, alle 12 Abtastwerte in diesem Block werden dann skaliert übertragen, um eine Redundanzreduktion durchführen zu können (Abb. 8.13.).

8.6 Transformationscodierung bei MPEG Layer III und Dolby Digital

Im Gegensatz zur Teilbandcodierung wird bei der Transformationscodierung kein Teilbandfiltersatz verwendet; hier geschieht die Aufteilung der Audioinformation im Frequenzbereich durch eine Abart der Diskreten Fouriertransformation. Mit Hilfe der Diskreten Cosinus-Transformation (DFT) oder Modifizierten Diskreten Cosinus-Transformation (MDFT) wird das Audiosignal in 256 oder 512 spektrale Leistungswerte transformiert. Parallel dazu wird wie bei der Teilbandcodierung eine relativ fein in Frequenzrichtung auflösende FFT durchgeführt. Mit Hilfe des Psychoakustischen Modells, abgeleitet von den Ausgangsdaten der FFT, werden die von der MDCT ermittelten Frequenzkoeffizienten des Audiosignals mehr oder weniger quantisiert oder komplett unterdrückt. Der Vorteil dieses Verfahrens gegenüber der Teilbandcodierung liegt in der feineren Auflösung im Frequenzbereich bei der Irrelevanzreduktion. Dieses Verfahren wird z.B. bei Dolby Digital AC-3 Audio angewendet (Abb. 8.14.). AC-3 steht für Audio Coding - 3.

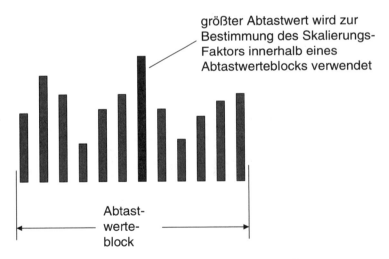

größter Abtastwert wird zur Bestimmung des Skalierungs-Faktors innerhalb eines Abtastwerteblocks verwendet

Abtast-
werte-
block

Abb. 8.13. Redundanzreduktion bei MPEG Layer I, II

Es gibt aber auch Mischungen aus Teilbandcodierung und Transformationscodierung, sog. Hybridverfahren. Z.B. beim MPEG-Layer III wird vor die (M)DCT ein Teilbandfilter gesetzt (Abb. 8.15.). D.h. nach einer groben Aufspaltung in Teilbänder wird in jedem Teilband eine feinere Aufteilung

mit Hilfe der (M)DCT vorgenommen. Die Daten nach der (M)DCT werden wiederum gemäß des psychoakustischen Modells, das seine Eingangs-
daten aus einer FFT bezieht, irrelevanzreduziert. MPEG-Layer III ist im
Rahmen von sog. MP3-Audiofiles mittlerweile sehr weit verbreitet.

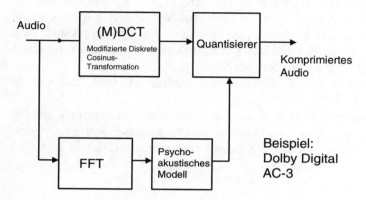

Abb. 8.14. Transformationscodierung

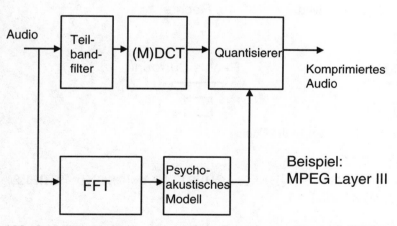

Abb. 8.15. Hybride Teilband- und Transformationscodierung (MPEG Layer III)

8.7 Mehrkanalton

Bei Mehrkanalton (Multi Channel Audio Coding) kann man auch irrelevante Informationen in den einzelnen Kanälen ermitteln und entsprechend nicht mit übertragen. D.h. man sucht in den einzelnen Kanälen nach korrelierten Bestandteilen oder Anteilen, die nicht für den räumlichen Höreindruck von Bedeutung sind. Dies wird z.B. bei MPEG-Layer II MC, sowie bei Dolby Digital 5.1 Surround angewendet. 5.1 Audio bedeutet, man überträgt Links, Mitte, Rechts, Links Surround, Rechts Surround und einen Tieftonkanal (LFE) für einen Subwoofer.

Die Anordnung der Lautsprecher bei 5.1 Multi Channel Audio ist in Abb. 8.16. dargestellt.

Der weitergehende Detailaufbau dieser Audiocodierungsverfahren ist für die Praxis nicht relevant und wird deswegen an dieser Stelle nicht weiter diskutiert. Hier sei auf entsprechend tiefer gehende Literatur bzw. auf die Standards selbst verwiesen.

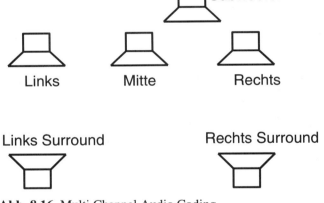

Abb. 8.16. Multi Channel Audio Coding

Literatur: [ISO13818-3], [DAMBACHER], [DAVIDSON], [THIELE], [TODD], [ZWICKER]

9 Videotext, Untertitel und VPS gemäß DVB

Videotext, Untertitel und auch VPS (Video Program System, Videorecordersteuerung) sind seit vielen Jahren beim Analogen Fernsehen gängige und viel benutzte Zusatzdienste. Neben der Möglichkeit, bei DVB völlig neue vergleichbare Dienste zu schaffen, wurden bei DVB Standards geschaffen, die eine kompatible Einbindung dieser bekannten Dienste in DVB-konforme MPEG-2-Datenströme ermöglichen. Ansatz hierzu ist, dass der DVB-Receiver am Composite-Video-Ausgang (FBAS, CCVS) diese Dienste wieder vollkompatibel in die Vertikal-Austastlücke eintastet. Dass es parallel hierzu andere DVB-Datenservice gibt wie EPG = Electronical Program Guide und MHP = Multimedia Home Platform gibt, ist davon unberührt.

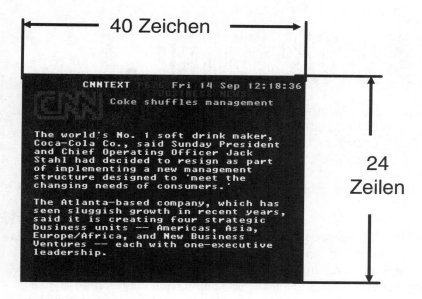

Abb. 9.1. Videotextseite

9.1 Videotext und Untertitel

Im Gegensatz zum Analogen Fernsehen, wo Videotext (Abb. 9.1.) als Non-Return-to-Zero-Code (NRZ) mit Rolloff-Filterung in die Vertikal-Austastlücke als Zusatzsignal eingetastet wird (Abb. 9.2.), wird bei DVB einfach ein Videotext-Elementarstrom gemultiplext unmittelbar in den MPEG-2-Transportstrom eingefügt. Hierbei werden die Videotext-Daten in der gleichen Struktur wie bei British-Teletext magazin- und zeilenartig aufbereitet und zunächst als Packetized Elementary Stream zusammengestellt. Eine Videotextseite (Abb. 9.1.) gemäß British Teletext bzw. EBU-Teletext setzt sich aus 24 Zeilen zu je 40 Zeichen zusammen. Die Daten jeder Zeile werden in einer Videotextzeile in der Vertikalaustastlücke übertragen.

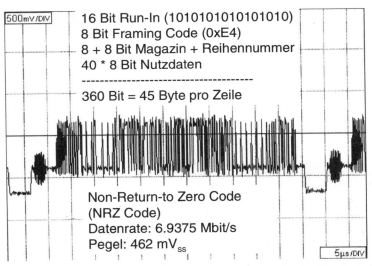

Abb. 9.2. Videotextzeile des analogen Fernsehens in der Vertikalaustastlücke

Die in Abb. 9.2. dargestellte Videotextzeile des analogen Fernsehens beginnt mit dem 16 Bit langem Run-In (1010-Sequenz), anschließend folgt der 1 Byte lange Framing Code; dessen Wert beträgt 0xE4. Er markiert den Beginn des aktiven Videotexts. Es kommt dann die jeweils 1 Byte lange Magazin- und Reihennummer. Daraufhin werden 40 Zeichen Nutzdaten bestehend aus 7 Bit Nutzlast und einem Paritätsbit (gerade Parität) übertragen. Insgesamt beträgt die Datenmenge pro Zeile 360 Bit (= 45 Byte), die Datenrate liegt bei 6.9375 Mbit/s. Bei DVB-Teletext (ETS 300472) werden die Videotextdaten ab dem Framing Code in die PES-Pakete ein-gefügt (Abb. 9.3.). Der 6 Byte lange PES-Header beginnt mit einem 3 Byte langem Start Code 0x00 0x00 0x01, gefolgt von der Stream ID 0xBD, was einem "Private_Stream_1" entspricht. Anschließend folgt ein 16 Bit (= 2 Byte) langer Längenindikator, der im Falle von Videotext immer so gesetzt ist, dass die Gesamt-PES-Länge einem ganzzahligen Vielfachen von 184 Byte entspricht.

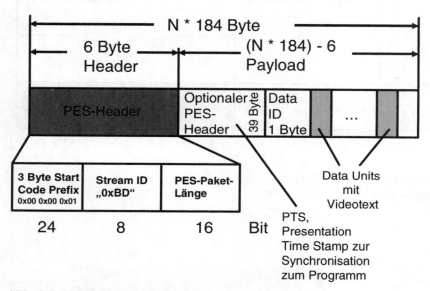

Abb. 9.3. PES-Paket mit Videotext

Es folgt dann ein 39 Byte langer Optional PES Header, so dass der ge-samte PES-Header im Falle von Videotext 45 Byte lang ist. Anschließend findet man die 1 Byte lange Data ID, deren Wert immer 0x10 beträgt. Die folgende eigentliche VTXT-Information ist in Blöcke von 44 Byte einge-teilt, wobei jeweils die letzten 43 Byte unmittelbar dem Aufbau einer VTXT-Zeile eines EBU-VTXT nach dem Run-In-Code entsprechen.

Man findet somit sowohl die anschließenden Magazin- als auch Zeilen-informationen, sowie die eigentlichen 40 Byte Zeichen pro Zeile. Eine Vi-deotext-Seite besteht aus 24 Zeilen zu je 40 Zeichen. Die Codierung ent-spricht direkt dem EBU-Teletext, bzw. British Teletext.

Der in den langen PES-Paketen aufbereitete Teletext wird dann in kurze Transportstrompakete von je 184 Byte Nutzlast, sowie 4 Byte Transportstrom-Header aufgeteilt und genauso gemultiplext im Transportstrom übertragen wie Video und Audio.

Die Packet Identifiers (PID's) der Transportstrompakete, die den Videotext beinhalten, findet man als PID für Private Streams in der Program Map Table (PMT) des jeweiligen Programms (Abb. 9.5.).

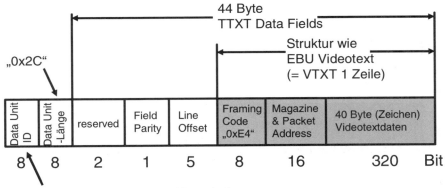

Abb. 9.4. Videotext-Datenblock innerhalb eines PES-Paketes

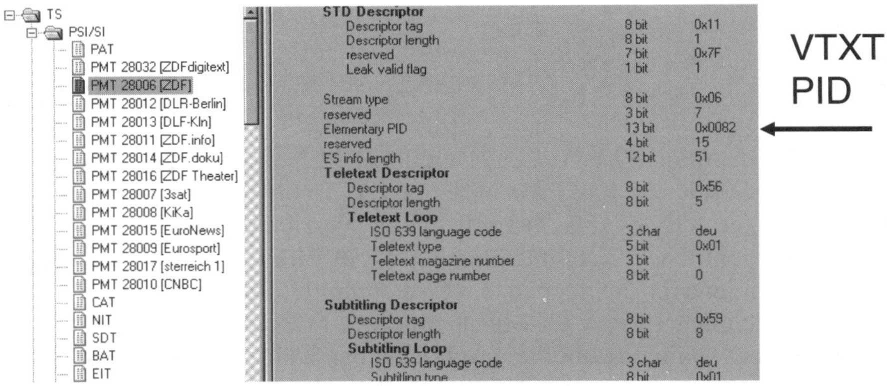

Abb. 9.5. Eintrag eines Videotext-Services in einer Program Map Table (PMT)

Mit Hilfe dieser PID's kann man dann auf die Transportstrompakete mit Videotext-Inhalt zugreifen. Ein Transportstrom-Paket mit PES-Header erkennt man am gesetzten Payload Unit Start Indicator Bit. Im Payload-

Anteil dieses Paketes findet man zunächst den 45 Byte langen PES-Header und dann die ersten Videotext-Pakete. Die weiteren Videotext-Pakete folgen dann in den anschließenden Transportstrom-Paketen, die die gleiche PID aufweisen. Die Länge des Videotext-PES-Paketes wurde dabei so justiert, dass eine ganzzahlige Anzahl von vielen Transportstrompaketen ein gesamtes PES-Paket ergibt. Nach der vollständigen Übertragung eines Videotext-PES-Pakets folgt die Wiederholung bzw. Neuübertragung bei evtl. Änderungen im Videotext. Unmittelbar vor den Videotextdaten wird im PES-Paket mit Hilfe der Field Parity und des Line Offsets signalisiert, in welchem Halbbild und in welcher Zeile die Videotextdaten vom DVB-Receiver wieder in das Composite Videosignal eingetastet werden sollen.

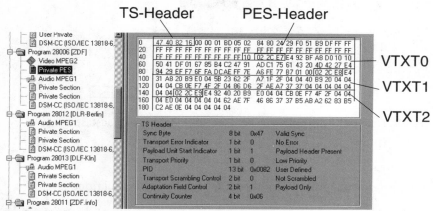

Abb. 9.6. Transportstrom-Paket mit Videotext-Inhalt

9.2 Video Program System (VPS)

Seit langem bekannt und v.a. in Europa beim öffentlich-rechtlichen Fernsehen benutzt wird VPS, das Video Program System zur Steuerung von Videorecordern. Hierüber lässt sich über die Datenzeile, meist in Zeile 16 im ersten Halbbild kontrolliert die Aufnahme beim Videorecorder steuern. In der Datenzeile (Abb. 9.7.) werden im Return-to-Zero-Code (RZ) 15 Byte übertragen, u.a. auch die VPS-Information. Bei DVB werden gemäß ETSI [ETS301775] die Bytes 3 bis 15 der Datenzeile einfach in den Nutzlastanteil eines PES-Pakets auf ähnliche Weise wie bei DVB-TTXT eingetastet (Abb. 9.8. und 9.9.). Die Data Unit ID ist hier auf 0xC3 gesetzt, was der VBI = Vertical Blanking Information gemäß DVB entspricht. Es folgt dann ebenfalls wie bei DVB-TTXT die Data Unit Length, dann die Halb-bildkennung, sowie die Zeilennummer im Halbbild.

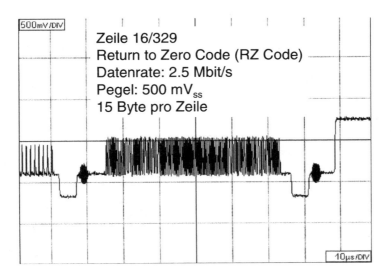

Abb. 9.7. Datenzeile des analogen Fernsehens in der Vertikalaustastlücke

Die Datenzeile (Abb. 9.7.) beinhaltet folgende Informationen:

- Byte 1: Run-In 10101010
- Byte 2: Startcode 01011101
- Byte 3: Quellen ID
- Byte 4: serielle ASCII-Textübertragung (Quelle)
- Byte 5: Mono/Stereo/Zweiton
- Byte 6: Videoinhalt ID
- Byte 7: serielle ASCII Textübertragung
- Byte 8: Fernbedienung (Routing)
- Byte 9: Fernbedienung (Routing)
- Byte 10: Fernbedienung
- Byte 11 bis 14: Video Program System
- Byte 15: reserviert

4 Byte VPS-Daten (Byte 11 bis 14):

- Tag (5 Bit)
- Monat (4 Bit)
- Stunde (5 Bit)
- Minute (6 Bit)
- Land (4 Bit)
- Programmquellen ID (6 Bit)

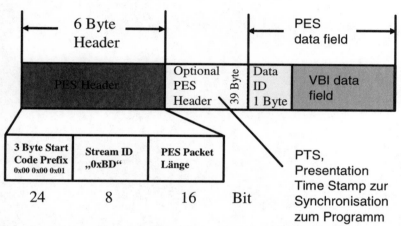

Abb. 9.8. PES-Paket mit VBI-Daten (Vertical Blanking Information = Datenzeile)

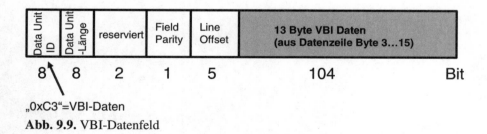

„0xC3"=VBI-Daten

Abb. 9.9. VBI-Datenfeld

Literatur: [ETS300472], [ETS301775]

10 Digitale Videostandards im Vergleich

10.1 MPEG-1 und MPEG-2, Video-CD und DVD, M-JPEG und MiniDV

Als erster Standard für Bewegtbildcodierung mit begleitendem Ton wurde MPEG-1 im Jahre 1992 mit dem Ziel realisiert, bei CD-Datenraten (<1.5 Mbit/s) eine Bildqualität zu realisieren, die nahe an die VHS-Bildqualität heran kommt. MPEG-1 wurde nur für Applikationen auf Speichermedien vorgesehen (CD, Harddisk) und nicht für den Übertragungsbereich entwickelt (Broadcast). Entsprechend aufbereitet sind auch die vorzufindenden Datenstrukturen. In Bezug auf die Video- und Audiocodierung ist MPEG-1 schon ziemlich nah an MPEG-2 herangerückt. Alle grundsätzlichen Algorithmen und Verfahren wurden bereits hier entwickelt. Bei MPEG-1 gibt es sowohl die I-, P- und B-Bilder, also die Vorwärts- und Rückwärtsprädizierung, es gibt natürlich die DCT-basierenden Irrelevanzreduktionsverfahren wie auch schon bei JPEG, lediglich die Auflösung des Bildes ist begrenzt auf in etwa halbe VGA-Auflösung (352 x 288). Auch besteht keine Notwendigkeit für die Field-Encodierung (Halbbildverfahren, Zwischenzeilenverfahren). Bei MPEG-1 gibt es nur den sog. Program Stream (PS), der sich aus gemultiplexten Packetized Elementary Stream Paketen von Video und Audio zusammensetzt. Die Video- und Audio-PES-Pakete variabler Länge (max. 64 kByte) werden einfach entsprechend der vorliegenden Datenrate verschachtelt zu einen Datenstrom zusammengestellt. Dieser Datenstrom wird nicht mehr sonderlich weiterbehandelt, da er nur auf Speichermedien "gelagert" werden soll und nicht der Übertragung dient. Eine gewisse Anzahl von Video- und Audio-PES-Paketen werden zu sog. Packs zusammengefasst. Ein Pack besteht aus Header plus Payload, wie eben auch die PES-Pakete selbst. Ein Pack orientiert sich an der Größe eines physikalischen Datensektors des Speichermediums.

Bei MPEG-2 wurden die Codierungsverfahren in Richtung höhere Auflösung und bessere Qualität weiterentwickelt. Außerdem wurde neben der Speicherung solcher Daten auch an die Übertragung gedacht. Der MPEG-

2-Transportstrom ist der Transportation-Layer, der wesentlich kleinere Paket-Strukturen mit weiter reichenderen Multiplex- und Fehlerreparaturmechanismen vorsieht. Bei MPEG-1 gibt es nur ein Programm, nur einen Movie, bei MPEG-2 gibt es durchaus einen Multiplex von bis zu 20 Programmen und mehr in einem Datenstrom.

MPEG-2 unterstützt neben Standard Definition Television (SDTV) auch High Definition Television (HDTV). MPEG-2 wird weltweit im Broadcastbereich als digitales TV-Basisbandsignal eingesetzt.

Auf einer Video-CD befindet sich MPEG-1-codiertes Datensignal als Program Stream. D.h. man findet hier ein Programm, bestehend aus gemultiplexten PES-Paketen. Die Gesamtdatenrate liegt bei 1.5 Mbit/s. V.a. viele Raubkopien von Kinofilmen sind als Video-CD verfügbar und vom Internet downloadbar oder im asiatischen Markt erwerbbar.

Eine Super-Video-CD (SVCD) trägt ein mit 2.4 Mbit/s codiertes MPEG-2-Datensignal ebenfalls als Program Stream, realisiert als gemultiplexte PES-Pakete. Eine Super-Video-CD entspricht in etwa VHS-Qualität, manchmal sogar besserer Qualität.

Das Datenmaterial auf einer Video-DVD (Digital Versatile Disk) ist MPEG-2-codiert bei Datenraten bis zu 10.5 Mbit/s und weist eine deutlich bessere - nahezu perfekte - Bildqualität als VHS-Bandmaterial auf. Auf einer DVD befindet sich ebenfalls gemultiplexter PES-Datenstrom. Untertitel und vieles mehr sind ebenfalls möglich.

Das V im Term DVD steht nicht für Video, sondern für versatile, also für vielseitig. Die DVD ist für vielseitige Anwendungen vorgesehen (Video, Audio, Daten). Das Datenvolumen beträgt im Gegensatz zur CD (ca. 700 MByte) bis zu 17 GByte, wobei 1, 2 oder 4 Layer mit je 4.7 GByte pro Layer möglich sind (siehe Tabelle 10.1.).

Tabelle 10.1. DVD-Typen

Typ	Seiten	Layer je Seite	Kapazität [GByte]	x CD-ROM
DVD 5	1	1	4.7	7
DVD 9	1	2	8.5	13
DVD 10	2	1	9.4	14
DVD 18	2	2	17.1	25

Technische Daten der DVD-Video:
- Speicherkapazität 4.7 GByte bis 17.1 GByte

- MPEG-2-Video mit variabler Datenrate, max. 9.8 Mbit/s Video

Audio:

- Linear-PCM (LPCM) mit 48 kHz oder 96 kHz Abtastfrequenz bei 16 Bit, 20 Bit oder 24 Bit Auflösung
- MPEG-Audio (MUSICAM) Mono, Stereo, 6-Kanal-Ton (5.1), 8-Kanal-Ton (7.1)
- Dolby Digital (AC3) Mono, Stereo, 6-Kanal-Ton (5.1)

Neben MPEG gibt es auch proprietäre von JPEG abgeleitete Verfahren. Diese Verfahren haben alle gemeinsam, dass das Videomaterial nur DCT-codiert und nicht bewegungs-differenzcodiert ist. Solch ein Verfahren ist sowohl DVCPRO als auch MiniDV. MiniDV ist mittlerweile sehr weit im Heimvideokamerabereich verbreitet und hat diesen in Bezug auf die Bildqualität revolutioniert. Die Datenrate bei MiniDV beträgt 3.6 MByte/s gesamt bzw. 25 Mbit/s Videodatenrate. Die Bildgröße ist ebenfalls wie bei MPEG-2 MP@ML 720 x 576 Pixel bei 25 Bildern pro Sekunde. MiniDV-Material lässt sich beliebig einfach an jeder Stelle schneiden, da es quasi nur aus mit I-Bildern vergleichbaren Frames besteht.

Der große Bruder zu MiniDV ist DVCPRO. DVCPRO ist ein Studiostandard und unterstützt Videodatenraten von 25 und 50 Mbit/s. Die 25 Mbit/s-Variante entspricht dem MiniDV-Format. Bei DVCPRO und MiniDV handelt es sich um eine spezielle Variante von Motion-JPEG. Im Gegensatz zu MPEG werden keine Quantizer-Tabellen übertragen und auch keine Quantizer Scale Factoren von Macro-Block zu Macro-Block variiert, sondern es steht von Haus aus ein Set von Quantisierungstabellen zur Verfügung, aus denen der Coder von Macro-Block zu Macro-Block die geeignetste auswählt. MiniDV und DVCPRO weisen eine sehr gute Bildqualität bei relativ hohen Datenraten auf und sind sehr leicht nachbearbeitbar. Es gibt mittlerweile im Heimbereich für den PC Schnittsoftware zu einem Preis in der Gegend von etwa 100 EUR, die Funktionalitäten erlaubt, die vor wenigen Jahren nur im Profi-Bereich zu finden waren. Diese Schnittsoftware erlaubt neben dem eigentlich nun verlustfreien und relativ einfach handhabbaren Schnitt auch die Codierung des Videomaterials in MPEG-1, MPEG-2, VCD, SVCD und Video-DVD.

Die folgende Tabelle zeigt die wichtigsten technischen Daten der besprochenen Verfahren:

Tabelle 10.2. Digitale Videostandards

Standard	Video-codierung	Auflösung	Video-datenrate [Mbit/s]	Gesamt-datenrate [Mbit/s]
MPEG-1	MPEG-1	352 x 288 192 x 144 384 x 288	0.150 – (1.150) - 3.0	max. ca. 3.5 (1.4112)
MPEG-2	MPEG-2	720 x 576 (SDTV, 25 Bilder pro Sekunde), verschiedene Auflösungen bis zu HDTV verfügbar	bis zu 15 bei MP@ML, bzw. höher	im Prinzip offen, von den Schnitt-stellen her bis zu 270 Mbit/s
Video-CD	MPEG-1	352 x 288	1.150	1.4112
Super-VCD	MPEG-2	480 x 576	2.4	2.624
Video-DVD	MPEG-2	720 x 576	bis zu 9.8, variabel	10.5
MiniDV	MJPEG-Variante	720 x 576	25	ca. 30
DVCPRO	MJPEG-Variante	720 x 576	25/50	ca. 30/55

10.2. MPEG-3, MPEG-4, MPEG-7 und MPEG-21

Es wurde nun besonders ausführlich MPEG-2 und auch MPEG-1 behandelt. Die Moving Pictures Expert Group beschäftigte sich und beschäftigt sich aber mit weiteren Standards, nämlich mit MPEG-4, MPEG-7 und MPEG-21. MPEG-3 hat nur vorübergehend als HDTV-Ansatz existiert und ist vollständig im MPEG-2-Standard aufgegangen. MPEG-4 ist ein seit Ende 1999 existierender Standard für Multimedia-Applikationen mit interaktiven Bestandteilen. Es geht hier nicht nur um Video und Audio, sondern um Applikationen, die sich aus verschiedenen Objekten zusammensetzen können. MPEG-4 ist ähnlich wie die Programmiersprache C++ objektorientiert aufgebaut. So kann sich eine MPEG-4-Applikation z.B. zusammensetzen aus folgenden audiovisuellen Objekten (Abb. 10.1.):

- einem festen farbigen Hintergrund evtl. mit Muster
- einem fest umrahmten Bewegt-Video, das MPEG-4-codiert ist
- einer synthetischen Figur, die sich plastisch zum Video synchronisiert mitbewegt, z.B. eine synthetische Person, die den Ton in Gebärdensprache (Gehörlosensprache) "mitspricht"
- Stop, Start, Pause, Vor- und Rückspul-Buttons (interaktive Elemente)
- mitlaufender Text
- MPEG-codiertes Audiosignal

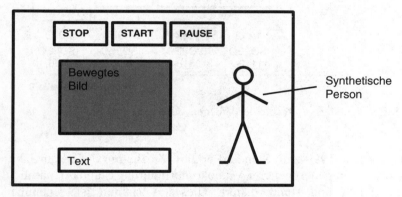

Abb. 10.1. MPEG-4-Beispiel

MPEG-4 wurde hinsichtlich der Video- und Audiocodierung weiterentwickelt, wobei kein grundsätzlich ganz neuer Weg beschritten wurde, sondern lediglich die schon von MPEG-1 und MPEG-2 her bekannten Verfahren verfeinert wurden. Neu ist, dass es bei MPEG-4 auch synthetische visuelle und audiovisuelle Elemente, also z.B. auch synthetischen Ton geben kann. MPEG-4-Objekte können als PES-Strom sowohl innerhalb eines MPEG-2-Transportstromes als auch als MPEG-4-File vorliegen. Des weiteren kann MPEG-4 als Program Stream innerhalb von IP-Paketen übertragen werden.

Typische Anwendungsbereiche von MPEG-4-Applikationen sind:

- das Internet
- interaktive Multimedia-Applikationen auf dem PC
- neue stärker komprimierende Videokompressionsapplikationen wie z.B. bei HDTV gefordert

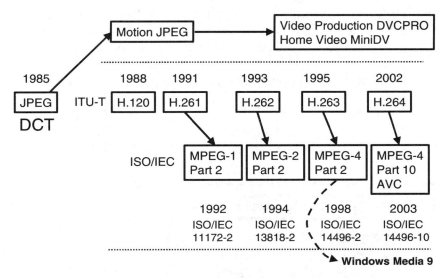

Abb. 10.2. Entwicklungsgeschichte der Videoencodierung

MPEG-4 wurde 1999 zum Standard erklärt. Zu Beginn des neuen Jahrtausends wurde ein neuer weiterer Videokomprimierungsstandard, nämlich H.264 entwickelt und standardisiert. Dieses Verfahren ist gegenüber MPEG-2 um etwa den Faktor 2 bis 3 effektiver, erlaubt also um den Faktor 2 bis 3 niedrigere Datenraten bei oft sogar besserer Bildqualität. Der Standard, der dahinter steckt heißt ITU-T H.264. H.264 wurde aber auch im Rahmen von MPEG-4 als MPEG-4 Part 10 in die Gruppe der MPEG-4-Standards aufgenommen.

Die wichtigsten unter dem Begriff MPEG-4 laufenden Standard-Dokumente sind die folgenden:

- MPEG-4 Part 1 - Systems ISO/IEC 14496-1
- MPEG-4 Part 2 - Videoencodierung: ISO/IEC 14496-2
- MPEG-4 Part 3 – Audioencodierung: ISO/IEC 14496-3
- MPEG-4 Part 10 – H.264 Advanced Video Encoding ISO/IEC 14496-10

MPEG-4 Part 10 Advanced Video Encoding (AVC) ist der Kandidat für HDTV-Applikationen in Europa im Rahmen von DVB. Sind bei HDTV im Rahmen von MPEG-2 noch Datenraten von etwa 15 Mbit/s für das Videosignal nötig, so liegen sie als MPEG-4 AVC encodierte Signale im Bereich von etwa 9 Mbit/s oder vielleicht sogar darunter. Bei H.264 / MPEG-4 Part 10 AVC ist die Blockgröße nicht konstant 8 x 8 Pixel, sondern in gewissen Grenzen variabel. Es sind bis zu 16 Bewegungsvektoren möglich, blocking-verschleiernden Maßnahmen wurden implementiert.

An dieser Stelle bietet es sich an, ein bisschen die Entwicklungsgeschichte der Videoencodierung aufzuzeigen (Abb. 10.2.). Als ein Schlüsselereignis gilt die Fixierung des JPEG-Standards (Joint Photographics Expert Group) im Jahre 1985. Dort wurde zum ersten Mal die DCT, die Diskrete Cosinustransformation zur Komprimierung von Standbildern angewendet. JPEG ist heute ein gängiger Standard, der v.a. in der digitalen Fotographie eingesetzt wird. Aus JPEG haben sich in einer Entwicklungslinie Motion-JPEG-Applikationen wie DVCPRO im Studiobereich und MiniDV im Heimvideobereich entwickelt. Der Vorteil bei Motion-JPEG-Applikationen liegt v.a. in der unbegrenzten Schneidbarkeit des Videomaterials an jedem Bild bei extrem guter Bildqualität. Über den Bereich Videotelefonie und Videokonferenz hat sich über die ITU-T-Standards H.120, H.261 usw. eine weitere Linie gebildet. ITU-T H.261 ist in den MPEG-1-Videostandard ISO/IEC 11172-2 eingeflossen. Aus H.262 ging der MPEG-2-Videostandard ISO/IEC 13818-2 hervor. H.263 war die Ausgangsbasis für MPEG-4 Part 2 Videoencoding ISO/IEC 14496-2. Und schließlich wurde H.264 entwickelt, auch als MPEG-4 Part 10 AVC, Advanced Video Encoding bekannt oder als ISO/IEC 14496-10. Parallel hierzu gibt es außerdem Microsoft Windows Media 9, das wahrscheinlich über die Mitarbeit von Microsoft an MPEG-4 Part 2 entstanden sein dürfte. Eine grobe Übersicht über die Entwicklungsgeschichte der Bewegtbildcodierung ist in Abb. 10.2. dargestellt.

MPEG-7 hingegen beschäftigt sich ergänzend zu MPEG-2 und MPEG-4 ausschließlich mit programmbegleitenden Daten, mit den sog. Metadaten. Das Ziel ist mit Hilfe von XML und HTML-basierenden Datenstrukturen zum Inhalt Hintergrundinformationen mitzuführen. MPEG-7 ist seit 2001 Standard; in der Praxis – zumindest im Enduserbereich - ist aber bisher MPEG-7 nicht zu finden.

MPEG-21 sollte bis zum Jahre 2003 in einen fertigen Standard umgesetzt werden. Was aus MPEG-21 mittlerweile wirklich geworden ist , ist unklar. Innerhalb von MPEG-21 sollten zu den MPEG-Standards ergänzende Tools und Verfahren entwickelt werden.

Broadcast, Multimedia, Internet wachsen immer näher zusammen. Im Broadcastbereich sind jedoch wesentlich größere Datenraten Punkt-zu-Multipunkt im Downstream möglich, als dies im Internetbereich jemals möglich sein wird. Internet im Bereich eines Broadcast-Kanals mit Rückkanal (z.B. mit Hilfe eines Kabelmodems im BK-Netz) funktioniert hervorragend, Videoübertragungen im Internet funktionieren aufgrund der niedrigen Datenraten und der hohen Übertragungskosten im reinen Internet nur mit mäßiger Qualität und auch oft nur sehr instabil. Selbst bei ADSL-Verbindungen kann eine durchgehend hohe Datenrate nur von der Vermittlungsstelle bis hin zum Teilnehmer garantiert werden und nicht im ganzen Netz.

Tabelle 10.3. MPEG-Standards

	Beschreibung	Status
MPEG-1	Bewegtbild plus Ton in etwa in VHS-Qualität mit CD-Datenrate (<1.5 Mbit/s)	Standard seit 1992
MPEG-2	Digitales Fernsehen (SDTV+HDTV)	Standard seit 1993
MPEG-3	Hat nur vorübergehend existiert und hat nichts mit mp3 zu tun.	Gibt es nicht
MPEG-4	Multimedia, interaktiv	Standard seit 1999
MPEG-7	Programmbegleitende Zusatzdaten (Metadaten)	Standard seit 2001
MPEG-21	Ergänzende Tools und Verfahren	Abschluss ?

10.3 Physikalische Schnittstellen für digitale Videosignale

Analoge SDTV-Videosignale (Standard Definition Television) weisen eine Bandbreite von ca. 4.2 bis zu 6 MHz auf und werden auf 75 Ohm - Koaxleitungen übertragen. Diese meist grün ummantelten Kabel sind im Profibereich und auch im besseren Konsumerbereich mit BNC-Steckern versehen. Analoge Videosignale weisen bei exaktem 75 Ohm-Abschluss eine Amplitude von 1 V_{SS} auf. Erste Schnittstellen für digitale TV-Signale waren als parallele Schnittstellen ausgeführt. Anwendung fand der von der PC-Druckerschnittstelle her bekannte 25 Pin-Cannon-Stecker. Die Übertragung fand wegen der Störfestigkeit als Low Voltage Differential Signaling über Twisted Pair Leitungen statt. Heutzutage ist es aber wieder meist nur die 75 Ohm-Technik im Einsatz. Digitale Videosignale werden als serielles Datensignal mit einer Datenrate von 270 MBit/s über 75 Ohm-Koaxkabel, ausgestattet mit den bekannten und beliebten und robusten BNC-Steckern, übertragen. Und es wird hierbei nicht zwischen unkomprimierten Videosignalen gemäß der 601-Norm und MPEG-2-Transportstrom unterschieden. Die Verteilwege im Studio sind die gleichen, die Kabel sind die gleichen, Verstärker und Kabel-Equalizer sind ebenfalls die gleichen. In der technischen Umgangssprache ist oft von SDI die Rede oder von TS-ASI. Die physikalische Schnittstelle ist bei TS-ASI und SDI die gleiche, nur der Inhalt ist verschieden. SDI steht für Serial Digital Interface und man meint hier das serielle digitale unkomprimierte Videosignal der 601-Norm mit einer Datenrate von 270 Mbit/s. TS-ASI steht für Transportstrom Asynchron und gemeint ist hier der MPEG-2-Transportstrom auf einer seriellen Schnittstelle, wobei der Transportstrom eine Datenrate aufweist, die deutlich geringer ist als die Datenrate auf dieser seriellen Übertragungsstrecke. Der Transportstrom ist von der Datenrate her asynchron zur konstanten Datenrate von 270 Mbits/s auf der TS-ASI-Schnittstelle. Weist der Transportstrom z.B. eine Datenrate von 38 Mbit/s auf, so wird auf die Datenrate von 270 Mbit/s mit Stopfinformation aufgefüllt. Der Grund, warum konstant mit 270 Mbit/s gearbeitet wird ist klar, man möchte einheitliche Verteilwege im Studiobereich für 601-Signale und die MPEG-2-Transportströme haben.

10.3.1 "CCIR601" Parallel und Seriell

Unkomprimierte SDTV-Videosignale weisen eine Datenrate von 270 Mbit/s auf. Sie werden entweder parallel über Twisted-Pair-Leitungen oder seriell über 75 Ohm-Koaxkabel verteilt. Das parallele Interface ist hierbei eine 25polige Cannon-Buchse, wie sie auch von der PC-Druckerschnittstelle her bekannt ist. Bei den Signalen handelt es sich um LVDS-Signale (Low Voltage Differential Signaling), also um Signale mit niedrigem Spannungspegel mit Differenzübertragung. Dies bedeutet, dass als Spannungspegel ECL-Pegel und nicht TTL-Pegel verwendet werden (800 mV$_{SS}$). Außerdem wird jeweils zum Datenbit auch das invertierte Datenbit übertragen, um über verdrillte Leitungen den Störpegel so niedrig wie möglich zu halten. Die folgende Tabelle zeigt die Pinbelegung der 25-poligen Parallelschnittstelle. Gleichzeitig eingetragen ist auch die kompatible Belegung der parallelen MPEG-2-Transportstromschnittstelle. Heutzutage wird jedoch meist nur noch die serielle "CCIR 601"-Schnittstelle verwendet. Sie wird auch SDI - Serial Digital Interface - bezeichnet. Als Interface dient eine 75 Ohm - BNC-Buchse mit einem Spannungspegel von 800 mV$_{SS}$. Es werden übliche 75 Ohm-Videokabel verwendet. Die Signale können im Gegensatz zur parallelen Schnittstelle über längere Strecken verteilt werden, wenn Kabel-Equalizer eingesetzt werden.

Tabelle 10.4. Paralleles CCIR601- und Transportstrom-Interface

Pin	Signal	Pin	Signal
1	Takt	14	Takt invertiert
2	System Masse	15	System Masse
3	601 Daten Bit 9 (MSB) TS Daten Bit 7 (MSB)	16	601 Daten Bit 9 (MSB) invertiert TS Daten Bit 7 (MSB) invertiert
4	601 Daten Bit 8 TS Daten Bit 6	17	601 Daten Bit 8 invertiert TS Daten Bit 6 invertiert
5	601 Daten Bit 7 TS Daten Bit 5	18	601 Daten Bit 7 invertiert TS Daten Bit 5 invertiert
6	601 Daten Bit 6 TS Daten Bit 4	19	601 Daten Bit 6 invertiert TS Daten Bit 4 invertiert
7	601 Daten Bit 5 TS Daten Bit 3	20	601 Daten Bit 5 invertiert TS Daten Bit 3 invertiert
8	601 Daten Bit 4 TS Daten Bit 2	21	601 Daten Bit 4 invertiert TS Daten Bit 2 invertiert
9	601 Daten Bit 3 TS Daten Bit 1	22	601 Daten Bit 3 invertiert TS Daten Bit 1 invertiert
10	601 Daten Bit 2 TS Daten Bit 0	23	601 Daten Bit 2 invertiert TS Daten Bit 0 invertiert
11	601 Daten Bit 1 TS Daten gültig	24	601 Daten Bit 1 invertiert TS Daten gültig invertiert
12	601 Daten Bit 0 TS Paket-Sync	25	601 Daten Bit 0 invertiert TS Paket-Sync invertiert
13	Gehäuse Masse		

10.3.2 Synchrone, parallele Transportstromschnittstelle (TS PARALLEL)

Die parallele MPEG-2-Transportstromschnittstelle ist vollkommen kompatibel zur parallelen "CCIR601"-Schnittstelle ausgelegt. Auch hier handelt es sich um LVDS-Signale (Low Voltage Difrerential Signaling), also Signale mit ECL-Pegel (Emitter Coupled Logik), die in Gegentaktpegeln auf verdrillten Leitungen übertragen werden. Es wird ebenfalls ein 25poliger Cannon-Stecker eingesetzt, der kompatibel zur "CCIR601"-

Schnittstelle belegt ist. Die Pinbelegung des nun im Gegensatz zum "CCIR601"-Signal nur 8 Bit breiten Datensignals ist der Tabelle im vorigen Abschnitt zu entnehmen (Tab. 10.4.).

13
1
25
14

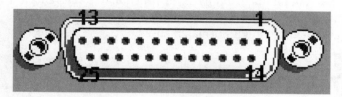

Abb. 10.3. Paralleles Transportstrom-Interface

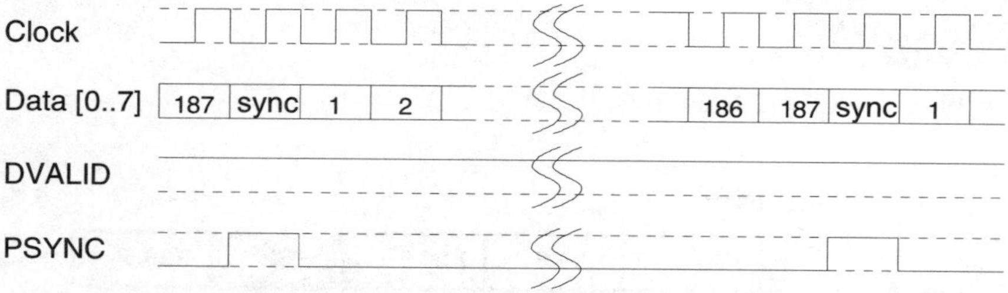

Clock
Data [0..7]
187
sync
1
2
186
187
sync
1
DVALID
PSYNC

Abb. 10.4. Übertragungsformat bei TS-Parallel mit 188-Byte-Paketen [DVG]

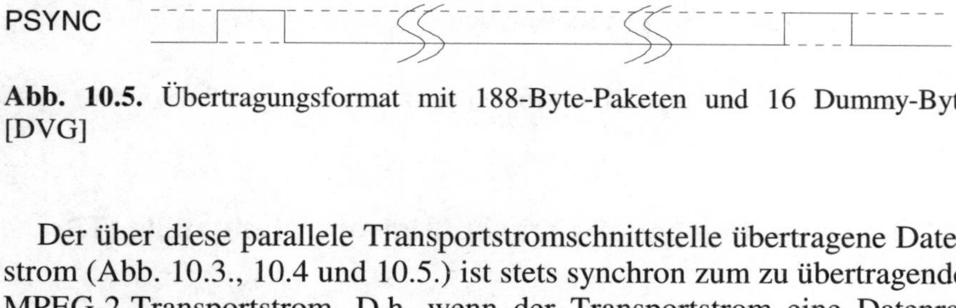

Clock
Data [0..7]
16d
sync
1
187
1d
16d
sync
1
DVALID
PSYNC

Abb. 10.5. Übertragungsformat mit 188-Byte-Paketen und 16 Dummy-Bytes [DVG]

Der über diese parallele Transportstromschnittstelle übertragene Datenstrom (Abb. 10.3., 10.4 und 10.5.) ist stets synchron zum zu übertragenden MPEG-2-Transportstrom. D.h. wenn der Transportstrom eine Datenrate von z.B. 38 Mbit/s aufweist, so ist hier ebenfalls eine Datenrate von 38 Mbit/s vorzufinden. Es wird am Transportstrom nichts verändert.

Die Transportstromschnittstelle kann jedoch mit 188 Byte langen Paketen oder 204 oder 208 Byte langen MPEG-2-Transportstrompaketen betrieben werden. Die 204 oder 208 Byte langen Pakete rühren her vom Reed-Solomon-Fehlerschutz auf der Übertragungsstrecke von DVB- bzw. ATSC-Signalen. An der Transportstromschnittstelle sind die über 188 Byte hinausgehenden Daten jedoch nur Dummy-Bytes. Ihr Inhalt kann ignoriert werden. Viele Geräte können auf diese verschieden Paketlängen konfiguriert werden, bzw. kommen mit allen Formaten zurecht.

Abb. 10.6. TS-ASI (75 Ohm, BNC)

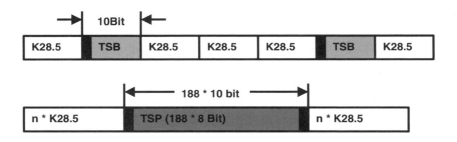

Abb. 10.7. TS-ASI im Single-Byte Mode (oben) und im Burst Mode (unten)

10.3.3 Asynchrone serielle Transportstromschnittstelle (TS-ASI)

Die asynchrone serielle Transportstromschnittstelle (Abb. 10.6.) ist eine Schnittstelle mit einer konstanten Datenrate von 270 Mbit/s. Über diese Schnittstelle werden Datenbytes (8 Bit) mit maximal 27 MByte/s übertragen werden. D.h. die Datenrate auf dieser Schnittstelle ist nicht synchron zum tatsächlichen MPEG-2-Transportstrom, sondern immer konstant 270

Mbit/s. Dies hat jedoch den Vorteil, dass die gleiche Verteilanlage verwendet werden kann wie bei SDI. Jedes Byte wird nach einer genormten Tabelle um 2 zusätzliche Bits ergänzt. Mit dieser Maßnahme werden zum einen die Datenbytes gekennzeichnet, die nicht relevant sind (Dummy-Bytes), aber zum Auffüllen der Datenrate von 27 MByte/s notwendig sind, zum anderen wird dadurch ein Gleichspannungsanteil im seriellen Signal verhindert.

Als Stecker wird eine BNC-Buchse mit einer Impedanz von 75 Ω verwendet. Der Pegel beträgt 800 mV$_{SS}$ (+/-10 %).

Die TS-ASI-Schnittstelle kann in 2 Betriebsarten (Abb. 10.7.) arbeiten: Beim Burst-Mode bleiben die TS-Pakete in sich unverändert, Dummy-Pakete werden eingefügt, um auf die Datenrate von 270 Mbit/s zu kommen; beim Single-Byte-Mode werden Dummy-Bytes eingefügt, um auf die Ausgangsdatenrate von 270 Mbit/s "aufzustopfen".

Literatur: [GRUNWALD], [DVG], [DVMD], [DVQ], [FISCHER4], [ITU601], [REIMERS], [TAYLOR], [MPEG4]

11 Messungen am MPEG-2-Transportstrom

Mit der Einführung des digitalen Fernsehens haben sich die Hoffnungen der Anwender auf der einen Seite, als auch die Befürchtungen der Messgerätehersteller auf der anderen Seite nicht bestätigt; es besteht weiterhin großer, jedoch anders gearteter Bedarf an Messtechnik für das digitale Fernsehen. Waren es beim analogen Fernsehen hauptsächlich Videoanalysatoren, die die Prüfzeilen eines analogen Basisbandsignals auswerteten, so sind es beim digitalen Fernsehen hauptsächlich MPEG-2-Messdecoder, die hier Einsatz finden. Die Messtechnik direkt am Transportstrom hat sich weltweit umsatzmäßig und bedarfsgemäß zur wichtigsten Digital-TV-Messtechnik entwickelt. So wird in manchen Ländern nahezu an jedem Senderstandort des DVB-T-Netzes jeder auszustrahlende MPEG-2-Transportstrom mit Hilfe eines MPEG-2-Analyzers überwacht.

Ein MPEG-2-Analyzer hat als Eingangsschnittstelle entweder eine parallele 25-polige MPEG-2-Schnittstelle oder einen seriellen TS-ASI-BNC-Anschluss oder beides gleichzeitig.

Der MPEG-Analyzer besteht aus den wesentlichen Schaltungsblöcken MPEG-2-Decoder, MPEG-Analyse - üblicherweise als Signalprozessor ausgeführt - und einem Steuerrechner, der alle Ergebnisse erfasst, am Display darstellt und alle Bedien- und Steuervorgänge vornimmt und verwaltet. Ein MPEG-2-Analyzer kann sowohl die Video- und Audiosignale, die im Transportstrom enthalten sind wieder decodieren, als auch zahlreiche Analysen und Messungen an der Datenstruktur vornehmen. MPEG-2-Transportstromanalyse ist eine spezielle Art der Logikanalyse.

Im Rahmen des DVB-Projektes wurden von der Measurement Group innerhalb der sog. Measurement Guidelines ETR 290 / [TR100290] zahlreiche Messungen am MPEG-2-Transportstrom definiert. Diese Messungen werden im folgenden näher beschrieben. Die mit Hilfe dieser Messungen zu erfassenden Fehler wurden gemäß ETR 290 / [TR100290] in 3 Proritätsstufen eingeteilt: Priorität 1, 2, 3.

Liegt ein Priorität-1-Fehler vor, so besteht oft keine Chance, sich auf den Transportstrom auf zu synchronisieren oder gar ein Programm zu dekodieren. Priorität 2 bedeutet hingegen, dass teilweise keine Möglichkeit besteht, ein Programm fehlerfrei wiederzugeben. Ein Vorliegen eines Fehlers nach Kategorie 3 deutet hingegen lediglich auf Fehler bei der Ausstrahlung der DVB-Serviceinformationen hin. Die Auswirkung ist dann vom Verhalten der verwendeten Settop-Box abhängig.

Bis auf die Fehler nach Kategorie 3 sind alle Messungen auch direkt beim amerikanischen ATSC-Standard anwendbar. Dort sind aber vergleichbare Analysen an den PSIP-Tabellen möglich.

In den DVB-Measurement-Guidelines ETR 290 sind folgende Messungen am MPEG-2-Transportstrom definiert:

Tabelle 11.1. MPEG-2-Analyse gemäß DVB-Measurement Guidelines

Messung	Priorität
TS_sync_loss	1
Sync_byte_error	1
PAT_error	1
PMT_error	1
Continuity_count_error	1
PID_error	1
Transport_error	2
CRC_error	2
PCR_error	2
PCR_accuracy_error	2
PTS_error	2
CAT_error	2
SI_repetition_error	3
NIT_error	3
SDT_error	3
EIT_error	3
RST_error	3
TDT_error	3
Undefined_PID	3

11.1 Verlust der Synchronisation (TS-Sync-Loss)

Der MPEG-2-Transportstrom besteht aus 188 Byte langen Datenpaketen, die sich aus 4 Byte Header und 184 Byte Payload zusammensetzen. Das erste Byte des Headers ist das Sync-Byte, das konstant den Wert 0x47 aufweist und in einem konstanten Abstand von 188 Byte vorkommt. In Sonderfällen sind auch 204 oder 208 Byte Abstand möglich, nämlich dann, wenn der Datenrahmen dem mit Reed-Solomon-Fehlerschutz gemäß DVB oder ATSC angelehnt ist. Die zusätzlichen 16 oder 20 Byte sind dann Dummy-Bytes, die einfach zu ignorieren sind. Verwertbare Information ist

darin jedenfalls nicht vorhanden, da der Reed-Solomon-Coder und Decoder nicht das erste bzw. letzte Element der Übertragungsstrecke darstellt,
sondern die Energierverwischungseinheit und damit würden evtl. vorhandene Reed-Solomon-Fehlerschutz-Bytes nicht zum tatsächlichen Transportstrompaket passen. Gemäß DVB liegt Synchronität nach dem Empfang
von 5 aufeinanderfolgenden Sync-Bytes in korrektem Abstand und mit
korrektem Inhalt vor. Nach dem Verlust von 3 aufeinanderfolgenden Sync-
Bytes bzw. Transportstrompaketen fällt der MPEG-2-Decoder bzw. die
entsprechende Übertragungseinrichtung wieder aus der Synchronisation.
Den Zustand des Verlustes von Transportstromsynchronisation, der entweder wegen einer stark gestörten Übertragung oder einfach aufgrund eines Leitungsbruches auftreten kann, nennt man "TS_sync_loss" (Abb.
11.1.).

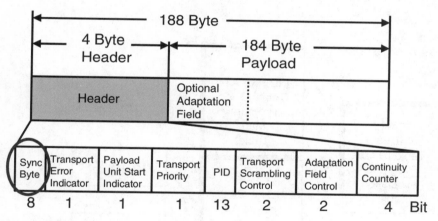

Abb. 11.1. TS_sync_loss

"TS_sync_loss" liegt vor, wenn

• der Inhalt des Synchronsations-Bytes von mindestens 3 aufeinanderfolgenden Transportstrompaketen ungleich 0x47 ist.

Bei den meisten Messdecodern / MPEG-Analyzern sind die Synchroni-
sationsbedingungen (Einrasten, Ausrasten) einstellbar.

11.2 Fehlerhafte Sync-Bytes (Sync_Byte_Error)

Wie im vorigen Kapitel erläutert, gilt als Zustand der Synchronität zum Transportstrom der Empfang von mindestens 5 richtigen Sync-Bytes. Synchronitätsverlust tritt nach dem Verlust von 3 richtig empfangenen Sync-Bytes ein. Nun können aber bedingt durch Probleme auf der Übertragungsstrecke vereinzelt falsche Sync-Bytes verstreut im Transportstrom entstehen, die aber die Synchronisitation noch nicht zum Ausrasten bringen. Diesen meist durch zu viele Bitfehler verursachten Zustand nennt man "Sync_Byte_Error" (Abb. 11.2.).

Ein "Sync_Byte_Error" liegt vor, wenn

- der Inhalt eines Sync-Bytes im Transportstrom-Header ungleich 0x47 ist.

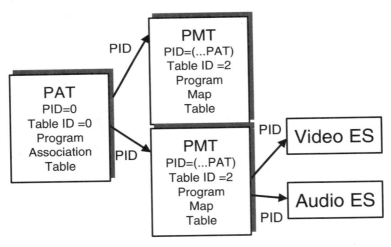

Abb. 11.2. PAT- und PMT-Fehler

11.3 Fehlende oder fehlerhafte Program Association Table (PAT) (PAT_Error)

Die Programmstruktur, d.h. die Zusammensetzung des MPEG-2-Transportstromes ist variabel, d.h. offen. Deswegen werden Listen zur Beschreibung der aktuellen Transportstromzusammensetzung im Transportstrom in speziellen TS-Paketen übertragen. Die wichtigste Tabelle ist die Program Association Table (PAT), die immer in Transportstrompaketen mit PID=0 und Table-ID=0 übertragen wird. Fehlt diese Tabelle oder ist diese Tabelle fehlerhaft, so ist die Identifikation und somit die Decodierung der Programme unmöglich.

In der PAT werden die PID`s aller Program Map Tables (PMT`s) aller Programme übertragen. D.h. in der PAT befinden sich Zeigerinformationen auf viele PMT`s. In der PAT findet einer Settop-Box alle notwendigen Basisinformationen.

Eine fehlende, eine verschlüsselt übertragene, eine fehlerhafte oder eine zu selten übertragene Program Association Table führt zur Fehlermeldung "PAT-Error". Die PAT sollte alle max. 500 ms fehlerfrei und unverschlüsselt übertragen werden.

Ein PAT_Error liegt vor, wenn

- die PAT fehlt,
- wenn die Wiederholrate größer als 500 ms,
- die PAT verschlüsselt ist,
- die Table ID verschieden von Null ist.

Details in der PAT werden dabei nicht überprüft.

11.4 Fehlende oder fehlerhafte Program Map Table (PMT) (PMT_Error)

Pro Programm wird eine Program Map Table im max. Abstand von 500 ms übertragen. Die PID`s der Program Map Tables sind in der PAT aufgelistet. In der PMT sind die jeweiligen PID`s aller zu diesem Programm gehörigen Elementarströme zu finden. Fehlt eine in der PAT referenzierte PMT, so besteht keine Möglichkeit für die Settop-Box, die Elementarströme zu finden bzw. zu demultiplexen und zu dekodieren. Eine fehlende oder fehlerhafte oder eine verschlüsselte PMT, die in der PAT aufgelistet ist, führt zur Fehlermehldung "PMT_Error".

Ein "PMT_Error" liegt vor, wenn

- eine in der PAT aufgelistete PMT fehlt,
- wenn eine Section der PMT nicht spätestens nach 500 ms wiederholt wird,

- wenn eine PMT verschlüsselt ist,
- wenn die Table ID verschieden von 2 ist.

Details in der PMT werden nicht überprüft.

Die PMT`s können wie jede andere Tabelle auch in sog. Sections einge-
teilt sein. Jede Section beginnt mit der Table_ID=2 und mit einer in der
PAT spezifizierten PID zwischen 0x0010 bis 0x1FFE gemäß MPEG-2
bzw. 0x0020 bis 0x1FFE gemäß DVB. Die PID 0x1FFF ist für die sog.
Nullpakete vorgesehen.

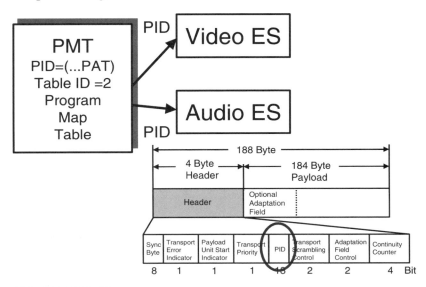

Abb. 11.3. PID_Error

11.5 Der PID_Error

Die PID`s aller Elementarströme eines Programms sind in der zugehörigen
Program Map Table (PMT) enthalten. Die PID`s sind Zeiger auf die Ele-
mentarströme; über diese Packet Identifier erfolgt der adressierte Zugriff
auf die entsprechenden Pakete des zu dekodierenden Elementarstromes. Ist
eine PID zwar innerhalb irgend einer PMT aufgelistet, diese dann aber in
keinem einzigen Paket im Transportstrom enthalten, so hat der MPEG-2-
Decoder keine Chance auf den entsprechenden Elementarstrom zuzugrei-
fen, da dieser nun nicht im Transportstrom enthalten ist oder aber mit fal-

scher PID-Information gemultiplext wurde. Es handelt sich dann um einen klassischen PID-Fehler. Das Zeitlimit für die erwartete Wiederholrate von Transportstrompaketen mit einer bestimmten PID muss hierfür applikationsabhängig bei der Messung gesetzt werden. Üblicherweise liegt dieses in der Größenordnung von einer halben Sekunde. Es ist aber auf jeden Fall eine benutzerdefinierbare Größe.

Ein "PID_Error" (Abb. 11.3.) liegt vor,

- wenn Transportstrom-Pakete mit einer in einer PMT referenzierten PID nicht im Transportstrom enthalten sind,
- oder wenn deren Wiederholrate ein benutzterdefinierbares Limit überschreitet, das üblicherweise in der Größenordnung von etwa 500 ms liegt.

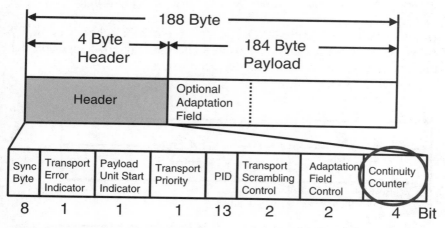

Abb. 11.4. Continuity_count_error

11.6 Der Continuity_Count_Error

Jedes MPEG-2-Transportstrompaket enthält im 4 Byte langen Header einen 4-Bit-Zähler, der kontinuierlich von 0...15 zählt und dann nach einem Überlauf wieder bei Null beginnt (Modulo-16-Zähler). Jedes Transportstrompaket jeder PID weist aber einen eigenen Continuity-Zähler auf (Abb. 11.4.). D.h. z.B. Pakete mit PID=100 haben einen anderen eigenen Zähler, Pakete mit PID=200 ebenfalls. Sinn dieses Zählers ist es, fehlende oder wiederholte Transportstrompakete gleicher PID erkennen zu können um auf evtl. Multiplexerprobleme aufmerksam zu machen. Solche Probleme können auch durch einen fehlerhaften Remultiplex oder sporadisch durch Bitfehler auf der Übertragungsstrecke entstehen. Gemäß MPEG-2 sind zwar Diskontinuitäten im Transportstrom erlaubt, jedoch müssen diese z.B. nach einem Umschaltvorgang im Adaptation Field angekündigt werden (discontinuity indicator=1). Bei Nullpaketen (PID=0x1FFF) ist dagegen Diskontinuität erlaubt und wird deshalb nicht überprüft.

Ein Continuity_Error liegt vor, wenn

- das gleiche TS-Paket zweimal übertragen wird, ohne Ankündigung einer Diskontinuität, oder
- wenn ein Paket fehlt (Zählerstand um 2 erhöht) ohne Ankündigung einer Diskontinuität, oder
- wenn eine komplett falsche Paketreihenfolge vorliegt.

Hinweis: Wie ein MPEG-2-Dekoder auf einen falschen Continuity Counter bei in der Tat richtiger Paketreihenfolge reagiert, hängt von der Settopbox und dem darin verwendeten Decoderchip ab.

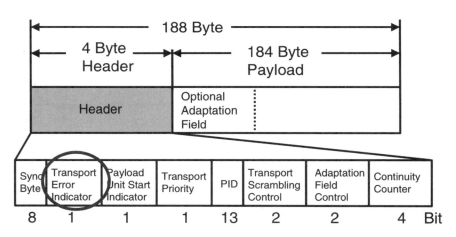

Abb. 11.5. Transport_error

11.7 Der Transport_Error

Jedes MPEG-2-Transportstrompaket enthält ein Bit, das Transport Error Indicator genannt wird und dem Sync-Byte unmittelbar folgt. Dieses Bit markiert evtl. fehlerhafte Transportstrompakete auf der Empfangsseite. Während der Übertragung können bedingt durch verschiedenartigste Einflüsse Bitfehler auftreten. Können über den Fehlerschutz (bei DVB und ATSC mindestens Reed-Solomon) nicht mehr alle Fehler in einem Paket repariert werden, so wird dieses Bit gesetzt. Der MPEG-2-Decoder kann dieses Paket nicht mehr verwerten, es ist fehlerhaft und zu verwerfen.

Ein Transport_Error (Abb. 11.5.) liegt vor, wenn

- das Transport-Error-Indicator-Bit im TS Header auf 1 gesetzt ist.

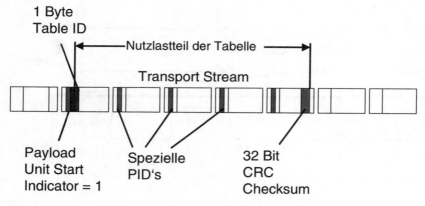

Abb. 11.6. CRC_Error

11.8 Der Cyclic Redundancy Check-Fehler

Bei der Übertragung sämtlicher Tabellen im MPEG-2-Transportstrom, seien dies PSI-Tabellen, sonstige private Tabellen gemäß DVB (SI-Tabellen) oder gemäß ATSC (PSIP) sind alle Sections der Tabellen jeweils durch eine Checksumme (CRC-Checksum) geschützt. Diese umfasst 32 Bit und wird am Ende jeder Section übertragen. Jede Section, die sich aus vielen Transportstrompaketen zusammensetzen kann, ist somit zusätzlich geschützt. Stimmen diese Checksummen nicht mit dem Inhalt der tatsächlichen Section der jeweiligen Tabelle überein, so liegt ein CRC_Error vor. In diesem Fall muss der MPEG-2-Decoder diesen Tabelleninhalt verwerfen und abwarten, bis dieser Abschnitt wiederholt wird. Ursache für einen CRC_Error ist meist eine gestörte Übertragungsstrecke. Würde eine Set-top-Box solche fehlerhaften Tabellenabschnitte auswerten, so könnte diese "verwirrt" werden.

Ein CRC_Error (Abb. 11.6.) liegt vor, wenn

- eine Tabelle (PAT, PMT, CAT, NIT,...) innerhalb einer Section eine falsche, nicht zum Inhalt passende Checksum aufweist.

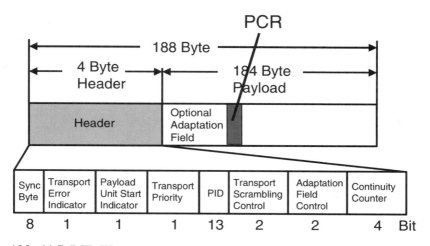

Abb. 11.7. PCR-Wert

11.9 Fehler der Program Clock Reference (PCR_Error, PCR_accuracy)

Auf der MPEG-2-Encoder-Seite werden alle Codiervorgänge von einer 27-MHz-Referenz abgeleitet. An diesen 27-MHz-Taktoszillator ist ein 42-Bit langer Zähler angekoppelt. Dieser ergibt die sog. System Time Clock (STC). Je Programm wird eine eigene Systemuhr (STC) verwendet. Um den MPEG-2-Decoder an diese Uhr anbinden zu können, werden Kopien der aktuellen Programm-Systemzeit etwa alle 40 ms je Programm im sog. Adaptionfield übertragen. In welchen TS-Paketen diese Uhrzeit zu finden ist, wird in der PMT des jeweiligen Programmes signalisiert.

Die Referenzwerte der STC nennt man Program Clock Reference (PCR) (Abb. 11.7.). Sie sind nichts anderes als eine 42-Bit-Kopie des 42-Bit-Zählers. Der MPEG-2-Decoder bindet sich über eine PLL an diese PCR-Werte an und leitet davon seine eigene Systemuhr ab.

Ist die Wiederholungsrate der PCR-Werte zu langsam, so kann es sein, dass die Empfänger-PLL Probleme hat, darauf einzurasten. MPEG-2 sieht vor, dass der maximale Abstand von zwei PCR-Werten eines Programms eine Zeit von 40 ms nicht überschreiten darf. Gemäß den DVB-Measurement Guidelines liegt ein PCR_Error vor, wenn diese Zeit überschritten wird.

Die Zeitwerte der PCR sollten zueinander auch relativ genau sein, also keinen Jitter aufweisen. Solch ein Jitter kann u.a. entstehen, wenn bei einem evtl. Remultiplex die Korrektur der PCR-Werte nicht erfolgt oder zu ungenau ist.

Überschreitet der PCR-Jitter den Wert von ± 500 ns, so liegt ein PCR_accuracy_error vor.

Häufig findet man PCR-Jitter bis in den Bereich von ± 30 µs, was viele Settop-Boxen vertragen, jedoch nicht alle. Erste Anzeichen für einen zu großen PCR-Jitter ist ein Schwarzweißbild anstelle eines Farbbildes. Die tatsächliche Auswirkung hängt aber von der Verdrahtung der Settopbox mit dem Fernsehempfänger ab. Unkritischer ist sicherlich eine RGB-Verbindung über ein Scart-Kabel anstelle einer Composite-Video-Verdrahtung.

Ein PCR_Error liegt vor, wenn

- wenn die Differenz zweier aufeinanderfolgender PCR-Werte eines Programmes größer als 100 ms ist und keine Diskoninuität im Adaption Field angezeigt wird.
- wenn der zeitliche Abstand zweier Pakete mit PCR-Werten eines Programmes mehr als 40 ms beträgt.

Ein PCR_accuracy_Error liegt vor, wenn

- die Toleranz der PCR-Werte zueinander größer als ± 500 ns ist (PCR-Jitter).

11.10 Der Presentation Time Stamp Fehler (PTS_Error)

Die Presentation Time Stamps (PTS), die in dem PES-Headern übertragen werden, beinhalten eine 33 Bit breite Zeitinformation über den exakten Präsentationszeitpunkt. Diese Werte werden sowohl in den Video- als auch in den Audioelementarströmen übertragen und dienen u.a. der Lippensynchronisitation von Video und Audio zueinander. Die PTS-Werte (Abb. 11.8.) sind von der System Time Clock (STC) abgeleitet, die insgesamt 42 Bit breit ist. Es werden jedoch hier nur die oberen 33 Bit (MSB) verwendet. Der Abstand zweier PTS-Werte darf nicht größer als 700 ms sein. Andernfalls liegt ein PTS-Fehler vor.

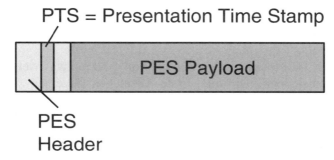

PTS = Presentation Time Stamp

PES Payload

PES Header

Abb. 11.8. PTS-Wert im PES-Header

Ein PTS_Error liegt vor, wenn

- der Abstand zweier PTS-Werte eines Programms größer als 700 ms ist.

Obwohl man selten wirkliche PTS-Fehler findet, kommt es doch öfters vor, dass eine erkennbare Lippenasynchronität zwischen Video und Audio vorliegt. Die Ursachen hierfür sind in der Praxis schwer im laufenden Sendebetrieb erfassbar und identifizierbar. Sowohl ältere MPEG-2-Chips als auch fehlerhafte MPEG-2-Encoder können daran schuld sein. Eigentlich wäre die direkte Messung der Lippensynchronität ein wichtiger Messparameter; es sind aber keine „Bezugspunkte" für eine solche Messung im Video- und Audiosignal enthalten.

11.11 Fehlende oder fehlerhafte Conditional Access Table (CAT_Error)

In einem MPEG-2-Transportstrom-Paket können verschlüsselte Daten enthalten sein. Dabei darf aber nur der Payloadanteil und keinesfalls der Header oder das Adaptation Field gescrambled werden. Ein verschlüsselter Payloadanteil wird durch zwei spezielle Bits im TS-Header gekennzeichnet. Es handelt sich hierbei um die Transport Scrambling Control Bits. Sind beide Bits auf Null gesetzt, so liegt keine Verschlüsselung vor. Ist eines von beiden verschieden von Null, so ist der Payloadanteil verschlüsselt und man benötigt eine Conditional Access Table zum entschlüsseln. Ist diese dann nicht oder zu selten vorhanden, so liegt ein CAT_Error vor. Die CAT hat als PID die 1 und als Table ID ebenfalls die 1. Sämtliche DVB-Tabellen außer der EIT im Falle einer Programmübersichtsübertragung dürfen nicht verschlüsselt werden.

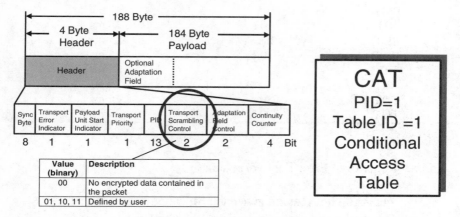

Abb. 11.9. CAT_Error

Ein CAT_Error (Abb. 11.9.) liegt vor, wenn

- ein verschlüsseltes TS-Paket gefunden wurde, aber keine CAT übertragen wird.
- eine CAT gefunden wurde anhand der PID=1, aber die Table ID ungleich 1 ist.

11.12 Fehlerhafte Wiederholrate der Service Informationen (SI_Repetition_Error)

Alle MPEG-2-und DVB-Tabellen (PSI/SI) müssen regelmäßig in einem Minimal- und Maximalabstand zueinander wiederholt werden. Die Wiederholzeiten hängen von der jeweiligen Tabellenart ab.

Das Minimum liegt normalerweise bei 25 ms, das Maximum des Zeitintervalls der Tabellenwiederholrate (siehe Tabelle 11.2.) liegt zwischen 500 ms und 30 s bzw. auch unendlich.

Tabelle 11.2. Wiederholraten der PSI/SI-Tabellen

Service Information	Max. Intervall (komplette Tabelle)	Min. Intervall (einzelne Sections)
PAT	0.5 s	25 ms
CAT	0.5 s	25 ms
PMT	0.5 s	25 ms
NIT	10 s	25 ms
SDT	2 s	25 ms
BAT	10 s	25 ms
EIT	2 s	25 ms
RST	-	25 ms
TDT	30 s	25 ms
TOT	30 s	25 ms

Ein SI_Repetition_Error liegt vor, wenn

- der zeitliche Abstand zwischen SI-Tabellen zu groß ist.
- der zeitliche Abstand zwischen SI-Tabellen zu klein ist.

Die Grenzwerte sind tabellenabhängig.

Da nicht in jedem Multiplex alle Tabellenarten vorhanden sind, muss beim MPEG-Analyzer die Möglichkeit bestehen, bestimmte Messungen zu aktivieren oder deaktivieren.

Auch müssen die Grenzwerte applikationsabhängig einstellbar sein.

11.13 Überwachung der Tabellen NIT, SDT, EIT, RST und TDT/TOT

Die DVB-Gruppe spezifizierte zusätzlich zu den PSI-Tabellen des MPEG-2-Standards die SI-Tabellen NIT, SDT/BAT, EIT, RST und TDT/TOT.

Die DVB-Measurement Group erkannte die Notwendigkeit der Überwachung dieser Tabellen auf Vorhandensein, Wiederholzeit und korrekte Identifizierbarkeit. Die Konsistenz, also der Inhalt der Tabelle, wird dabei nicht überprüft. Die Identifikation einer SI-Tabelle erfolgt anhand der PID und der Table ID. Es gibt nämlich einige SI-Tabellen, die die gleiche PID aufweisen und somit nur anhand der Table_ID erkannt werden können (SDT/BAT und TDT/TOT).

Tabelle 11.3. SI-Tabellen

Service Information	PID [hex]	Table_id [hex]	Max. interval [sec]
NIT	0x0010	0x40, 0x41, 0x42	10
SDT	0x0011	0x42, 0x46	2
BAT	0x0011	0x4A	10
EIT	0x0012	0x4E to 0x4F, 0x50 to 0x6F	2
RST	0x0013	0x71	-
TDT	0x0014	0x70	30
TOT	0x0014	0x73	30
Stuffing Table	0x0010 to 0x0013	0x72	-

Ein NIT_Error, SDT_Error, EIT_Error, RST_Error oder TDT_Error liegt vor, wenn

- ein entsprechendes Paket zwar im TS enthalten ist, aber einen falschen Tabellenindex aufweist.
- der zeitliche Abstand zwischen zwei Sections dieser SI-Tabellen zu groß oder zu klein ist.

11.14 Nicht referenzierte PID (unreferenced_PID)

Über die PAT und die PMT`s werden alle im Transportstrom enthaltenen PID`s an den MPEG-2-Decoder übermittelt. Außerdem gibt es noch die PSI/SI-Tabellen. Es besteht jedoch durchaus die Möglichkeit, dass Transportstrompakete im Transportstrom enthalten sind, deren PID nicht über diesen Mechanismus bekannt gemacht wird; man spricht von sog. nicht referenzierten PID`s. Gemäß DVB darf lediglich während eines Programmwechsels für eine halbe Sekunde eine nicht referenzierte PID enthalten sein.

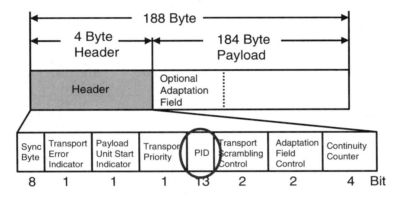

Abb. 11.10. Unreferenced PID

Eine unreferenced_PID (Abb. 11.10.) liegt vor, wenn

- wenn ein Paket mit einer unbekannten PID im Transportstrom enthalten ist und dieses nicht spätestens nach einer halben Sekunde innerhalb einer PMT referenziert wird.

11.15 Fehler bei der Übertragung zusätzlicher Service Informationen SI_other_Error

Neben den gewöhnlichen Informationen können gemäß DVB auch zusätzliche Service Informationen (SI_other) für andere Kanäle übertragen werden. Es handelt sich hierbei um die Tabellen NIT_other, SDT_other und EIT_other.

Man erkennt die SI_other-Tabellen anhand folgender PID`s und Table ID`s; auch sind die Zeitlimits aufgelistet.

Tabelle 11.4. SI other Tabellen

Service Information	Table_id	Max. Zeitintervall (ganze Tabelle)	Min. Zeitintervall (einzelne Sections)
NIT_OTHER	0x41	10 s	25 ms
SDT_OTHER	0x46	2 s	25 ms
EIT_OTHER	0x4F, 0x60 to 0x6F	2 s	25 ms

Ein SI_other_Error liegt vor, wenn

- der zeitliche Abstand zwischen SI_other-Tabellen zu groß ist.
- der zeitliche Abstand zwischen SI_other-Tabellen zu klein ist.

11.16 Fehlerhafte Tabellen NIT_other, SDT_other_Error, EIT_other_Error)

Neben einer Gesamtüberwachung der SI_other-Tabellen kann auch eine Einzelüberwachung der 3 SI_other-Tabellen erfolgen.

Ein NIT_other_Error, SDT_other_Error bzw. EIT_other_Error liegt vor,

- wenn der zeitliche Abstand zwischen Sections dieser Tabellen zu groß ist.

11.17 Überwachung eines ATSC-konformen MPEG-2-Transportstroms

An einem ATSC-konformen MPEG-2-Transportstrom können alle folgenden Messungen gemäß der DVB-Measurement Guidelines unverändert vorgenommen werden:

- TS_sync_loss
- Syn_byte_error

- PAT_error
- Continuity_count_error
- PMT_error
- PID_error
- Transport_error
- CRC_error
- PCR_error
- PCR_accuracy_error
- PTS_error
- CAT_error

Lediglich müssen alle Messungen der Prioritätsstufe 3 an die PSIP-Tabellen angepasst werden.

Abb. 11.11. MPEG-2-Analyzer; Rohde&Schwarz-Werkfotos: Rohde&Schwarz DVM400 (links) und DVM100 (rechts)

Literatur: [TR100290], [DVMD], [DVM]

12 Bildqualitätsanalyse an digitalen TV-Signalen

Die Bildqualität von digitalen TV-Signalen ist von ganz anderen Effekten und Einflüssen geprägt, als die Bildqualität von analogen TV-Signalen. Während bei analogen TV-Signalen Rauscheinflüsse direkt als rauschartiger Effekt im Bild erkennbar sind, äußert sich dies beim digitalen Fernsehen zunächst nur in einem Anstieg der Kanalbitfehlerrate. Aufgrund des im Signal enthaltenen Fehlerschutzes können aber bis zu einer bestimmten Grenze die meisten Bitfehler repariert werden und werden somit nicht als Störung im Bild oder im Ton erkennbar. Ist der Übertragungsweg beim digitalen Fernsehen zu verrauscht, so bricht die Übertragung quasi fast schlagartig zusammen ("fall of the cliff"). Auch lineare und nichtlineare Verzerrungen wirken sich beim digitalen Fernsehen nicht direkt auf die Bild- und Tonqualität aus. Sie führen im Extremfall einfach zum Totalzusammenbruch der Übertragung. Prüfzeilen zur Erfassung linearer und nichtlinearer Verzerrungen, sowie Schwarzzeilen zu Rauschmessung sind beim digitalen Fernsehen nicht notwendig, nicht vorhanden und würden auch keine Messergebnisse über die Übertragungsstrecke bringen. Und trotzdem kann die Bildqualität gut oder schlecht oder eben mäßig sein. Nur muss die Bildqualität nun anders klassifiziert und erfasst werden. Es gibt hauptsächlich 2 Quellen, die die Bildübertragung stören können und ganz anders geartete Störeffekte hervorrufen können. Dies ist oder sind

- der oder die MPEG-2-Encoder bzw. auch manchmal der Multiplexer und
- die Übertragungsstrecke vom Modulator bis hin zum Empfänger.

Der MPEG-2-Encoder bestimmt aufgrund der mehr oder weniger starken Kompression direkt die Bildqualität. Die Übertragungsstrecke bringt mehr oder weniger Störeinflüsse hinsichtlich Kanalbitfehlern ein, die sich als großflächige blockartige Störungen, eingefrorene Bildbereiche oder Bilder oder Totalausfall der Übertragung auswirken. Der MPEG-2-Encoder erzeugt bei zu starker Kompression blockartige Unschärfen. Man nennt diese Effekte ganz einfach Blocking (Abb. 12.1.). Die Entstehung und Analyse der Effekte die durch die MPEG-2-Bildencodierung erzeugt werden, sollen in diesem Abschnitt erläutert werden.

Abb. 12.1. Blocking-Effekte durch zu starke MPEG-2-Komprimierung

Alle Bildkomprimierungsalgorithmen arbeiten blockorientiert, d.h. das Bild wird meist zunächst in 8 mal 8 - Pixelblöcke eingeteilt. Jeder dieser Blöcke wird einzeln unabhängig zu den anderen Blöcken mehr oder weniger stark komprimiert. Bei MPEG wird das Bild zusätzlich noch in 16 mal 16 Pixel eingeteilt, in die sog. Macro-Blöcke. Diese sind die Grundlage für die Differenzbildcodierung. Wird die Kompression übertrieben, so werden die Blockgrenzen sichtbar, man spricht von Blocking. Es sind Sprünge im Luminanzsignal und in den Chrominanzsignalen von Block zu Block vorhanden und erkennbar. Mehr oder weniger Blocking im Bild bei vorgegebener Kompression hängt aber v.a. auch vom Bildmaterial ab. Manche Vorlagen lassen sich bei niedriger Datenrate problemlos und fast fehlerfrei komprimieren, andere Vorlagen produzieren starke Blockeffekte bei Komprimierung. Einfache Bewegtbildvorlagen für die Bewegtbildkomprimierung sind zum Beispiel Szenen mit wenig Bewegung und wenig Detailreichtum. Zeichentrickfilme, aber auch klassische Zelloloid-Filme lassen sich relativ problemlos in guter Qualität komprimieren. Dies liegt v.a. auch daran, dass vom ersten bis zum zweiten Halbbild keinerlei Bewegung vorhanden ist. Bei Zeichentrickfilmen sind die Bildstrukturen außerdem relativ grob. Am kritischsten sind Sportübertragungen. Dies wiederum ist aber von der Sportart abhängig. Formel 1 - Übertragungen werden naturgemäß schwieriger störungsfrei komprimierbar sein als Übertragungen der Denk-Sportart Schach. Die tatsächliche Bildqualität hängt aber zusätzlich vom MPEG-2-Encoder und den dort benutzten Algorithmen ab. In den letzten Jahren hat sich hierbei eine deutliche Steigerung der Bildqualität gezeigt. In Abb. 12.1. ist ein Beispiel für Blocking abgebildet.

Neben den Blockstrukturen sind im zu stark komprimierten Bild auch die DCT-Strukturen erkennbar. Das bedeutet, dass im Bild plötzlich musterartige Störungen auftreten.

Ganz entscheidend ist, dass für solche Störeffekte immer der MPEG-2-Encoder zuständig ist. Niemals wird die Übertragungsstrecke solche Artefakte hervorrufen. Gute oder schlechte Bildqualität, die durch Komprimierungsprozesse hervorgerufen wird, ist zwar schwer, aber sie ist messtechnisch erfassbar. Entscheidend hierbei ist, dass Bildqualität niemals ein exakt 100%-iger Messwert sein kann. Es steckt hier immer ein Stück Subjektivität dahinter. Auch objektiv arbeitende Bildqualitätsanalysatoren sind anhand subjektiver Tests von Testpersonen kalibriert. Zumindest gilt dies für Analysatoren, die kein Referenzsignal zur Qualitätsbeurteilung benutzen. Nur ist in der Praxis kein Referenzsignal verfügbar, mit dem das komprimierte Videosignal verglichen werden könnte. Es ist unrealistisch, zumindest bei Übertragungsmesstechnik auf Referenzsignale zurückgreifen zu können.

Grundlage für alle Bildqualitätsanalysatoren weltweit - und viele gibt es aber nicht - ist die Norm ITU-R.BT 500. In dieser Norm sind Verfahren zur subjektiven Bildqualitätsanalyse beschrieben. Eine Gruppe von Testpersonen analysiert Videosequenzen auf deren Bildqualität.

12.1 Methoden zur Bildqualitätsmessung

Von der Video Quality Experts Group (VQEG) innerhalb der ITU wurden Methoden zur Bildqualitätsbeurteilung definiert, die dann in die Norm ITU-R BT.500 eingeflossen sind.

Im wesentlichen handelt es sich hierbei um zwei subjektive Methoden für die Bildqualitätsbeurteilung durch Testpersonen.

Die beiden Methoden heißen

- DSCQS Double Stimulus Continual Quality Scale method und
- SSCQE Single Stimulus Continual Quality Evaluation method.

Die beiden Methoden unterscheiden sich im Prinzip nur dadurch, dass bei der einen Methode ein Referenzvideosignal verwendet wird und bei der anderen Methode diese Referenz nicht vorhanden ist. Grundlage ist zunächst immer eine subjektive Bildqualitätsanalyse durch eine Gruppe von Testpersonen, die eine Bildsequenz nach einem bestimmten Schema beurteilen. Diese subjektiven Verfahren versucht man dann in unserem Fall durch objektive Verfahren in einem Messgerät durch Bildanalysen an den Makroblöcken und unter Zuhilfenahme von Adaptionsalgorithmen nachzubilden.

Abb. 12.2. Subjektive Bildqualitätsanalyse

12.1.1 Subjektive Bildqualitätsanalyse

Bei der subjektiven Bildqualitätsanalyse beurteilt eine Gruppe von Testpersonen eine Bildsequenz (SSCQE = Single Stimulus Continual Quality Scale Method, Abb. 12.2.) oder vergleicht eine Bildsequenz nach der Kompression mit dem Original (DSCQS = Double Stimulus Continual Quality Scale Method) und vergibt mittels eines Schiebereglers Noten auf einer Qualitätsskala von 0 (Bad) bis 100 (Excellent). Ein angeschlossener Rechner erfasst den Stand des Schiebereglers und ermittelt ständig z.B. alle 0.5 sec. einen Mittelwert von allen vergebenen Noten der Testpersonen (Abb. 12.2.).

Man erhält nun von einer Videosequenz einen Bildqualitätswert über die Zeit, also ein Qualitätsprofil der Videosequenz.

12.1.2 Double Stimulus Continual Quality Scale Method DSCQS

Bei der Double Stimulus Qualtiy Scale Method nach ITU-R BT.500 vergleicht eine Gruppe von Testpersonen eine bearbeitete oder verarbeitete Videosequenz mit der Originalvideosequenz. Als Ergebnis erhält man ein Vergleichsqualitätsprofil der bearbeiteten oder verarbeiteten Videosequenz, also einen Bildqualitätswert von 0 (Bad) bis 100 (Excellent) über die Zeit.

Bei der DSCQS Methode braucht man zum einen immer ein Referenzsignal, zum anderen ist die reine objektive Analyse relativ einfach durch Differenzbildung machbar. Jedoch steht in der Praxis oft kein Referenzsignal mehr zur Verfügung. Vor allem bei Messungen an Übertragungsstrecken scheidet dieses Verfahren aus. Messgeräte, die dieses Verfahren nachbilden gibt es auf dem Markt (Tektronix).

12.1.3 Single Stimulus Continual Quality Scale Method SSCQE

Da die Single Stimulus Continual Quality Scale Method SSCQE bewusst auf ein Referenzsignal verzichtet, ist dieses Verfahren wesentlich vielfältiger in der Praxis einsetzbar. Bei dieser Methode beurteilt eine Gruppe von Testpersonen nur die verarbeitete Videosequenz und vergibt Noten von 0 (Bad) bis 100 (Excellent). Man erhält ebenfalls ein Bildqualitätsprofil über die Zeit.

12.2 Objektive Bildqualitätsanalyse

Im folgenden wird nun ein objektives Messverfahren zur Beurteilung der Bildqualitätsanalyse nach der Single Continual Quality Scale Methode beschrieben. Ein derart arbeitender Digital Picture Quality Analyzer liefert z.B. eine Anzeige wie bei Abb. 12.3.

Nachdem die DCT-spezifischen Artefakte eines komprimierten Videosignales immer mit Blocking zu tun haben, versucht ein SSCQE-Digital Picture Quality Analyzer dieses Blocking im Bild nachzuweisen. Um dies tun zu können, muss man die Makroblöcke und Blöcke detailliert analysieren.

Bei einem Messverfahren, das von der TU Braunschweig und Rohde&Schwarz entwickelt wurde, werden innerhalb eines Makroblockes die Differenzen von benachbarten Pixeln gebildet. Pixeldifferenz heißt, man subtrahiert einfach die Amplitudenwerte von benachbarten Pixeln des Y-Signals innerhalb eines Makroblockes und auch separat die der C_B und C_R Signale. Man erhält dann für jeden Makroblock pro Zeile 16 Pixeldifferenzen z.B. für das Y-Signal. Man analysiert dann alle 16 Zeilen. Das gleiche geschieht auch in vertikaler Richtung. Man erhält somit auch 16 Pixeldifferenzen pro Spalte für den Makroblock des Y-Signals. Die Analyse wird für alle Spalten innerhalb des Makroblockes vorgenommen. Besondere Bedeutung haben hier vor allem die Pixeldifferenzen an den Makroblockgrenzen. Bei einem evtl. auftretenden Blocking sind diese besonders groß.

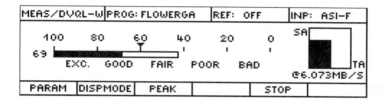

Abb. 12.3. Objektive Bildqualitätsanalyse mit Hilfe eines Video Quality Analyzers [DVQ]

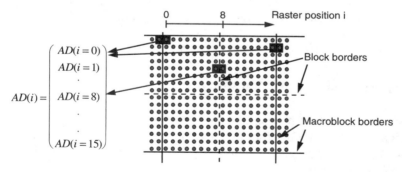

Abb. 12.4. Pixeldifferenzen an den Block- und Makroblockgrenzen

Man fasst nun durch Aufsummieren die Pixeldifferenzen aller Makroblöcke innerhalb einer Zeile so zusammen, dass sich pro Zeile 16 Einzelwerte ergeben (Abb. 12.4.). Die 16 Pixeldifferenzwerte der einzelnen Zeilen werden nun innerhalb eines Bildes ebenfalls aufaddiert, so dass sich 16

Werte in horizontaler Richtung pro Bild als Pixeldifferenzwerte ergeben. Anschließend werden die Werte durch die Anzahl aller Pixel N, die aufaddiert wurden, dividiert. Das gleiche geschieht in vertikaler Richtung. Auch hier ergeben sich am Schluss lediglich 16 Werte für die Pixeldifferenzen pro Bild. Man erhält also schließlich eine Aussage über die mittleren Pixeldifferenzen 0...15 in horizontaler und vertikaler Richtung innerhalb aller Makroblöcke. Der gleiche Vorgang wird für C_B und C_R, also für die Farbdifferenzsignale vorgenommen.

Betrachtet man nun die Pixeldifferenzen einer Videosequenz mit guter und einer Videosequenz mit schlechterer Bildqualität, so sieht man ganz deutlich, worauf dieses objektive Messverfahren für die Bildqualitätsbeurteilung hinausläuft:

Anhand von Abb. 12.5. erkennt man deutlich, dass die Pixelamplitudendifferenzen bei der "guten" Videosequenz (Abb. 12.5., oben) alle 16 Pixeldifferenzen innerhalb der Makroblöcke ganz nah beieinander liegen. Sie liegen in unserem Beispiel alle etwa bei 10 ... 12.

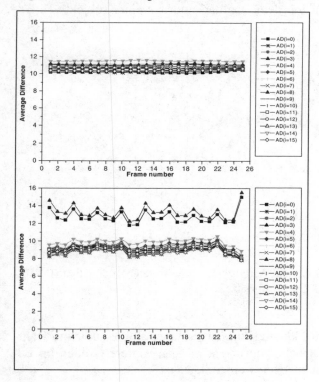

Abb. 12.5. Gemittelte Macroblock-Pixeldifferenzen bei guter (oben) und schlechter (unten) Bildqualität; Beispiel „Flower Garden" mit 6 und 2 Mbit/s.

Bei einer qualitativ "schlechten" Videosequenz (Abb. 12.5, unten) mit Blocking sieht man, dass die Makroblockgrenzen stärkere Sprünge aufweisen, d.h. die Pixeldifferenzen sind dort höher.

Es ist deutlich erkennbar, dass die Pixeldifferenzen Nr. 0 und Nr. 8 in der unteren Bildhälfte deutlich größer sind als die restlichen Differenzwerte. Nr. 0 entspricht der Makroblockgrenze und Nr. 8 der Blockgrenze innerhalb eines Makroblockes.

Man erkennt, dass sich durch dieses einfache Analysieren der Pixelamplitudendifferenzen vorhandenes Blocking nachweisen lässt (Abb. 12.6).

Der Bildqualitätsmesswert DVQL-U (Digital Video Quality Level – Unweighted) ist der Basismesswert eines Digital Video Quality Analyzers DVQ von Rohde&Schwarz für die Berechnung der Bildqualität DCT-codierter Bildsequenzen. Der DVQL-U dient als Absolutwert für das Vorhandensein blockartiger Störmuster innerhalb einer Bildvorlage. Im Gegensatz zum Messparameter DVQL-W ist der DVQL-U ein direktes Maß für diese blockartigen Störungen. Der Messwert korreliert jedoch je nach Bildvorlage nicht immer mit dem Qualitätseindruck einer subjektiven Betrachtung.

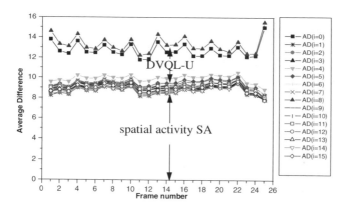

Abb. 12.6. Ermittlung von Spatial Activity und unbewerteter Bildqualität (DVGL-U) anhand der Macroblock-Pixeldifferenzen

Um den objektiven Bildqualitätsmesswert näher an die subjektiv wahrgenommene Bildqualität heranzubringen, müssen weitere Größen im Bewegtbild mit in Betracht gezogen werden. Dies ist

- die Spatial Activity (SA) und
- die Temporal Activity (TA).

Beide Größen, nämlich Spatial und Temporal Activity können nämlich Blockstrukturen unsichtbar machen, also maskieren. Das menschliche Auge nimmt diese im Bild vorhandenen Artefakte dann einfach nicht wahr.

Die Spatial Activity ist als räumliche Bildaktivität ein Maß für das Vorhandensein feiner Bildstrukturen im Bild. Ein Bild mit viel Detailreichtum, d.h. mit viel feinen Bildstrukturen weißt eine große Spatial Activity auf. Ein einfarbiges Bild entspräche einer Spatial Activity von Null. Die maximale theoretisch erreichbare 'Spatial Activity' wäre dann gegeben, wenn innerhalb eines Bildes sowohl in horizontaler - als auch in vertikaler Richtung abwechselnd immer ein weißer Bildpunkt auf einen schwarzen Bildpunkt folgt (feines Gittermuster).

Abb. 12.7. Niedrige (links) und hohe (rechts) spatiale (räumliche) Aktivität

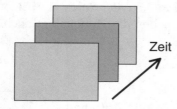
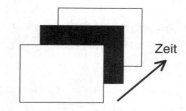

Niedrige temporale Aktivität   Hohe temporale Aktivität

Abb. 12.8. Niedrige und hohe temporale (zeitliche) Aktivität

Neben der räumlichen Bildaktivität (Abb. 12.7.) muss auch noch die zeitliche Bildaktivität in Betracht gezogen werden, die Temporal Activity (TA) (Abb. 12.8.). Die Temporal Activity ist ein Summenmaß für die Bildveränderung (Bewegung) in zeitlich aufeinanderfolgenden Bildern. Die maximale theoretisch erreichbare 'Temporal Activity' wäre dann erreicht, wenn in aufeinanderfolgenden Bildern alle Bildpunkte von weiß nach schwarz oder umgekehrt wechseln würden. Eine 'Temporal Activity' von 0 entspricht demzufolge einer Bildsequenz ohne Bewegung.

Beide Parameter SA und TA müssen bei der Berechung der bewerteten Bildqualität aus dem unbewerteten Maß des Blockings verwendet werden.

In einem ersten Prozess wird beim Bildqualitätsanalysator aus dem Beispiel der unbewertete Bildqualitätsmesswert DVQL-U für alle Bildsignale Y, C_B, C_R sowie die Spatial Activity SA und die Temporal Activity TA ermittelt (Abb. 12.9.).

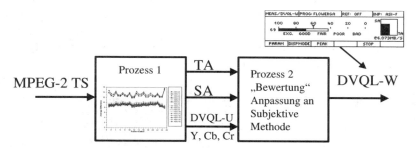

Abb. 12.9. Bildqualitätsanalyse mit Hilfe eines Bildqualitätsanalysators [DVQ]

In einem zweiten Arbeitsschritt erfolgt dann die Bewertung und somit die Anpassung an die subjektive Methode. Der Bildqualitätsanalysator zeigt in seinem Display sowohl den Bildqualitätsmesswert – bewertet oder ungewertet – und die Spatial und Temporal Activity. Solch ein Bildqualitätsanalysator ist zusätzlich in der Lage, neben der Bildqualität auch Dekodierstörungen zu erfassen.

Dies sind

- Bildstillstand - Picture Freeze (TA = 0)
- Bildausfall - Picture Loss (TA=0 und SA=0) und
- Tonausfall - Sound Loss.

Hauptsächlich werden Bildqualitätsanalysatoren direkt in der Nähe der MPEG-2-Encodierung eingesetzt, da während der Übertragung die Bildqualität selbst nicht mehr beeinträchtigt wird. Natürlich erkennt ein solcher Analysator auch die Dekodierstörungen, die durch Bitfehler hervorgerufen werden, die auf der Strecke erst entstehen. Da oft der Netzbetreiber nicht gleich Programmanbieter ist, findet man deswegen häufig auch am Netz-Ende Bildqualitätsanalysatoren, um bei der Diskussion zwischen Netz-Betreiber und Programmanbieter objektive Messparameter als Grundlage zu haben. Ganz wichtig ist der Einsatz von Bildqualitätsanalysatoren beim Test von MPEG-2-Encodern.

Abb. 12.10. Digital Picture Quality Analyzer: Werkfoto Rohde&Schwarz DVQ

Literatur: [ITU500], [DVQ]

13 Grundlagen der Digitalen Modulation

In diesem Grundlagenkapitel wird ganz allgemein ein Überblick über die Digitalen Modulationsverfahren gegeben. Nach diesem Kapitel könnte auch im Bereich der Mobilfunktechnik (GSM, IS95, UMTS) fortgefahren werden. Das hier besprochene Basiswissen ist im Bereich der modernen Nachrichtentechnik ganz allgemein anwendbar. Doch sollen hier aber Grundlagen für die nachfolgenden Kapitel der Übertragungsverfahren DVB-S, DVB-C, OFDM, DVB-T, ATSC und ISDB-T besprochen werden. Experten können dieses Kapitel einfach überspringen.

13.1 Einführung

Zur analogen Übertragung von Nachrichten wird seit langer Zeit Amplitudenmodulation (AM) und Frequenzmodulation (FM) verwendet. Die zu übertragende Information wird dem Träger entweder durch Veränderung (Modulation) der Amplitude oder der Frequenz oder der Phase aufgeprägt.

Zur Übertragung von Datensignalen wurden in der Anfangszeit der Datenübertragung zunächst Amplitudentastverfahren bzw. Frequenzumtastverfahren eingesetzt. Will man einen Datenstrom mit z.B. 10 Mbit/s mittels simpler Amplitudenumtastung übertragen, so wäre eine Bandbreite von mindestens 10 MHz in der RF notwendig, vorausgesetzt man arbeitet mit einem Non-Return-to-Zero-Code (NRZ-Code). Das Nyquist-Theorem besagt, dass im Basisband mindestens die Bandbreite notwendig ist, die der halben Datenrate entspricht. In unserem Beispiel einfacher Amplitudenumtastung ergeben sich dann 2 Seitenbänder von je 5 MHz. Aufgrund der notwendigen Signalfilterung zur Vermeidung von Nachbarkanalstörungen ist die tatsächlich notwendige Bandbreite aber größer.

Ein analoger Telefonkanal ist etwa 3 kHz breit. Ursprünglich schaffte man 1200 bit/s Datenrate über diesen Kanal zu übertragen. Heute sind 33 kbit/s bzw. 55 kbit/s kein Problem mehr. Bei Fax- und Modemverbindungen sind wir diese Datenraten gewohnt. Dieser Riesensprung war nur möglich unter Anwendung von modernen digitalen Modulationsverfahren,

nämlich der sogenannten IQ-Modulation. IQ-Modulation ist im Prinzip eine Variante der Amplitudenmodulation bzw. Phasenmodulation.
Es gibt folgende Modulationsverfahren:

- Amplitudenmodulation
- Frequenzmodulation
- Phasenmodulation
- Amplitudenumtastung
- Frequenzumtastung (FSK)
- Phasenumtastung (PSK)
- Amplituden- und Phasenumtastung (QAM)

Ziel ist es nun, bei der Übertragung von Datensignalen Bandbreite zu sparen. Dies geht aber nur unter Anwendung moderner digitaler Modulationsverfahren. Es soll erreicht werden, dass die notwendige Bandbreite im Übertragungskanal um Faktoren kleiner ist, als die zu übertragende Datenrate des Datensignals.

Dass dies nicht ohne Verluste hingenommen werden kann, ist zu erwarten - die Anfälligkeit gegenüber Rauschen oder anderen Störeinflüssen wird steigen.

Im folgenden werden nun die digitalen Modulationsverfahren diskutiert. Doch kommen wir zunächst noch zu einigen wichtigen Grundlagen aus der elektrischen Wechselstromlehre (Abb. 13.1.):

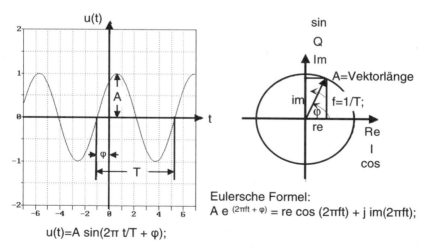

Abb. 13. 1. Zeit- und Vektordarstellung einer sinusförmigen Größe

Es ist in der Elektrotechnik üblich, sinusförmige Größen anhand eines Vektors (Abb. 13.1) darzustellen. Eine sinusförmige Größe lässt sich eindeutig durch 3 Parameter, nämlich durch deren Amplitude, durch deren Nullphasenwinkel und deren Frequenz beschreiben. In der Zeigerdarstellung wählt man die eingefrorene Form des rotierenden Zeigers zum Zeitpunkt t=0. Der Zeiger steht dann im Nullphasenwinkel; seine Länge entspricht der Amplitude der sinusförmigen Größe.

Abb. 13.1. zeigt ein sinusförmiges Signal im Zeitbereich, sowie dessen Vektordarstellung. Der rotierende Zeiger mit einer Länge, die der Amplitude entspricht steht im Nullphasenwinkel φ. Das sinusförmige Signal erhält man zurück, indem man den Endpunkt des rotierenden Zeigers auf die vertikale Achse (Im) projiziert und den Verlauf über die Zeit mitschreibt.

Der Vektor kann zerlegt werden in seinen Realteil und in seinen Imaginärteil. Die Begriffe Realteil und Imaginärteil kommen hierbei aus der komplexen Zahlenebene der Mathematik. Der Realteil entspricht der Projektion auf die horizontale Achse; er berechnet sich aus $Re = A \bullet \cos \varphi$. Der Imaginärteil entspricht der Projektion auf die vertikale Achse und lässt sich aus $Im = A \bullet \sin \varphi$ berechnen. Die Länge des Vektors steht über den Satz des Pythagoras $A = \sqrt{(Re^2 + Im^2)}$ in Beziehung zu Real- und Imaginärteil. Den Realteil kann man sich auch als Amplitude eines Cosinussignals vorstellen, den Imaginärteil als die Amplitude eines Sinussignals.

Eine beliebige sinus- bzw. cosinusförmige Größe ergibt sich durch eine Überlagerung eines Cosinussignals und eines Sinussignals gleicher Frequenz bei entsprechenden Amplituden der Cosinus- und der Sinusgröße.

Man bezeichnet den Realteil auch als I-Anteil, den Imaginärteil auch als Q-Anteil. I steht hierbei für Inphase, Q für Quadraturphase. Inphase bedeutet in 0° Phasenbeziehung zu einem Referenzträger, Q bedeutet in 90° Phasenbeziehung zu einem Referenzträger. In den folgenden Abschnitten und Kapiteln werden sowohl die Bezeichnungen Realteil, Imaginärteil, Cosinus- und Sinusanteil, sowie I- und Q-Anteil immer wieder verwendet werden.

13.2 Mischer

Der Mischer (Abb. 13.2.) ist eines der wichtigsten elektronischen Bauteile zur Realisierung eines IQ-Modulators. Ein Mischer ist im Prinzip ein Multiplizierer. Das zu modulierende Signal wird mit einem Trägersignal meist auf die Zwischenfrequenzebene gemischt. Das Resultat sind zwei Seitenbänder um den Träger herum. Es handelt sich um eine Zweiseitenband-Amplitudenmodulation mit unterdrücktem Träger. Ein Mischer nach Abb. 13.2. ist im Prinzip nur ein Doppelumschalter, der vom

13.2. ist im Prinzip nur ein Doppelumschalter, der vom Träger geschaltet wird und das zu modulierende Signal trägerfrequent umpolt.

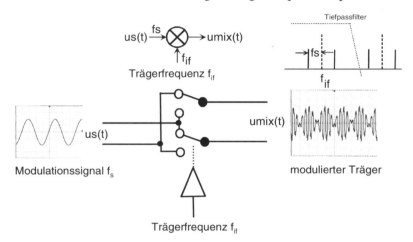

Abb. 13.2. Mischer und Mischvorgang; Amplitudenmodulation mit unterdrücktem Träger

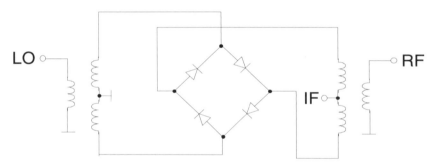

Abb. 13.3. Blockschaltbild eines Ringmischers

Das Ergebnis ist im Falle eines rein sinusförmigen Modulationsein-gangssignals eine Spektrallinie im Abstand der Modulationsfrequenz unter der Trägerfrequenz, sowie darüber. Außerdem entstehen Harmonische im Abstand der doppelten Trägerfrequenz. Diese müssen mit Hilfe eines Tief-passfilters unterdrückt werden.

In Abb. 13.3. sieht man den Aufbau eines analogen Ring-Mischers. 4 Pin-Dioden dienen als Schalter zum Umpolen des Modulationssignals. Ein HF-Transformator dient zum Einkoppeln des Trägers (LO = Local Oscilla-tor), ein HF-Transformator wird zum Auskoppeln des Modulationsproduktes verwendet. Das Modulationssignal selbst wird gleichspannungsgekoppelt eingespeist.

Häufig wird jedoch heutzutage ein Mischer rein digital als Multiplizierer realisiert, der dann bis auf das durch den Quantisierungsvorgang erzeugte Rauschen und die Rundungsfehler ideal arbeitet.

Legt man als Modulationssignal Gleichspannung an, so erscheint der Träger selbst am Ausgang des Mischers. Ein Überlagerung von Gleichspannung und eines sinusförmigen Signals als Modulationssignal führt zur gewöhnlichen Amplitudenmodulation mit nicht unterdrücktem Träger (Abb. 13.4.).

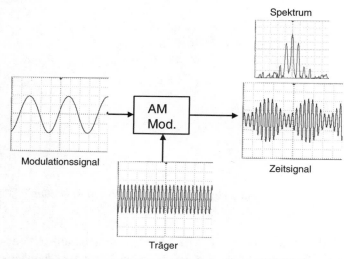

Abb. 13.4. „normale" Amplitudenmodulation mit nicht unterdrücktem Träger

13.3 Amplitudenmodulation

Bei der Amplitudenmodulation steckt die Information in der Amplitude des Trägersignals. Das Modulationsprodukt verändert (moduliert) die Amplitude des Trägers. Dies geschieht im AM-Modulator.

Abb. 13.4. zeigt den Vorgang einer "normalen" AM-Modulation mit nicht unterdrücktem Träger. Ein in unserem Fall sinusförmiges Modulationssignal variiert die Amplitude des Trägers und prägt sich so als Einhüllende dem Träger auf. Beides - Träger und Modulationssignal sind in unserem Fall sinusförmig. Im Spektrum findet man im Modulationsprodukt neben einer Spektrallinie bei der Trägerfrequenz nun auch zwei Seitenbän-

der im Abstand der Modulationsfrequenz vor. Wird z.B. ein Träger von
600 MHz von einem sinusförmigen Modulationssignal von 1 kHz amplitudenmoduliert, so findet man bei 600 MHz das Trägersignal im Spektrum
des Modulationsproduktes und bei 1 kHz darunter und darüber die beiden
Seitenbandsignale. Die Bandbreite im HF-Kanal beträgt nun 2 kHz.

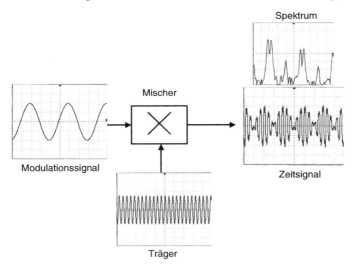

Abb. 13.5. Amplitudenmodulation mit unterdrücktem Träger durch Mischung

Wie schon erwähnt, unterdrückt ein Mischer den Träger selbst. Verwendet man zur Amplitudenmodulation einen Mischer und weist das Modulationssignal selbst keinen Gleichanteil auf, so findet man im Spektrum
des Modulationsproduktes keine Spektrallinie bei der Trägerfrequenz
selbst vor. Es bleiben nur die beiden Seitenbänder übrig. Abb. 13.5. zeigt
eine Amplitudenmodulation, die mit Hilfe eines Ringmischers erzeugt
wurde. Man erkennt im Spektrum neben den beiden Seitenbändern auch
Seitenbänder um Vielfache der doppelten Trägerfrequenz herum. Diese
Vielfachen/Harmonischen müssen durch Tiefpassfilter unterdrückt werden. In Abb. 13.5. ist auch das typische Zeitsignal einer Amplitudenmodulation mit unterdrücktem Träger erkennbar. Die Bandbreite selber ist nach
wie vor die gleiche wie bei einer gewöhnlichen Amplitudenmodulation.

13.4 IQ-Modulator

Schon seit langer Zeit wird in der Farbfernsehtechnik das Verfahren der Quadraturamplitudenmodulation bzw. IQ-Modulation zur Übertragung der Farbinformation verwendet. Beim PAL- bzw. NTSC-Farbträger steckt die Farbart in der Phase des Farbträgers und die Farbintensität, die Farbsättigung in der Amplitude des Farbträgers, der dem Luminanzsignal überlagert wird.

Erzeugt wird der modulierte Farbträger durch einen IQ-Modulator bzw. Quadraturamplitudenmodulator (Abb. 13.6.).

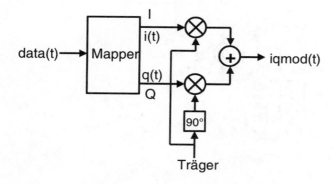

Abb. 13.6. IQ-Modulator

I steht bei IQ für Inphase und Q für Quadraturphase.

Ein IQ-Modulator besteht zunächst aus einem I-Pfad und einem Q-Pfad. Im I-Pfad findet man einen Mischer, der mit Null Grad Trägerphase angesteuert wird. Der Mischer im Q-Pfad wird mit 90 Grad Trägerphase gespeist. D.h. I steht für 0 Grad Trägerphase und Q für 90 Grad Trägerphase. I und Q sind orthogonal zueinander, sie stehen also senkrecht aufeinander. Im Zeigerdiagramm (Vektordiagramm) liegt die I-Achse auf der reellen Achse und die Q-Achse auf der imaginären Achse.

Auch ein PAL- oder NTSC-Modulator beinhaltet solch einen IQ-Modulator. Im Falle der digitalen Modulation ist dem IQ-Modulator ein Mapper vorgeschaltet (siehe Abb. 13.6.). Der Mapper wird vom zu übertragenden Datenstrom data(t) gespeist, seine Ausgangssignale i(t) und q(t) sind die Modulationssignale für den I- bzw. den Q-Mischer. i(t) und q(t) sind vorzeichenbehaftete Spannungen und keine Datensignale mehr. Ist i(t)=0 , so erzeugt der I-Mischer kein Ausgangssignal, ist q(t)=0, so erzeugt der Q-Mischer kein Ausgangssignal. Legt man i(t) z.b. auf 1V, so wird der I-Mischer am Ausgang ein Trägersignal mit Null Grad Trägerphase und konstanter Amplitude liefern (Abb. 13.7.). Legt man q(t) z.b. auf 1V, so wird der Q-Mischer am Ausgang ein Trägersignal mit konstanter Amplitude, aber 90 Grad Trägerphase liefern (siehe später Abb. 13.10.).

Ein Addierer kombiniert das I-Modulationsprodukt mit dem Q-Modulationsprodukt.

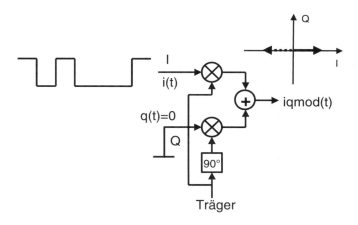

Abb. 13.7. IQ-Modulator, nur I-Zweig in Betrieb

Das Kombinationsprodukt iqmod(t) ist also die Summe aus dem Ausgangssignal des I-Mischers und des Q-Mischers. Liefert der Q-Mischer keinen Beitrag, so entspricht iqmod(t) dem Ausgangssignal des I-Zweiges und umgekehrt.

Nachdem die Ausgangssignale des I- und Q-Zweiges nun aber cosinus- bzw. sinusförmige Signale gleicher Frequenz (Trägerfrequenz) sind, die nur in der Amplitude voneinander abweichen, stellt sich ein sinusförmiges Ausgangssignal iqmod(t) variabler Amplitude und Phase durch die Überlagerung des cosinusförmigen I-Ausgangssignales und sinusförmigen Q-Ausgangssignales ein. Man kann also mit Hilfe des Steuersignales i(t) und q(t) die Amplitude und Phase von iqmod(t) variieren.

Mit Hilfe eines IQ-Modulators kann man sowohl eine reine Amplitudenmodulation, eine reine Phasenmodulation, als auch beides gleichzeitig erzeugen. Ein sinusförmiges Modulatorausgangssignal ist also in Amplitude und Phase steuerbar.

Wenn Ai die Amplitude des I-Modulatorzweiges ist und Aq die Amplitude des Q-Zweiges ist dann gilt für die Amplitude und Phase von iq-mod(t):

$$Aiq \bmod = \sqrt{(Ai)^2 + (Aq)^2}$$

$$\varphi = \arctan(\frac{Aq}{Ai});$$

Der Mapper generiert nun aus dem Datenstrom data(t) diese beiden Modulationssignale i(t) und q(t) in Abhängigkeit vom einlaufenden Datenstrom. Hierbei werden Bitgruppen zusammengefasst werden, um bestimmte Muster für i(t) und q(t), also für die Modulationssignale des I- und des Q-Zweiges zu erzeugen.

Zunächst soll einmal nur der I-Zweig (Abb. 13.7.) betrachtet werden; der Q-Zweig wird mit q(t)=0 angesteuert, liefert also keinen Beitrag am Ausgang, trägt also nicht zu iqmod(t) bei. Es wird nun +1V und abwechselnd -1V am Modulationseingang des I-Zweiges angelegt; i(t) ist also +1V oder -1V. Beobachtet man dann das Ausgangssignal iqmod(t), so sieht man, dass dort Träger anliegt und lediglich in der Phase umgetastet wird und zwar zwischen den Phasenlagen 0 Grad und 180 Grad. Durch Variation der Amplitude von i(t) erreicht man eine Variation der Amplitude von iqmod(t).

In der Vektordarstellung bedeutet das, dass der Zeiger zwischen 0 Grad und 180 Grad hin- und herspringt bzw. in der Länge variiert wird, aber immer auf der I-Achse liegt, wenn nur i(t) anliegt und variiert wird (Abb. 13.7.).

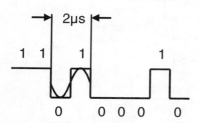

Non-Return-to-Zero Code (NRZ)

Beispiel: 1 Mbit/s
nach Rolloff-Filterung:
Bandbreite >= 1/2µs = 500 kHz

Abb. 13.8. NRZ-Code

An dieser Stelle bietet es sich an, grundlegende Dinge bezüglich der Bandbreitenbedingungen im Basisband- und im HF-Bereich zu diskutieren. Ein Non-Return-to-Zero-Code (NRZ-Code, Abb. 13.8.) mit einer Datenrate von 1 Mbit/s kann im Extremfall ein Datensignal soweit in seiner Bandbreite beschnitten (gefiltert) werden, dass 500 kHz Bandbreite gerade noch zu sicheren Decodierbarkeit ausreichen. Erklären kann man die ohne viel Mathematik ganz einfach damit, dass die höchste Frequenz in einem 01-Wechsel steckt; die Periodendauer liegt bei einer Länge von 2 Bit, also im Beispiel mit einer Datenrate von 1 Mbit/s beträgt sie 2 µs. Der Kehrwert von 2 µs ergibt dann eine Frequenz von 500 kHz. D.h. zur Übertragung eines NRZ-Codes beträgt die mindest notwendige Basisbandbreite dann:

$$f_{Basisband\_NRZ}\,[Hz] \geq 0.5 \bullet Datenrate_{NRZ}\,[bit/s];$$

Führt man nun solch einen gefilterten NRZ-Code (Abb. 13.8.) z.B. gleichspannungsfrei einem Mischer wie im I-Zweig unseres IQ-Modulators zu, so ergeben sich in der HF-Ebene zwei Seitenbänder mit je einer Bandbreite des zugeführten Basisbandsignals (Abb. 13.9.). Damit gilt für die mindest notwendig Bandbreite in der HF:

$$f_{HF\_NRZ}\,[Hz] \geq Datenrate_{NRZ}\,[bit/s];$$

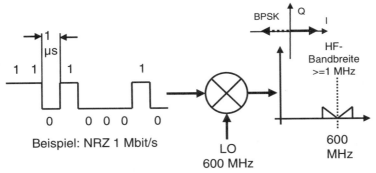

Symbolrate$_{BPSK}$ = 1/Symboldauer$_{BPSK}$ = 1/Bitdauer$_{BPSK}$ = 1/1µs = 1 MSymbole/s;

1 MSymbole/s ➜ HF-Bandbreite >= 1 MHz

Abb. 13.9. BSPK-Modulation

Es liegt also ein 1:1 Verhältnis zwischen Datenrate und benötigter Mindestbandbreite in der HF bei dieser Art der digitalen Modulation vor. Diese Art der Modulation nennt man 2-Phasenumtastung oder BPSK = Biphase Shift Keying. 1 Mbit/s Datenrate erfordert bei der BPSK eine Mindestbandbreite von 1 MHz in der HF-Ebene. Die Dauer eines stabilen Zustandes des Trägers nennt man Symbol. Bei der BPSK ist Dauer eines Symbols genauso lang wie die Dauer eines Bits. Den Kehrwert der Symboldauer nennt man Symbolrate.

Symbolrate = 1/Symboldauer;

Bei einer Datenrate von 1 Mbit/s bei einer BPSK (Abb. 13.9.) beträgt die Symbolrate 1 MSymbole/s. Die mindest notwendige Bandbreite entspricht immer der Symbolrate. D.h. 1 MSymbole/s erfordern eine Mindestbandbreite von 1 MHz.

Im nächsten Fall wird nun i(t) auf Null gesetzt und lässt also nur einen Beitrag von q(t) zu. Es wird also nun q(t) zwischen +1V und -1V hin- und hergeschaltet. iqmod(t) entspricht nun nur dem Ausgangssignal des Q-Mischers. iqmod(t) ist nun wiederum ein trägerfrequentes sinusförmiges Signal, jedoch mit 90 Grad oder 270 Grad Phasenlage. Variiert man nun auch noch die Amplitude von q(t), verändert sich auch die Amplitude von iqmod(t). In der Vektordarstellung bedeutet dies, dass der Zeiger zwischen 90 Grad und 270 Grad geschaltet wird bzw. auf der Q-Achse (imaginäre Achse) in der Länge variiert wird (siehe Abb. 13.10.).

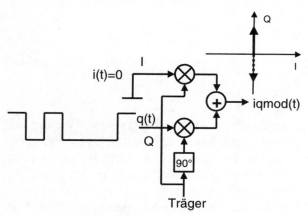

Abb. 13.10. IQ-Modulator, nur Q-Zweig aktiv

Nun wird sowohl i(t) als auch q(t) zwischen +/-1V variiert (Abb. 13.11.). Nachdem nun die Modulationsprodukte des I- und Q-Zweiges aufaddiert werden, kann man nun den Träger zwischen 45 Grad, 135 Grad, 225 Grad und 315 schalten. Man spricht von einer Vierphasenumtastung, einer QPSK (Quadrature Phase Shift Keying) (Abb. 13.11.). Lässt man beliebige Spannungszustände für i(t) und q(t) zu, so lässt sich eine beliebige Amplitude und Phasenlage von iqmod(t) erreichen.

Die Umsetzung des Datenstromes data(t) in die beiden Modulationssignale i(t) für den I-Zweig und q(t) für den Q-Zweig erfolgt im Mapper. Abb. 13.12. zeigt den Fall einer QPSK-Modulation. Die Mapping-Tabelle ist hierbei die Vorschrift für die Umsetzung des Datenstromes data(t) in die Modulationssignale i(t) und q(t). Im Falle der QPSK werden immer 2 Bit zu einem Dibit zusammengefasst (entspricht Bit 0 und Bit 1 in der Mapping-Tabelle). Ist die aktuelle Dibit-Kombination z.B. 10, so ergibt sich in unserem Beispiel ein Ausgangssignal nach dem Mapper von i(t) = -1V und q(t) = -1V.

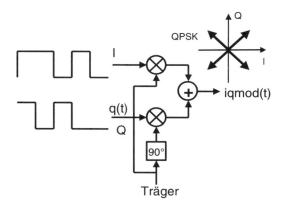

Abb. 13.11. IQ-Modulator, aktiver I- und Q-Zweig bei gleichen Amplitudenverhältnissen (QPSK)

Die Bitkombination 11 ergäbe i(t) = +1V und q(t) = -1V. Wie der Bitstrom im Mapper zu lesen und umzusetzen ist, ist einfach Festlegungssache. Modulator und Demodulator, d.h. Mapper und Demapper müssen einfach die gleichen Mappingvorschriften benutzen, welche in den jeweiligen Standards definiert sind. Wie man ebenfalls anhand Abb. 13.12. erkennen kann, halbiert sich die Symbolrate nach dem Mapper in unserem Fall. QPSK kann pro Zustand 2 Bit übertragen. 2 Bit werden zu einem Dibit zusammengefasst und bestimmen den Zustand der Mapperausgangssignale i(t) und q(t). Und i(t) und q(t) weisen nun dadurch in unserem Fall die halbe Datenrate von data(t) auf. i(t) und q(t) wiederum modulieren unser Trägersignal und tasten es in unserem Fall der QPSK nur in der Phase um. Es ergeben sich 4 mögliche Konstellationen für iqmod(t): 45 Grad, 135 Grad, 225 Grad und 315 Grad. Die Information steckt nun in der Phase des Trägers. Da man nun mit der halben Datenrate im Vergleich zur Eingangsdatenrate takten kann, reduziert sich die benötigte Kanalbandbreite um den Faktor 2. Die Verweildauer des Trägers bzw. Zeigers in einer bestimmten Phasenlage nennt man Symbol (Abb. 13.12. und Abb. 13.14.). Der Kehrwert der Symboldauer ist die Symbolrate. Die benötigte Bandbreite entspricht der Symbolrate. Im Vergleich zu einer einfachen Bitübertragung hat man nun den Faktor 2 an Bandbreite gewonnen.

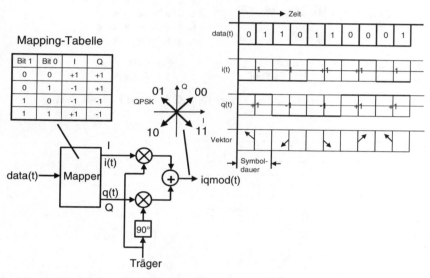

Abb. 13.12. Mapping-Vorgang bei QPSK-Modulation

In der Praxis werden aber auch höherwertigere Modulationsverfahren als QPSK angewendet. Durch Variation der Trägeramplitude und Trägerphase ist z.B. 16QAM möglich. Die Information steckt dann in Betrag und Phase. 16QAM (= 16 Quadrature Amplitude Modulation) fasst 4 Bit im Mapper zusammen; eine Trägerkonstellation kann 4 Bit tragen; es gibt 16 mögliche Trägerkonstellationen. Die Datenrate nach dem Mapper, bzw. die Symbolrate geht auf ein Viertel der Eingangsdatenrate zurück. Damit reduziert sich die benötigte Kanalbandbreite auf ein Viertel.

Bei der Vektordarstellung der IQ-Modulation zeichnet man üblicherweise nur noch den Endpunkt des Vektors (Abb. 13.13.). Alle möglichen Konstellationen des Vektors eingetragen nennt man Konstellationsdiagramm.

Abb. 13.13. zeigt die Konstellationsdiagramme realer QPSK-, 16QAM- und 64QAM-Signale, d.h. mit Rauscheinfluss. Eingezeichnet sind auch die Entscheidungsgrenzen des Demappers.

Die Anzahl der übertragbaren Bit pro Symbol ergibt sich aus dem 2er-Logarithmus der Konstellation.

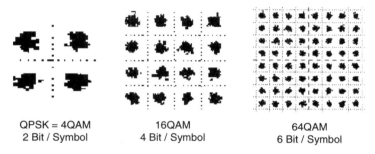

QPSK = 4QAM   16QAM   64QAM
2 Bit / Symbol   4 Bit / Symbol   6 Bit / Symbol

Abb. 13.13. Konstellationsdiagramme einer QPSK, 16QAM und 64QAM

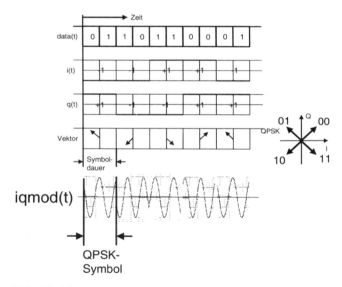

Abb. 13.14. QPSK

In Abb. 13.14. sieht man sowohl den ursprünglichen Datenstrom data(t), als auch die entsprechende Konstellation des Trägerzeigers im Falle einer QPSK-Modulation, sowie auch den zeitlichen Verlauf der getasteten Trägerschwingung iqmod(t). Einen Tastzustand nennt man, wie schon er-

wähnt, Symbol. Die Dauer eines Symbols heißt Symboldauer. Der Kehrwert der Symboldauer heißt Symbolrate.

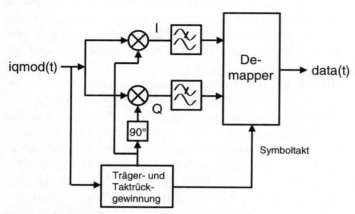

Abb. 13.15. IQ-Demodulator

13.5 Der IQ-Demodulator

Im folgenden Abschnitt soll nun kurz das Verfahren der IQ-Demodulation
(Abb. 13.15.) besprochen werden. Das digital modulierte Zeitsignal iq-
mod(t) wird sowohl in den I-Mischer, der mit 0 Grad Trägerphase angesteuert wird, als auch in den Q-Mischer, der mit 90 Grad Trägerphase angesteuert   wird,   eingespeist.   Parallel   dazu   versucht   ein
Signalverarbeitungsblock den Träger und den Symboltakt zurückzugewinnen (Träger- und Taktrückgewinnung). Ein Schritt zur Trägerrückgewin-
nung ist die zweifache Quadrierung des Eingangssignals iqmod(t). Damit
lässt sich eine Spektrallinie bei der vierfachen Trägerfrequenz mit Hilfe eines Bandpassfilters isolieren. Daran bindet man dann einen Taktgenerator
mittels einer PLL an. Außerdem muss der Symboltakt zurück gewonnen
werden, d.h. es muss der Zeitpunkt der Symbolmitte ermittelt werden. Bei
einigen Modulationsverfahren ist es nur möglich den Träger mit einer Unsicherheit von Vielfachen von 90 Grad zurückzugewinnen.

Nach der IQ-Mischung entstehen die Basisbandsignale i(t) und q(t), denen noch Harmonische des Trägers überlagert sind. Diese müssen deshalb
vor dem Demapper noch tiefpassgefiltert werden.

Der Demapper macht dann einfach den Mappingvorgang rückgängig,
d.h. tastet die Basisbandsignale i(t) und q(t) zur Symbolmitte ab und gewinnt den Datenstrom data(t) zurück.

Abb. 13.16. zeigt nun sowohl den Vorgang der IQ-Modulation als auch IQ-Demodulation im Zeitbereich und in der Vektordarstellung (Konstellation) für den Fall einer QPSK. Das Signal in der ersten Zeile entspricht dem Eingangsdatenstrom data(t). In der zweiten und dritten Zeile sind die Signal i(t) und q(t) auf der Modulationsseite dargestellt. Die vierte und fünfte Zeile entspricht den Spannungsverläufen nach dem I- und Q-Mischer des Modulators imod(t) und qmod(t); die nächste Zeile stellt den Verlauf von iqmod(t) dar. Man sieht deutlich die Phasensprünge von Symbol zu Symbol. Die Amplitude ändert sich nicht (QPSK). In der letzten Zeile ist der Vollständigkeit halber das zugehörige Konstellationsdiagramm abgebildet. idemod(t) und qdemod(t) sind die digital zurückmischten Signale i(t) und q(t) auf der Demodulationsseite. Man erkennt deutlich, dass hier neben den Basisbandsignalen selber der doppelte Träger enthalten ist. Dieser muss durch ein Tiefpassfilter sowohl im I- als auch im Q-Zweig vor dem Demapping noch entfernt werden. Im Falle einer analogen Mischung würden auch noch weitere Harmonische enthalten sein, die ein Tiefpassfilter mit unterdrücken würde.

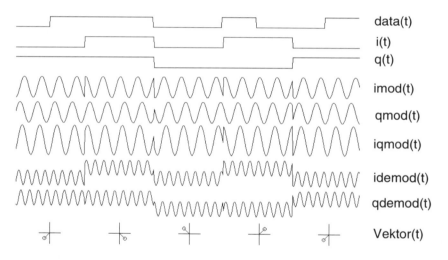

Abb. 13.16. IQ-Modulation und IQ-Demodulation

Sehr häufig arbeitet man jedoch mit einem aufwandsreduzierten IQ-Demodulator nach dem $f_S/4$-Verfahren (Abb. 13.17.). Das Modulationssignal iqmod(t) wird nach einem Anti-Aliasing-Tiefpassfilter mit einem Analog-Digitalwandler abgetastet, der exakt auf der vierfachen Zwischenfrequenz (daher der Name „$f_S/4$-Verfahren") des Modulationssignals iqmod(t) arbeitet. D.h. liegt der Träger von iqmod(t) bei f_{IF}, so ist die Abtastfrequenz 4 • f_{IF}. Eine vollständige Trägerschwingung wird also damit exakt viermal pro Periode abgetastet. Vorausgesetzt der AD-Wandlertakt ist exakt mit dem Trägertakt synchronisiert, so erwischt man den rotierenden Trägerzeiger in den in Abb. 13.8. dargestellten Momenten. Für die Taktrückgewinnung sorgt hier ebenfalls eine Trägerrückgewinnungsschaltung, wie zuvor beschrieben.

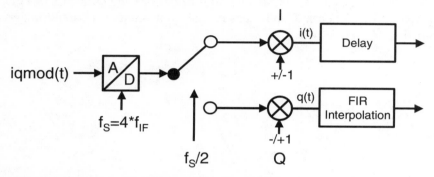

Abb. 13.17. IQ-Demodulation nach der fs/4-Methode

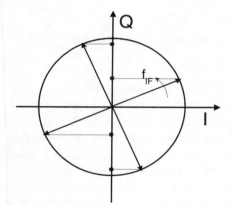

Abb. 13.18. f_S/4-Demodulation

Nach dem AD-Wandler wird der Datenstrom mit Hilfe eines Umschalters aufgeteilt in zwei Datenströme der halben Datenrate. D.h. es gehen z.B. die ungeraden Samples in den I-Zweig und die geraden in den Q-Zweig. Da somit nur jedes zweite Sample in den I- bzw. Q-Zweig eingespeist wird, reduziert sich die Datenrate in beiden Zweigen. Die in den beiden Zweigen dargestellten Multiplizierer sind hier nur Vorzeichenumpoler, multiplizieren also die Abtastwerte als mit plus oder minus Eins abwechselnd.

Zur Erklärung der Funktionsweise:

Da der AD-Wandler exakt auf der vierfachen Trägerfrequenz (ZF, IF) arbeitet und der voll synchronisierte Fall angenommen wird, entspricht abwechselnd ein Abtastwert immer dem I-Wert und einer immer dem Q-Wert. Dies ist bei näherer Betrachtung von Abb. 13.18. deutlich erkennbar. Lediglich weist jedes zweite Sample im I- bzw. Q-Zweig (Abb. 13.19.) ein negatives Vorzeichen auf und muss deshalb mit minus Eins multipliziert werden.

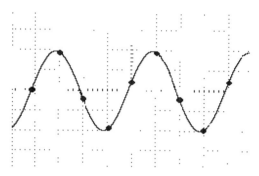

Abb. 13.19. Zeitdiagramm der IQ-Demodulation nach der fs/4-Methode

Auf diese einfache Art und Weise ist nun das Basisbandsignal i(t) und q(t) zurückgewonnen worden. Nachdem aber sowohl das Signal i(t), als auch q(t) aufgrund von Symbolwechselvorgängen einschwingen und diese Einschwingvorgänge aufgrund des Umschalters nach dem AD-Wandler um einen halben Takt verzögert wurden, müssen beide Signale mit Hilfe von Digitalfiltern wieder auf "Gleichtakt" gezogen werden. D.h. man interpoliert ein Signal, z.B. q(t) so, dass man den Abtastwert zwischen 2 Werten genau an der Stelle, wo ein i-Wert sitzen würde, zurückerhält. Dies geschieht mit Hilfe eines FIR-Filters (Finite Impulse Response, Digitalfilter). Jedes Digitalfilter hat jedoch eine Grundlaufzeit und die muss im anderen Zweig, hier im I-Zweig, mit Hilfe eines Verzögerungsgliedes (Delay) ausgeglichen werden. Nach dem FIR-Filter und dem Verzögerungsglied sind nun beide Signale i(t) und q(t) taktsynchron abgetastet und können dem Demapper zugeführt werden.

Wie schon erwähnt, wird im praktischen Einsatz sehr häufig diese aufwandsparende Variante der IQ-Demodulation verwendet. Bei OFDM-modulierten Signalen (Orthogonal Frequency Division Multiplex) findet man exakt diesen Schaltungsteil unmittelbar vor dem FFT-Signal-verarbeitungsblock. Viele moderne digitale Schaltkreise unterstützen diesen als fs/4-Verfahren bekannten Modus.

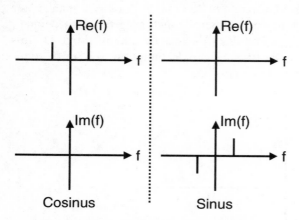

Abb. 13.20. Fouriertransformierte eines Cosinus und Sinus

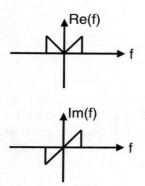

Abb. 13.21. Fouriertransformierte eines allgemeinen reellen Zeitsignales

13.6 Anwendung der Hilbert-Transformation bei der IQ-Modulation

In diesem Abschnitt wird die Hilbert-Transformation besprochen, eine Transformation, die bei einigen Digitalen Modulationsarten wie z.B. OFDM und 8VSB (siehe ATSC, US-Variante des digitalen terrestrischen Fernsehens) eine große Rolle spielt.

Begonnen werden muss hier zunächst mit den Sinus- und Cosinus-Signalen. Der Sinus weist zum Zeitpunkt t=0 den Wert Null auf, der Cosinus beginnt mit dem Wert 1. Der Sinus ist gegenüber dem Cosinus um 90 Grad verschoben, er eilt dem Cosinus um 90 Grad voraus. Wie man später sehen kann, entspricht der Sinus der Hilbert-Transformierten des Cosinus.

Man kann anhand des Sinus und des Cosinus einfache wichtige Definitionen vornehmen: der Cosinus ist eine gerade Funktion, d.h. er ist symmetrisch zu t=0, d.h. es gilt cos(x) = cos(-x).

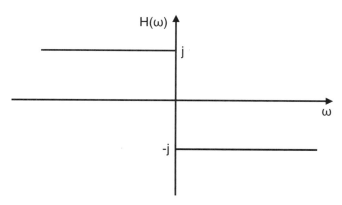

Abb. 13.22. Fouriertransformierte der Hilbertransformation

Der Sinus hingegen ist eine ungerade Funktion, d.h. er ist punkt-zu-punkt-symmetrisch; sin(x) = -sin(-x). Das Spektrum des Cosinus, die Fourier-Transformierte, ist rein reell und symmetrisch zu f=0. Der Imaginärteil ist Null (siehe hierzu Abb. 13.20.).

Das Spektrum des Sinus, also die Fourier-Transformierte hingegen ist rein imaginär und punkt-zu-punkt-symmetrisch (siehe Abb. 13.20.). Die genannten Erkenntnisse sind wichtig für das Verständnis der Hilbert-Transformation. Das Spektrum eines beliebigen reellen Zeitsignales weist immer ein symmetrisches Spektrum Re(f) aller Realteile über f auf und ein punkt-zu-punkt-symmetrisches Spektrum Im(f) aller Imaginärteile über f bezüglich f=0 (siehe Abb. 13.21.).

Jedes beliebige reelle Zeitsignal kann als Überlagerung seiner harmonischen Cosinusanteile und Sinusanteile dargestellt werden (Fourierreihe). Ein Cosinus ist eine gerade und ein Sinus eine ungerade Funktion. Folglich gilt auch für alle Cosinus-Signale und Sinus-Signale in einem Frequenzband die für einen einzelnen Cosinus und Sinus festgestellte Eigenschaft. Gehen wir nun über zur Hilbert-Transformation selber. Abb. 13.22. zeigt hierzu die Übertragungsfunktion eines Hilbert-Transformators. Ein Hilbert-Transformator ist ein Signalverarbeitungsblock mit speziellen Eigenschaften. Seine Grundeigenschaft ist, dass ein eingespeistes sinusförmiges Signal um exakt 90 Grad in der Phase geschoben wird. Aus einem Cosinus wird somit ein Sinus und aus einem Sinus wird ein Minus-Cosinus. Die Amplitude bleibt unbeeinflusst. Diese Eigenschaft gilt für beliebige sinusförmige Signale, also beliebiger Frequenz, Amplitude und Phase. Es gilt also auch für alle Harmonischen eines beliebigen Zeitsignals. Erreicht wird dies durch die im Abb. 13.22. dargestellte Übertragungsfunktion des Hilbert-Transformators, die im Prinzip nur die bekannten Symmetrieeigenschaften von geraden und ungeraden Zeitsignalen ausnutzt.

Die Interpretation der Übertragungsfunktion des Hilbert-Transformators ergibt folgendes:

- alle negativen Frequenzen werden mit j multipliziert, alle positiven Frequenzen werden mit -j multipliziert. j ist die imaginäre Zahl Wurzel aus Minus Eins.
- es gilt die Rechenregel j • j = -1
- reelle Spektralanteile werden somit imaginär und imaginäre reell
- durch die Multiplikation mit j oder -j kippt u.U. der negative oder positive Frequenzbereich.

Wenden wir nun die Hilbert-Transformation auf einen Cosinus an:

Der Cosinus hat ein rein reelles Spektrum, das symmetrisch zu Null ist; multipliziert man die negative Frequenzhälfte mit j, so ergibt sich ein rein positiv imaginäres Spektrum für alle negativen Frequenzen. Multipliziert man die positive Frequenzhälfte mit -j, so ergibt sich ein rein negativ imaginäres Spektrum für alle Frequenzen größer Null. Man erhält das Spektrum eines Sinus.

Ähnliches gilt für die Anwendung der Hilbert-Transformation auf einen Sinus:

Durch die Multiplikation des positiv imaginären negativen Frequenzbereiches des Sinus wird dieser negativ reell (j • j = -1). Der negativ imaginäre positive Frequenzbereich des Sinus wird durch die Multiplikation mit -j rein positiv reell (-j • -j = -1 • -1 = 1). Man erhält einen Minus-Cosinus.

Die dargestellten Konvertierungen eines Cosinus in einen Sinus und eines Sinus in einen Minus-Cosinus durch die Anwendung der Hilbert-Transformation gilt auch für alle harmonischen eines beliebigen Zeitsignales.

Die Hilbert-Transformation verschiebt somit alle Harmonischen eines beliebigen Zeitsignals um exakt 90 Grad, sie ist also ein 90 Grad-Phasenschieber für alle Harmonischen.

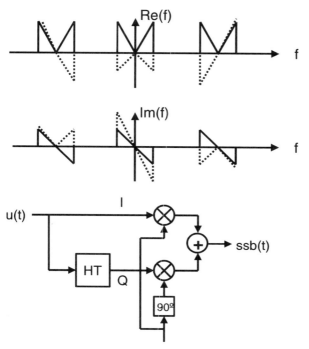

Abb. 13.23. Praktische Anwendung der Hilbert-Transformation zur Unterdrückung eines Seitenbandes bei der SSB-Modulation

13.7. Praktische Anwendungen der Hilbert-Transformation

Oft stellt sich bei Modulationsvorgängen die Aufgabe, ein Seitenband oder Teile eines Seitenbandes zu unterdrücken. Bei der Einseitenbandmodulation (SSB = Single Side Band Modulation) gilt es, durch verschiedenartigste Maßnahmen das untere oder obere Seitenband zu unterdrücken. Dies kann natürlich geschehen durch einfache Tiefpassfilterung oder wie z.B. beim analogen Fernsehen üblich, durch Restseitenbandfilterung. Eine harte Tiefpassfilterung hat nämlich den Nachteil, dass große Gruppenlaufzeitverzerrungen entstehen. Der Filteraufwand ist in jedem Fall nicht unbe-

trächtlich. Seit langem gibt es als Alternative für die Einseitenbandmodulation eine Schaltung nach der sogenannten Phasemethode. Ein
Einseitenbandmodulator nach der Phasenmethode arbeitet folgendermaßen: Man speist in einen IQ-Modulator das zu modulierende Signal in den
I-Pfad direkt ein und in den Q-Pfad mit 90 Grad Phasenverschiebung.
Durch plus oder minus 90 Grad Phasenverschiebung im Q-Pfad lässt sich
entweder das obere oder untere Seitenband auslöschen. Analog ist es
schwierig einen ideal arbeitenden 90 Grad Phasenschieber für alle Harmonischen eines Basisbandsignals zu realisieren. Digital ist das kein Problem
- man verwendet das Verfahren der Hilbert-Transformation. Ein Hilbert-
Transformator ist ein 90 Grad - Phasenschieber für alle Signalbestandteile
eines reellen Zeitsignals.

Abb.13.23. zeigt, wie man mit Hilfe eines IQ-Modulators und eines Hilbert-Transformators ein Seitenband bei der IQ-Modulation unterdrücken
kann. Ein reelles Basisbandsignal wird direkt in den I-Zweig eines IQ-
Modulators eingespeist und dem Q-Zweig über einen Hilbert-
Transformator zugeführt. Das Spektrum mit den durchgezogenen Linien
bei f=0 entspricht dem Spektrum des Basisbandsignals, das gestrichelte
Spektrum bei f=0 der Hilbert-Transformierten des Basisbandsignals. Man
erkennt deutlich, dass durch die Hilbert-Transformation der punkt-zu-
punkt-symmetrische Imaginärteil zu einem symmetrischen Realteil wird
und der symmetrische Realteil zu einem punkt-zu-punkt-symmetrischen
Imaginärteil auf Basisbandebene. Speist man nun das unveränderte Basisbandsignal in den I-Zweig ein und das Hilbert-Transformierte Basisband-
Signal in den Imaginärzweig, so ergeben sich Spektren wie sie ebenfalls in
Abb. 13.23. um den Träger des IQ-Modulators herum dargestellt sind. Wie
man sieht, wird in unserem Fall das untere Seitenband ausgelöscht, also
unterdrückt.

Literatur: [MÄUSL1], [BRIGHAM], [KAMMEYER], [LOCHMANN],
[GIROD], [KUEPF], [REIMERS], [STEINBUCH]

14 Übertragung von digitalen Fernsehsignalen über Satellit - DVB - S

Der Satellitenempfang von analogen Fernsehsignalen ist mittlerweile sehr weit verbreitet, da er extrem einfach und günstig geworden ist. So ist z.B. in Europa für deutlich unter 100 Euro eine einfache Satellitenempfangsanlage samt Spiegel, LNB und Receiver erhältlich. Es fallen keine Folgekosten an. Entsprechend wichtig ist deshalb die Verteilung digitaler TV-Signale über den gleichen Ausbreitungsweg. DVB-S – Digital Video Broadcasting über Satellit löst mittlerweile immer mehr den analogen Satellitenempfang in Europa ab. Dieses Kapitel beschreibt das Übertragungsverfahren für MPEG-2-quellencodierte TV-Signale über Satellit.

Zentrifugalkraft:

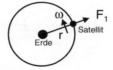

$$F_1 = m_{Sat} \cdot \omega^2 \cdot r \; ;$$

m_{Sat} = Masse des Satelliten;

$\omega = 2 \cdot \pi / T$ = Kreisgeschwindigkeit;

$\pi = 3.141592654$ = Kreiszahl;

$T = 1 \text{ Tag} = 24 \cdot 60 \cdot 60 \text{ s} = 86400 \text{ s} \; ;$

Abb. 14.1. Zentrifugalkraft eines geostationären Satelliten

Jeder Kommunikationssatellit steht geostationär (Abb. 14.1., 14.2 und 14.3.) über dem Äquator in einer Umlaufbahn von etwa 36.000 km über der Erdoberfläche. D.h. diese Satelliten werden so positioniert, dass sie sich mit der gleichen Geschwindigkeit um die Erde bewegen, wie die Erde selbst. Sie drehen sich also genau wie die Erde einmal pro Tag um die Erde. Hierzu steht exakt nur eine Orbitalposition in einem konstanten Abstand von etwa 36.000 km von der Erdoberfläche zur Verfügung und diese befindet sich über dem Äquator. Nur dort halten sich Zentrifugalkraft des

Satelliten und Anziehungskraft der Erde bei gleicher Orbitalgeschwindigkeit die Waage. Die physikalischen Zusammenhänge zur Bestimmung der geostationären Orbitalposition bei 35850 km über der Erdoberfläche sind hierbei in den Abb. 14.1. bis 14.3. aufgeführt. Die verschiedenen Satelliten können jedoch in verschiedenen Längengraden, also Winkelpositionen über der Erdoberfläche positioniert werden. Astra-Satelliten stehen z.B. auf 19,2° Ost, Eutelsat auf 13° Ost. In der nördlichen Hemisphäre sind aufgrund der Position der Satelliten über dem Äquator alle Satellitenempfangsantennen in Richtung Süden gerichtet und in der südlichen Hemisphäre alle in Richtung Norden.

Zentripetalkraft:

$$F_2 = \gamma \cdot m_{Erde} \cdot m_{Sat} / r^2 \; ;$$

$$m_{Erde} = \text{Masse der Erde} \; ;$$

$$\gamma = \text{Graphitationskonstante} = 6.67 \cdot 10^{-11} \; m^3/kg \; s^2 \; ;$$

Abb. 14.2. Zentripetalkraft eines geostationären Satelliten

Gleichgewichtsbedingung:
Zentrifugalkraft = Zentripetalkraft:

$$F_1 = F_2 \; ;$$

$$m_{Sat} \cdot \omega^2 \cdot r = \gamma \cdot m_{Erde} \cdot m_{Sat} / r^2 \; ;$$

$$r = (\gamma \cdot m_{Erde} / \omega^2)^{1/3} \; ;$$

$$r = 42220 \; km \; ;$$

$$d = r - r_{Erde} = 42220 \; km - 6370 \; km = 35850 \; km \; ;$$

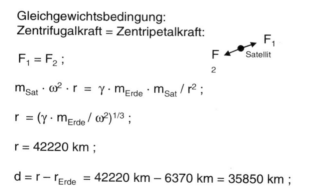

Abb. 14.3. Gleichgewichtsbedingung bei einem geostationären Satellit

Die Berechnung der Bahndaten eines geostationären Satelliten kann aufgrund folgender Zusammenhänge ermittelt werden; der Satellit bewegt sich mit einer Geschwindigkeit von einem Tag pro Umlaufbahn um die

Erde. Dadurch ergibt sich folgende Zentrifugalkraft: Aufgrund seiner Bahnhöhe wird er von der Erde mit einer bestimmten Graphitationskraft angezogen. Beide - Zentrifugal- und Erdanziehungskraft müssen sich im Gleichgewicht befinden. Daraus kann man die Bahndaten eines geostationären Satelliten ermitteln (Abb. 14.1. bis 14.3.). Im Vergleich zur Umlaufbahn eines Space-Shuttles, die bei etwa 400 km über der Erdoberfläche liegt, sind die geostationären Satelliten weit von der Erde entfernt. Es ist in etwa schon ein Zehntel der Entfernung Erde-Mond. Geostationäre Satelliten, die z.B. vom Space-Shuttle oder ähnlichen Trägersystemen ausgesetzt werden müssen erst noch durch Zünden von Hilfstriebwerken (Apogäumsmotor) in diese weit entfernte geostationäre Umlaufbahn gepuscht werden. Von dort gelangen sie auch nie wieder in die Erdatmosphäre zurück. Im Gegenteil, sie müssen kurz vor dem Aufbrauchen der Treibstoffreserven für die Bahnkorrekturen in den sog. „Satellitenfriedhof", eine erdfernere Umlaufbahn, hinausgeschubst werden. Wieder „eingesammelt" werden können nur erdnahe Satelliten in einer nicht-stationären Umlauflaufbahn. Zum Vergleich – die Umlaufzeiten erdnaher Satelliten, zu denen im Prinzip auch die internationale Raumstation ISS oder das Space-Shuttle gehört, liegen bei etwa 90 Minuten pro Erdumlauf bei etwa 27000 km/h.

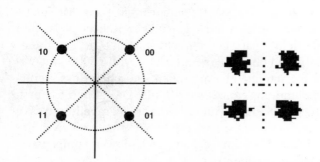

Abb. 14.4. Modulationsparameter bei DVB-S (QPSK), gray-codiert

Doch nun zurück zu DVB-S. Im wesentlichen können für die Übertragung digitaler TV-Signale die gleichen Satellitensysteme gewählt werden, wie für die Übertragung analoger TV-Signale. In Europa liegen diese aber in einem anderen Frequenzband, zumindest solange die bisherigen Satelliten-Frequenzbänder noch mit analogem Fernsehen belegt sind. In Europa sind an die hundert Programme analog und digital über Satellit empfangbar, die meisten vollkommen frei.

Im weiteren wird nun die Übertragungstechnik für digitales Fernsehen über Satellit beschrieben. Dieses Kapitel ist auch Voraussetzung für das

Verständnis des Digitalen Terrestrischen Fernsehens DVB-T. Bei beiden Systemen DVB-S und DVB-T werden die gleichen Fehlerschutzmaßnahmen angewendet, nur wird bei DVB-T ein wesentlich aufwändigeres Modulationsverfahren benutzt (COFDM). Das Übertragungsverfahren DVB-S ist im Standard ETS 300421 "Digital Broadcasting Systems for Television, Sound and Data Services; Framing Structure, Channel Coding and Modulation for 11/12 GHz Satellite Services" definiert und wurde 1994 verabschiedet.

14.1 Die DVB-S-Systemparameter

Bei DVB-S wurde als Modulationsverfahren QPSK, also Quadrature Phase Shift Keying (Abb. 14.4.) gewählt. Man arbeitet mit gray-codierter direktgemappter QPSK. Gray-Codierung bedeutet, dass sich zwischen den benachbarten Konstellationen nur jeweils ein Bit ändert, um die Bitfehlerrate auf ein Minimum zu reduzieren. Seit geraumer Zeit hat man darüber nachgedacht, evtl. auch 8-PSK-Modulation anstelle von QPSK einzusetzen, um die Datenrate zu erhöhen. Dieses und auch andere weitere Verfahren wurden im Rahmen des völlig neuen Satellitenstandards DVB-S2 fixiert. Grundsätzlich braucht man bei der Satellitenübertragung ein Modulationsverfahren, das zum einen relativ robust gegenüber Rauschen ist und zugleich gut mit starken Nichtlinearitäten zurecht kommt. Die Satellitenübertragung unterliegt aufgrund der großer Entfernung von 36000 km zwischen Satellit und Empfangsantenne einem großen Rauscheinfluss, verursacht durch die Freiraumdämpfung von etwa 205 dB. Das aktive Element eines Satellitentransponders ist eine Wanderfeldröhre (Travelling Wave Tube Amplifier, TWA) und diese weist sehr große Nichtlinearitäten in der Aussteuerkennlinie auf. Diese Nichtlinearitäten sind schwer kompensierbar, da damit eine geringere Energieeffizienz verbunden wäre. Es steht aber nur begrenzt Energie am Satelliten zur Verfügung. Am Tage versorgen die Solarzellen sowohl die Elektronik des Satelliten als auch die Batterien. In der Nacht wird die Energie für die Elektronik ausschließlich den Pufferbatterien entnommen. Sowohl bei QPSK als auch bei 8 PSK steckt die Information nur in der Phase. Deswegen dürfen in der Übertragungsstrecke auch Amplitudennichtlinearitäten vorhanden sein. Auch bei der analogen TV-Übertragung über Satellit wurde aus diesem Grunde Frequenzmodulation anstelle von Amplitudenmodulation verwendet.

Ein Satellitenkanal eines Broadcast-Direktempfangssatelliten ist üblicherweise 26 bis 36 MHz breit (Beispiel: Astra 1F: 33 MHz, Eutelsat Hot Bird 2: 36 MHz), der Uplink liegt im Bereich 14...19 GHz, der Downlink bei 11...13 GHz. Es muss nun eine Symbolrate gewählt werden, die ein Spektrum ergibt, das schmäler als die Transponderbandbreite ist. Man wählt deshalb als Symbolrate häufig 27.5 MS/s. Da mit QPSK 2 Bit pro Symbol übertragen werden können, erhält man somit eine Bruttodatenrate von 55 MBit/s:

Bruttodatenrate = 2 Bit/Symbol • 27.5 Megasymbole/s = 55 Mbit/s;

Der MPEG-2-Transportstrom, der nun als QPSK-moduliertes Signal (Abb. 14.4.) auf die Reise zum Satelliten geschickt werden soll, muss aber zunächst mit einem Fehlerschutz versehen werden, bevor er in den eigentlichen Modulator eingespeist wird. Bei DVB-S verwendet man zwei gekoppelte Fehlerschutzmechanismen (Abb. 14.5.), nämlich sowohl einen Reed-Solomon-Blockcode, als auch eine Faltungscodierung (Convolutional Coding, Trellis Coding). Bei dem schon von der Audio-CD her bekannten Reed-Solomon-Fehlerschutz fasst man die Daten zu Paketen einer bestimmten Länge zusammen und versieht diese mit einer speziellen Quersumme einer bestimmten Länge. Diese Quersumme erlaubt nicht nur Fehler zu erkennen, sondern auch eine bestimmte Anzahl von Fehlern zu reparieren. Die Anzahl der reparierbaren Fehler hängt direkt von der Länge der Quersumme ab. Bei Reed-Solomon entspricht die Anzahl der reparierbaren Fehler immer exakt der Hälfte der Fehlerschutzbytes (Quersumme, Checksum).

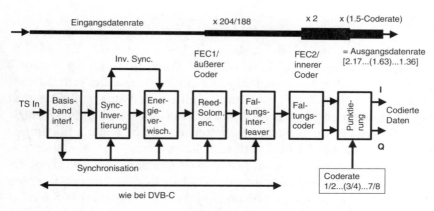

Abb. 14.5. Fehlerschutz bei DVB-S und DVB-T, DVB-S-Modulator, Teil 1

Es bietet sich nun an, genau immer ein Transportstrompaket als einen Datenblock anzusehen und dieses mit Reed-Solomon-Fehlerschutz zu schützen. Ein MPEG-2-Transportstrompaket ist 188 Byte lang. Bei DVB-S wird es um 16 Byte Reed-Solomon-Fehlerschutz erweitert zu einem nun 204 Byte langen Datenpaket. Man spricht von einer RS(204, 188)-Codierung. Auf der Empfangsseite sind nun bis zu 8 Fehler in diesem 204 Byte langen Paket reparierbar. Es ist hierbei offen, wo der oder die Fehler liegen dürfen. Sind mehr als 8 Fehler in einem Paket vorhanden, so wird dies immer noch sicher erkannt, nur können dann keine Fehler mehr repariert werden. Das Transportstrompaket wird dann mit Hilfe des Transport Error Indicator Bits im Transportstrom-Header als fehlerhaft markiert. Der MPEG-2-Decoder muss dann dieses Paket verwerfen. Aufgrund des Reed-Solomon-Fehlerschutzes reduziert sich nun die Datenrate:

$$\text{Nettodatenrate}_{\text{Reed Solomon}} = \text{Bruttodatenrate} \bullet 188/204$$
$$= 55 \text{ Mbit/s} \bullet 188/204 = 50.69 \text{ Mbit/s};$$

Ein einfacher Fehlerschutz würde aber bei der Satellitenübertragung nicht ausreichen. Deshalb fügt man hinter dem Reed-Solomon-Fehler-Schutz einen weiteren Fehlerschutz durch eine Faltungscodierung ein. Dadurch wird der Datenstrom weiter aufgebläht. Es wurde hierbei vorgesehen, diesen Aufblähvorgang durch einen Parameter steuerbar zu machen. Dieser Parameter ist die Coderate. Die Coderate beschreibt das Verhältnis von Eingangsdatenrate zu Ausgangsrate dieses zweiten Fehlerschutzblocks:

$$\text{Coderate} = \text{Eingangsdatenrate}/\text{Ausgangsdatenrate};$$

Die Coderate ist bei DVB-S wählbar im Bereich von 1/2, 2/3, 3/4, 5/6, 7/8. Beträgt die Coderate= 1/2, so wird der Datenstrom um den Faktor 2 aufgebläht. Es liegt nun maximaler Fehlerschutz vor, nur die Nettodatenrate ist nun auf ein Minimum gesunken. Bei einer Coderate von 7/8 hat man nur ein Minimum an Overhead, aber auch nur ein Minimum an Fehlerschutz. Die zur Verfügung stehende Nettodatenrate ist nun ein Maximum. Üblicherweise verwendet man als guten Kompromiss eine Coderate von 3/4. Mit Hilfe der Coderate kann man nun den Fehlerschutz und damit reziprok dazu auch die Nettodatenrate des DVB-S-Kanales steuern. Die Nettodatenrate nach der Faltungscodierung ergibt sich nun bei DVB-S mit der Coderate=3/4 als:

$$\text{Nettodatenrate}_{\text{DVB-S 3/4}} = \text{Coderate} \bullet \text{Nettodatenrate}_{\text{Reed-Solomon}}$$
$$= 3/4 \bullet 50.69 \text{ Mbit/s} = 38.01 \text{ Mbit/s};$$

14.2 Der DVB-S-Modulator

Im folgenden werden nun alle Bestandteile eines DVB-S-Modulators im Detail behandelt. Nachdem sich dieser Schaltungsteil auch in einem DVB-T-Modulator wiederfindet, empfiehlt sich die Lektüre dieses Abschnittes auch hierzu.

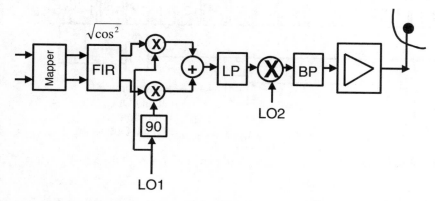

Abb. 14.6. DVB-S-Modulator, Teil 2

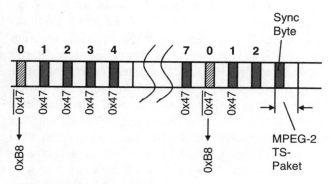

Abb. 14.7. Sync-Invertierung

Die erste Stufe im DVB-S-Modulator (Abb. 14.5.) stellt das Basisband-Interface dar. Hier erfolgt das Aufsynchronisieren auf den MPEG-2-Transportstrom. Der MPEG-2-Transportstrom besteht aus Paketen einer konstanten Länge von 188 Byte bestehend aus 4 Byte Header und 184 Byte Payload, wobei der Header mit einen Sync-Byte beginnt. Dieses weist konstant den Wert 0x47 auf und folgt in konstantem Abstand von

188 Byte. Im Basisband-Interface wird auf diese Sync-Byte-Struktur auf-synchronisiert. Synchronisation erfolgt nach etwa 5 Paketen. Alle Clock-Signale werden von diesem Schaltungsteil abgeleitet.

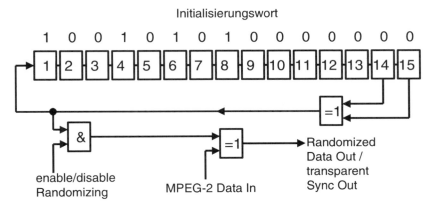

Abb. 14.8. Energieverwischungsstufe (Randomizing, Energy Dispersal)

Im nächsten Block, der Energieverwischungseinheit (Energy-Dispersal) wird zunächst jedes achte Sync-Byte invertiert (Abb. 14.7.). D.h. aus 0x47 wird dann durch Bit-Inversion 0xB8. Alle anderen 7 dazwischen liegenden Sync-Bytes bleiben unverändert 0x47. Mit Hilfe dieser Sync-Byte-Invertierung werden zusätzliche Zeitmarken in das Datensignal eingefügt und zwar sind das gegenüber der Transportstromstruktur gewisse "Lang-zeit-Zeitmarken" über 8 Pakete hinweg. Diese Zeitmarken werden im E-nergieverwischungsblock auf der Sende- und Empfangsseite für Reset-Vorgänge benötigt. Das wiederum bedeutet, dass sowohl der Modulator bzw. Sender als auch Demodulator bzw. Empfänger diese 8er-Sequenz der Sync-Byte-Invertierung im Transportstrom transparent mitbekommt und gewisse Verarbeitungsschritte damit steuert. In einem Datensignal können rein zufällig längere Null- oder Eins-Sequenzen vorkommen. Diese sind aber unerwünscht, da sie über einen bestimmten Zeitraum keine Taktin-formation beinhalten bzw. diskrete Spektrallinien im HF-Signal verursa-chen. Praktisch jedes digitale Übertragungsverfahren schaltet eine sog. Verschlüsselung (Energieverwischung, Randomizing) vor den eigentlichen Modulationsvorgang.

Zur Energieverwischung wird zunächst eine Quasizufallsequenz (PRBS, Pseudo Random Binary Sequence, Abb. 14.8.) erzeugt, die aber immer wieder definiert neu gestartet wird. Der Start- bzw. Rücksetzvorgang fin-det bei DVB-S immer dann statt, wenn ein Sync-Byte invertiert wird.

Der Datenstrom wird dann durch eine Exklusiv-Oder-Verknüpfung mit der Pseudo-Zufallssequenz gemischt. Lange Null- oder Einssequenzen werden dadurch aufgebrochen. Wird auf der Empfangsseite dieser energieverwischte Datenstrom mit der gleichen Zufallssequenz nochmals gemischt, so hebt sich der Verwischungsvorgang wieder auf.

Hierzu wird auf der Empfangsseite die absolut identische Schaltung vorgehalten, die aus einem rückgekoppelten 15-stufigen Schieberegister besteht, das immer beim Auftreten eines invertierten Sync-Bytes definiert mit einem Startwort geladen wird. Das bedeutet, dass die beiden Schieberegister auf Sende- und Empfangsseite vollkommen synchron arbeiten und durch die 8er-Sequenz der Sync-Byte-Invertierung synchronisiert werden. Um diese Synchronisierung überhaupt erst möglich zu machen, werden die Sync-Bytes und die invertierten Sync-Bytes vollkommen transparent durchgereicht. Diese werden also nicht mit der Pseudo-Zufallssequenz gemischt.

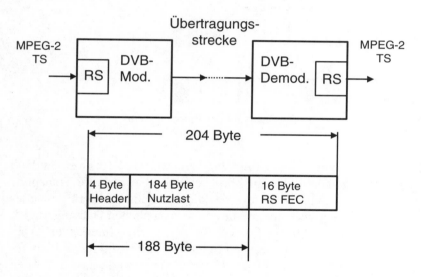

Abb. 14.9. Reed-Solomon-Encoder, bzw. äußerer Coder bei DVB-S

In der nächsten Stufe findet man den äußeren Coder (siehe Abb. 14.5 und Abb. 14.9.), den Reed-Solomon-Fehlerschutz. Hier werden nun zu den immer noch 188-Byte langen, aber energieverwischten Datenpaketen 16 Byte Fehlerschutz hinzuaddiert. Die Pakete sind nun 204 Byte lang und ermöglichen die Reparatur von bis zu 8 Fehlern auf der Empfangsseite. Liegen mehr Fehler vor, so versagt der Fehlerschutz; das Paket wird durch den Demodulator als fehlerhaft markiert. Hierzu wird der Transport Error Indicator im Transportstrom-Header auf Eins gesetzt.

Häufig treten jedoch bei einer Übertragung Bündelfehler (Burstfehler) auf. Kommen hierzu mehr als 8 Fehler in einem Reed-Solomon-(RS 204, 188)-fehlergeschützten Paket zustande, so versagt der Blockfehlerschutz. Deshalb werden die Daten nun in einem weiteren Arbeitsschritt interleaved, d.h. über einen bestimmten Zeitraum verteilt.

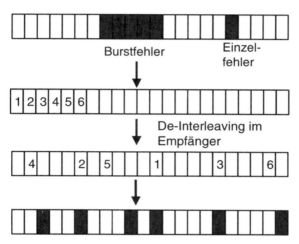

Abb. 14.10. De-Interleaving der Daten auf der Empfangsseite

Beim De-Interleaving auf der Empfangsseite (Abb. 14.10.) werden dann evtl. vorhandene Bündelfehler aufgebrochen und über mehrere Transportstrompakete verteilt. Nun ist es leichter, diese zu Einzelfehlern gewordenen Bündelfehler zu reparieren und dies ohne zusätzlichen Datenoverhead.

Das Interleaving erfolgt bei DVB-S im sog. Forney-Interleaver (Abb. 14.11.), der sich aus zwei rotierenden Schaltern und mehreren Schieberegisterstufen zusammengesetzt. Dadurch wird dafür gesorgt, dass die Daten möglichst "unsystematisch" verwürfelt und damit verteilt werden. Die max. Verwürfelung erfolgt über 11 Transportstrompakete hinweg. Die Sync-Bytes und invertierten Sync-Bytes durchlaufen dabei immer genau einen bestimmten Pfad. Das bedeutet, das die Rotationsgeschwindigkeit der Schalter exakt einem Vielfachen der Paketlänge entspricht. Interleaver- und De-Interleaver sind somit synchron zum MPEG-2-Transportstrom.

Die nächste Stufe des Modulators ist der Faltungscoder (Convolutional Coder, Trelliscoder). Diese Stufe stellt den zweiten sog. inneren Fehlerschutz dar. Der Aufbau des Faltungscoders ist relativ einfach, dessen Verständnis weniger.

Der Faltungscoder besteht aus einem 6-stufigen Schieberegister, sowie zwei Signalpfaden, in denen das Eingangssignal mit dem Schieberegisterinhalt an bestimmten Auskoppelstellen gemischt wird. Der Eingangsdatenstrom wird in 3 Datenströme verzweigt. Zunächst laufen die Daten in das Schieberegister hinein, um dort 6 Taktzyklen lang den oberen und unteren Datenstrom des Faltungscoders durch Exklusiv-Oder-Verknüpfung zu beeinflussen. Dadurch wird die Information eines Bits über 6 Bit "verschmiert". Sowohl im unteren, als auch im oberen Datenzweig befinden sich an definierten Punkten EXOR-Gatter, die die Datenströme mit den Schieberegisterinhalten mischen. Man erhält zwei Datenströme am Ausgang des Faltungscoders; jeder weist die gleiche Datenrate auf wie das Eingangssignal. Außerdem wurde dem Datenstrom nun ein bestimmtes Gedächtnis über 6 Taktzyklen verpasst. Die Gesamtausgangsdatenrate ist nun doppelt so groß wie die Eingangsdatenrate, man spricht von einer Coderate = 1/2. Dem Datensignal wurde nun 100% Overhead hinzugefügt.

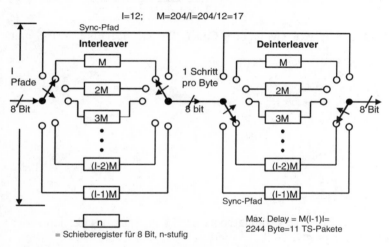

Abb. 14.11. Forney-Interleaver und De-Interleaver (Sende- und Empfangsseite)

14.3 Faltungscodierung

Jeder Faltungscoder (Abb. 14.12.) besteht aus mehr oder weniger verzögernden Stufen mit Gedächtnis, praktisch über Schieberegister realisiert. Bei DVB-S und auch DVB-T hat man sich für ein sechsstufiges Schieberegister mit je 5 Auskoppelpunkten im oberen und unteren Signalpfad entschieden. Die zeitverzögerten Bitströme, die diesen Auskoppelpunkten

entnommen werden, werden mit dem unverzögerten Bitstrom exklusiv-
oder-verknüpft und ergeben so zwei einer sog. Faltung unterworfene Ausgangsdatenströme je der gleichen Datenrate wie die Eingansdatenrate. Eine
Faltung liegt immer vor, wenn ein Signal sich selbst zeitverzögert "ma-
nipuliert".

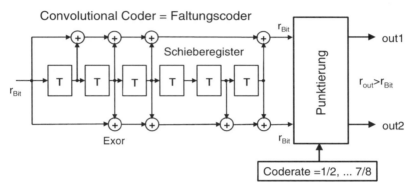

Abb. 14.12. Faltungscoder (Convolutional Coder, Trellis Coder) bei DVB-S und
DVB-T

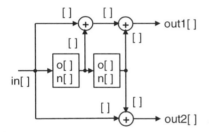

Abb. 14.13. 2-stufiger Beispiel-Faltungscoder zur Erläuterung des Grundprinzips
einer Faltungscodierung, bzw. Trellis-Codierung

Auch ein Digitalfilter (FIR) führt eine Faltung durch. Den bei DVB-S bzw.
DVB-T verwendeten Faltungscoder (Abb. 14.12.) direkt zu analysieren
wäre zu zeitaufwändig, da er ein Gedächtnis von $2^6=64$ aufgrund seiner
Sechsstufigkeit aufweist. Deshalb reduzieren wir den Faltungscoder hier
nun auf einen 2-stufigen Beispiel-Encoder (Abb. 14.13.). Man muss dann
nur $2^2=4$ Zustände betrachten. Das Schieberegister kann die internen Zustände 00, 01, 10 und 11 annehmen. Um das Verhalten der Schaltungsanordnung zu testen, muss man nun jeweils eine Null und Eins für alle diese
4 Zustände in das Schieberegister einspeisen und dann den Folgezustand
analysieren und auch die Ausgangssignale durch die Exklusiv-Oder-

Verknüpfungen berechnen. Speist man z.B. in das Schieberegister mit dem aktuellen Inhalt 00 eine Null ein (Abb. 14.14. ganz links oben), so wird sich als neuer Inhalt ebenfalls 00 ergeben, da eine Null herausgeschoben wird und gleichzeitig eine neue Null hineingeschoben wird. Im oberen Signalpfad ergeben die beiden EXOR-Verknüpfungen als Gesamtergebnis 0 am Ausgang. Das gleiche gilt für den unteren Signalpfad.

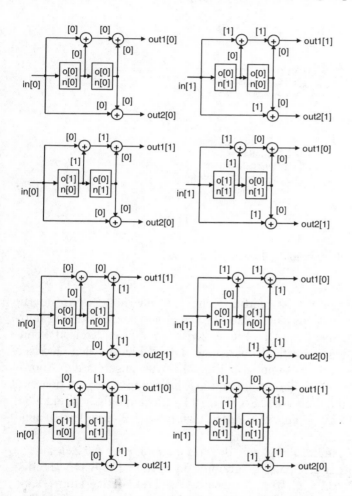

Abb. 14.14. Zustände des Beispiel-Encoders (o=alter Zustand, n=neuer Zustand)

Speist man eine Eins in das Schieberegister mit dem Inhalt 00 ein (Abb. 14.14. rechts oben), so ergibt sich als neuer Zustand 10 und man erhält als

Ausgangssignal im oberen Signalpfad eine Eins, im unteren ebenfalls. So können wir nun auch die weiteren 3 Zustände durchspielen und jeweils eine Null und eine Eins einspeisen. Anschaulicher und übersichtlicher kann man das Gesamtergebnis der Analyse in einem Zustandsdiagramm (Abb. 14.15.) darstellen. Dieses zeigt die vier internen Zustände des Schieberegisters in Kreisen eingetragen.

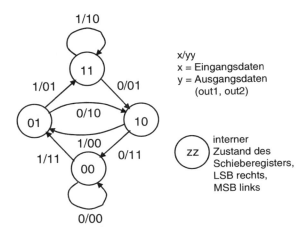

Abb. 14.15. Zustandsdiagramm des Beispiel-Encoders

Das niederwertigste Bit ist hierbei rechts und das höherwertigste Bit links eingetragen, man muss sich also die Schieberegisteranordnung horizontal gespiegelt vorstellen. Die Pfeile zwischen diesen Kreisen kennzeichnen die möglichen Zustandsübergänge. Die Zahlen an den Kreisen beschreiben das jeweilige Stimuli-Bit bzw. die Ausgangsbits der Anordnung. Man erkennt deutlich, dass nicht alle Übergänge zwischen den einzelnen Zuständen möglich sind. So ist es z.B. nicht möglich direkt vom Zustand 00 nach 11 zu gelangen, sondern man muss z.B. erst den Zustand 01 passieren.

Trägt man die Zustandsübergänge, die erlaubt sind, über die Zeit auf, so gelangt man zum sog. Spalierdiagramm oder (auf Englisch) Trellis-Diagramm (siehe Abb. 14.16.). Innerhalb des Trellis-Diagramms kann man sich nur auf bestimmten Pfaden bzw. Verästelungen bewegen. Nicht alle Wege durch das Spalier (Trellis) sind möglich. In vielen Gegenden ist es üblich, bestimmte Pflanzen (Obstbäume, Wein) an Spalieren an einer Hauswand wachsen zu lassen. Man erzwingt ein bestimmtes Muster, ein geordnetes Wachsen der Pflanze durch Fixieren an bestimmten Punkten an der Mauer. Doch manchmal kann es vorkommen, dass aufgrund von Witterungseinflüssen so ein Spalierpunkt reißt und das Spalier durcheinander bringt. Aufgrund des vorgegebenen Musters kann man jedoch herausfinden, wo sich der Ast befunden haben muss und kann ihn erneut fixieren. Genauso verhält es sich mit unseren Datenströmen nach der Übertragung. Aufgrund von Bitfehlern, z.B. hervorgerufen durch Rauschen, können die faltungscodierten Datenströme aus „dem Spalier gebracht" werden. Nachdem man aber die Vor- und Nachgeschichte, also den Verlauf durch das Trellis-Diagramm (Abb. 14.16.) kennt, kann man aufgrund der größten Wahrscheinlichkeit Bitfehler reparieren durch die Rekonstruktion der Pfade. Genau nach diesem Prinzip arbeitet der sog. Viterbi-Decoder, benannt nach seinem Erfinder Dr. Andrew Viterbi (1967). Der Viterbi-Decoder ist quasi das Gegenstück zum Faltungscoder. Es gibt somit keinen Faltungsdecoder. Der Viterbi-Decoder ist auch deutlich aufwändiger als der Faltungscoder.

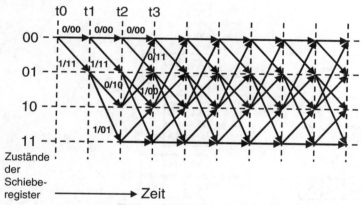

Abb. 14.16. Trellis-Diagramm (engl. Spalierdiagramm)

Nach der Faltungscodierung wurde der Datenstrom nun um den Faktor zwei aufgebläht. Aus z.B. 10 Mbit/s wurden nun 20 Mbit/s. Die beiden Ausgangsdatenströme tragen aber nun zusammen 100% Overhead, also Fehlerschutz. Dies senkt aber entsprechend die zur Verfügung stehende Nettodatenrate. In der Punktierungseinheit (Abb. 14.17.) kann nun dieser Overhead und damit auch der Fehlerschutz gesteuert werden. Durch gezieltes Weglassen von Bits kann die Datenrate wieder gesenkt werden. Das Weglassen, also Punktieren geschieht nach einem dem Sender und Empfänger bekannten Schema.

Man spricht von einem Punktierungsschema. Die Coderate kann nun hiermit zwischen 1/2 und 7/8 variiert werden. 1/2 bedeutet keine Punktierung, also maximaler Fehlerschutz und 7/8 bedeutet minimaler Fehlerschutz. Entsprechend stellt sich auch eine minimale bzw. maximale Nettodatenrate ein. Auf der Empfangsseite werden punktierte Bits mit Don`t-Care-Bits aufgefüllt und im Viterbi-Decoder ähnlich wie Fehler behandelt und somit rekonstruiert. Bis hierhin decken sich die Verarbeitungsstufen von DVB-S und DVB-T zu 100%. Im Falle von DVB-T werden die beiden Datenströme durch abwechselnden Zugriff auf den oberen und unteren punktierten Datenstrom zu einem gemeinsamen Datenstrom zusammengefasst. Bei DVB-S läuft der obere und untere Datenstrom jeweils direkt in den Mapper (siehe hierzu nochmals Abb. 14.5. und 14.6. Teil 1 und 2 des Blockschaltbilds des DVB-S-Modulators zu Beginn dieses Kapitels). Im Mapper werden die beiden Datenströme in die entsprechende Konstellation der QPSK-Modulation umgesetzt.

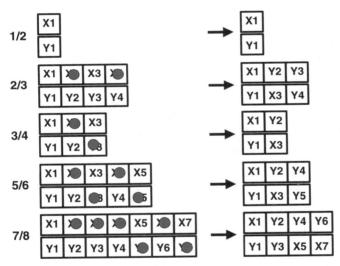

Abb. 14.17. Punktierungsschema bei DVB-S

Nach dem Mapping erfolgt eine digitale Filterung, um das Spektrum zu den Nachbarkanälen hin weich "ausrollen" zu lassen. Damit wird das Signal bandbegrenzt und gleichzeitig das Augendiagramm des Datensignales optimiert. Bei DVB-S wird eine Rolloff-Filterung (Abb. 14.18.) mit einem Rolloff-Faktor von r=0.35 vorgenommen. Das Signal rollt im Frequenzbereich wurzelcosinusquadratförmig aus. Die eigentlich gewünschte cosinusquadratförmige Form des Spektrums kommt erst durch Kombination mit dem Empfängerfilter zustande. Beide - Senderausgangsfilter und Empfängereingangsfilter weisen nämlich eine wurzelcosinusquadratförmige Rolloff-Filterung auf. Der Rolloff-Faktor beschreibt die Steilheit der Rolloff-Filterung. Er ist definiert zu $r = \Delta f / f_N$. Nach der Rolloff-Filterung wird das Signal im IQ-Modulator QPSK-moduliert, weiter hochgemischt zur eigentlichen Satelliten-RF, um dann nach einer Leistungsverstärkung die Satellitenantenne zu speisen. Daraufhin erfolgt der Uplink zum Satelliten im Bereich von 14...17 GHz.

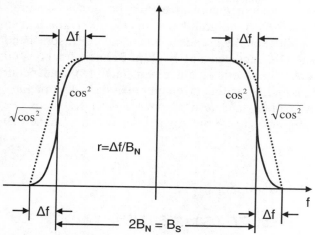

Abb. 14.18. Rolloff-Filterung des DVB-S-Spektrums

14.4 Signalverarbeitung im Satelliten

Die geostationären Direktempfangssatelliten, die sich in einer Umlaufbahn von etwa 36000 km über der Erdoberfläche fest über dem Äquator stehend befinden, empfangen das von der Uplink-Stelle kommende DVB-S-Signal, um es dann zunächst mit einem Bandpassfilter zu begrenzen. Da aufgrund der über 36.000 km langen Uplink-Strecke eine Freiraumdämpfung von über 200 dB vorliegt und das Nutzsignal dadurch entsprechend gedämpft wird, müssen die Uplink-Antenne und die Empfangsantenne am Satelliten einen entsprechend guten Gewinn aufweisen. Das DVB-S-Signal wird im Satelliten durch Mischung auf die Downlink-Frequenz im Bereich von 11...14 GHz umgesetzt, um dann mit Hilfe einer Wanderfeldröhre (Travelling Wave Tube Amplifier, TWA) verstärkt zu werden. Diese Verstärker sind stark nichtlinear und können aufgrund der Leistungsbilanz am Satelliten praktisch auch nicht korrigiert werden. Der Satellit wird durch Solarzellen am Tage mit Energie versorgt, die dann in Akkus gespeichert wird. In der Nacht wird der Satellit dann nur über seine Akkus gespeist.

Bevor das Signal wieder auf die Reise zur Erde geschickt wird, wird es zunächst nochmals gefiltert, um Außerbandanteile zu unterdrücken. Die Sendeantenne des Satelliten hat eine bestimmte Charakteristik, so dass im zu versorgenden Empfangsgebiet auf der Erde optimale Versorgung vorliegt. Auf der Erdoberfläche ergibt sich ein sog. Footprint; innerhalb dieses Footprints sind die Programm empfangbar. Wegen der hohen Freiraumdämpfung von etwa 200dB aufgrund der über 36000 km langen Downlink-Strecke muss die Satellitensendeantenne einem entsprechend guten Gewinn aufweisen. Die Sendeleistung liegt im Bereich von etwa 60 ... 80 W. Die Signalverarbeitungseinheit für einen Satellitenkanal nennt man Transponder. Uplink und Downlink erfolgen polarisiert, d.h. man unterscheidet zwischen horizontal und vertikal polarisierten Kanälen. Die Nutzung der Polarisierung erfolgt, um die Anzahl der Kanäle erhöhen zu können.

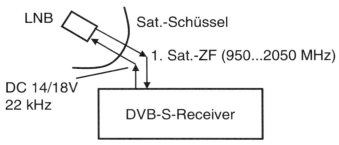

Abb. 20.19. Satellitenempfänger mit Outdoor-Einheit (LNB=Low Noise Block) und Indoor-Einheit (Receiver)

14.5 Der DVB-S-Empfänger

Nachdem das DVB-S-Signal vom Satelliten kommend nun nochmals seinen Weg von über 36000 km durchlaufen hat und somit entsprechend um etwa 205 dB gedämpft wurde, sowie durch atmosphärische, witterungsabhängige Einflüsse (Regen, Schnee) nochmals in seiner Leistung reduziert wurde, kommt es an der Satellitenempfangsantenne an und wird zunächst im Brennpunkt des Spiegels gebündelt. Genau in diesem Brennpunkt des Spiegels sitzt der Low Noise Block (LNB, Abb. 20.19. und 20.20.). Im LNB findet man zunächst ein Hohlleitergebilde, in dem sich je ein Detek-

tor für die horizontale und vertikale Polarisation befindet. Je nach Polarisationsebene wird entweder das Signal des H- bzw. V-Detektors durchge-
schaltet. Die Wahl der Polarisationsebene erfolgt durch die Höhe der Ver-
sorgungsspannung des LNB´s (14/18V). Das Empfangssignal wird dann in
einem besonders rauscharmen Gallium-Arsenid-Verstärker verstärkt und
dann durch Mischung auf die erste Satelliten-ZF im Bereich von
900...2100 MHZ umgesetzt.

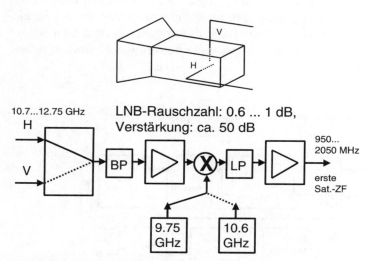

Abb. 14.20. Outdoor-Einheit, LNB=Low Noise Block

In modernen, sog. "digitaltauglichen" LNB´s findet man zwei Lokalos-
zillatoren vor. Diese arbeiten mit einem LO bei 9.75 GHz und 10.6 GHz.
Je nachdem ob sich nun der zu empfangene Kanal im unteren oder oberen
Satellitenfrequenzband befindet, mischt man nun mit 9.75 bzw. 10.6 GHz.
Üblicherweise befinden sich DVB-S-Kanäle im oberen Satelliten-
Frequenzband, wobei dann der 10.6 GHz-Oszillator zum Einsatz kommt.

Der Begriff "digitaltauglich" bezieht sich nur auf das Vorhandensein
eines 10.6 GHz-Oszillators und ist somit eigentlich irreführend. Die Um-
schaltung zwischen 9.75/10.6 GHz erfolgt durch eine 22 kHz-
Schaltspannung, einem Signal das der LNB-Versorgungsspannung überlagert ist oder nicht. Die Versorgung des LNB`s erfolgt über das Koaxkabel
für die Verteilung der nun erzeugten ersten Satellitenzwischenfrequenz im
Bereich von 900 ... 2100 MHz. Man sollte deswegen bei Installationsarbei-
ten darauf achten, dass die Satellitenempfänger deaktiviert sind, da man
sonst die Spannungsversorgung für den LNB durch einen möglichen Kurz-

schluss beschädigen könnte.

Im DVB-S-Empfänger, der sog. DVB-S-Settop-Box, bzw. DVB-S-Receiver (Abb. 14.21.) erfolgt dann eine weitere Heruntermischung auf eine zweite Satelliten-ZF. Diese Mischung erfolgt mit Hilfe eines IQ-Mischers der von einem durch die Trägerrückgewinnungsschaltung geregelten Oszillator gespeist wird. Nach der IQ-Mischung steht nun wieder I und Q in analoger Form zur Verfügung. Das I und Q-Signal wird nun A/D-gewandelt und einem Matched-Filter zugeführt. In diesem Filter erfolgt der gleiche wurzelcosinusquadratförmige Filterprozess wie auf der Sendeseite mit einem Rolloff-Faktor von 0.35. Zusammen mit dem Senderfilter ergibt sich nun die eigentliche cosinusquadratförmige Rolloff-Filterung des DVB-S-Signales.

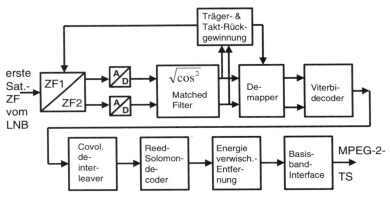

Abb. 14.21. Blockschaltbild eines DVB-S-Receivers (ohne MPEG-Decoderteil)

Der Filterprozess auf der Sender- und Empfängerseite muss bezüglich des Rolloff-Faktors aneinander angepasst sein (= auf Englisch: matched). Nach dem Matched Filter greift die Träger- und Taktrückgewinnungsschaltung, sowie der Demapper seine Eingangsignale ab. Der Demapper erzeugt wieder einem Datenstrom, der im Viterbi-Dekoder von den ersten Fehlern befreit wird. Der Viterbi-Dekoder ist das Gegenstück zum Faltungscoder. Der Viterbi-Dekoder muss Kenntnis über die aktuell verwendete Coderate haben. Diese Coderate (1/2, 2/3, 3/4, 5/6, 7/8) muss der Settopbox somit per Bedienung bekannt gemacht werden. Nach dem Viterbi-Dekoder erfolgt das Convolutional De-Interleaving. Evtl. Burstfehler werden hier zu Einzelfehlern aufgebrochen. Im Reed-Solomon-Dekoder werden dann die noch vorhandenen Bitfehler repariert. Auf der Sendeseite wurden die Transportstrompakete, die ursprünglich 188 Byte lang waren mit 16 Byte Fehlerschutz versehen. Damit können in einem nun 204 Byte langen Paket bis zu 8 Fehler hier auf der Empfangsseite repariert werden. Durch den De-Interleaving-Prozess davor sollten Burstfehler, also Mehrfachfehler in einem Paket möglichst aufgebrochen sein. Sollten nun aber mehr als 8 Fehler in einem 204-Byte langen fehlergeschützten TS-Paket vorliegen, so versagt der Fehlerschutz. Der Transport-Error-Indicator im Transportstrom-Header wird auf Eins gesetzt, um dieses Paket als fehlerhaft zu markieren. Nun beträgt die Paketlänge wieder 188 Byte. Als fehlerhaft markierte TS-Pakete dürfen von nachfolgenden MPEG-2-Dekoder nicht verwendet werden. Es muss Fehlerverschleierung (Error Concealment) vorgenommen werden. Nach der Reed-Solomon-Dekodierung wird die Energieverwischung wieder rückgängig gemacht, sowie die Invertierung der Sync-Bytes aufgehoben. Hierbei wird die Energieverwischungseinheit von dieser 8er-Sequenz der Sync-Byte-Invertierung synchronisiert. Nach dem nachfolgenden Basisband-Interface steht nun wieder der MPEG-2-Transportstrom zur Verfügung, der nun einem MPEG-2-Dekoder zugeführt wird.

Heutzutage befindet sich der gesamte DVB-S-Dekoder ab den AD-Wandlern auf einem Chip und dieser wiederum ist üblicherweise in den Satellitentuner integriert. D.h. der Tuner hat einen F-Connector-Eingang für das Signal vom LNB und einen parallelen Transportstromausgang. Der Tuner wird über I2C-Bus gesteuert.

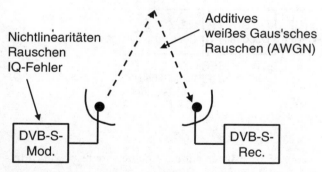

Abb. 14.22. Störeinflüsse auf der Satellitenübertragungsstrecke

14.6 Einflüsse auf der Satellitenübertragungsstrecke

Dieser Abschnitt beschäftigt sich mit den zu erwartenden Einflüssen auf der Satellitenübertragungsstrecke (Abb. 14.22.). Man wird jedoch sehen, dass sich der Haupteinfluss im wesentlichen auf Rauschen beschränkt. Beginnen wir jedoch nun zunächst mit dem Modulator. Dieser kann bis zum IQ-Modulator als fast ideal angenommen werden. Der IQ-Modulator kann unterschiedliche Verstärkung im I- und Q-Zweig, einen Phasenfehler im 90°-Phasenschieber, sowie mangelnde Trägerunterdrückung aufweisen. Auch kann es Rauscheinflüsse, sowie Phasenjitter kommend von diesem Schaltungsteil geben. Wegen der hohen Robustheit der QPSK-Modulation können diese Probleme jedoch ignoriert werden. Diese Einflüsse werden üblicherweise nie in eine Größenordnung kommen, um einen spürbaren Beitrag zur Signalqualität zu leisten. Im Uplink- und Downlink-Bereich erfährt das DVB-S-Signal eine sehr hohe Dämpfung von über 200 dB aufgrund des über je 36000 km langen Übertragungsweges. Dies führt zu starken Rauscheinflüssen. Im Satelliten erzeugt die Wanderfeldröhre starke Nichtlinearitäten, die jedoch in der Praxis wegen QPSK keine Rolle spielen. D.h. der einzige Einfluss, der zu diskutieren ist, ist der Einfluss von weißem gaussförmigen Rauschen, das sich dem Signal additiv überlagert (AWGN=Additiv White Gaussian Noise).

Im folgenden sind nun beispielhaft die Satelliten-Downlink-Strecke in bezug auf die Signaldämpfung und den dadurch entstehenden Rauscheinfluss zu analysiert werden.

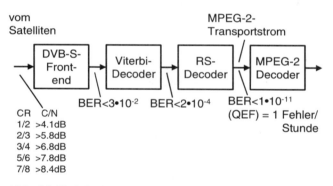

Abb. 14.23. Mindestnotwenige Störabstände auf der Empfangsseite, sowie Bitfehlerraten

Die mindestnotwenigen Störabstände C/N, sowie notwendige Kanalbitfehlerrate sind vom Fehlerschutz (FEC, Reed-Solomon u. Faltungscodierung) her bekannt und vorgegeben (Abb. 14.23.)

Um eine Vorstellung des zu erwartenden Rauschabstandes C/N zu bekommen, betrachten wir nun die Pegelverhältnisse auf der Satelliten-Downlink.

Ein geostationärer Satellit "parkt" in einer Umlaufbahn von 35800 km über dem Äquator. Nur in dieser Umlaufbahn bewegt er sich synchron mit der Erde um die Erde. Auf dem 45. Breitengrad (Zentral-Europa) beträgt der Abstand zur Erdoberfläche dann

d = Erdradius • sin(45) + 35800 km = 6378 km • sin(45) + 35800 km = 37938 km;

Sendeleistung (Beispiel Astra 1F):
angenommene Sendeleistung Satellitentransponder:

	82 W = 19 dBW
Sendeantennengewinn	33 dB
EIRP(Equivalent Isotropic Radiated Power) Satellit	52 dBW

Raumdämpfung:

Distanz Satellit/Erde = 37938 km	91.6 dB
Sendefrequenz = 12.1 GHz	21.7 dB
Verlustkonstante	92.4 dB
Raumdämpfung	205.7 dB

Empfangsleistung:

EIRP(Satellit)	52.0 dBW
Raumdämpfung	205.7 dB
Clear Sky Dämpfung	0.3 dB
Empfänger Richtungsfehler	0.5 dB
Polarisationsfehler	0.2 dB
Empfangsleistung an der Antenne	-154.7 dBW
Antennengewinn	37 dB
Empfangsleistung C	-117.7 dBW

Rauschleistung am Empfänger:

Boltzmannkonstante	-228.6 dBW/K/Hz
Bandbreite 33 MHz	74.4 dB
Temperatur 20 C = 273K+20K = 293 K	24.7 dB
Rauschzahl des LNB	1 dB
Rauschleistung N	-128.5 dBW

Rauschabstand C/N:

Empfangsleitung C	-117.7 dBW
Rauschleistung N	-128.5 dBW
C/N	**10.8 dB**

Es ist also im Beispiel ein C/N von ca. 10 dB zu erwarten. Tatsächlich liegt das gemessene C/N zwischen 9 ... 12 dB.
Folgende Formeln sind die Grundlagen der C/N-Kalkulation:

Freiraumdämpfung:

$L[dB] = -92.4 + 20 \cdot log(f/GHz) + 20 \cdot log(d/km);$
f = Übertragungsfrequenz in GHz;
d = Abstand Sender/Empfänger in km;

Antennengewinn einer Parabolantenne:

$G[dB] = 20 + 20 \cdot log(D/m) + 20 \cdot log(f/GHz);$
D = Durchmesser Parabolantenne in m;
f = Übertragungsfrequenz in GHz;

Rauschleistung am Empfängereingang:

$N[dBW] = -228.6 + 10 \cdot log(b/Hz) + 10 \cdot log((T/°C+273)) + F;$
B = Bandbreite in Hz;
T = Temperatur in °C;
F = Rauschzahl des Empfängers in dB;

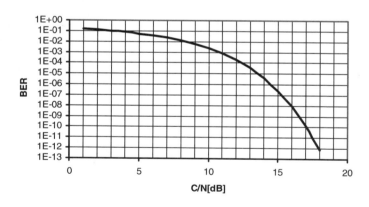

Abb. 14.24. Kanal-Bitfehlerrate bei DVB-S in Abhängigkeit vom Störabstand C/N

In Abb. 14.23. sind die Mindeststörabstände C/N in Abhängigkeit von der verwendeten Coderate dargestellt. Darüber hinaus sind die Bitfehlerraten vor Viterbi, nach Viterbi (= vor Reed-Solomon) und nach Reed-Solomon eingetragen. Häufig wird mit Coderate 3/4 gearbeitet. In diesem Fall ergibt sich bei einem Mindeststörabstand von 6.8 dB eine Kanalbitfehlerrate, also Bitfehlerrate vor Viterbi von $3\bullet10^{-2}$. Nach Viterbi stellt sich dann eine Bitfehlerrate von $2\bullet10^{-4}$ ein, die der Grenze entspricht, bei der der nachfolgende Reed-Solomon-Dekoder noch eine Ausgangsbitfehlerrate von $1\bullet10^{-11}$ oder besser liefert. Dies entspricht in etwa einem Fehler pro Stunde und ist als quasi-fehlerfrei (QEF) definiert. Gleichzeitig entsprechen die dargestellten Bedingungen quasi auch nahezu dem "fall of the cliff". Etwas mehr Rauschen und die Übertragung bricht schlagartig zusammen.

Im gerechneten Beispiel für das zu erwartende C/N auf der Satellitenübertragungsstrecke liegt also im Falle einer Coderate von 3/4 noch etwa 3 dB Reserve vor. Der genaue Zusammenhang zwischen der Kanalbitfehlerrate, also der Bitfehlerrate vor Viterbi und dem Störabstand C/N ist in Abb. 14.24. dargestellt.

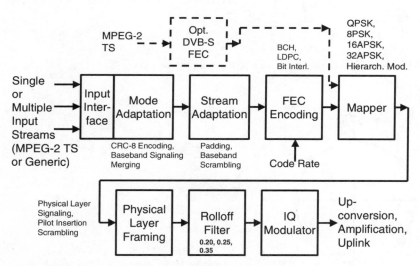

Abb. 14.25. Blockschaltbild eines DVB-S2-Modulator

14.7 DVB-S2

DVB-S wurde 1994 verabschiedet. Als Modulationsverfahren wurde das recht robuste QPSK-Modulationsverfahren vorgesehen. Bei DVB-S wird mit einem verketteten Fehlerschutz aus Reed-Solomon-FEC und Faltungscodierung gearbeitet. 1997 wurde der Standard DVB-DSNG [ETS301210] fixiert, der für Reportagezwecke geschaffen wurde (Digital Satellite News Gathering = DSNG"). Reportage heißt, dass man Live-Signale z.B. aus Grossveranstaltungen über Übertragungswagen über Satellit zu den Studios überträgt. Bei DVB-DSNG wird schon mit 8PSK und 16QAM gearbeitet. 2003 wurden in der ETSI-Draft TM2860 in einem gemeinsamen Dokument zukunftsweisende neue Methoden als „DVB-S2" (Blockschaltbild siehe Abb. 14.25.) sowohl für Direkt-Broadcast-Zwecke, als auch für professionelle Anwendungen definiert.

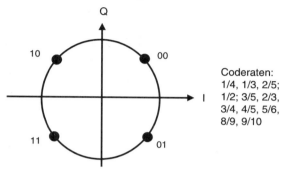

Abb. 14.26. Gray-codierte QPSK, absolut gemappt (wie DVB-S)

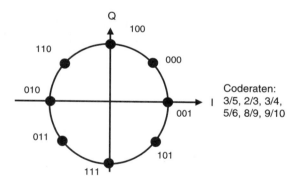

Abb. 14.27. Gray-codierte 8PSK (8 Phase Shift Keying)

Sowohl QPSK, 8PSK (8 Phase Shift Keying, uniform und non-uniform), 16APSK (16 Amplitude Phase Shift Keying) wurden als Modulationsverfahren vorgesehen, wobei letztere nur für den professionellen Bereich (DSNG) eingesetzt werden. Es kommen völlig neue Fehlerschutzmechanismen zum Einsatz, wie z.B. Low Density Parity Check (LDPC). Der

Standard ist ziemlich offen für Broadcast-Anwendungen, Interaktive Services und eben DSNG. Es können auch Datenströme übertragen werden, die nicht MPEG-2-Transportstrom-konform sind. Hierbei kann man sowohl einen Transportstrom, als auch mehrere Transportströme übertragen. Das gleiche gilt für einfache und multiple Generic-Datenströme, also allgemeine Datenströme, die noch dazu in Pakete eingeteilt sein können oder einfach kontinuierlich sein können. Abb. 14.25. zeigt das Blockschaltbild eines DVB-S2-Modulators. Am Input Interface läuft der Datenstrom oder es laufen die Datenströme in Form eines MPEG-2-Transportstroms oder in Form von Generic-Datenströmen auf. Nach dem Blöcken Mode- und Stream-Adaptation werden die Daten dem Fehlerschutzblock (FEC Encoding) zugeführt.

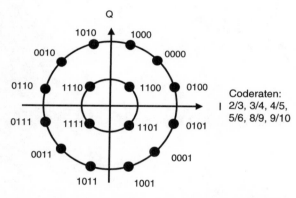

Abb. 14.28. 16APSK (16 Amplitude Phase Shift Keying)

Im anschließenden Mapper wird dann eine QPSK (= Quradrature Phase Shift Keying, Abb. 14.26.), 8PSK (= 8 Phase Shift Keying, Abb. 14.27.), 16APSK (= 16 Amplitude Phase Shift Keying, Abb. 14.28.) oder eine 32APSK (= 32 Amplitude Phase Shift Keying, Abb. 14.29.) aufbereitet. Das Mapping erfolgt immer als sog. absolutes Mapping, also nicht-differentiell. Einen Sonderfall stellt die Modulationsart „Hierarchische Modulation" dar. Sie ist ein quasi rückwärts zum DVB-S Standard kompatibler Mode, bei dem ein DVB-S-Strom und ein zusätzlicher DVB-S2-Strom übertragen werden kann. Das Konstellationsdiagramm kann in der Modulationsart „Hierarchische Modulation" (Abb. 14.30.) auf 2 verschiedene Arten interpretiert werden.

Man kann den Quadraten als einen Konstellationspunkt interpretieren und dabei 2 Bit für den sog. High Priority Path gewinnen, der zu DVB-S konform ist. Man kann aber auch nach den beiden diskreten Punkten im

Quadranten suchen und dabei ein weiteres Bit für den Low Priority Path decodieren. Es werden also hierbei 3 Bit pro Symbol übertragen. Hierarchische Modulation gibt es auch bei DVB-T. Nach dem Mapping durchläuft das Signal dann die Stufen Physical Layer Framing und Rolloff-Filterung, um dann im IQ-Modulator in das eigentliche Modulationsignal umgesetzt zu werden. Der Rolloff-Faktor liegt bei 0.20, 0.25 oder 0.35.

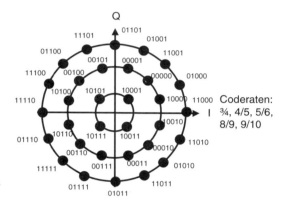

Abb. 14.29. 32APSK (32 Amplitude Phase Shift Keying)

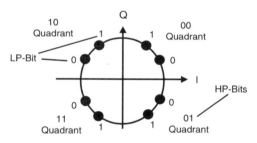

Abb. 14.30. Hierarchische QPSK-Modulation

Der Fehlerschutz (Abb. 14.31.) setzt sich zusammen aus einem BCH-Coder (Bose-Chaudhuri-Hocquenghem), einem LDPC-Encoder (Low Density Parity Check Code), gefolgt vom Bit-Interleaver. Die möglichen Coderaten liegen bei ¼ ... 9/10 und sind in den jeweiligen Abbildungen zu den Konstellationsdiagrammen (QPSK ... 32APSK) eingetragen.

Der mindestens notwendige Störabstand C/N ist bei DVB-S2 gegenüber DVB-S deutlich weiter abhängig vom Modulationsverfahren und von der Coderate variierbar.

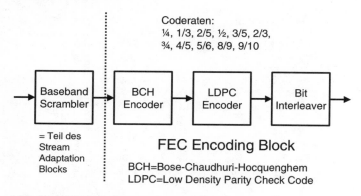

Abb. 14.31. DVB-S2-Fehlerschutz-Block

Hier sind ganz grobe Vergleichswerte aus dem vorläufigen DVB-S2-Standard [TM2860]:

Tabelle 14.1. mindest notwendiges C/N-Ratio bei DVB-S und DVB-S2

Modulationsverfahren	mindest notwendiges C/N [dB]
DVB-S QPSK	ca. 3...7.5
DVB-S2 QPSK	ca. −2.4...6.5
DVB-S2 8PSK	ca. 5.5....11
DVB-S2 16APSK	ca. 9...13.1
DVB-S2 32APSK	ca. 12.7...15.6

Literatur: [ETS300421], [MÄUSL3], [MÄUSL4], [REIMERS], [GRUNWALD], [FISCHER3], [TM2860], [EN301210]

15 DVB-S Messtechnik

15.1 Einführung

Die Satellitenübertragungstechnik von digitalen TV-Signalen wurde nun ausführlich besprochen. Das folgende Kapitel beschäftigt sich nun mit der DVB-S-Messtechnik. Der DVB-S-Messtechnik ist in den DVB-Measurement-Guidelines ETR290 auch ein relativ kleines Kapitel gewidmet. Auch in diesem Abschnitt werden die Ausführungen hier im Vergleich zur DVB-C und DVB-T-Messtechnik relativ kurz ausfallen. Die Satellitenübertragung ist relativ robust und im Prinzip nur geprägt durch Rauscheinflüsse (ca. 205 dB Freiraumdämpfung) und evtl. Einstrahlungen durch Richtfunkstrecken.

Wesentliche Messparameter am DVB-S-Signal sind deswegen:

- Signalpegel
- C/N (Störabstand, Carrier to Noise Ratio)
- Bitfehlerrate
- Schulterabstand.

Rein auf die DVB-S-Messtechnik abgestimmte Messgeräte gibt es wenige. Lediglich den einen oder anderen DVB-S-Betriebsempfänger und einzelne Antennenmessgeräte kann man in diese Kategorie einordnen. Dies liegt daran, dass der eigentliche DVB-S-Messtechnik-Markt zu klein ist, bzw. die zu erwartenden Probleme zu gering sind, um sie umfangreich messtechnisch erfassen zu müssen. Dies wird sich jedoch ändern, wenn nun doch andere Modulationsverfahren über Satellit Anwendung finden werden, wie z.B. 8PSK, 16APSK oder 32 APSK, wie bei DVB-S2.

Für Messungen an DVB-S-Signalen benötigt man:

- einen modernen Spektrumanalyzer (z.B. Rohde&Schwarz FSP, FSU)

- einen DVB-S-Betriebsempfänger mit BER-Messung oder ein Antennenmessgerät (z.B. Kathrein MSK33, Rohde&Schwarz EFL100)
- für Messungen an Settop-Boxen einen DVB-S-Messsender (Rohde&Schwarz SFQ, SFU, SFL).

15.2 Messung der Bitfehlerraten

Aufgrund des inneren und äußeren Fehlerschutzes gibt es bei DVB-S drei verschiedene Bitfehlerraten:

- Bitfehlerrate vor Viterbi
- Bitfehlerrate vor Reed-Solomon
- Bitfehlerrate nach Reed-Solomon

Die interessanteste und für die Übertragungsstrecke aussagekräftigste Bitfehlerrate ist die Bitfehlerrate vor Viterbi. Sie kann dadurch gemessen werden, dass man den Datenstrom nach dem Viterbi-Dekoder wieder auf einen Faltungscoder gibt, der genauso aufgebaut ist, wie der auf der Senderseite. Vergleicht man nun den Datenstrom vor dem Viterbi-Dekoder mit dem nach den Faltungscoder (Abb. 15.1.) – wobei die Laufzeit des Faltungscoder ausgeglichen werden muss – miteinander, so sind beide bei Fehlerfreiheit identisch. Ein Komparator für den I- und Q-Zweig ermittelt dann die Unterschiede und somit die Bitfehler.

Die gezählten Bitfehler werden dann ins Verhältnis zur Anzahl der im entsprechenden Zeitraum übertragenen Bits gesetzt; dies ergibt dann die Bitfehlerrate

BER = Bitfehler / übertragene Bit;

Der Bereich der Bitfehlerrate vor Viterbi liegt in der Praxis bei etwa $1 \bullet 10^{-4}$ bis $1 \bullet 10^{-2}$. Dies bedeutet, das jedes zehntausendste bis hundertste Bit fehlerhat ist.

Der Viterbi-Dekoder kann nur einen Teil der Bitfehler korrigieren. Es bleibt somit eine Restbitfehlerrate vor Reed-Solomon. Zählt man die Korrekturvorgänge des Reed-Solomon-Dekoders und setzt diese ins Verhältnis zur Anzahl der im entsprechenden Zeitraum übertragenen Bits, so erhält man die Bitfehlerrate vor Reed-Solomon. Die Grenzbitfehlerrate vor Reed-Solomon liegt bei $2 \bullet 10^{-4}$. Bis dorthin kann der Reed-Solomon-Decoder alle Fehler reparieren. Gleichzeitig steht die Übertragung aber auch „auf der

Klippe". Etwas mehr Störeinflüsse z.B. durch zu viel Dämpfung aufgrund von starkem Regen und die Übertragung bricht zusammen, bzw. das Bild beginnt zu „blocken".

Auch der Reed-Solomon-Dekoder kann nicht alle Bitfehler korregieren. In diesem Fall entstehen dann fehlerhafte Transportstrompakete. Diese sind im TS-Header markiert (Transport error indicator bit = 1). Zählt man die fehlerhaften Transportstrompakete, so kann man daraus die Bitfehlerrate nach Reed-Solomon berechnen.

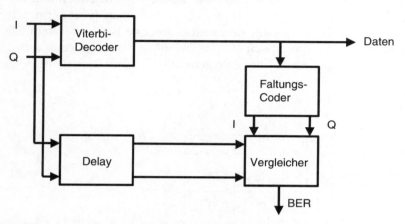

Abb. 15.1. Schaltung zur Messung der Bitfehlerrate vor Viterbi

Misst man sehr kleine Bitfehlerraten (z.B. kleiner $1 \bullet 10^{-6}$), so muss man lange Messzeiten im Minuten- bzw. Stundenbereich wählen, um diese mit eingermaßen Genauigkeit zu erfassen. Nachdem ein direkter Zusammenhang zwischen der Bitfehlerrate und dem Störabstand besteht, läßt sich der Störabstand C/N daraus ermitteln (siehe Diagramm im Kapitel "Störeinflüsse auf der Übertragungsstrecke", Abb. 14.24.). Eine Schaltung zur Ermittelung der Bitfehlerrate vor Viterbi findet man praktisch in jedem DVB-S-Chip bzw. DVB-S-Empfänger. Man kann diesen Messwert nämlich zum Ausrichten der Satellitenempfangsantenne bzw. zur Ermittelung der Empfangsqualität recht gut verwenden. Der Schaltungsaufwand selbst ist dabei gering. Meist zeigen DVB-S-Receiver zwei Balkendiagramme im Setup-Menü an; nämlich ein Balkendiagramm für die Signalstärke und eines für die Signalqualität. Letzteres ist von der Bitfehlerrate abgeleitet.

15.3 Messungen an DVB-S-Signalen mit einem Spektrumanalyzer

Mit Hilfe eines Spektrumanalysators kann man zumindest im Uplink sehr gut die Leistung des DVB-S-Kanals vermessen. Natürlich könnte man hierzu auch einfach einen thermischen Leistungsmesser verwenden. Prinzipiell lässt sich mit einem Spektrumanalyzer aber auch relativ gut der annähernde Störabstand im Uplink ermitteln. Zunächst soll jedoch nun die Leistung des DVB-S-Signals mit Hilfe eines Spektrumanalyzers ermittelt werden. Ein DVB-S-Signal sieht rauschartig aus und hat einen ziemlich großen Crestfaktor. Aufgrund seiner Ähnlichkeit mit weißem gauß'schen Rauschen erfolgt die Leistungsmessung genauso wie beim Rauschen.

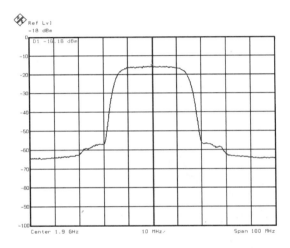

Abb. 15.2. Spektrum eines DVB-S-Signals

Zur Ermittelung der Trägerleistung C stellt man den Spektrumanalyzer folgendermaßen ein:

Am Analysator wird eine Auflösebandbreite von 2 MHz und eine Videobandbreite gewählt, die 3 bis 10 mal so groß ist, wie die Auflösebandbreite (10 MHz). Es ist eine langsame Ablaufzeit einzustellen (2000 ms), um eine gewisse Mittelung zu erreichen. Diese Parameter sind nötig, da mit dem RMS-Detektor des Spektrumanalyzers gearbeitet wird. Man verwendet nun z.B. folgende Einstellungen:

- Center Frequenz auf Kanalmitte des DVB-S-Kanals
- Span 100 MHz
- Resolution Bandwidth auf 2 MHz
- Video Bandwidth auf 10 MHz (wegen RMS Detector)
- Detector RMS (Route Mean Sqaure)
- Langsame Ablaufzeit (2000 ms)
- Noise Marker auf Kanalmitte (ergibt Rauschleistungdichte C' in dBm/Hz)

Es ergibt sich dann ein Spektrum, wie in Abb. 15.2. dargestellt. Der RMS-Detector berechnet die Leistungsdichte des Signals in einem Fenster von 1 Hz Bandbreite, wobei das Messfenster ständig über das zu messende Frequenzfenster (Sweep-Bereich) geschoben wird. Prinzipiell wird zunächst der Effektivwert der Spannung gemäß der folgenden Formel (= Wurzel aus dem quadratischen Mittelwert = RMS = Root Mean Square) aus allen Abtastwerten im Signalfenster von 1 Hz Bandbreite ermittelt:

$$U_{RMS} = \frac{1}{N} \sqrt{u_1^2 + u_2^2 + u_3^2 + ...};$$

Daraufhin wird daraus die Leistung in diesem Signalfenster bezogen auf eine Impedanz von 50 Ω berechnet und in dBm umgerechnet. Dies ergibt dann die Signalleistungsdichte in einem Fenster von 1 Hz Bandbreite. Je langsamer die gewählte Sweep-Time eingestellt ist, desto mehr Abtastwerte haben in diesem Signalfenster Platz und umso ruhiger und besser gemittelt wird das Messergebnis..

Wegen des rauschartigen Signals wird der Noise-Marker zur Leistungsmessung verwendet. Hierzu wird der Noise-Marker in Bandmitte gestellt. Voraussetzung ist aber ein flacher Kanal, der aber am Uplink immer vorausgesetzt werden kann. Beim Vorliegen eines nicht-flachen Kanales müssen andere geeignete, aber vom Spektrumanalyzer abhängige Messfunktionen zur Kanalleistungsmessung verwendet werden.

Der Analyzer gibt uns den Wert C' als Rauschleistungsdichte an der Stelle des Noise-Markers in dBm/Hz, wobei die Filterbandbreite sowie die Eigenschaften des Logarithmierers des Analysators üblicherweise automatisch berücksichtigt werden. Um die Signalleistungsdichte C' nun auf die Nyquist-Bandbreite B_N des DVB-S-Signals zu beziehen, muss die Signalleistung C über

$$C = C' + 10 \lg B_N = C' + 10 \lg(symbol\_rate \, / \, Hz) \cdot dB \qquad [dBm]$$

berechnet werden. Die Nyquist-Bandbreite des Signales entspricht hierbei der Symbolrate des DVB-S-Signales.

Beispiel:

Messwert des Noise-Markers:	-100 dBm/Hz
Korrekturwert bei 27.5 MS/s Symbolrate:	+74.4 dB

Leistung im DVB-S-Kanal:	-25.6 dBm

15.3.1 Näherungsweise Ermittelung der Rauschleistung N

Würde man das DVB-S-Signal abschalten können, ohne die Rauschverhältnisse im Kanal zu verändern, so würde man vom Noise-Marker in Bandmitte nun eine Aussage über die Rauschverhältnisse im Kanal bekommen. Dies ist aber nicht so einfach möglich. Keinen exakten Messwert, aber zumindest eine "gute Idee" über die Rauschleistung im Kanal erhält man, wenn man mit dem Noise-Marker auf der Schulter des DVB-S-Signals ganz nah am Signal misst. Man kann nämlich annehmen, dass sich der Rauschsaum im Nutzband ähnlich fortsetzt, wie er auf der Schulter zu finden ist.

Der Wert N' der Rauschleistungsdichte wird vom Spektrumanalysator ausgegeben. Um aus der Rauschleistungsdichte N' nun die Rauschleistung im Kanal mit der Bandbreite B_K des DVB-S-Übertragungskanals zu berechnen, muss die Rauschleistung N über

$$N = N' + 10\lg B_K = N' + 10\lg(Kanalbreite/Hz) \cdot dB \qquad [dBm]$$

ermittelt werden. Als Kanalbandbreite ist nun die entsprechende Bandbreite des Satellitenkanales einzusetzen. Als diese sollte die Symbolrate gewählt werden. Dies wird in den DVB-Measurement Guidelines [ETR290] empfohlen und vermeidet auch Unsicherheiten in der Definition. Man sollte aber immer angeben, was die bei der C/N-Messung gewählte Rauschbandbreite war.

Beispiel:

Messwert des Noise-Markers:	-120 dBm/Hz
Korrekturwert bei 27.5 MS/s Symbolrate:	+74.4 dB

Rauschleistung im DVB-S-Kanal:	-45.6 dBm

Daraus ergibt sich für den Wert C/N:

$$C / N_{[dB]} = C_{[dBm]} - N_{[dBm]}$$

Im Beispiel: C/N[dB] = -25.6 dBm - (-45.6 dBm) = 20 dB.

Im Downlink wird tatsächlich zur Abschätzung des C/N in der Praxis eine Rauschmessung in den Lücken zwischen den einzelnen Kanälen vorgenommen. Weitere Möglichkeiten der C/N-Messung bestünden nur bei der Verfügbarkeit eines geeigneten Konstellation-Analyzers für DVB-S oder über den Umweg über eine Bitfehlerratenmessung. Die Empfangsleistung selber kann mit einem DVB-S-Betriebsempfänger ermittelt werden, sofern dieser diese Art der Messung unterstützt.

15.3.2 C/N, S/N und Eb/N0

Der Rauschabstand C/N ist eine wichtige Größe für die Qualität der Satellitenübertragungsstrecke. Aus dem C/N kann unmittelbar auf die zu erwartende Bitfehlerrate geschlossen werden. Das C/N ergibt sich aus der vom Satelliten abgestrahlten Leistung (ca. kleiner 100W pro Transponder), dem Antennengewinn auf der Sende- und Empfangsseite (Größe der Empfangsantenne) und der Raumdämpfung dazwischen. Desweiteren spielt die Ausrichtung der Satellitenempfangsantenne und die Rauschzahl des LNB eine Rolle. DVB-S-Empfänger geben den Wert C/N zumindest meist als Hilfsgröße zur Ausrichtung der Empfangsantenne aus.

C/N [dB]= 10 $\log(P_{Carrier}/P_{Noise\_Channel})$;

Neben dem Carrier to Noise Ratio (C/N) gibt es auch das Signal to Noise Ratio (S/N):

S/N [dB] = 10 $\log(P_{Signal}/P_{Noise})$;

Mit der Signalleistung P_{Signal} ist hierbei die Leistung des Signales nach der Rolloff-Filterung gemeint. P_{Noise} ist die Rauschleistung innerhalb der Nyquistbandbreite (Symbolrate).

Der Signalrauschabstand S/N ergibt sich somit aus dem Trägerrauschabstand C/N zu

S/N [dB] = C/N [dB] +10log(1-r/4);

r = Rolloff-Faktor; bei DVB-S ist der Rolloff-Faktor = 0.35;

d.h. bei DVB-S ist

S/N [dB] = C/N [dB] -0.3977 dB;

Beispiel: 27.5 MSym/s:

S/N[dB] = C/N[dB] -0.3977 dB + 0.79 dB = C/N[dB] + 0.3923 dB;

15.3.3 Ermittelung des E_B/N_0

Oft findet man speziell bei DVB-S die Angabe E_B/N_0 vor. Man versteht hierbei die Energie pro Bit bezogen auf die Rauschleistungsdichte.

E_B = Energie pro Bit
N_0 = Rauschleistungsdichte in dBm/Hz

Man kann das E_B/N_0 aus dem C/N berechnen:

$$E_B/N_0 \text{ [dB]} = C/N \text{ [dB]} - 10 \log(188/204) - 10 \log(m) - 10 \log(\text{coderate});$$

m = 2; (bei QPSK / DVB-S)
m = 4 (16QAM),
   6 (64QAM),
   8 (256QAM);

coderate = ½, 2/3, ¾, 5/6, 7/8;

Für den Fall der Coderate 3/4 bei üblicher QPSK-Modulation ergibt sich:

$$E_B/N_0 \text{ [dB]}_{3/4} = C/N \text{ [dB]} - 10 \log(188/204) - 10 \log(2) - 10 \log(3/4) =$$
$$C/N \text{ [dB]} + 0.3547 \text{ dB} - 3.0103 \text{ dB} + 1.2494 \text{ dB} =$$
$$= C/N \text{ [dB]} - 1.4062 \text{ dB};$$

15.4 Messung des Schulterabstandes

Innerhalb des DVB-S-Nutzkanales sollte das DVB-S-Signal möglichst flach sein, d.h. weder Welligkeit noch Schräglage aufweisen. Zu den Kanalrändern hin fällt das DVB-S-Spektrum sanft rolloff-gefiltert ab. Außerhalb des eigentlichen Nutzbandes sind jedoch auch Signalanteile vorzufinden, man spricht von den Schultern des DVB-S-Signals. Diese Schultern (Abb. 15.2. und Abb. 15.3) stören je nach Dämpfung die Nachbarkanäle mehr oder weniger. Es ist ein möglichst guter Schulterabstand im Bereich von ca. 40 dB anzustreben. In ETS 300421 ist eine Toleranzmaske für das DVB-S Signalspektrum definiert. Grundsätzlich kann jedoch der Satellitenbetreiber eine bestimmte Toleranzmaske für den Schulterabstand vorgeben.

Die Analyse des Signalspektrums erfolgt mit einem Spektrumanalyzer mit Hilfe einfacher Markerfunktionen in vorgegebenen Abständen von der Kanalmitte aus.

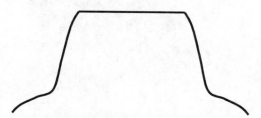

Abb. 15.3. „Schultern" eines DVB-S-Signales

15.5 DVB-S-Empfänger-Test

Ganz große messtechnische Bedeutung hat der Test von DVB-S-Empfängern (Settop-Boxen, siehe Abb. 15.4.). Hierzu werden DVB-S-Mess-Sender verwendet, die die Satellitenübertragungsstrecke samt Modulationsprozess simulieren können. In solch einem Mess-Sender (z.B. Rohde&Schwarz TV Test Transmitter SFQ oder SFU) findet man neben dem DVB-S-Modulator und Upkonverter auch eine zuschaltbare Rauschquelle und ggf. sogar einen Kanalsimulator. In den Mess-Sender wird MPEG-2-Transportstrom aus einem MPEG-2-Generator eingespeist. Der Mess-Sender liefert dann ein DVB-S-Signal im Bereich der ersten Satelliten-ZF (900 - 2100 MHz). Dieses Signal kann direkt dem Eingang des DVB-S-Empfängers zugeführt werden. Im Mess-Sender können dann durch Änderung zahlreicher Parameter Stressbedingungen für den DVB-S-Empfänger erzeugt werden. Auch ist die Messung der Bitfehlerrate in Abhängigkeit vom C/N möglich. Solche Mess-Sender finden Einsatz sowohl in der Entwicklung, als auch in der Fertigung und Qualitätssicherung von DVB-S-Receivern.

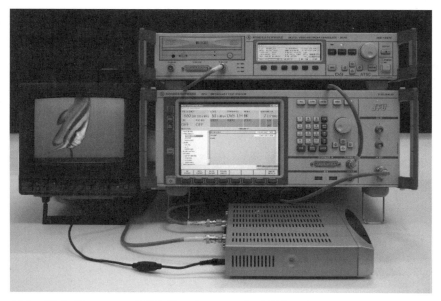

Abb. 15.4. Test von DVB-Receivern mit Hilfe eines MPEG-2-Generators (Rohde&Schwarz DVRG) und eines Mess-Senders (Rohde&Schwarz SFU): Der MPEG-2-Generator (oben) liefert den MPEG-2-Transportstrom mit Testinhalten und speist den DVB-Mess-Sender (Mitte), der wiederum dann ein DVB-konformes IQ-moduliertes HF-Signal für den DVB-Receiver (unten) erzeugt. Das Video-Ausgangssignal des DVB-Receivers wird am TV-Monitor (links) dargestellt.

Literatur: [ETS300421], [ETR290], [REIMERS], [GRUNWALD], [FISCHER3], [SFQ], [SFU]

16 Die Breitbandkabelübertragung gemäß DVB-C

Viele Länder weisen v.a. in dicht besiedelten Gegenden eine gute Rundfunk- und TV-Versorgung über Breitbandkabel auf. Diese Kabelstrecken haben entweder eine Bandbreite von etwa 400 MHz (ca. 50...450 MHz) oder etwa 800 MHz (ca. 50...860 MHz). Neben dem vom terrestrischen Fernsehen her bekannten VHF- und UHF-Band sind hier noch zusätzliche Sonderkanäle belegt. Vor allem analoge Fernsehprogramme sind ohne zusätzlichen Aufwand bequem mit herkömmlichen TV-Empfangsgeräten empfangbar. Dies macht diese Art der TV-Versorgung für viele so interessant. Die einzige Hürde im Vergleich zum analogen Satellitenempfang stellen die zusätzlichen monatlichen Kabelgebühren dar, die in manchen Fällen eine Satellitenempfangsanlage schon innerhalb eines Jahres amortisieren. Bei entsprechender Größe der Satellitenempfangsantenne ist die Bildqualität auch oft besser als über Breitbandkabel, da es im Breitbandkabel wegen der Intermodulationsprodukte teilweise sichtbare Störungen aufgrund der Vielkanal-Belegung gibt.

Die Entscheidung zwischen Kabelanschluss und Satellitenempfang hängt einfach von folgenden Faktoren ab:

- Bequemlichkeit
- Kabelempfangsgebühren
- Einfach- und Mehrfachempfang
- Bildqualität
- persönliche Bedürfnisse/Vorlieben

Der rein analog-terrestrische Empfang ist in vielen Bereichen Europas unter 10% abgesunken. Dies gilt natürlich nicht weltweit.

Seit etwa 1995 sind auch viele Kabelnetze mit digitalen TV-Signalen gemäß DVB-C zusätzlich v.a. in den höheren Frequenzbereichen über etwa 300 MHz belegt worden. Dieses Kapitel soll die Verfahren zur Übertragung von digitalen TV-Signalen über Breitbandkabel näher erläutern. Die gewählten Übertragungsverfahren und -parameter wurden anhand der typischen Eigenschaften eines Breitbandkabels ausgewählt. Dieses weist ein wesentlich günstigeres Signal/Rausch-Verhältnis auf als bei der Satellitenübertragung und es gibt ebenfalls kaum Probleme mit Reflexionen. Deshalb wählte man höherwertige digitale Modulationsverfahren von 64QAM (Koax) bis hin zu 256QAM (Glasfaser) (siehe Abb. 16.1.). Ein Breitbandkabelnetz besteht aus der Kabelkopfstelle, den Kabelverteilstrecken bestehend aus Koaxialkabeln und Kabelverstärkern, dem letzten Stück Leitung vom Verteiler zum Hausanschluss der Teilnehmers und dem Hausnetz des Teilnehmers selbst. Auf Spezialbezeichnungen, wie Netzebenen wird hier bewusst verzichtet, da diese Bezeichnungen Kabelbetreiber- bzw. länderspezifisch sein können. Die Kabelverteilstrecken von der Kopfstelle bis hin zum letzten Verteilerkasten können auch in Glasfaser ausgeführt sein. Über dieses Breitbandkabelsystem erfolgt nun die Verteilung von Rundfunkprogrammen, analogen und digitalen TV-Programmen. Auch Rückkanalstrecken im Frequenzbereich unter etwa 65 MHz findet man immer häufiger.

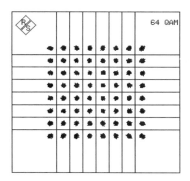 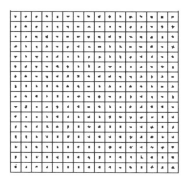

Abb. 16.1. 64QAM-Modulation (links) und 256QAM-Modulation (rechts)

16.1 Der DVB-C-Standard

Digital Video Broadcasting für Breitbandkabel ist im Standard ETS 300429 etwa Mitte der 90er Jahre fixiert worden. Seit dieser Zeit bzw. seit kurz danach ist dieser Service in den Kabelnetzen verfügbar. Man wird sehen, dass der MPEG-2-Transportstrom im DVB-C-Modulator zunächst fast die gleichen Aufbereitungsstufen durchläuft, wie beim DVB-S-Satellitenstandard. Lediglich die letzte Stufe - die Faltungscodierung fehlt hier; sie ist einfach wegen des robusteren Ausbreitungsmediums nicht nötig. Anschließend erfolgt die 16-, 32-, 64-, 128- oder 256 - Quadraturamplitudenmodulation. In Koax-Kabelsystemen wird praktisch immer 64QAM verwendet, in Glasfasernetzen häufig 256QAM (Abb. 16.1.).

Betrachten wir nun zunächst ein übliches Koax-System mit einem Kanalraster von 8 MHz. Hier wird üblicherweise mit einem 64QAM-moduliertem Trägersignal mit einer Symbolrate von beispielsweise 6.9 MSymbolen/s gearbeitet. Die Symbolrate muss niedriger sein als die Systembandbreite, die in diesem Fall von 8 MHz beträgt. Das modulierte Signal wird sanft zu den Kanalrändern hin ausrollen mit einem Rolloff-Faktor von r=0.15. Mit 6.9 MS/s und 64QAM (6 Bit/Symbol) ergibt sich eine Bruttodatenrate von

$$\text{Bruttodatenrate}_{DVB\text{-}C} = 6 \text{ Bit/Symbol} \bullet 6.9 \text{ MSymbole/s}$$
$$= 41.4 \text{ Mbit/s};$$

Bei DVB-C wird nur mit Reed-Solomon-Fehlerschutz gearbeitet und zwar mit dem gleichen wie bei DVB-S bzw. DVB-T, also mit RS(188,204). Ein 188 Byte langes MPEG2-Transportstrompaket wird mit 16 Byte Fehlerschutz versehen und ergibt so ein 204 Byte langes Gesamtpaket während der Übertragung.

Es ergibt sich folgendermaßen eine Nettodatenrate von

$$\text{Nettodatenrate}_{DVB\text{-}C} = \text{Bruttodatenrate} \bullet 188/204 = 38.15 \text{ Mbit/s};$$

Somit weist ein 36 MHz breiter Satellitenkanal mit einer Symbolrate von 27.5 MS/s und einer Coderate von 3/4 die gleiche Nettodatenrate, also Transportkapazität auf als dieser DVB-C-Kanal, der nur 8 MHz breit ist.

Allgemein gilt bei DVB-C:

$$\text{Nettodatenrate}_{DVB\text{-}C} = \text{ld}(m) \bullet \text{symbol\_rate} \bullet 188/204;$$

Der DVB-C-Kanal verfügt aber auch über einen deutlich besseren Störabstand S/N von etwa 30 dB gegenüber von etwa 10 dB bei DVB-S.

Die im DVB-C-Standard vorgesehenen Konstellationen sind 16QAM, 32QAM, 64QAM, 128QAM, sowie 256QAM. Gemäß DVB-C ist das Spektrum rolloff-gefiltert mit einem Rolloff-Faktor von r=0.15. Das bei DVB-C spezifizierte Übertragungsverfahren findet man auch als internationaler Standard ITU-T J83A. Parallel hierzu gibt es auch den in Nordamerika verwendeten Standard ITU-T J83B, der später separat beschrieben wird und ITU-T J83C, das Verfahren, das in 6 MHz breiten Kanälen in Japan Anwendung findet. J83C ist prinzipiell genauso aufgebaut wie DVB-C, nur wird hier mit einem anderen Rolloff-Faktor bei 16QAM (r=0.18),

sowie bei 256QAM (r=0.13) gearbeitet. Alles andere ist identisch. ITU-T
J83C, das Verfahren, das in USA und in Kanada vorzufinden ist, weist eine völlig unterschiedliche FEC auf und wird in einem eigenständigen Teil
beschrieben.

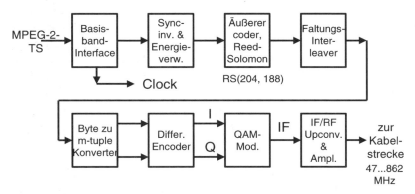

Abb. 16.2. Blockschaltbild des DVB-C-Modulators

16.2 Der DVB-C-Modulator

Die Beschreibung des DVB-C-Modulators (Abb. 16.2.) braucht nun nicht
so detailliert erfolgen, da die meisten Stufen absolut identisch zum DVB-
S-Modulator sind und bereits im DVB-S-Kapitel ausführlich beschrieben
sind. Im Baseband-Interface wird auf den eingespeisten aus 188 Byte langen Transportstrompaketen bestehenden MPEG-2-Transportstrom aufsynchronisiert. Die TS-Pakete bestehen aus einem 4 Byte langen Header, der
mit dem Sync-Byte (0x47) beginnt, und dem nachfolgenden 184 Byte langen Nutzlastanteil (Payload). Anschließend wird jedes achte Sync-Byte invertiert zu 0xB8, um Langzeit-Zeitmarken im Datenstrom bis hin zum
Empfänger für die Energieverwischung und deren Rückgängigmachung
mitzuführen. Es folgt die eigentliche Energieverwischungsstufe (Energy
Dispersal, Randomizer), dann der Reed-Solomon-Coder, der 16 Byte Fehlerschutz zu jedem 188 Byte langen Transportstrompaket hinzufügt. Die
hinterher 204 Byte langen Pakete werden dann dem Forney-Interleaver zugeführt, um den Datenstrom robuster gegenüber Burstfehlern zu machen.
Die im DVB-C-Demodulator erfolgende Rückgängigmachung des Inter-
leaving-Vorganges bricht die Burstfehler auf. Damit ist es für den Reed-
Solomon-Block-Dekoder leichter, Fehler zu reparieren.

Der fehlergeschützte Datenstrom wird dann in den Mapper eingespeist,
wobei hier im Gegensatz zu DVB-S und DVB-T eine Differenzcodierung

des QAM-Quadranten vorgenommen werden muss. Im 64QAM-Demodulator kann der Träger nämlich nur noch auf Vielfache von 90 Grad zurückgewonnen werden. Der DVB-C-Empfänger kann also auf beliebige Vielfache von 90 Grad Trägerphase einrasten. Nach dem Mapper erfolgt die heutzutage digital vorgenommene Quadraturamplitudenmodulation. Üblicherweise wählt man 64QAM für Koax-Strecken und 256QAM für Glasfaserstrecken. Das Signal wird rolloff-gefiltert mit einem Rolloff-Faktor von r=0.15. Durch dieses sanfte Ausrollen zu den Bandgrenzen hin wird die Augenhöhe des modulierten Signals optimiert. Nach der Leistungsverstärkung erfolgt die Einkoppelung in des BK-Kabelsystem.

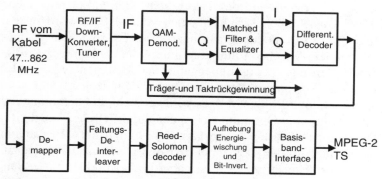

Abb. 16.3. Blockschaltbild eines DVB-C-Empfängers

16.3 Der DVB-C-Empfänger

Der DVB-C-Empfänger (Abb. 16.3.) - die Kabel-Settop-Box empfängt den DVB-C-Kanal im Bereich von ca. 50...860 MHz. Während der Übertragung sind Einflüsse von der Übertragungsstrecke hinzugekommen. Die hierbei wesentlichen sind Rauschen, Echos, sowie Amplituden- und Gruppenlaufzeitverzerrungen. Diesen Einflüssen wird später noch in ein eigenes Kapitel gewidmet.

Die erste Baugruppe im DVB-C-Empfänger ist der kabeltaugliche Tuner, der sich im wesentlichen nicht von dem eines Tuners für analoges Fernsehen unterscheiden muss. Der Tuner mischt den 8 MHz breiten DVB-C-Kanal auf eine ZF mit einer Bandmitte bei etwa 36 MHz herunter. Diese 36 MHz entsprechen auch der Bandmitte eines analogen TV-Kanals in der ZF-Lage zumindest nach Standard BG/Europa. Ein nachfolgendes Oberflächenwellenfilter (OFW, SAW) unterdrückt Nachbarkanalanteile.

Es ist exakt 8 MHz breit. Im Falle eines möglichen 7 oder 6 MHz - Kanals muss dieses durch entsprechende Ausführungen ersetzt werden. Nach dieser Bandpassfilterung entsprechend der tatsächlichen Kanalbandbreite von 8, 7 oder 6 MHz erfolgt eine weitere Mischung auf eine tiefere Zwischenfrequenz, um die nachfolgende Analog-Digital-Wandlung einfacher zu machen. Vor der AD-Wandlung müssen jedoch mit Hilfe eines Tiefpassfilters alle Frequenzkomponenten über der halben Abtastfrequenz entfernt werden. Es erfolgt nun die Abtastung bei etwa 20 MHz bei einer Auflösung von mindestens 10 Bit. Die nun digital vorliegende ZF wird einem IQ-Demodulator und dann einem Wurzelcosinusquadrat-Matched Filter zugeführt, nun in der digitalen Ebene arbeitend. Parallel hierzu findet die Rückgewinnung des Trägers und des Taktes statt. Der zurückgewonnene Träger mit einer Unsicherheit von Vielfachen von 90 Grad wird in den Trägereingang des IQ-Demodulators eingespeist. Es folgt ein Kanal-Equalizer z.T. mit dem Matched Filter kombiniert, der als komplexes FIR-Filter ausgeführt, den durch Amplitudengang- und Gruppenlaufzeitfehler verzerrten Kanal zu korrigieren versucht. Dieser Equalizer arbeitet nach dem Maximum-Liklihood-Prinzip, d.h. es wird versucht, die Signalqualität nach dem Equalizer auf ein Optimum zu bringen durch "Drehen" an digitalen "Einstellschrauben". Diese sind die Taps des Digitalfilters. Das so nun optimierte Signal läuft in den Demapper, der den Datenstrom wieder zurückgewinnt. Dieser Datenstrom wird nun aber noch Bitfehler aufweisen. Es ist jedoch noch Fehlerschutz hinzugefügt. Zuerst wird nun das Interleaving aufgehoben, Burstfehler werden nun zu Einzelfehlern. Der nachfolgende Reed-Solomon-Decoder kann bis zu 8 Fehler pro 204 Byte langem RS-Paket beheben. Es entstehen wieder 188 Byte lange Transportstrompakete, die noch energieverwischt sind. Sind mehr als 8 Fehler in einem Paket enthalten, so können diese nicht mehr repariert werden. Der Transport Error Indicator im TS-Header wird dann auf Eins gesetzt. Nach dem RS-Decoder wird die Energieverwischung rückgängig gemacht und die Sync-Invertierung jedes achten Sync-Bytes wieder aufgehoben. Es steht nun wieder MPEG-2-Transportstrom am Basisband-Interface an. In der praktischen Realisierung finden sich alle Baugruppen ab dem AD-Wandler bis hin zum Transportstromausgang in einem Chip. In einer DVB-C-Settop-Box findet man als wesentliche Bauteile den Tuner, etwas diskrete Bauelemente, den DVB-C-Demodulator-Chip, sowie den MPEG-2-Decoder-Chip. Ein Mikroprozessor steuert alles.

16.4 Störeinflüsse auf der DVB-C-Übertragungsstrecke

Da beim DVB-C-Modulator praktisch nur digitale IQ-Modulatoren zu Einsatz kommen, können heutzutage IQ-Fehler wie Amplituden-Ungleichheit, IQ-Phasenfehler und mangelnde Trägerunterdrückung vernachlässigt werden. Diese Effekte existieren einfach im Gegensatz zur ersten Generation nicht mehr. Im wesentlichen treten im Laufe der Übertragung Rauschen, Intermodulations- und Kreuzmodulationsstörungen und Echos bzw. Amplituden- und Gruppenlaufzeiteinflüsse auf. Ist ein Kabelverstärker in der Sättigung und dabei mit vielen Kanälen belegt, so entstehen Mischprodukte, die sich im Nutzsignalbereich wiederfinden werden. Jeder Verstärker muss deshalb im richtigen Arbeitspunkt betrieben werden.

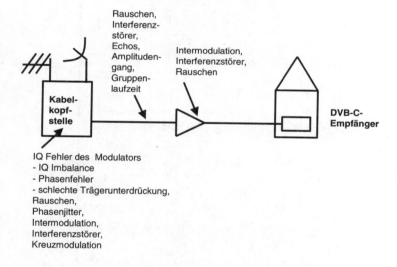

Abb. 16.4. Störeinflüsse auf der DVB-C-Übertragungsstrecke

Es ist deshalb entscheidend, dass eine TV-Kabelübertragungsstrecke richtig gepegelt ist. Ein zuviel an Pegel erzeugt an den Verstärkern Intermodulation, ein zuwenig an Pegel reduziert den Störabstand, beides äußert sich in einem Rauscheinfluss. Eine Hausinstallation sollte z.B. für DVB-C so ausgepegelt sein, dass sich für den Störabstand ein Maximum ergibt. Man pegelt den evtl. vorhandenen Verstärker so ein, dass sich der Störabstand an der am weitesten entfernten Antennendose im Umkehrpunkt befindet. DVB-C-Signale sind außerdem sehr empfindlich gegenüber Amplituden- und Gruppenlaufzeitgang. Oft genügt eine leicht fehlerhafte

Verbindungsleitung zwischen TV-Kabelanschlussdose und DVB-C-Empfänger, um einen korrekten Empfang unmöglich zu machen. Für den noch quasifehlerfreien Betrieb einer DVB-C-Übertragungsstrecke ist ein Störabstand S/N von mehr als 26 dB bei 64QAM erforderlich.

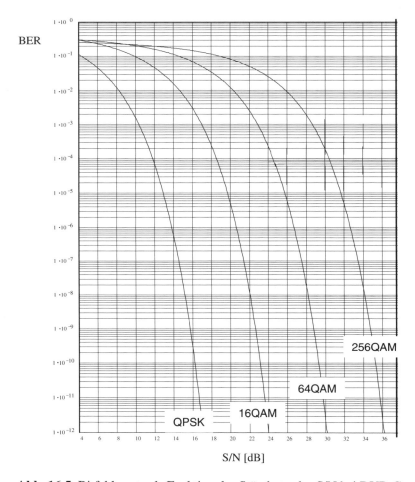

Abb. 16.5. Bitfehlerrate als Funktion des Störabstandes S/N bei DVB-C

Die Kanalbitfehlerrate, also die Bitfehlerrate vor Reed-Solomon beträgt dann $2 \bullet 10^{-4}$. Der Reed-Solomon-Dekoder repariert dann Fehler bis auf eine Restbitfehlerrate nach Reed-Solomon von $1 \bullet 10^{-11}$. Dies entspricht dem quasifehlerfreien Betrieb (1 Fehler pro Stunde), ist aber gleichzeitig nahezu auch "fall of the cliff". Etwas mehr an Rauschen und die Übertragung bricht schlagartig zusammen. Der für den QEF-Fall (= Quasi Error Free) notwendige Störabstand S/N hängt vom Grad der Modulation ab. Je höher der Grad der Quadraturamplitudenmodulation, desto empfindlicher ist das Übertragungssystem. Abb. 16.5. zeigt den Verlauf der Bitfehlerrate über das S/N (Signal to Noise Ratio) für QPSK, 16QAM, 64QAM und 256QAM.

Am verbreitetsten ist momentan der Betrieb mit 64QAM-modulierten Signalen in Koax-Netzen. Hierbei ist ein Störabstand S/N von mehr als 26 dB erforderlich (Abb. 16.6.). Dies entspricht dann dem Betrieb kurz vor "fall of the cliff".

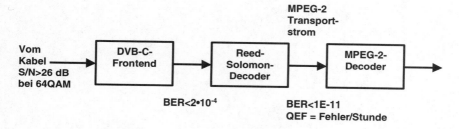

Abb. 16.6. Bitfehlerraten bei DVB-C

Literatur: [ETS300429], [ETR290], [EFA], [GRUNWALD]

17 Die Breitbandkabelübertragung nach ITU-T J83B (Nordamerika)

In Nordamerika kommt ein anderer Standard für die Breitbandkabelüber-tragung von digitalen TV-Signalen zum Einsatz, nämlich ITU-T J83B [ITUJ83]. J83B ist prinzipiell mit J83A,C (Europa, Japan) vergleichbar, jedoch im Detail speziell bei der FEC völlig verschieden. Die bei J83B vorliegende Kanalbandbreite liegt wie bei J83C (Japan) bei 6 MHz. Als Modulationsverfahren kommen nur 64QAM und 256QAM zum Einsatz bei einem Rolloff-Faktor von r=0.18 (64QAM) und r=0.12 (256QAM). Der Fehlerschutz (FEC) ist bei J83B deutlich aufwändiger als bei J83A, C. Dies beginnt schon beim MPEG-Framing.

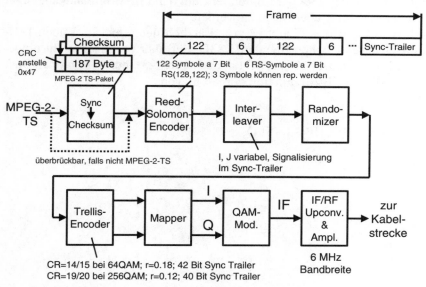

Abb. 17.1. Blockschaltbild eines ITU-T J83B-Modulators

Das im MPEG-2-Transportstrom vorhandene Sync-Byte wird nämlich hier durch eine spezielle Checksumme ersetzt, die auf der Empfangsseite wie bei ATM (Asynchronous Transfer Mode) gleitend mitgerechnet wird und bei Übereinstimmung als Synchronisationskriterium verwendet wird.

Über J83B ist sowohl eine MPEG-2-Transportstrom-übertragung als auch eine ATM-Übertragung möglich. Nach dem Ersetzen des Sync-Bytes durch eine CRC dann folgt ein Reed-Solomon-Blockcoder RS(128,122), der sich im Gegensatz zu J83A und J83C nicht an der MPEG-2-Blockstruktur orientiert. Im RS-Encoder werden zu je 122 7 Bit langen Symbolen 6 RS-Symbole hinzuaddiert. Hiermit können auf der Empfangsseite 3 Symbole innerhalb von 128 Symbolen repariert werden. Es wird ein Rahmen (Frame) aus mehreren RS(128,122)-Paketen gebildet, zu dem ein 42 Bit oder 40 Bit langer Sync-Trailer hinzugesetzt werden, in dem u.a. auch die einstellbare Interleaver-Länge signalisiert wird. Nach dem RS-Encoder findet sich dann der Interleaver, der den Datenstrom zur Vermeidung von Burstfehlern günstiger aufbereitet. Ein Randomizer sorgt für eine günstige spektrale Verteilung und bricht lange Null- und Einssequenzen im Datenstrom auf. Als letzte Stufe in der FEC findet sich ein Trellis-Encoder (vgl. Faltungscoder), der nochmals zusätzlichen Fehlerschutz und natürlich Overhead in den Datenstrom einfügt. Der so vorbereitete Datenstrom wird dann 64QAM- oder 256QAM-moduliert, um dann im Breitbandkabel über Koax oder Glasfaser übertragen zu werden.

Neben J83A, B und C gibt es grundsätzlich noch dem im selben ITU-Dokument beschriebenen Standard J83D, der aber praktisch nicht eingesetzt wird. J83D entspricht ATSC (siehe Kapitel 23), nur wird hier an Stelle von 8VSB 16VSB-Modulation vorgeschlagen.

Literatur: [ITUJ83], [EFA], [SFQ]

18 Messungen an digitalen TV-Signalen im Breitbandkabel

Im Gegensatz zur Messtechnik an digitalen TV-Signalen über Satellit ist bei der Breitbandkabel-Messtechnik eine breitere Messtechnikpalette verfügbar und auch notwendig. Die Einflüsse auf das BK-Signal, das bis zu 256QAM-moduliert sein kann, sind weitaus vielfältiger und kritischer als im Satellitenbereich. In diesem Abschnitt werden nun die Messgeräte und Messverfahren für Messungen an DVB-C, sowie J83A,B,C-Signalen erläutert. Breiter Raum wird v.a. der sog. Konstellationsanalyse von IQ-modulierten Signalen geschenkt, die uns auch bei DVB-T begegnet. Die bei der Kabelübertragung zu erfassenden Parameter bzw. Einflüsse sind:

- Signalpegel
- Störabstand C/N bzw. S/N
- Fehler des IQ-Modulators
- Interferenzstörer
- Phasenjitter
- Echos im Kabel
- Frequenzgang
- Bitfehlerrate
- Modulation Error Ratio bzw. Error Vector Magnitude
- Schulterabstand.

Um diese Einflüsse erfassen und bewerten zu können, werden folgende Messgeräte eingesetzt:

- moderne Spektrumanalysatoren
- Messempfänger mit Konstellationsanalyse
- Mess-Sender mit integriertem Rauschgenerator bzw. Kanalsimulator zum Stresstest von DVB-C- bzw. J83A,B,C-Empfängern.

18.1 DVB-C/J83A,B,C-Messempfänger mit Konstellationsanalyse

Wichtigstes Messgerät für Messungen an digitalen TV-Signalen in BK-Netzen ist ein DVB-C/J83ABC-Messempfänger mit einem integrierten Konstellationsanalyzer. Solch ein Messempfänger (Abb. 18.1.) arbeitet folgendermaßen: Ein hochwertiger Kabeltuner empfängt das digitale TV-Signal und setzt es in die ZF-Lage um. Anschließend wird der zu empfangende TV-Kanal mit einem SAW-Filter (Oberflächenwellenfilter) auf 8, 7 oder 6 MHz bandbegrenzt; Nachbarkanäle werden somit unterdrückt. Üblicherweise wird der TV-Kanal dann auf eine noch tiefere 2. ZF herabgemischt, um auf günstigere und bessere AD-Wandler zurückgreifen zu können Daraufhin wird das mit einem Antialiasing-Tiefpaßfilter gefilterte ZF-Signal mit einem AD-Wandler abgetastet und im DVB-C/J83A,B,C-Demodulator demoduliert.

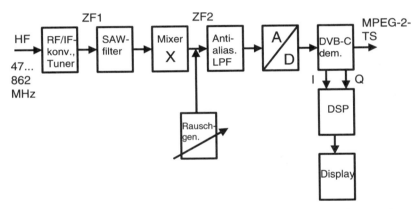

Abb. 18.1. Blockschaltbild eines DVB-C/J83A, B, C – Messempfängers mit Konstellationsanalyse

Ein Signalprozessor hat hierbei Zugriff auf die IQ-Ebene des Demodulators, erfasst die Konstellationspunkte als Trefferhäufigkeiten in I- und Q-Richtung in den Entscheidungsfeldern des QAM-Konstellationsdiagramms. Man erhält nun im komplexen I/Q-Diagramm Häufigkeitsverteilungen (Wolken) um die einzelnen Konstellationspunkte herum; bei 64QAM ergibt dies 64QAM-"Wolken". Durch mathematische Analysen dieser Häufigkeitsverteilungen werden dann die einzelnen QAM-Parameter ermittelt. Außerdem wird das Konstellationsdiagramm selbst graphisch dargestellt und kann dann optisch begutachtet werden. Zusätz-

lich wird das Signal dann noch bis zum MPEG-2-Transportstrom demoduliert, der dann für evtl. weitere Analysen einem MPEG-2-Messdekoder zugeführt werden kann.

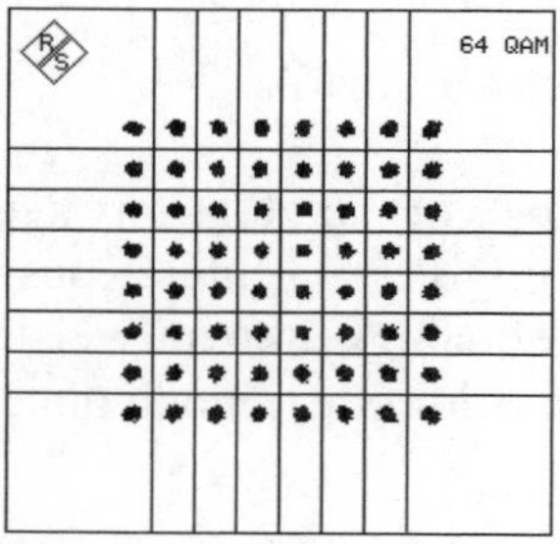

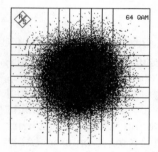

Abb. 18.2. Korrekt gerastetes Konstellationsdiagramm mit überlagertem Rauschen

Liegt am Messempfänger ein korrektes DVB-C oder J83A, B, C-Signal
an und sind alle Messempfängereinstellungen so gewählt, dass er auf das
QAM-Signal korrekt einrasten kann, so ergibt sich ein Konstellationsdiagramm mit mehr oder weniger großen Konstellationspunkten (Abb. 18.2.),
von rauschwolkenartigem Aussehen. Die Größe der Konstellationspunkte
hängt von der Größe der Störeinflüsse ab. Je kleiner die Konstellationspunkte sind, desto besser ist die Signalqualität.

Abb. 18.3. Kein QAM-Signal im gewählten Kanal, nur Rauschen

Bei DVB-C und J83A, B, C müssen folgende Einstellparameter des
Messempfängers richtig gewählt sein, damit der Empfänger einrastet:

- Kanalfrequenz (Bandmitte des Kanals, ca. 47 bis 862 MHz)
- Standard DVB-C/J83A, J83B oder J83C

- Kanalbandbreite 8, 7, 6 MHz
- QAM-Ordnung (16QAM, 32QAM, 64QAM, 128QAM, 256QAM)
- Symbolrate (ca. 2 bis 7 MS/s)
- SAW-Filter ein bei Nachbarkanalbelegung
- Eingangsdämpfungssteuerung möglichst auf Automatik.

Liegt einfach kein Signal im gewählten RF-Kanal vor, so zeigt uns der Konstellationsanalyzer des Messempfängers ein völlig verrauschtes Konstellationsdiagramm (Abb. 18.3.), das keinerlei Regelmäßigkeiten aufweist. Es erscheint wie ein riesiger Konstellationspunkt in Bildmitte, jedoch ohne scharfe Konturen.

Abb. 18.4. Konstellationsdiagramm bei falsch gewählter Trägerfrequenz und falsch gewählter Symbolrate

Wurde zufällig ein analoger TV-Kanal anstelle z.B. eines DVB-C-Kanales gewählt, so entstehen Lissajou-Figuren-ähnliche Konstellationsdiagramme, die sich ständig ändern, abhängig vom aktuellen Inhalt des analogen TV-Kanals. Liegt jedoch ein QAM-Signal im gewählten Kanal an und es sind aber einige Empfängerparameter falsch gewählt (RF nicht exakt, evtl. falsche Symbolrate, falsche QAM-Ordnung usw.), so erscheint ein riesiger Konstellationspunkt mit deutlich schärferen Konturen (Abb. 18.4.).

Sind alle Parameter richtig gewählt, nur die Trägerfrequenz weist nur noch eine Abweichung auf, so rotiert das Konstellationsdiagramm (Abb. 18.5.). Es sind dann konzentrische Kreise erkennbar.

Ein ideales völlig unverzerrtes Konstellationsdiagramm würde nur einen einzelnen Konstellationspunkt pro Entscheidungsfeld exakt in der Mitte der Felder zeigen (Abb. 18.6.). Solch ein Konstellationsdiagramm ist aber nur in der Simulation erzeugbar.

Heutzutage gibt es v.a. in HFC-Netzen (Hybrid Fiber Coax) auch Übertragungen bis 256QAM. Solch ein Konstellationsdiagramm ist in Abb. 18.7. dargestellt.

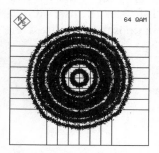

Abb. 18.5. QAM-Signal bei unsynchronisiertem Träger (RF falsch, Symbolrate richtig)

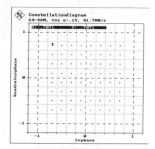

Abb. 18.6. Vollständig unverzerrtes Konstellationsdiagramm eines ungestörten 64QAM-Signales

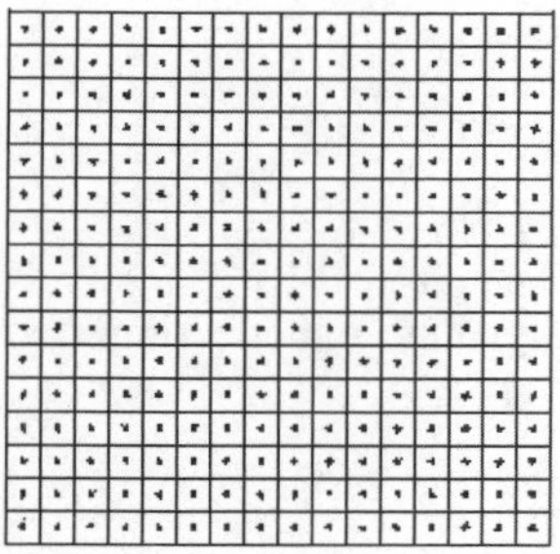

Abb. 18.7. 256QAM-moduliertes DVB-C-Signal

18.2 Erfassung von Störeinflüssen mit Hilfe der Konstellationsanalyse

In diesem Abschnitt werden nun die wichtigsten Störeinflüsse auf der BK-Übertragungsstrecke und deren Analyse mit Hilfe des Konstellations-Diagramms erläutert. Die mit Hilfe der Konstellationsanalyse direkt erkennbaren und unterscheidbaren Einflüsse sind:

- additives weißes gaussches Rauschen
- Phasenjitter
- Interferenzstörungen
- IQ-Fehler des Modulators

Neben der rein optischen Begutachtung des Konstellations-Diagramms können auch folgende Parameter direkt daraus berechnet werden:

- Signalpegel
- Störabstand
- Phasenjitter
- IQ-Amplitudenungleichheit
- IQ-Phasenfehler
- Trägerunterdrückung
- Modulation Error Ratio (MER)
- Error Vector Magnitude (EVM)

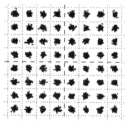

Abb. 18.8. Konstellationsdiagramm eines 64QAM-Signales mit überlagertem Rauschen

18.2.1 Additives weißes gauß'sches Rauschen (AWGN)

Ein Störeinfluss, der alle Arten von Übertragungsstrecken gleichermaßen beeinflusst, ist das sog. additive weiße gauß'sche Rauschen (AWGN).

Dieser Einfluss kann praktisch von jedem Punkt der Übertragungsstrecke mehr oder weniger ausgehen. Im Konstellationsdiagramm erkennt man rauschartige Einflüsse anhand der nun mehr oder weniger großen Konstellationspunkte (Abb. 18.8.). Je größer diese wolkenartige Ausprägung erscheint, desto größer ist der Rauscheinfluss. Zur Messung des Effektivwertes des rauschartigen Störers zählt man innerhalb der Konstellationsfelder die Treffer in den einzelnen Bereichen der einzelnen Konstellationsfelder, d.h. man erfasst, wie häufig die Mitte und die Bereiche darum herum in immer größeren Abstand getroffen werden. Würde man diese Treffer, bzw. Zählergebnisse innerhalb eines Konstellationsfeldes mehrdimensional darstellen, so ergibt sich eine zweidimensionale Gauß'sche Glockenkurve (Abb. 18.9.).

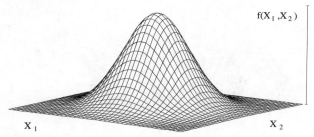

Abb. 18.9. Zweidimensionale gaussche Normalverteilung [EFA]

Diese zweidimensionale Verteilung ist nun in jedem Konstellationsfeld gleichermaßen vorzufinden (Abb. 18.10.). Zur Ermittelung des Effektivwertes des Rauscheinflusses berechnet man nun einfach die Standardabweichung anhand dieser Treffergebnisse. Die Standardabweichung entspricht dann direkt dem Effektivwert des Rauschsignals. Setzt man nun diesen Effektivwert N ins Verhältnis zur Amplitude des QAM-Signals S, so lässt sich dann durch Logarithmieren das logarithmische Rauschmaß S/N in dB berechnen.

Eine normalverteilte Häufigkeitsverteilung lässt sich durch die von Gauß ermittelte Normalverteilungsfunktion beschreiben zu:

mit σ = Standardabweichung, μ = Mittelwert.

$$y(x) = \frac{1}{\sigma\sqrt{2\pi}} e^{-0.5(\frac{x-\mu}{\sigma})^2}$$

Die Standardabweichung lässt sich hierbei aus dem Zählerergebnissen berechnen aus:

$$\sigma = \sqrt{\int_{-\infty}^{\infty} (x-\mu)^2 f(x)dx} \ ;$$

Man erkennt deutlich, dass die Formel zur Ermittelung der Standardabweichung im Prinzip dem mathematischen Zusammenhang zur Effektivwertberechnung entspricht.

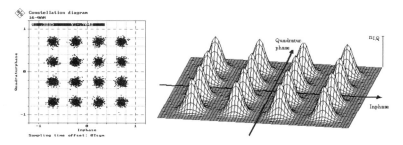

Abb. 18.10. Zweidimensionale Trefferkurven im 16QAM-Konstellationsdiagramm bei überlagertem Rauschen [HOFMEISTER]

Zu beachten ist jedoch, dass nicht nur reines Rauschen, sondern auch impulsartige Störer oder Intermodulations- und Kreuzmodulationsprodukte durch Nichtlinearitäten auf der Übertragungsstrecke vergleichbare rauschwolkenartige Verzeichnungen im Konstellationsdiagramm hervorrufen und so von eigentlichem Rauschen nicht zu unterscheiden sind.

Grundsätzlich ist zu beachten, dass es zwei Definitionen für den Störabstand gibt; man spricht vom Carrier to Noise Ratio C/N und vom Signal to Noise Ratio S/N. Beide lassen sich aber ineinander umrechnen. Das C/N ist auf die Verhältnisse am Empfängereingang bezogen. Dieser hat in BK-Netzen eine Bandbreite von 8, 7 oder 6 MHz. Der Signal-Störabstand S/N bezieht sich jedoch auf die Verhältnisse nach der Rolloff-Filterung und auf die tatsächliche Nyquist-Bandbreite des Signals. Für die Signalbandbreite und für die Rauschbandbreite ist hier die Symbolrate des Signals einzusetzen. Es ist jedoch grundsätzlich zu empfehlen, als Bezugsbandbreite für die Rauschbandbreite bei der C/N-Messung auch die Symbolrate zu verwenden. Damit ergibt sich für das C/N eine eindeutige Definition. Dies ist z.B. in den DVB-Measurement Guidelines vorgeschlagen [ETR290].

Die Signalleistung S ergibt sich aus der Trägerleistung C zu

$$S = C + 10 \log(1 - r/4);$$

mit r = Rolloff-Faktor.

somit ergibt sich für den logarithmischen Signal-Störabstand S/N:

$$S/N[dB] = C/N \ [dB] + 10 \log(1-r/4);$$

Beispiel:
Kanalbandbreite: 8 MHz
Symbolrate: 6.9 MSymbole/s
Rolloff-Faktor: 0.15

$$S/N \ [dB] = C/N \ [dB] + 10 \log(1-0.15/4)$$
$$= C/N \ [dB] -0.1660 \ dB;$$

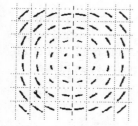

Abb. 18.11. Konstellationsdiagramm eines 64QAM-Signales mit Phasenjitter

18.2.2 Phasenjitter

Phasenjitter oder Phasenrauschen im QAM-Signal wird von Umsetzern im Übertragungsweg oder vom I/Q-Modulator selbst verursacht. Im Konstellationsdiagramm bewirkt ein Phasenjitter eine mehr oder weniger große schlierenförmige Verzeichnung (Abb. 18.11.). Das Konstellationsdiagramm "wackelt" drehend um den Mittelpunkt herum.

Zur Ermittlung des Phasenjitters werden die schlierenförmigen Verzeichnungen der äußersten Konstellationspunkte vermessen. Dort ist der Phasenjittereinfluss am größten. Nun wird die Häufigkeitsverteilung innerhalb des Entscheidungsfeldes entlang jener Kreisbahn betrachtet, deren

Mittelpunkt im Ursprung des Zustandsdiagramms liegt. Wiederum lässt sich hier die Standardabweichung berechnen, die noch von einem zusätzlichen Rauschen beeinflusst ist. Dieser Rauscheinfluss muss dann noch herausgerechnet werden.

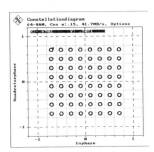

Abb. 18.12. Einfluss eines sinusförmigen Interferenzstörers

18.2.3 Sinusförmiger Interferenzstörer

Ein sinusförmiger Interferenzstörer (Abb. 18.12.) bewirkt kreisförmige Verzeichnungen der Konstellationspunkte. Diese Kreise entstehen dadurch, dass der Störvektor um die Mitte des Konstellationspunktes herum rotiert. Der Durchmesser der Kreise entspricht hierbei der Amplitude des sinusförmigen Störers.

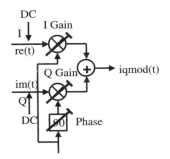

Abb. 18.13. IQ-Modulator mit Fehlern

18.2.4 Einflüsse des IQ-Modulators

In der ersten Generation von DVB-C-Modulatoren kamen analoge IQ-Modulatoren zum Einsatz. Aufgrund von Fehlern im IQ-Modulator (Abb.

18.13.) traten dann IQ-Fehler am QAM-modulierten Signal auf. Liegt. z.B. im I-Zweig eine andere Verstärkung vor als im Q-Zweig der IQ-Modulators, so kommt es zur IQ-Amplituden-Ungleichheit. Ist der 90-Grad-Phasenschieber in der Trägerzuführung des Q-Modulators nicht exakt 90 Grad, so entsteht ein IQ-Phasenfehler. Ein noch häufigeres Problem war die mangelnde Trägerunterdrückung. Diese wird hervorgerufen durch Trägerübersprechen oder durch einen gewissen Gleichanteil im I- bzw. Q-Modulationssignal. Heute findet man ausnahmslos digital arbeitende IQ-Modulatoren im BK-Bereich vor. Somit spielen die geschilderten Probleme des IQ-Modulators keine Rolle mehr. Der Vollständigkeit halber sollen diese aber zumindest noch kurz erläutert werden.

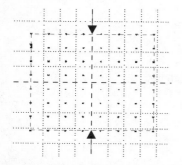

Abb. 18.14. Konstellationsdiagramm bei Amplituden-Ungleichheit (IQ-Imbalance)

18.2.4.1 IQ-Amplituden-Ungleichheit (I/Q-Imbalance)

Bei einer IQ-Amplituden-Ungleichheit ist das Konstellationsdiagramm in I- oder Q-Richtung gestaucht (Abb. 18.14.). Es entsteht ein rechteckförmiges Konstellationsdiagramm anstelle eine quadratischen. Die Amplituden-Ungleichheit lässt sich durch Abmessen der Seitenlängen des nun rechteckförmigen Diagramms ermitteln. Sie ist definiert zu

$$AI = (v_2/v_1 - 1) * 100\%;$$

mit v_1 = Verstärkung in I-Richtung oder Rechteckseitenlänge I und
v_2 = Verstärkung in Q-Richtung oder Rechteckseitenlänge Q.

18.2.4.2 IQ-Phasenfehler

Ein IQ-Phasenfehler (Abb. 18.15.) (PE) führt zu einem rautenförmigen Konstellationsdiagramm. Der Phasenfehler im 90-Grad-Phasenschieber des IQ-Modulators lässt sich im Konstellationsdiagramm aus den Winkeln der Raute bestimmen. Der spitze Winkel weist dann einen Wert von 90°-PE und der stumpfe Winkel einen Wert von 90°+PE auf.

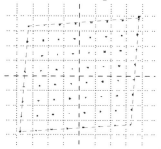

Abb. 18.15. Konstellationsdiagramm mit IQ-Phasenfehler

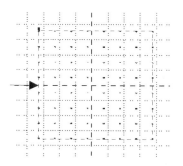

Abb. 18.16. Konstellationsdiagramm mit schlechter Trägerunterdrückung (Carrier Leakage)

18.2.4.3 Trägerunterdrückung

Bei schlechter Trägerunterdrückung (Abb. 18.16.) wird das Konstellationsdiagramm in irgend einer Richtung aus der Mitte herausgeschoben. Aus dem Maß der Verschiebung lässt sich die Trägerunterdrückung berechnen. Sie ist definiert zu:

$$CS = -10 \cdot \lg(P_{RT} / P_{Sig}) \quad [\text{dB}] \ .$$

18.2.5 Modulation Error Ratio (MER) - Modulationsfehler

Alle erläuterten Störeinflüsse auf ein digitales TV-Signal in Breitbandkabelnetzen bewirken, dass die Konstellationspunkte Ablagen in Bezug auf
die Soll-Lage in der Mitte der Entscheidungsfehler aufweisen. Sind die
Ablagen zu groß, so werden die Entscheidungsgrenzen überschritten und
es entstehen Bitfehler. Die Ablagen von der Entscheidungsfeldmitte können aber auch als Messparameter für die Größe einer beliebigen Störgröße
aufgefasst werden.

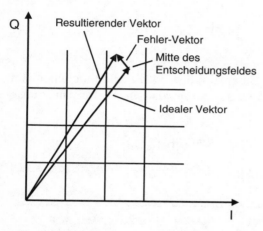

Abb. 18.17. Definition des Fehlervektors zur Bestimmung des Modulation Error
Ratios (MER)

Und genau das ist das Ziel eines künstlichen Messparameter, wie er im
MER = Modulation Error Ratio vorzufinden ist. Bei der MER-Messung
nimmt man an, dass die tatsächlichen Treffer in den Konstellationsfeldern
durch Störgrößen aus der Mitte des jeweiligen Fehlers herausgeschoben
wurden (Abb. 18.17.). Man vergibt für die Störgrößen Fehlervektoren; der
Fehlervektor zeigt von der Mitte des Konstellationsfeldes zum Punkt des
tatsächlichen Treffers im Konstellationsfeld. Man vermisst dann die Längen aller dieser Fehlervektoren in jedem Konstellationsfeld über die Zeit
und bildet den quadratischen Mittelwert oder erfasst den maximalen Spitzenwert in einem Zeitfenster. Die Definition des MER ist in den DVB-
Measurement Guidelines ETR290 zu finden.

$$MER_{PEAK} = \frac{\max(|error\_vector|)}{U_{RMS}} \cdot 100\%;$$

$$MER_{RMS} = \frac{\sqrt{\dfrac{1}{N}\displaystyle\sum_{n=0}^{N-1}(|\,error\_vector\,|)^2}}{U_{RMS}} \cdot 100\%;$$

Als Bezug U_{RMS} gilt hier der Effektivwert des QAM-Signals.

Üblicherweise arbeitet man aber im logarithmischen Maß:

$$MER_{dB} = 20 \cdot \lg\left(\frac{MER[\%]}{100}\right)\ [dB]\ .$$

Der MER-Wert ist also eine Summengröße, in die alle möglichen Einzelfehler eingehen. Der MER-Wert beschreibt also die Performance unserer Übertragungsstrecke vollständig.

Es gilt grundsätzlich: MER [dB] ≤ S/N [dB];

Tabelle 18.1. Umrechung EVM und MER

Ordnung	MER ⇒ EVM [%]	EVM ⇒ MER [%]	MER ⇒ EVM [dB]	EVM ⇒ MER [dB]
4	EVM = MER	MER = EVM	IEVMI = MER	MER = IEVMI
16	EVM =	MER =	IEVMI =	MER =
	MER / 1,342	EVM * 1,342	MER + 2,56 dB	IEVMI - 2,56 dB
32	EVM =	MER =	IEVMI =	MER =
	MER / 1,304	EVM * 1,304	MER + 2,31 dB	IEVMI - 2,31 dB
64	EVM =	MER =	IEVMI =	MER =
	MER / 1,527	EVM * 1,527	MER + 3,68 dB	IEVMI - 3,68 dB
128	EVM =	MER =	IEVMI =	MER =
	MER / 1,440	EVM * 1,440	MER + 3,17 dB	IEVMI - 3,17 dB
256	EVM =	MER =	IEVMI =	MER =
	MER / 1,627	EVM * 1,627	MER + 4,23 dB	IEVMI - 4,23 dB

18.2.6 Error Vector Magnitude (EVM)

Die Error Vector Magnitude (EVM) ist mit dem Modulation Error Ratio (MER) sehr nah verwandt. Der einzige Unterschied ist der unterschiedliche Bezug. Während man beim MER den Effektivwert des QAM-Signals als Bezug wählt, wird beim EVM der Spitzenwert des QAM-Signals als Bezugswert herangezogen.

Mit Hilfe von Tabelle 18.1. können EVM und MER ineinander umgerechnet werden.

18.3 Messung der Bitfehlerrate (Bit Error Rate BER)

Bei DVB-C, sowie J83AC ist die Übertragung durch einen Reed-Solomon-Fehlerschutz RS(204,188) geschützt. Dieser Schutz erlaubt anhand von 16 Fehlerschutzbytes pro Transportstrompaket eine Korrektur von 8 Einzelfehlern pro Paket auf der Empfangsseite. Zählt man nun die vom Reed-Solomon-Decoder auf der Empfangsseite vorgenommenen Korrekturereignisse und nimmt an, dass diese auf Einzelfehler zurückzuführen sind und setzt diese ins Verhältnis zu dem im vergleichbaren Zeitraum einlaufenden Bitstrom (ein Transportstrompaket hat $188 \bullet 8$ Nutzbits und insgesamt $204 \bullet 8$ Bits), so erhält man die Bitfehlerrate, ein Wert zwischen $1 \bullet 10^{-4}$ und $1 \bullet 10^{-11}$. Der Reed-Solomon-Dekoder kann jedoch nicht alle Fehler reparieren. Nicht mehr korrigierbare Fehler in Transportstrompaketen führen zu fehlerhaften Pakete, die dann durch den Transport Error Indicator im MPEG-2-Transportstrom-Header markiert sind. Zählt man die nicht mehr korrigierbaren Fehler und setzt diese ins Verhältnis zum entsprechenden Datenvolumen, so kann man daraus die Bitfehlerrate nach Reed-Solomon berechnen. Bei DVB-C und J83AC gibt es also 2 Bitfehlerraten:

- Bitfehlerrate vor Reed-Solomon = Kanalbitfehlerrate
- Bitfehlerrate nach Reed-Solomon.

Die Definition für die Bitfehlerrate lautet:

BER = Bitfehler / übertragene Bits;

Die Bitfehlerate steht in einem festen Zusammenhang zum Signal-Störabstand, falls nur Rauschen vorliegt.

Equivalent Noise Degradation (END):

Die Äquivalente Rauschverschlechterung ist ein Maß für die „Einfügungs-dämpfung" des gesamten Systems vom Modulator über die Kabelstrecke bis zum Demodulator. Es wird die Abweichung des realen vom idealen SNR-Verhältnis für eine BER von 1,0E-4 in dB angegeben. In der Praxis werden Werte um ca. 1 dB erreicht.

Noise Margin:

Unter der Rauschreserve wird der Abstand vom C/N, welches zu einer BER = 1,0E-4 führt zum C/N-Wert des Kabelsystems verstanden. Bei der Messung des C/N im Kabel ist die Kanalbandbreite des QAM-Signals als Rauschbandbreite anzusetzen.

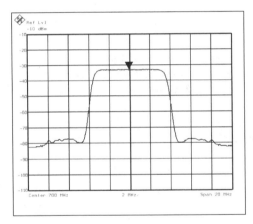

Abb. 18.18. Spektrum eines DVB-C-Signals

18.4 Messungen mit einem Spektrumanalyzer

Mit Hilfe eines Spektrumanalysators kann man zumindest auf der Modula-tionsseite sehr gut die Leistung des DVB-C-Kanals vermessen. Ein DVB-C-Signal sieht rauschartig aus und hat einen ziemlich großen Crest-Faktor. Aufgrund seiner Ähnlichkeit mit weißem gausschen Rauschen erfolgt die Leistungsmessung wie bei einer Rauschleistungsmessung.

Zur Ermittelung der DVB-C/J83ABC-Trägerleistung stellt man den Spektrumanalyzer folgendermaßen ein:

Am Analysator wird eine Auflösebandbreite von 300 kHz und eine Videobandbreite gewählt, die 3 bis 10 mal so groß ist, wie die Auflösebandbreite (3 MHz). Es ist eine langsame Ablaufzeit einzustellen (2000 ms), um eine gewisse Mittelung zu erreichen. Diese Parameter sind nötig, da wir mit dem RMS-Detektor des Spektrumanalyzers arbeiten. Es werden nun folgende Einstellungen verwendet:

- Center Frequenz auf Kanalmitte des Kabelkanals
- Span 10 MHz
- Res. Bandwidth auf 300 kHz
- Video Bandwidth auf 3 MHz (wegen RMS Detector und log. Darstellung)
- Detector RMS
- Langsame Ablaufzeit (2000 ms)
- Noise Marker auf Kanalmitte (ergibt Wert C' in dBm/Hz)

Wegen des rauschartigen Signals wird der Noise-Marker zur Leistungsmessung benutzt. Hierzu wird der Noise-Marker in Bandmitte gestellt. Voraussetzung ist aber ein flacher Kanal, der aber am Modulator immer vorausgesetzt werden kann. Beim Vorliegen eines nicht-flachen Kanals müssen andere geeignete, aber vom Spektrumanalyzer abhängige Messfunktionen zur Kanalleistungsmessung verwendet werden. Der Analyzer gibt uns den Wert C' als Rauschleistungsdichte an der Stelle des Noise-Markers in dBm/Hz, wobei die Filterbandbreite sowie die Eigenschaften des Logarithmierers des Analysators automatisch berücksichtigt werden. Um die Signalleistungsdichte C' nun auf die Nyquist-Bandbreite B_N des Kabel-Signals zu beziehen, muss die Signalleistung C über

$$C = C' + 10\lg B_N = C' + 10\lg(symbol\_rate / Hz) \cdot dB \qquad [dBm]$$

berechnet werden. Die Nyquist-Bandbreite des Signals entspricht hierbei der Symbolrate des Kabel-Signals.

Beispiel:

Messwert des Noise-Markers:	-100 dBm/Hz
Korrekturwert bei 6.9 MS/s Symbolrate:	+68.4 dB

Leistung im Kanal:	-31.6 dBm

Näherungsweise Ermittelung der Rauschleistung N:

Würde man das DVB-C/J83ABC-Signal abschalten können, ohne die Rauschverhältnisse im Kanal zu verändern, so würde man vom Rausch-marker in Bandmitte nun eine Aussage über die Rauschverhältnisse im Kanal bekommen. Dies ist aber nicht so einfach möglich. Keinen exakten Messwert, aber zumindest eine "gute Idee" über die Rauschleistung im Kanal erhält man, wenn man mit dem Noise-Marker auf der Schulter des DVB-C/J83ABC-Signales ganz nah am Signal misst. Man kann nämlich annehmen, dass sich der Rauschsaum im Nutzband ähnlich fortsetzt, wie er auf der Schulter zu finden ist.

Der Wert N' der Rauschleistungsdichte wird vom Spektrumanalysator ausgegeben. Um aus der Rauschleistungsdichte N' nun die Rauschleistung im Kanal mit der Bandbreite B_K des Kabel-Übertragungskanals

zu berechnen, muss die Rauschleistung N über

$$N = N' + 10 \lg B_K = N' + 10 \lg(Kanalbreite / Hz) \cdot dB \qquad [dBm]$$

ermittelt werden. Als Kanalbandbreite ist nun die tatsächliche Bandbreite des Satellitenkanals einzusetzen. Diese ist z.B. 8 MHz.

Beispiel:

Messwert des Noise-Markers:	-140 dBm/Hz
Korrekturwert bei 8 MHz Bandbreite:	+69.0 dB
-----------------------	-----------------------
Rauschleistung im Kabel-Kanal:	-71.0 dBm

Daraus ergibt sich für den Wert C/N:

$$C / N_{[dB]} = C_{[dBm]} - N_{[dBm]}$$

Im Beispiel: C/N[dB] = -31.6 dBm - (-71.0 dBm) = 39.4 dB.

18.5 Messung des Schulterabstandes

Außerbandanteile nahe am DVB-C/J83ABC-Nutzband erkennt man an-hand der sog. Schultern des QAM-Signals (siehe Abb. 18.18. bzw. 18.19.). Diese Schultern sollten so gut wie möglich unterdrückt werden, um die

Nachbarkanäle so wenig wie möglich zu stören. Man spricht von einem sog. mindestens geforderten Schulterabstand (z.B. 43 dB). Die Schulterabstandsmessung erfolgt unter Verwendung einfacher Markerfunktionen des Spektrumanalysators.

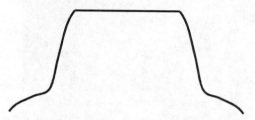

Abb. 18.19. Schultern eines DVB-C-Signales

18.6 Messung der Welligkeit im Kanal bzw. Kanalschräglage

Ein digitaler TV-Kanal sollte eine möglichst geringe Welligkeit (kleiner 0.4 dB_{SS}) im Amplitudengang aufweisen. Außerdem sollte die Schräglage des Kanals diesen Wert ebenfalls nicht überschreiten. Eine Messung der Welligkeit und der Kanalschräglage kann mit Hilfe eines Spektrum-Analyzers erfolgen. Ebenfalls zur Messung heranziehen könnte man die Korrekturdaten des Kanal-Equalizers im Messempfänger. Manche Kabelmessempfänger erlauben daraus die Berechnung des Kanalfrequenzganges.

18.7 DVB-C/J83ABC-Empfänger-Test

Wie bei DVB-S und auch bei DVB-T hat der Test von Empfängern (Settop-Boxen) eine große messtechnische Bedeutung. Es werden Mess-Sender verwendet, die eine Kabelübertragungsstrecke samt Modulationsprozess simulieren können. In solch einem Mess-Sender (z.B. Rohde&Schwarz TV Test Transmitter SFQ oder SFU) findet man neben dem Kabel-Modulator und Upconverter auch eine zuschaltbare Rauschquelle und ggf. auch einen Kanalsimulator. In den Mess-Sender wird MPEG-2-Transportstrom aus einem MPEG-2-Generator eingespeist. Das Ausgangssignal des Mess-Senders kann direkt dem Eingang des Kabel-Empfänger zugeführt werden. Im Messsender können dann durch Änderung zahlreicher Parameter Stressbedingungen für den Empfänger erzeugt werden. Auch ist die Messung der Bitfehlerrate in Abhängigkeit vom C/N möglich.

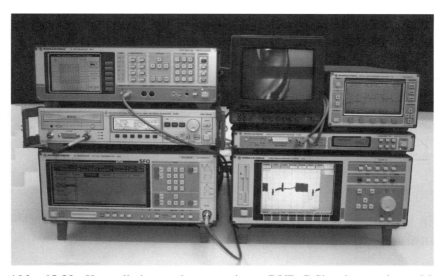

Abb. 18.20. Konstellationsanalyse an einem DVB-C-Signal aus einem Mess-Sender (Rohde&Schwarz SFQ, links unten) mit Hilfe eines Messempfängers (Rohde&Schwarz EFA, links oben): Ein MPEG-2-Generator (Rohde&Schwarz DVRG, links Mitte) liefert einen MPEG-2-Transportstrom mit Testinhalten, der in den Mess-Sender eingespeist wird. Der DVB-C-Messempfänger EFA stellt das Konstellationsdiagramm des DVB-C-Signals dar und demoduliert außerdem das DVB-C-Signal zurück zum MPEG-2-Transportstrom, der dann mit einem MPEG-2-Messdecoder (Rohde&Schwarz DVMD, rechts Mitte) decodiert werden kann. Im Bild sind außerdem dargestellt: Videoanalyzer VSA (rechts unten), sowie TV-Monitor (Mitte oben) und ein „601"-Analyzer VCA (rechts oben)

Literatur: [ETR290], [EFA], [SFQ], [HOFMEISTER], [ETS300429], [REIMERS], [GRUNWALD], [JAEGER], [FISCHER3]

19 Coded Orthogonal Frequency Division Multiplex (COFDM)

Praktisch seit Beginn der elektrischen Nachrichtenübertragung, also seit etwa 100 Jahren werden Einträgermodulationsverfahren zur Übertragung von Information verwendet. Einem Sinusträger wird durch Amplituden-, Frequenz- oder Phasenmodulation die zu übertragende Nachricht aufgeprägt. Seit den 80er Jahren findet mehr und mehr die Übertragung auf diesen Einträgerverfahren in digitaler Art und Weise in Form von Frequency Shift Keying und v.a. auch durch Vektormodulation (QPSK, QAM) statt. Hauptapplikationen sind hier Fax, Modem, Mobilfunk, Richtfunk sowie Satellitenübertragung und Übertragung von Daten über Breitbandkabel. Manche Übertragungswege weisen jedoch Eigenschaften auf, die die Anwendung von Einträgerverfahren relativ störanfällig, aufwändig oder ungenügend gestalteten. Solche Übertragungswege sind v.a. die erdgebundenen, also terrestrischen und damit eigentlich besonders die konservativen Übertragungswege. Seit Marconi und Hertz sind es jedoch gerade diese Übertragungswege, die am häufigsten Verwendung finden. Jeder kennt heute die Transistorradios, Fernsehempfänger und jetzt auch die Mobiles oder die einfachen Walky-Talkies, die alle im terrestrischen Umfeld mit einem modulierten Träger arbeiten. Und jeder Autofahrer kennt den „roten Ampeleffekt" beim Rundfunkempfang im Auto; man hält an einer roten Ampel an und manchmal stoppt dann auch der Empfang, man befindet sich in einem „Funkloch". Aufgrund von Mehrwegempfang kommt es zu einer frequenz- und ortsselektiven Schwunderscheinung. Dies wird durch eine Überlangung von 2 Signalpfaden mit 180 Grad Phasenverschiebung verursacht. Im terrestrischen Funkfeld ist auch mit schmalbandigen oder breitbandigen Sinus- oder Impulsstörern zu rechnen, die den Empfang beeinträchtigen können. Ort, Art und Ausrichtung, sowie die Mobilität, also Bewegung spielen eine Rolle. Dies gilt gleichermaßen für Radio- und TV-Empfang, als auch für dem Mobilempfang über Handies. Die terrestrischen Empfangsbedingungen sind die schwierigsten überhaupt. Ähnliches gilt auch für die alte Zweidrahtleitung im Telekommunikationsbereich. Es kann Echos geben, Übersprechen von anderen Zweidrahtleitungen, Impulsstörer, sowie Amplituden- und Gruppenlauf-zeitgang. Der Bedarf nach höherratigen Datenverbindungen von PC zu Internet steigt aber immer mehr. Übliche Einträgerverfahren oder sogar Datenübertragungsverfahren wie ISDN stoßen jetzt schon an Grenzen. 64 kbit/s bzw. 128 kbit/s bei Kanalbündelung bei ISDN sind vielen zuwenig. Im terrestrischen Funkfeld sind es jetzt v.a. die seit jeher breitbandigen Funkdienste wie vor allem das Fernsehen mit üblicherweise bis zu 8 MHz Kanalbandbreite, die zuverlässige digitale Übertragungsverfahren fordern. Ein sicherer Weg hierzu ist in der Anwendung eines Mehrträgerverfahrens zu finden. Man überträgt die Information in einem Frequenzband digital nicht über einen Träger, sondern über viele - über zum Teil tausende von Unterträgern mit Vielfachfehlerschutz und Data-Interleaving. Diese seit den 70er Jahren bekannten Verfahren sind:

- Coded Orthogonal Frequency Division Multiplex (COFDM) bzw.
- Discrete Multitone (DMT)

Mehrträgerverfahren werden heute angewendet bei:

- Digital Audio Broadcasting – DAB
- Digital Video Broadcasting - DVB-T
- Asymmetrical Digital Suscriber Line (ADSL)
- Wireless Lan (WLAN)
- Übertragung von Datensignalen über Netzleitungen (Power Line)
- ISDB-T
- DMB-T

Dieses Kapitel beschreibt die Hintergründe, Eigenschaften und die Generierung von Mehrträgermodulationsverfahren wie Coded Orthogonal Frequency Division Multiplex (COFDM) bzw. Discrete Multitone (DMT).

Die Idee des Mehrträgerverfahren geht zurück in die 70er Jahre auf Untersuchungen in den Bell Labs in USA bzw. auf Ideen in Frankreich. Damals gab es jedoch noch keine Möglichkeiten der praktischen Realisierung, da entsprechend schnelle Chips nicht annähernd verfügbar waren. Viele Jahre später - zum Anfang der 90er Jahre wurde die Idee praktisch umgesetzt und zum ersten Mal bei DAB - Digital Audio Broadcasting angewendet. Nun kann man DAB momentan nicht unbedingt als Markterfolg bezeichnen; dies liegt aber sicherlich nicht an der Technik, sondern eher am verfehlten oder nicht stattgefundenen Marketing oder Pushing, was im Grundsatz eher der Industrie und Politik in die Schuhe zu schieben ist. Die Technik dahinter ist gut. Der Verbraucher ist selber heute schwer in manchen Bereichen zu überzeugen, dass dieses oder jenes besser ist. Es ist sicher richtig, vieles auch nur dem Verbraucher zu überlassen, aber dann muss er auch die neuen Möglichkeiten und Hintergründe kennen oder überhaupt die Chance haben, sich ein neues Empfangsgerät zu kaufen. Dies war und ist bei DAB erst seit 2001 richtig möglich. Und das ist schade für dieses Audioübertragungsverfahren über terrestrische Kanäle in praktisch CD-Qualität. Anders verhält sich dieses bei ADSL im Telekommunikationsbereich und bei DVB-T. ADSL wird immer mehr bei Internetzugängen wegen der Geschwindigkeit angenommen und gefordert, Digitales Terrestrisches Fernsehen - DVB-T verbreitet sich jetzt in Ländern, wird politisch gefördert und es wird umfangreich dafür Werbung gemacht. Endgeräte sind zahlreich verfügbar. DAB und DVB-T sind ein sehr guter Beitrag zur Energie - und Frequenzökonomie bei besserer Leistung, wenn richtig angewendet.

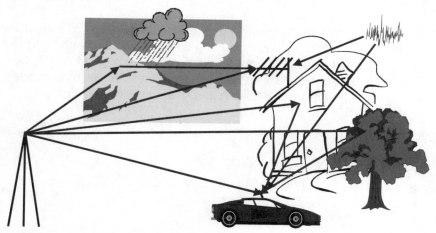

Abb. 19.1. Der terrestrische Übertragungskanal

19.1 Warum Mehrträgerverfahren?

Mehrträgerverfahren gehören zu den kompliziertesten Übertragungsverfahren überhaupt und sind ähnlich komplex wie die Code-Vielfachzugriffsverfahren (CDMA=Code Division Multiple Access). Doch warum hat man sich überhaupt ein so kompliziertes und für viele schwer verständliches Modulationsverfahren wie COFDM ausgedacht? Nicht ohne Grund! Die Ursache liegt einfach im extrem schwierigen Übertragungsmedium.

Beim verwendeten Übertragungsmedium handelt es sich hier um:

- erdgebundene Übertragungswege
- schwierige leitungsgebundene Übertragungsbedingungen.

Speziell die erdgebundenen (=terrestrischen) Übertragungswege weisen folgende charakteristische Merkmale auf (Abb. 19.1.):

- Mehrwegeempfang über verschiedene Echopfade, verursacht durch Reflexionen an Gebäuden, Bergen, Bäumen, Fahrzeugen
- additives weißes gauß'sches Rauschen (AWGN = Additive White Gaussian Noise)
- Interferenzstörer, schmalbandig oder breitbandig verursacht durch Ottomotoren, Straßenbahnen oder andere Funkdienste
- Dopplereffekt, d.h. Frequenzverschiebung bei Mobilempfang

Mehrwegeempfang führt zu orts- und frequenzselektiven Schwunderscheinungen (Abb. 19.2.); dieses sog. Fading ist bekannt als "roter Ampel-Effekt" bei Autoradios. Man stoppt an einer roten Ampel und der Radioempfang bricht zusammen. Würde man einen anderen Sender wählen oder das Auto nur geringfügig weiterbewegen, so hätte man wieder Empfang.

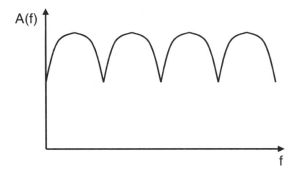

Abb. 19.2. Übertragungsfunktion eines Funkkanals mit Mehrwegeempfang; frequenzselektive Schwunderscheinungen (Fading)

Überträgt man Informationen genau nur über einen diskreten Träger exakt auf einer bestimmten Frequenz, so wird es bedingt durch Echos genau an bestimmten Orten genau an dieser spezifischen Frequenz zu Auslöschungen des Empfangssignals kommen, verursacht durch 180° Phasenverschiebung zweier Signalpfade. Dies ist von der Frequenz, der Echostärke und der Echolaufzeit abhängig.

Überträgt man hohe Datenraten digitaler Signale über vektormodulierte (IQ-modulierte) Träger, so weisen diese eine Bandbreite auf, die der Symbolrate entspricht.

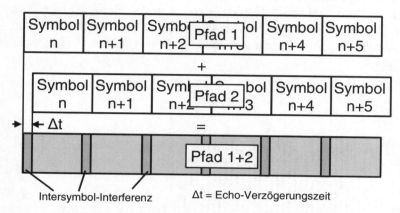

Abb. 19.3. Intersymbol-Interferenz / Intersymbol-Übersprechen bei Mehrwegeempfang

Die zur Verfügung stehende Bandbreite ist üblicherweise fest vorgegeben. Die Symbolrate ergibt sich aus der Modulationsart und der Datenrate. Einträgerverfahren weisen aber eine relativ hohe Symbolrate oft im Bereich von über 1 MS/s bis zu 30 MS/s auf. Dies führt zu sehr kurzen Symboldauern von 1µs und kürzer (Kehrwert der Symbolrate). Echolaufzeiten in terrestrischen Übertragungskanälen können aber durchaus im Bereich von bis zu etwa 50 µs oder mehr liegen. Solche Echos würden zu Symbolübersprechen von benachbarten bis zu weit entfernten Symbolen führen (Abb. 19.3.) und die Übertragung gewissermaßen unmöglich machen. Naheliegend wäre nun, dass man durch Tricks versucht, die Symboldauern möglichst lang zu machen, um das Symbolübersprechen zu minimieren und es wäre zusätzlich sinnvoll, Pausenzeiten zwischen die Symbole einzufügen, sog. Schutzintervalle.

Nun gibt es aber immer noch das Problem mit den orts- und frequenzselektiven Schwunderscheinungen. Wenn man nun aber bei konstanter zur Verfügung stehender Kanalbandbreite die Information nicht über einen einzelnen Träger überträgt, sondern auf viele bis zu tausende von Unterträgern aufteilt und insgesamt entsprechend Fehlerschutz einbaut, so sind zwar einzelne Träger oder Trägerbereiche von Fading betroffen, aber nicht alle Träger (Abb. 19.4.).

Aus den nicht oder wenig gestörten Trägern könnte man dann auf der Empfangsseite genügend fehlerfreie Information zurückgewinnen, um insgesamt mit den vorgenommenen Fehlerschutzmaßnahmen einen fehlerfreien Ausgangsdatenstrom wieder ableiten zu können. Verwendet man jedoch viele - tausende von Unterträgern anstelle eines Trägers, so vermindert sich die Symbolrate um den Faktor der Anzahl der Unterträger, die Symbole verlängern sich entsprechend mehrtausendfach bis hin einer Millisekunde.

Abb. 19.4. Anwendung von Mehrträgerverfahren in einem Funkkanal mit Schwunderscheinungen

Das Fadingproblem ist gelöst und gleichzeitig ist durch die verlängerten Symbole mit entsprechenden Pausenzeiten dazwischen auch das Problem des Intersymbolübersprechens gelöst.

Ein Mehrträgerverfahren - COFDM- Coded Orthogonal Frequency Division Multiplex ist geboren. Man muss nur noch erreichen, dass sich die vielen nun benachbarten Träger nicht stören, also orthogonal zueinander sind.

19.2 Was ist COFDM?

Bei Coded Orthogonal Frequency Division Multiplex (COFDM) handelt es sich um ein Vielträgerverfahren mit bis zu tausenden von Unterträgern die sich alle gegenseitig nicht stören, also orthogonal zueinander sind.

Die zu übertragende Information wird auf die vielen Unterträger verschachtelt (interleaved) aufgeteilt, wobei vorher entsprechend Fehlerschutz hinzugefügt wurde (= Coded Orthogonal Frequency Multiplex =

COFDM). Jeder dieser Unterträger ist vektormoduliert also QPSK-, 16QAM oft bis zu 64QAM-moduliert.

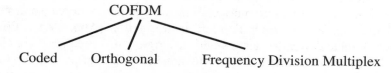

COFDM setzt sich zusammen aus Coded (=Fehlerschutz), Orthogonal (= rechtwinklig zueinander, aber eigentlich vom Sinn her: sich gegenseitig nicht störend) und Frequency Division Multiplex (= Aufteilung der Information auf viele Unterträger im Frequenzbereich).

In einem Übertragungskanal kann Information kontinuierlich oder in Zeitschlitzen übertragen werden. In den verschiedenen Zeitschlitzen können dann unterschiedliche Nachrichten transportiert werden, z.B. Datenströme von verschiedenen Quellen. Dieses Zeitschlitzverfahren wird seit jeher v.a. in der Telefonie zur Übertragung verschiedener Telefongespräche auf einer Leitung, einem Satellitenkanal oder auch Mobilfunkkanal angewendet. Die typischen pulsartigen Störungen, die ein Mobiltelefon nach dem GSM-Standard bei Einstrahlungen auf Stereoanlagen und Fernseher hervorruft, rühren her von diesem Zeitschlitzverfahren, das man auch Time Division Multiple Access (TDMA) nennt. Einen Übertragungskanal einer bestimmten Bandbreite kann man jedoch auch in Frequenzrichtung unterteilen; es entstehen Unterkanäle, in die man je einen Unterträger setzen kann. Jeder Unterträger wird unabhängig von den anderen moduliert und trägt eigene von den anderen Unterträgern unabhängige Information. Jeder dieser Unterträger kann vektormoduliert werden, z.B. QPSK-, 16QAM- oder auch 64QAM- moduliert.

Alle Unterträger befinden sich in einem konstanten Abstand Δf zueinander. In einem Nachrichtenkanal können sich bis zu Tausende von Unterträgern befinden. Jeder Unterträger könnte die Information einer Quelle tragen, die mit den anderen überhaupt nichts zu tun hätte. Man könnte jedoch auch einen gemeinsamen Datenstrom zunächst mit Fehlerschutz versehen, um ihn dann anschließend auf die vielen Unterträger aufzuteilen. Wir sind nun beim Frequency Division Multiplex (FDM) angelangt. Bei FDM wird also ein gemeinsamer Datenstrom aufgespaltet und in einem Kanal nicht über einen einzelnen Träger, sondern über viele bis zu Tausenden von Unterträgern digital vektormoduliert übertragen. Nachdem diese Träger aber sehr nahe beieinander liegen z.B. im Abstand von wenigen kHz muss man sehr darauf achten, dass sich diese Träger nicht gegenseitig stören. Die Träger müssen orthogonal zueinander liegen. Der Begriff orthogonal wird normalerweise für 90 Grad zueinander stehend verwendet;

ganz allgemein meint man in der Nachrichtentechnik damit Signale, die sich gegenseitig aufgrund bestimmter Eigenschaften nicht beeinflussen. Wann beeinflussen sich nun benachbarte Träger eines FDM-Systems mehr oder weniger? Beginnen müssen wir hier erstaunlicherweise mit dem Rechteckimpuls und seiner Fouriertransformierten (Abb. 19.5.). Ein einzelner Rechteckimpuls der Dauer Δt ergibt im Frequenzbereich ein sin(x)/x-förmiges Spektrum mit Nullstellen im Spektrum im konstanten Abstand von $\Delta f = 1/\Delta t$. Ein einzelner Rechteckimpuls weist ein kontinuierliches Spektrum auf, d.h. man findet keine diskreten Spektrallinien, sondern einen kontinuierlichen sin(x)/x-förmigen Verlauf.

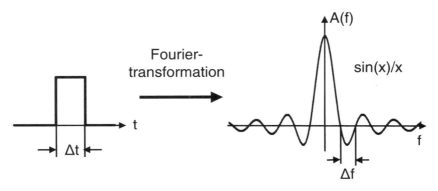

Abb. 19.5. Fouriertransformierte eines Rechteckimpulses

Variiert man die Dauer Δt des Rechteckimpulses, so ändert sich auch der Abstand Δf der Nullstellen im Spektrum. Lässt man Δt gegen Null laufen, so wandern die Nullstellen im Spektrum gegen Unendlich. Es entsteht ein Dirac-Impuls, der ein unendlich flaches Spektrum aufweist. Alle Frequenzen sind enthalten. Läuft Δt gegen Unendlich, so laufen die Nullstellen im Spektrum gegen Null. Es entsteht eine Spektrallinie bei der Frequenz Null - es liegt also Gleichspannung vor. Und für alle Fälle dazwischen gilt einfach:

$\Delta f = 1/\Delta t$;

Auch eine Rechteckimpulsfolge der Periodendauer T_P und der Pulsbreite Δt genügt diesem sin(x)/x-förmigen Verlauf, nur findet man jetzt nur einzelne diskrete Spektrallinien im Abstand $f_P = 1/T_P$, die sich aber in diesen sin(x)/x-förmigen Verlauf einschmiegen.

Doch was hat nun der Rechteckimpuls mit Orthogonalität zu tun? Unsere Trägersignale sind sinusförmig. Ein sinusförmiges Signal der Frequenz $f_S = 1/T_S$ hat im Frequenzbereich eine einzelne Spektrallinie bei der Frequenz f_S und $-f_S$ zur Folge. Diese sinusförmigen Träger tragen aber Information durch Amplituden- und Phasenumtastung.

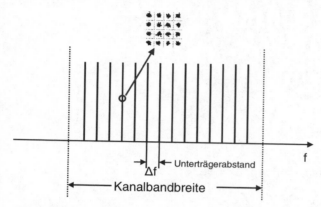

Abb. 19.6. Coded Orthogonal Frequency Division Multiplex; viele unabhängig modulierte Träger in einem Kanal

D.h. diese sinusförmigen Trägersignale laufen nicht kontinuierlich von Minus-Unendlich bis Plus-Unendlich durch, sondern sie ändern Amplitude und Phase nach einer bestimmten Zeit Δt. Man kann sich so ein moduliertes Trägersignal zusammengesetzt denken aus rechteckförmig ausgeschnittenen sinusförmigen Teilabschnitten, sog. Burst-Paketen. Es tritt nun mathematisch eine Faltung im Frequenzbereich ein, d.h. es überlagern sich die Spektren des Rechteckfensterimpulses und des Sinus. Im Frequenzbereich liegt nun ein sin(x)/x-förmiges Spektrum an der Stelle f_S und $-f_S$ anstelle einer diskreten Spektrallinie vor. Die Nullstellen des sin(x)/x werden beschrieben durch die Länge des Rechteckfensters Δt. Der Abstand der Nullstellen beträgt $\Delta f = 1/\Delta t$.

Werden nun gleichzeitig viele benachbarte Träger übertragen (Abb. 19.6.), so werden die sin(x)/x-förmigen Ausläufer, die durch die burstweise Übertragung entstehen (Abb. 19.7.), die benachbarten Träger stören.

Diese Störungen werden aber zu einem Minimum, wenn man den Trägerabstand so wählt, dass immer ein Trägermaximum auf eine Nullstelle der benachbarten Träger fällt (Abb. 19.8.). Dies erreicht man dadurch, in dem man den Unterträgerabstand Δf so wählt, dass er dem Kehrwert der Rechteckfensterlänge, also der Burstdauer bzw. Symboldauer (Abb. 19.7.)

entspricht. Ein solches Burstpaket mit vielen oft bis zu tausenden von modulierten Unterträgern nennt man COFDM-Symbol.

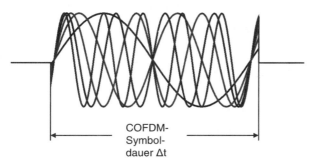

Abb. 19.7. COFDM-Symbol

Orthogonalitätsbedingung: Δf = 1/Δt

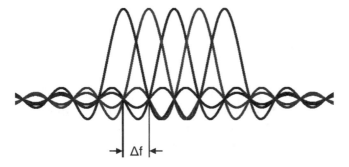

Abb. 19.8. Orthogonalitätsbedingung bei COFDM

Es gilt als COFDM-Orthogonalitätsbedingung (Abb. 19.8.):

Δf = 1/Δt;

mit Δf = Unterträgerabstand
Δt = Symboldauer.

Weiß man z.B. von einem COFDM-System die Symboldauer, so kann man jetzt direkt auf den Unterträgerabstand schließen und umgekehrt.

Bei DVB-T z.B. gelten für den sog. 2K - und 8K - Modus folgende Bedingungen (Tabelle 19.1.):

Tabelle 19.1. COFDM-Modi bei DVB-T

Mode	2K	8K
Anzahl Unterträger	2048	8192
Unterträgerabstand	$\Delta f \cong 4kHz$	$\Delta f \cong 1kHz$
Symboldauer	$\Delta t = 1/\Delta f \cong 250us$	$\Delta t = 1/\Delta f \cong 1ms$

19.3 Erzeugung der COFDM-Symbole

Bei COFDM wird die zu übertragende Information zunächst fehlergeschützt, d.h. es wird beträchtlicher Overhead hinzugefügt, bevor man dann
diesen aus Nutzdaten und Fehlerschutz bestehenden Datenstrom auf viele
Unterträger aufprägt. Jeder dieser oft bis zu tausenden von Unterträgern
hat nun einen Teil dieses Datenstromes zu übertragen. Wie bei den Einträgerverfahren benötigt man für jeden Unterträger einen Mappingvorgang,
der die QPSK, 16QAM oder 64QAM erzeugt. Jeder Unterträger ist unabhängig von den anderen moduliert. D.h. prinzipiell könnte man sich einen
COFDM-Modulator sich zusammengesetzt vorstellen aus vielen bis zu
tausenden von QAM-Modulatoren mit je einem Mapper (Abb. 19.9.). Alle
Modulatorausgangssignale müsste man dann einfach aufaddieren. Jeder
Modulator erhält einen eigenen präzis abgeleiteten Träger. Alle Modulati-
onsvorgänge sind so zueinander synchronisiert, dass jeweils ein gemeinsames Symbol entsteht in genau der Länge $\Delta t = 1/\Delta f$. Aber diese Vorge-
hensweise ist Theorie! In der Praxis wäre dies unbezahlbar und instabil.
Aber für die gedankliche Vorstellung des COFDM-Prinzips ist dieses Bild
bestens geeignet.

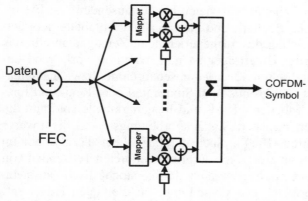

Abb. 19.9. Theoretisches Blockschaltbild eines COFDM-Modulators

In Wirklichkeit wird ein COFDM-Symbol durch einen Vielfachmap-pingvorgang und einer nachfolgenden Inversen Fast Fouriertransformation (IFFT) erzeugt, bei dem zwei Tabellen entstehen. D.h. COFDM entsteht einfach durch die Anwendung von numerischer Mathematik in einem Hochgeschwindigkeitsrechenwerk (Abb. 19.10.).

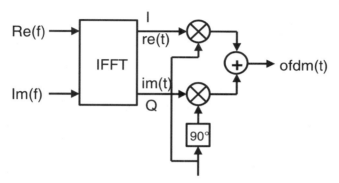

Abb. 19.10. Praktische Realisierung eines COFDM-Modulators mittels einer IFFT

Der COFDM-Modulationsprozess läuft folgendermaßen ab: der fehler-geschützte, also mit Overhead versehene Datenstrom wird aufgespaltet und auf viele bis zu tausende von Teilströmen möglichst zufällig aufgeteilt - man spricht vom Multiplexen und Interleaven. Jeder Teilstrom läuft paket-weise in einen Mapper. Der Mapper erzeugt aufgeteilt nach Real- und I-maginärteil die Beschreibung des jeweiligen Teilvektors. D.h. es entsteht nun für jeden Unterträger ein Tabelleneintrag für den Realteil und Imagi-närteil. Es werden zwei Tabellen mit vielen bis zu tausenden von Einträ-gen erzeugt. Es wird eine Realteil- und eine Imaginärteiltabelle gebildet. Es entsteht die Beschreibung des zu generierenden Zeitsignalabschnittes im Frequenzbereich. Jeder Unterträger ist nun moduliert vorliegend be-schrieben als x-Achsenabschnitt und y-Achsenabschnitt bzw. mathema-tisch genau ausgedrückt als Cosinus- und Sinusanteil oder Real- und Ima-ginärteil. Diese beiden Tabellen - Real- und Imaginärtabelle sind nun die Eingangssignale für den nächsten Signalverarbeitungsblock, die Inverse Fast Fouriertransformation (IFFT). Nach der IFFT liegt das Symbol im Zeitbereich vor. In der Signalform, die aufgrund der vielen Tausenden von unabhängig modulierten Unterträgers rein zufällig - stochastisch - aussieht, stecken die vielen Unterträger. Die Vorstellung, wie die vielen Träger ent-stehen, fällt vielen erfahrungsgemäß sehr schwer. Darum sei nun der Mo-dulationsvorgang mit Hilfe der IFFT Schritt für Schritt beschrieben.

In den in Abb. 19.10. dargestellten COFDM-Modulator, bestehend aus IFFT-Block und nachfolgendem komplexen Mischer (IQ-Modulator) werden nun der Reihe nach verschiedene Real- und Imaginärteiltabellen auf der Frequenzebene eingespeist, anschließend wird die Inverse Fast Fouriertransformation durchgeführt und das Ergebnis an den Ausgängen re(t) und im(t) nach der IFFT, also im Zeitbereich, sowie nach dem komplexen Mischer betrachtet.

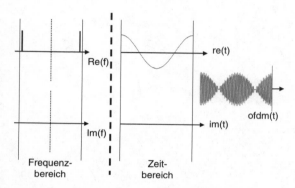

Abb. 19.11. IFFT eines symmetrischen Spektrums

Hierbei wird zunächst mit einem zur Bandmitte des COFDM-Kanals symmetrischen Spektrums begonnen (Abb. 19.11.), einfach bestehend aus dem Träger Nr. 1 und N. Nach der IFFT entsteht ein Ausgangssignal am Ausgang re(t); es ist rein cosinusförmig. Am Ausgang im(t) liegt u(t)=0V an. Es wird ein rein reelles Zeitsignal erwartet, da das Spektrum die hierfür notwendigen Symmetriebedingungen erfüllt. Nach dem IQ-Modulator entsteht ein nur durch den reelen Zeitanteil hervorgerufenes amplitudenmoduliertes Signal mit unterdrücktem Träger (siehe Abb. 19.11.).

Unterdrückt man jedoch z.B. die Spektrallinie im oberen Bandbereich, also den Träger bei N und lässt nur die Komponente bei Träger Nr. 1 übrig, so ergibt sich nun aufgrund des asymmetrischen Spektrums (Abb. 19.12. und 19.13.) ein komplexes Zeitsignal. Am Ausgang re(t) nach der IFFT liegt nun ein cosinusförmiges Signal der halben Amplitude im Vergleich von zuvor an. Außerdem liefert die IFFT nun auch am Ausgang im(t) ein sinusförmiges Ausgangssignal gleicher Frequenz und gleicher Amplitude. Speist man dieses komplexe Zeitsignal - also re(t) und im(t) - in den nachfolgenden IQ-Modulator ein, so verschwindet die Modulation. Es entsteht eine einzelne in das Trägerfrequenzband umgesetzte Sinusschwingung. Es entsteht ein einseitenband-moduliertes Signal. Die Anordnung stellt nun einen ESB-Modulator dar. Eine Änderung der Frequenz der

Stimulie-Größe in der Frequenzebene bewirkt lediglich eine Frequenzver-
änderung des cosinus- und sinusförmigen Ausgangssignals bei re(t) und
im(t). re(t) und im(t) weisen exakt gleiche Amplitude und Frequenz, sowie
wie zuvor eine Phasendifferenz von 90 Grad auf. Ganz entscheidend für
das Verständnis dieser Art von COFDM-Realisierung ist, dass grundsätzlich für alle Unterträger diese Beziehung zueinander gilt. im(t) ist für jeden
Unterträger immer in einer 90 Grad-Phasenbeziehung zu re(t) und weist
die gleiche Amplitude auf.

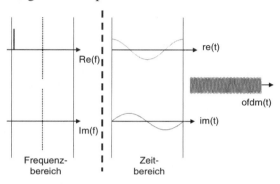

Abb. 19.12. IFFT eines asymmetrischen Spektrums

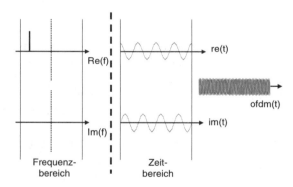

Abb. 19.13. IFFT eines asymmetrischen Spektrums bei geänderter Frequenz

Bringt man immer mehr Träger ins Spiel, so entsteht ein immer zufälliger aussehendes Signal für re(t) und im(t), wobei sich die reellen und imaginären Teilsignale in der Zeit-Ebene in 90 Grad Phasenbeziehung zueinander befinden.

Man sagt, dass im(t) die Hilbert-Transformierte von re(t) ist. Man kann
sich diese Transformation als einen 90 Grad-Phasenschieber für alle Spekt-

ralanteile vorstellen. Speist man beide Zeitsignale in den nachfolgenden IQ-Modulator ein, so entsteht das eigentliche COFDM-Symbol. Durch diese Art der Modulation wird jeweils das korrespondierende obere bzw. untere COFDM-Teilband unterdrückt. Man erhält einen tausendfachen Einseitenbandmodulator nach der Phasenmethode. In vielen Literaturstellen, die bis zu über 20 Jahre alt sind, sind Hinweise auf den Einseitenbandmodulator nach dieser Phasenmethode zu finden. Nur durch die gleichen Amplitudenverhältnisse jedes Unterträgers an re(t) und im(t) und der exakten 90 Grad Phasenbeziehung zueinander wird erreicht, dass das obere COFDM-Seitenband bezüglich der Mittenfrequenz nicht ins untere und umgekehrt „überspricht". Nachdem heutzutage bei COFDM sehr oft analoge also nichtideale IQ-Modulatoren wegen des Verfahrens der Direktmodulation eingesetzt werden, sind die entstehenden Effekte nur dadurch erklärbar.

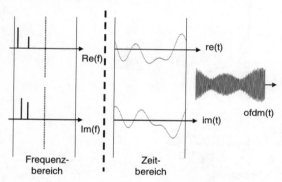

Abb. 19.14. COFDM mit 3 Trägern

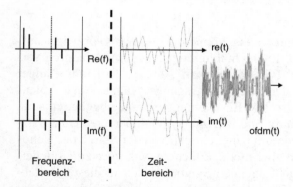

Abb. 19.15. COFDM mit 12 Trägern

Immer mehr Träger (Abb. 19.14.) - und immer zufälliger sieht das entsprechende COFDM-Symbol aus. Schon mit 12 Einzelträgern (Abb.
19.15.), relativ zufällig zueinander gesetzt, ergibt sich ein stochastisch aussehendes COFDM-Symbol. Die Symbole werden abschnittsweise - pipeli-
neartig gerechnet und erzeugt. Es werden immer die gleiche Anzahl an Da-
tenbits zusammengefasst und auf viele oft bis zu tausende von COFDM-
Teilträgern aufmoduliert. Es entstehen zunächst Real- und Imaginärteiltabellen im Frequenzbereich, dann nach der IFFT Tabellen für re(t) und
im(t), die in nachfolgenden Speichern abgelegt werden. Zeitabschnitt für
Zeitabschnitt entsteht nun ein COFDM-Symbol exakt konstanter Länge
von $\Delta t = 1/\Delta f$. Zwischen diesen Symbolen wird ein Schutzintervallabstand
(Guard Interval) bestimmter, meist einstellbarer Länge eingehalten.

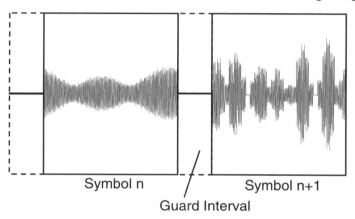

Abb. 19.16. COFDM-Symbole mit Schutzintervall (Guard Interval)

Innerhalb dieses Schutzintervalles können Einschwingvorgänge aufgrund von Echos ausklingen, Intersymbolübersprechen wird dadurch vermieden. Das Schutzintervall (Guard Interval, Abb. 19.16.) muss länger
sein, als die längste Echolaufzeit des Übertragungssystems. Nach Ablauf
des Guard Intervals sollen also alle Einschwingvorgänge abgelaufen sein.
Ist dies nicht so, so entsteht aufgrund von Intersymbolübersprechen zusätzliches Rauschen. Dieses wiederum hängt einfach von der Stärke des Echos
ab. Die Schutzintervalle sind aber nicht einfach zu Null gesetzt. Üblicherweise wird das Ende des nachfolgenden Symbols exakt in diesen Zeitabschnitt eingetastet (Abb. 19.17.). Somit sind die Schutzintervalle in keinem
Oszillogramm erkennbar. Rein signalverarbeitungsmässig sind diese
Schutzintervalle leicht generierbar. Man schreibt sowieso die Ergebnisse
nach der IFFT erst in einen Speicher, um sie dann abwechselnd im Pipeli-

ne-Prinzip auszulesen. Das Guard Interval entsteht einfach dadurch, dass man das Ende des jeweiligen komplexen Speichers in entsprechender Schutzintervall-Länge zuerst ausliest (Abb. 19.18.).

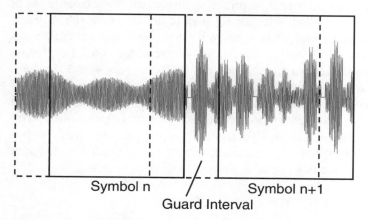

Symbol n   Symbol n+1

Guard Interval

Abb. 19.17. Guard-Interval aufgefüllt mit dem Ende des nachfolgenden Symbols

Doch warum wird das Schutzintervall nicht einfach leer gelassen, sondern üblicherweise mit dem Ende des nachfolgenden Symbols aufgefüllt? Der Grund hierfür ist in der Art und Weise, wie sich ein COFDM-Empfänger auf die COFDM-Symbole aufsynchronisiert begründet. Würde man das Schutzintervall einfach nicht mit Nutzinformation belegen, so müßte der Empfänger die COFDM-Symbole exakt treffen, was aber aufgrund deren Verschleifung durch Mehrfachechos während der Übertragung praktisch nicht mehr möglich ist.

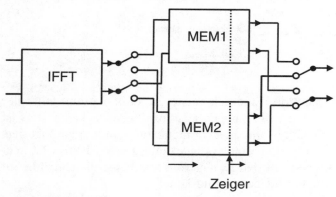

Zeiger

Abb. 19.18. Erzeugung des Guard Intervals

In diesem Falle wäre der Anfang und das Ende der Symbole nur schwer detektierbar. Wiederholt man jedoch z.B. das Ende des folgenden Symbols im Schutzintervallbereich davor, so kann man mit Hilfe der Autokorrelation im Empfänger die im Signal mehrfach vorhandenen Signalanteile leicht auffinden. Man findet dadurch Anfang und Ende des nicht durch Intersymbolinterferenzen durch Echos beeinflussten Bereiches innerhalb der Symbole. In Abb. 19.19 dargestellt ist dies für den Fall von 2 Empfangspfaden. Der Empfänger positioniert nun mit Hilfe der Autokorrelation sein FFT-Abtastfenster, das exakt die Länge eines Symbols aufweist, so innerhalb der Symbole, dass immer der unzerstörte Bereich getroffen wird. Man positioniert das Abtastfenster also nicht exakt über dem eigentlichen Symbol. Dadurch entsteht aber lediglich ein Phasenfehler, den man nun in nachfolgenden Verarbeitungsschritten beheben muss. Dieser Phasenfehler bewirkt, aber eine Verdrehung aller Konstellationsdiagramme.

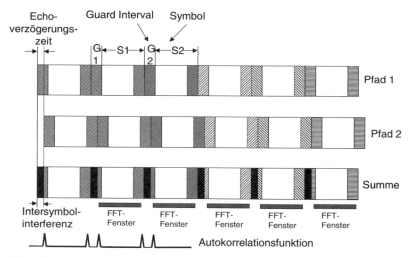

Abb. 19.19. Mehrwegeempfang bei COFDM

Es darf nun aber nicht der Eindruck entstehen, dass man mit Hilfe des Schutzintervalls Schwunderscheinungen (Fading) beheben kann. Dies ist aber nicht so. Gegen Fading kann man gar nichts tun - außer man fügt dem Datenstrom Fehlerschutz durch eine vorangestellte Forward Error Correction (FEC) hinzu und verteilt den Datenstrom möglichst gleichmäßig auf alle COFDM-Unterträger im Übertragungskanal.

19.4 Zusatzsignale im COFDM-Spektrum

Bisher wurde lediglich darüber gesprochen, dass beim Coded Orthogonal Frequency Division Multiplex die zu übertragende Information plus Fehlerschutz auf die vielen Teilträger aufgeteilt wird, um diese dann vektormoduliert zu übertragen. Dabei wurde der Anschein erweckt, dass jeder Träger Nutzlast trägt. Dies ist aber tatsächlich nicht so. Bei allen bekannten COFDM-Übertragungsverfahren (DAB, DVB-T, ISDB-T, WLAN, ADSL) findet mal mehr mal wendiger oder mal auch nicht folgende COFDM-Träger-Kategorien:

- Nutzlastträger (Payload)
- auf Null gestetzte nicht benutzte Träger
- feste Pilote
- verstreute, nicht feste Pilote
- spezielle Datenträger für Zusatzinformationen

Die Bezeichnung wurde hier an dieser Stelle bewusst allgemein gehalten, da diese zwar überall die gleiche Funktion aufweisen, aber unterschiedlich bezeichnet werden.

In diesem Abschnitt soll nun näher auf die Funktion dieser Zusatzsignale im COFDM-Spektrum eingegangen werden.

Die Nutzlastträger wurden schon beschrieben. Diese übertragen die eigentlichen Nutzdaten plus Fehlerschutz und sind auf verschiedenste Art und Weise vektormoduliert. Als Modulation kommt u.a. oft kohärente QPSK, 16QAM oder 64QAM - Modulation vor. D.h. in diesem Falle werden die zusammengefassten 2, 4 oder 6 Bit je Träger direkt auf den jeweiligen Träger aufgemappt. Im Falle der auch oft üblichen nicht-kohärenten Differenzcodierung steckt die Information in der Differenz der Trägerkonstellation von einem Symbol zum nächsten Symbol. Oft wird v.a. DQPSK oder DBPSK verwendet. Die Differenzcodierung hat den Vorteil, dass sie "selbstheilend" ist, d.h. v.a. evtl. Phasenfehler werden automatisch kompensiert. Man erspart sich damit eine Kanalkorrektur im Empfänger, der Empfänger wird einfacher. Dies erkauft man sich jedoch mit einer in etwa doppelt so hohen Bitfehlerrate im Vergleich zur kohärenten Codierung.

Die Datenträger können also folgendermaßen codiert sein:

- kohärent
- differenzcodiert.

Die Randträger, also die untersten und obersten Träger benutzt man nicht, man setzt sie auf Null, sie tragen also überhaupt keine Information. Man nennt sie Nullträger oder Schutzband (Guard Band). Grundsätzlich sind zwei Gründe anzusetzen warum es diese nicht benutzten Nullträger gibt:

- Vermeiden von Nachbarkanalübersprechen durch erleichtertes Filtern der Schultern des COFDM-Spektrums
- Anpassung der Bitkapazität pro Symbol an die Eingangsdatenstruktur.

Ein COFDM-Spektrum (Abb. 19.20.) weist sog. "Schultern" auf, die einfach durch die sin(x)/x-förmigen Ausläufer jedes Einzelträgers entstehen. Dieses Schultern stören aber die Nachbarkanäle. Man muss deshalb durch geeignete Filtermaßnahmen den sog. Schulterabstand verbessern. Und man erleichtert sich diese Filtermaßnahmen, wenn man die Randträger einfach nicht benutzt. In diesem Fall müssen diese Filter nicht so steil sein.

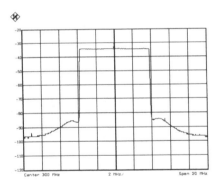

Abb. 19.20. Spektrum eines COFDM-Signales; Beispiel DVB-T im 8 MHz-Kanal

Des weiteren ist man oft gezwungen, sich nach einem ganzzahligen Vielfachen von Symbolen auf die Eingangsdatenstruktur, die oft auch blockweise aufgebaut ist, anzukoppeln. Ein Symbol kann aufgrund der im Symbol vorhandenen Datenträger eine bestimmte Anzahl an Bit tragen. Die Datenstruktur des Eingangsdatenstromes kann pro Block auch eine bestimmte Anzahl an Bit liefern. Nun verwendet man nur so viele Payload-

Träger im Symbol, so dass die Rechnung nach einer bestimmten Anzahl von ganzen Datenblöcken, sowie Symbolen aufgeht (kleinstes gemeinsames Vielfaches). Wegen der Verwendung der IFFT ist man aber gezwungen, als Trägeranzahl eine Zweierpotenz zu wählen. Somit bleiben also nach Abzug aller Daten- und Pilotträger noch Träger übrig, die Nullträger.

Des weiteren gibt es nun die Pilotträger, nämlich

- die Pilotträger mit fester Position im Spektrum und
- die Pilotträger mit variabler Position im Spektrum.

Pilotträger mit fester Position im Spektrum verwendet man zur automatischen Frequenzregelung des Empfängers (AFC=Automatic Frequency Control), also zur Anbindung an die Sendefrequenz. Diese Pilotträger sind üblicherweise cosinusförmige Signale, liegen also auf der reellen Achse auf festen Amplitudenpositionen. Üblicherweise findet man mehrere solcher festen Pilote im Spektrum. Ist die Empfangsfrequenz nicht an die Sendefrequenz angebunden, so rotieren alle Konstellationsdiagramme auch in einem Symbol. Auf der Empfangsseite vermisst man einfach diese festen Pilote innerhalb eines Symbols und korrigiert die Empfangsfrequenz so, dass die Phasendifferenz von einem zum nächsten festen Piloten innerhalb eines Symbols zu null wird.

Die Pilote mit variabler Position im Spektrum dienen im Falle der kohärenten Modulation als Messsignal für die Kanalschätzung und Kanalkorrektur auf der Empfangsseite. Sie stellen gewissermaßen ein Wobbelsignal für die Kanalschätzung dar, um den Kanal vermessen zu können.

Spezielle Datenträger mit Zusatzinformationen dienen sehr oft als schneller Informationskanal vom Sender zum Empfänger, um den Empfänger über vorgenommene Modulationsartänderungen, z.B. Umschalten von QPSK auf 64QAM zu informieren. Oft werden alle aktuellen Übertragungsparameter vom Sender zum Empfänger auf diese Art und Weise übertragen, z.B. bei DVB-T. Am Empfänger ist dann lediglich die ungefähre Empfangsfrequenz einzustellen.

19.5 Hierarchische Modulation

Digitale Übertragungsverfahren weisen oft einen harten "Fall of the Cliff" auf, d.h. die Übertragung bricht abrupt zusammen, wenn der Grenzstörabstand überschritten wird. Dies gilt natürlich auch für COFDM. Bei manchen COFDM-Übertragungsverfahren (DVB-T, ISDB-T) löst man dies durch sog. "Hierarchische Modulation". Man überträgt die Information bei eingeschalteter hierarchischer Modulation über zwei verschiedene Übertragungsverfahren innerhalb eines COFDM-Spektrums. Ein Übertragungsverfahren ist hierbei robuster, kann aber keine so große Datenrate transportieren. Das andere Übertragungsverfahren ist weniger robust, kann aber eine größere Datenrate tragen. Somit kann z.B. das gleiche Videosignal mit schlechterer und besserer Bildqualität im gleichen COFDM-Signal übertragen werden. Auf der Empfangsseite kann man dann anhand der Empfangsbedingungen den einen oder anderen Weg wählen. Genauer soll an dieser Stelle nicht auf diese hierarchische Modulation eingegangen werden, da es mehrere Lösungsansätze hierfür gibt und diese standardabhängig sind.

19.6 Zusammenfassung

Coded Orthogonal Frequency Division Multiplex (COFDM) ist ein Übertragungsverfahren, das anstelle eines Trägers viele Unterträger in einem Übertragungskanal verwendet. Es ist speziell auf die Eigenschaften eines terrestrischen Übertragungskanals mit Mehrfachechos ausgelegt. Die zu übertragende Information wird mit Fehlerschutz versehen (COFDM = Coded Orthogonal Frequency Division Multiplex) und auf all diese Unterträger aufgeteilt. Die Unterträger sind vektormoduliert und übertragen je einen Teil der Information. Durch COFDM ergeben sich längere Symbole als bei einer Einträgerübertragung, damit und mit Hilfe eines Schutzintervalls zwischen den Symbolen kann das Intersymbolübersprechen aufgrund von Echos bewältigt werden. Aufgrund des Fehlerschutzes und der Aufteilung der Information auf die vielen Unterträger kann trotz vorhandener Schwunderscheinungen aufgrund von Echos (Fading) der ursprüngliche Datenstrom meist fehlerfrei zurückgewonnen werden. Zum Schluss noch eine Anmerkung: in vielen Literaturstellen ist oft von beiden Begriffen CODFM und OFDM die Rede. Praktisch gibt es keinen Unterschied zwischen beiden Verfahren. OFDM ist ein Teil von COFDM. OFDM würde nie ohne Fehlerschutz funktionieren, der im Term COFDM enthalten ist.

Literatur: [REIMERS], [HOFMEISTER], [FISCHER2], [DAMBACHER]

20 Die terrestrische Übertragung von digitalen TV-Signalen über DVB-T

Im Kapitel COFDM – Coded Orthogonal Frequency Division Multiplex wurden bereits ausführlich die besonderen Eigenschaften eines terrestrischen Funkkanals erläutert. Dieser ist bestimmt v.a. durch den sog. Mehrwegeempfang. Mehrwegeempfang führt zu orts- und frequenzselektivem Fading (Schwunderscheinungen). Bei DVB-T, also bei der terrestrischen Übertragung von digitalen TV-Signalen gemäß Digital Video Broadcasting hat man sich deshalb für COFDM, also für das geeignetste Modulationsverfahren hierfür entschieden. Für das Verständnis und das Prinzip von COFDM sei hier auf das Kapitel COFDM verwiesen. In Abb. 20.1. und 20.2. ist das Blockschaltbild das DVB-T-Modulators dargestellt. Das Herzstück des DVB-T-Modulators ist der COFDM-Modulator, bestehend aus dem IFFT-Block und dem nachfolgenden IQ-Modulator. Die Position des IQ-Modulators in der Schaltungsanordnung kann hierbei variieren, abhängig von der praktischen Realisierung des DVB-T-Modulators. Der IQ-Modulator kann digital oder analog ausgeführt sein. Vor der COFDM-Modulation erfolgt die Kanalkodierung, also der Fehlerschutz. Dieser ist bei DVB-T exakt in gleicher Art- und Weise realisiert, wie bei der Satellitenübertragung DVB-S.

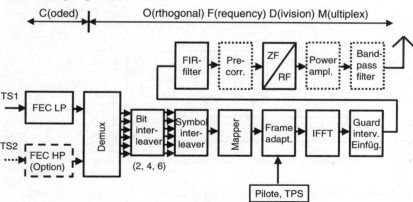

Abb. 20.1. Blockschaltbild eines DVB-T-Modulators – Teil 1

Wie man dem Blockschaltbild weiterhin entnehmen kann, sind zwei MPEG-2-Transportstromeingänge möglich. Man nennt dies dann hierarchische Modulation. Hierarchische Modulation ist bei DVB-T aber als Option vorgesehen und wird aber bis heute noch nicht praktisch angewendet. Aktuell scheinbar wirklich im reellen „Vorbetriebsstadium" ist die hierarchische Modulation in den Niederlanden (Stand Frühjahr 2006) in Kombination mit DVB-H. Ursprünglich wurde die hierarchische Modulation vorgesehen, um die gleichen TV-Programme in einem DVB-T-Kanal mit unterschiedlicher Datenrate, unterschiedlichem Fehlerschutz und unterschiedlicher Qualität zu übertragen. Der High Priority Path (HP) überträgt einen Datenstrom mit niedriger Datenrate, also schlechterer (Bild-) Qualität aufgrund höherer Komprimierung, erlaubt aber die Verwendung eines besseren Fehlerschutzes bzw. einer robusteren Modulationsart (QPSK). Der Low Priority Path (LP) dient der Übertragung des höherdatenratigen MPEG-2-Transportstromes mit niedrigerem Fehlerschutz und höherwertiger Modulationsart (16QAM, 64QAM). Auf der Empfangsseite kann man sich dann abhängig von den Empfangsbedingungen für den HP oder LP entscheiden. Die hierarchische Modulation soll hierbei helfen, den "fall of the cliff" abzumildern. Es ist aber auch durchaus denkbar, zwei total voneinander unabhängige Transportströme zu übertragen. In beiden Zweigen, im HP und LP findet man den gleichen Kanalcoder wie bei DVB-S, aber wie bereits erwähnt, ist dies eine Option, eine Option im DVB-T-Modulator, nicht im Empfänger. Im DVB-T-Empfänger bedeutet dies nur einen ganz geringfügigen Mehraufwand.

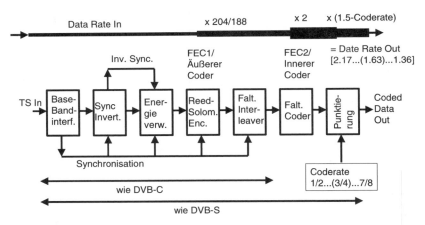

Abb. 20.2. Blockschaltbild eines DVB-T-Modulators – Teil 2 FEC

Bei DVB-T ist nicht jeder COFDM-Träger ein Nutzträger. Es sind darüber hinaus viele Pilot- bzw. Sonderträger enthalten. Diese Spezialträger dienen der Frequenzsynchronisation, der Kanalschätzung und Kanalkorrektur, sowie der Realisierung eines schnellen Informationskanals. Diese Träger werden vor der IFFT an die vorgesehenen Stellen im DVB-T-Spektrum eingefügt.

Doch bevor nun auf den DVB-T-Standard im Detail eingegangen wird, sei nun die Frage nach dem "warum DVB-T" gestellt.

Es existieren funktionierende Versorgungsszenarien über Satellit und Kabel für digitales Fernsehen. Viele Haushalte weltweit haben Zugriff auf beide Empfangswege. Wozu ist dann heutzutage noch eine terrestrische Versorgung z.B. über DVB-T nötig, die dann noch dazu aufwändig und teuer ist und ggf. viel Wartung erfordert? Eine zusätzliche Versorgung über digitales terrestrisches Fernsehen ist notwendig wegen

- länderspezifischen Wünschen (historische Infrastrukturen, kein Satellitenempfang)
- länderspezifischen geographischen Gegebenheiten
- portablem TV-Empfang
- mobilem TV-Empfang
- lokalen stadtbezogenen Zusatzdiensten (Regional-/ Stadtfernsehen).

Viele Länder weltweit verfügen aus verschiedensten Gründen politischer, geographischer oder sonstiger Art über keinen oder keinen ausreichenden TV-Satellitenempfang. Ersatzweise Kabelversorgung ist oft nicht möglich (Dauerfrostgegenden) und wegen spärlicher Bevölkerungsdichte oft auch nicht finanzierbar. Hier bleibt einzig und allein die terrestrische Versorgung übrig. Länder, die weit weg vom Äquator liegen (Skandinavien) weisen naturgemäß mehr Probleme mit dem Satellitenempfang auf. Die Ausrichtung der Satellitenempfangsantennen ist nahezu "Richtung Boden" gerichtet. Es gibt auch viele Länder, in denen auch analoger Satellitenempfang bisher nicht Standard war. In Australien z.B. spielt Satellitenempfang nur eine untergeordnete Rolle. Ballungszentren sind terrestrisch und über Kabel bzw. über Satellit versorgt. In manchen Ländern ist es auch aus politischen Gründen nicht erlaubt, sich eine unkontrollierbare Vielfalt von TV-Programmen vom Himmel zu holen. Auch in gut mit Satellitenempfang und Kabelempfang versorgten Gegenden in Zentraleuropa ist eine zusätzliche terrestrische TV-Versorgung notwendig v.a. für lokale TV-Programme, die nicht über Satellit ausgestrahlt werden. Portabler und mobiler Empfang ist quasi nur auf dem terrestrischen Wege möglich.

20.1 Der DVB-T-Standard

In ETS 300744 wurde 1995 im Rahmen des DVB-Projektes der terrestrische Standard zur Übertragung von digitalen TV-Programmen fixiert. Ein DVB-T-Kanal kann 8, 7 oder 6 MHz breit sein. Es gibt hierbei zwei verschiedene Betriebsarten, nämlich den 2K- und den 8K-Modus. 2K steht für eine 2048-Punkte IFFT und 8K für eine 8192-Punkte IFFT. Wie bereits aus dem COFDM-Kapitel bekannt ist, muss die Anzahl der COFDM-Unterträger eine Zweierpotenz sein. Man hat sich nun im Rahmen von DVB-T für Symbole von einer Länge von etwa 250 µs (2K-Mode) bzw. 1 ms (8K-Mode) entschieden. Je nach Bedürfnissen kann man sich für den einen oder anderen Mode entscheiden. Der 2K-Mode weist einen größeren Unterträgerabstand von etwa 4 kHz auf, dafür ist die Symboldauer aber auch wesentlich kürzer. Er ist damit im Gegensatz zum 8K-Mode mit einem Unterträgerabstand von etwa 1 kHz deutlich weniger störanfällig gegenüber Verschmierungen im Frequenzbereich, hervorgerufen durch Dopplereffekte bei Mobilempfang und Mehrfachechos, dafür aber deutlich anfälliger auf längere Echolaufzeiten. In Gleichwellennetzen wird man z.B. immer den 8K-Mode wählen, wegen des größeren möglichen Senderabstandes. Bei Mobilempfang ist der 2K-Mode günstiger, wegen des größeren Unterträgerabstandes. Der DVB-T-Standard erlaubt flexible Einflussmöglichkeiten in die Übertragungsparameter. Neben der Symbollänge, die sich aus dem 2K- bzw. 8K-Mode ergibt, lässt sich auch das Guard Interval im Bereich von 1/4 bis hin zu 1/32 der Symbollänge einstellen. Als Modulationsarten können QPSK, 16QAM oder 64QAM gewählt werden. Der Fehlerschutz, die FEC, ist genauso ausgelegt, wie beim Satellitenstandard DVB-S. Über die Coderate 1/2 ... 7/8 lässt sich die DVB-T-Übertragung an die jeweiligen Bedürfnisse hinsichtlich Robustheit bzw. Nettodatenraten anpassen. Als Option wurde im DVB-T-Standard die Möglichkeit der hierarchischen Modulation vorgesehen. In diesem Falle findet man im Modulator 2 Transportstromeingänge und 2 voneinander unabhängig konfigurierbare aber identisch aufgebaute FEC's vor. Die Idee, die dahinter steckt ist, einen Transportstrom mit niedriger Datenrate mit besonders viel Fehlerschutz zu beaufschlagen, um ihn dann auch noch mit einer sehr robusten Modulationsart, nämlich QPSK zu übertragen. Diesen Transportstrompfad nennt man High Priority Path (HP). Der zweite Transportstrom weist eine höhere Datenrate auf und wird mit weniger Fehlerschutz versehen, z.B. 64QAM-moduliert übertragen. Dieser Transportstromzweig wird Low Priority Path (LP) genannt. Man könnte nun z.B. das identische Programmpaket einmal mit niedriger und einmal mit höherer Datenrate MPEG-2-codieren und zu zwei in unabhängigen Transportströmen übertragenen Multiplexpaketen zusammenfassen. Höhere Datenrate heißt dann aber auch automatisch z.B. bessere Bildqualität. Den Datenstrom mit der niedrigeren Datenrate, aber mit der dadurch schlechteren Bildqualität führt man dem High Priority Path, den Datenstrom mit der höheren Datenrate dem Low Priority Path zu. Auf der Empfangsseite wird sich der HP leichter demodulieren lassen, als der LP. Abhängig von den Empfangsbedingungen kann man sich dann auf der Empfangsseite entweder für den High oder Low Priority Path entscheiden. Bei ungünstigen Empfangsbedingungen ergibt sich dann aufgrund der niedrigeren Datenrate und der damit höheren Komprimierung zwar eine schlechtere Bild- und Tonqualität, aber man hat zumindest noch Empfang.

Bei DVB-T wird eine kohärente COFDM-Modulation verwendet, d.h. die Nutzträger werden absolut gemappt und sind nicht differenzencodiert. Dies erfordert aber eine Kanalschätzung - und korrektur. Hierzu findet man zahlreiche Pilotsignale im DVB-T-Spektrum, die u.a. als Messsignal für die Kanalschätzung dienen (Abb. 20.3.).

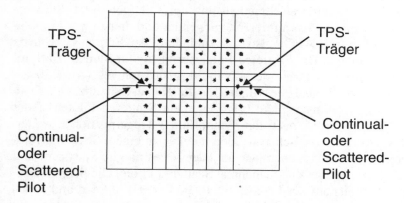

Abb. 20.3. DVB-T-Träger: Nutzlastträger, Continual und Scattered Pilots, TPS-Träger

20.2 Die DVB-T-Träger

Bei DVB-T wird mit einer 2048- oder 8192-Punkte-IFFT gearbeitet. Theoretisch stünden dann eben 2048 oder 8192 Träger für die Datenübertragung zur Verfügung. Es werden jedoch nicht alle diese Träger als Nutzlastträger verwendet. Im 8K-Modus findet man 6048 Nutzlastträger, im 2K-Modus sind es 1512. Somit gibt es im 8K-Mode exakt vier mal mehr Nutzlastträger (Payload) als im 2K-Mode. Nachdem aber die Symbolrate im 2K-Mode exakt um den Faktor 4 höher ist, ergibt sich für beide Modi unter gleichen Übertragungsbedingungen die gleiche Datenrate. Es gibt bei DVB-T folgende COFDM-Trägertypen (Abb. 20.3.):

- Nutzlastträger (Payload) mit fester Position
- Nullträger (Guard Band) mit fester Position
- Continual Pilots mit fester Position
- Scattered Pilots mit wechselnder Position im Spektrum
- TPS-Träger mit fester Position.

Die Bedeutung der Nutzlastträger ist klar, sie dienen einfach der eigentlichen Datenübertragung. Die Randträger am unteren und oberen Kanalrand sind auf Null gesetzt; diese Träger tragen also überhaupt keine Modulation, ihre Amplituden sind auf Null gesetzt. Die Continual Pilots liegen auf der reellen Achse, also auf der I-Achse und zwar entweder bei 0 oder 180 Grad. Sie weisen eine definierte Amplitude auf. Die Continual Pilots sind gegenüber der mittleren Signalleistung um 3 dB geboostet. Sie werden im Empfänger als Phasenreferenz verwendet und dienen zur Automatic Frequency Control (AFC), also zur Anbindung der Empfangsfrequenz an die Sendefrequenz. Die Scattered Pilots springen von Symbol zu Symbol über das ganze Spektrum des DVB-T-Kanales hinweg (Abb. 20.4.). Sie sind quasi ein Wobbel-Messsignal für die Kanalschätzung. Innerhalb eines Symbols findet man alle 12 Träger einen Scattered Piloten. Jeder Scattered Pilot springt im nächsten Symbol um 3 Trägerpostionen weiter. D.h. je 2 Nutzträger dazwischen werden niemals zu einem Scattered Piloten, andere Nutzlastträger, eben jene an jeder 3. Position im Spektrum sind manchmal Nutzlastträger und manchmal Scattered Pilote. Die Scattered Pilote liegen ebenfalls auf der I-Achse bei 0 Grad oder 180 Grad und haben die gleiche Amplitude wie die Continual Pilote.

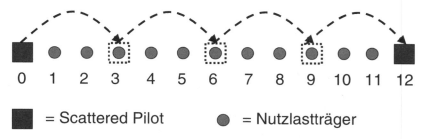

Abb. 20.4. Positionswechsel der Scattered Pilote; jeder 3. Träger wird immer wieder zu einem Scattered Piloten, um den Kanal an dieser Stelle zu vermessen.

Die TPS-Träger liegen auf festen Frequenzpositionen z.B. ist Träger Nr. 50 ein TPS-Träger. TPS steht für Transmission Parameter Signaling. Diese Träger stellen quasi einen schnellen Informationskanal dar; über sie wird der Empfänger vom Sender über die momentanen Übertragungsparameter informiert. Die TPS-Träger sind Differential Biphase Shift Keying (Abb. 20.5.) - moduliert (DBPSK). Die TPS-Träger liegen entweder bei 0 oder 180 Grad auf der I-Achse. Sie sind differenzcodiert, d.h. die Information steckt in der Differenz von einem zum nächsten Symbol. Alle TPS-Träger in einem Symbol tragen die gleiche Information. D.h. alle liegen entweder bei 0 oder bei 180 Grad auf der I-Achse. Auf der Empfangsseite wird dann per Mehrheitsentscheid pro Symbol festgestellt, ob nun 0 oder 180 Grad die richtige Stellung der TPS-Träger war; diese wird dann für die Demodulation verwendet. DBPSK heißt, dass z.B. eine Null übertragen wird, wenn sich der Zustand der TPS-Träger von einem zum nächsten Symbol ändert, und dass eine Eins übertragen wird, wenn die TPS-Träger die Phase von einem zum nächsten Symbol nicht wechseln. Die gesamte TPS-Information wird über 68 Symbole hinweg ausgestrahlt; die Gesamtinformation umfasst 67 Bit über 68 Symbole. Das erste Symbol dient der Initialisierung der DQPSK. Diesen Abschnitt von 68 Symbolen nennt man Rahmen oder Frame. Innerhalb dieses Rahmens springen auch die Scattered Pilots vom Anfang des Kanals über den Kanal hinweg bis zum Ende des DVB-T-Kanals.

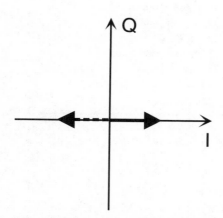

Abb. 20.5. DBPSK-modulierte TPS-Träger

Von den 67 TPS-Bit dienen 17 Bit der Initialisierung und Synchronisation, 13 Bit sind Fehlerschutz, 22 Bit sind momentan benutzt und 13 Bit sind reserviert für zukünftige Applikationen. Diese reservierten Bits sind schon teilweise verwendet für die Signalisierung der Cell-ID in einem Gleichwellennetz und für DVB-H (siehe eigenes Kapitel). Die folgende Tabelle erläutert die Nutzung der TPS-Träger:

Tabelle 20.1. Bit-Belegung der TPS-Träger (Transmission Parameter Signaling)

Bit-Nr.	Format	Verwendungszweck/Inhalt
s_0		Initialization
s_1- s_{16}	0011010111101110 or 1100101000010001	Synchronization word
s_{17} - s_{22}	010 111	Length indicator
s_{23}, s_{24}		Frame number
s_{25}, s_{26}		Constellation 00=QPSK/01=16QAM/10=64QAM
s_{27}, s_{28}, s_{29}		Hierarchy information 000=Non hierarchical, 001=α=1, 010=α=2, 011=α=4
s_{30}, s_{31}, s_{32}		Code rate, HP stream 000=1/2, 001=2/3, 010=3/4, 011=5/6, 100=7/8
s_{33}, s_{34}, s_{35}		Code rate, LP stream 000=1/2, 001=2/3, 010=3/4, 011=5/6, 100=7/8
s_{36}, s_{37}		Guard interval 00=1/32, 01=1/16, 10=1/8, 11=1/4
s_{38}, s_{39}		Transmission mode 00=2K, 01=8K
s_{40} - s_{53}	all set to "0"	Reserved for future use
s_{54} - s_{67}	BCH code	Error protection

Über die TPS-Träger wird also der Empfänger informiert über:

- den Mode (2K, 8K)
- die Länge des Guard Intervals (1/4, 1/8, 1/16, 1/32)
- die Modulationsart (QPSK, 16QAM, 64QAM)
- die Coderate (1/2, 2/3, 3/4, 5/6, 7/8)
- die Verwendung der hierarchischen Modulation.

Die Mode-Information (2K, 8K) und die Länge des Guard Intervals muss der Empfänger aber bereits vorher ermittelt haben und sind somit innerhalb der TPS-Information eigentlich bedeutungslos.

Tabelle 20.2. Träger-Positionen der Continual Pilots

2K Mode	8K Mode
0 48 54 87 141 156 192	0 48 54 87 141 156 192 201 255 279 282 333
201 255 279 282 333 432 450	432 450 483 525 531 618 636 714 759 765 780
483 525 531 618 636 714 759	804 873 888 918 939 942 969 984 1050 1101
765 780 804 873 888 918 939	1107 1110 1137 1140 1146 1206 1269 1323 1377
942 969 984 1050 1101 1107	1491 1683 1704 1752 1758 1791 1845 1860 1896
1110 1137 1140 1146 1206	1905 1959 1983 1986 2037 2136 2154 2187 2229
1269 1323 1377 1491 1683	2235 2322 2340 2418 2463 2469 2484 2508 2577
1704	2592 2622 2643 2646 2673 2688 2754 2805 2811
	2814 2841 2844 2850 2910 2973 3027 3081 3195
	3387 3408 3456 3462 3495 3549 3564 3600 3609
	3663 3687 3690 3741 3840 3858 3891 3933 3939
	4026 4044 4122 4167 4173 4188 4212 4281 4296
	4326 4347 4350 4377 4392 4458 4509 4515 4518
	4545 4548 4554 4614 4677 4731 4785 4899 5091
	5112 5160 5166 5199 5253 5268 5304 5313 5367
	5391 5394 5445 5544 5562 5595 5637 5643 5730
	5748 5826 5871 5877 5892 5916 5985 6000 6030
	6051 6054 6081 6096 6162 6213 6219 6222 6249
	6252 6258 6318 6381 6435 6489 6603 6795 6816

Tabelle 20.3. Träger-Positionen der TPS-Träger

2k Mode	8K Mode
34 50 209 346 413 569 595	34 50 209 346 413 569 595 688 790 901
688 790 901 1073 1219 1262	1073 1219 1262 1286 1469 1594 1687
1286 1469 1594 1687	1738 1754 1913 2050 2117 2273 2299
	2392 2494 2605 2777 2923 2966 2990
	3173 3298 3391 3442 3458 3617 3754
	3821 3977 4003 4096 4198 4309 4481
	4627 4670 4694 4877 5002 5095 5146
	5162 5321 5458 5525 5681 5707 5800
	5902 6013 6185 6331 6374 6398 6581
	6706 6799

In Abb. 20.3. erkennt man deutlich die Position der Pilot- und TPS-Träger in einem 64QAM-Konstellationsdiagramm. Die äußeren beiden Punkte auf der I-Achse entsprechen den Continual und Scattered Pilot-Positionen. Die inneren beiden Punkte auf der I-Achse sind die TPS-Träger.

Die Positionen der Continual Pilots und der TPS-Träger innerhalb des Spektrums kann man Tabelle 20.2. und 20.3. entnehmen. In diesen Tabellen sind die Trägernummern aufgeführt, an denen Continual Pilots, bzw. TPS-Träger zu finden sind. Hierbei beginnt die Zählung mit Träger Nummer Null; dieser ist der erste von Null verschiedene Träger am Kanalanfang.

Die Gesamtbilanz der bei DVB-T verwendeten verschiedenen Trägertypen ist im nachfolgenden kurz dargestellt (Tab. 20.4.). Von den 2048 Trägern des 2K-Modes werden nur 1705 Träger verwendet. Alle anderen sind auf Null gesetzt. Innerhalb dieser 1705 Träger findet man 1512 Nutzlastträger, die QPSK-, 16QAM- oder 64QAM-moduliert sein können, 142 Scattered Pilote, 45 Continual Pilote und 17 TPS-Träger. Manche Scattered Pilote fallen ab und zu auf Continual Pilot Positionen. Somit ist für die Berechnung der tatsächlichen Nutzlastträger bei den Scattered Piloten im 2K-Mode die Zahl 131 zu verwenden. Beim 8K-Mode liegen vergleichbare Verhältnisse vor. Auch hier werden nicht alle 8192 Träger genutzt, sondern nur 6817. Hiervon sind wiederum nur 6048 tatsächliche Nutzlastträger. Der Rest sind Scattered Pilote (568), Continual Pilote (177), sowie TPS-Träger (68). Auch hier muß für die Kalkulation der Nutzlastträger die Zahl 524 bei den Scattered Piloten eingesetzt werden, da manchmal ein Scattered Pilot auf einen Continual Piloten fällt. Jeder 12. Träger innerhalb eines Symbols ist ein Scattered Pilot. Man kann damit leicht die Anzahl der Scattered Pilote errechnen. Man braucht nur die Anzahl der tatsächlich verwendeten Träger durch 12 teilen (1705/12 = 142, 6817/12 = 568).

Tabelle 20.4. Anzahl der verschiedenen Träger bei DVB-T

2K Mode	8K Mode	
2048	8192	Träger
1705	6817	verwendete Träger
142/131	568/524	Scattered Pilote
45	177	Continual pilote
17	68	TPS Träger
1512	6048	Nutzlastträger

Die Nutzlastträger sind entweder QPSK-, 16QAM- oder 64QAM-moduliert und übertragen den fehlergeschützten MPEG-2-Transportstrom. In Abb. 20.6. sind die Konstellationsdiagramme für QPSK, 16QAM und 64QAM mit den Spezialträgerpositionen bei nicht-hierarchischer Modulation dargestellt.

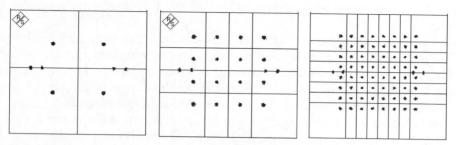

Abb. 20.6. DVB-T-Konstellationsdiagramme (QPSK, 16QAM und 64QAM)

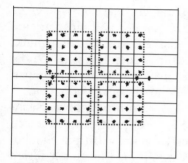

Abb. 20.7. Eingebettete QPSK in einer 64QAM bei hierarchischer Modulation

20.3 Hierarchische Modulation

DVB-T sieht als Option hierarchische Modulation vor, um auch bei un-
günstigeren Empfangsbedingungen noch eine sichere Übertragung zu gewährleisten. Andernfalls führt z.B. ein zu schlechter Signal/Rauschabstand
zu einem harten "fall of the cliff". Bei der oft üblichen DVB-T-
Übertragung mit 64QAM und Coderate 3/4 oder 2/3 liegt die Grenze des
stabilen Empfangs bei einem Signal/Rauschabstand von knapp unter 20
dB. In diesem Abschnitt sollen nun die Details dieser hierarchischen Modulation näher erläutert werden. Bei hierarchischer Modulation weist der
DVB-T-Modulator (Abb. 20.1.) zwei Transportstromeingänge und zwei
FEC-Blöcke auf. Ein Transportstrom mit einer niedrigeren Datenrate wird
in den sog. High Priority Path (HP) eingespeist und mit viel Fehlerschutz
versehen z.B. durch die Wahl der Coderate = 1/2. Ein zweiter höherdaten-
ratiger Transportstrom wird parallel hierzu dem Low Priority Path (LP)

zugeführt und mit weniger Fehlerschutz z.B. mit Coderate = 3/4 ausgestattet.

Beide Transportströme, der im HP und der im LP können grundsätzlich die gleichen Programme beinhalten, nur eben mit verschiedenen Datenraten, also mit unterschiedlich starker Kompression. Beide könnten aber auch vollkommen voneinander unabhängige Nutzlasten tragen. Im High Priority Path wird eine besonders robuste Modulationsart verwendet, nämlich QPSK. Im Low Priority Path benötigt man aufgrund der höheren Datenrate eine höherwertige Modulation. Nun ist es bei DVB-T so, dass nicht einzelne Nutzlastträger verschiedenartig moduliert werden. Es ist vielmehr so, dass jeder Nutzlastträger Anteile sowohl vom LP als auch vom HP überträgt. Der High Priority Path wird als sog. eingebettete QPSK in einer 16QAM oder 64QAM übertragen. In Abb. 20.7. ist der Fall einer in eine 64QAM eingebetteten QPSK dargestellt. Der diskrete Konstellationspunkt trägt die Information des LP, der Quadrant beschreibt den HP. Eine Wolke von 8 mal 8 Punkten in einem Quadranten entspricht somit zusammen quasi dem Gesamtkonstellationspunkt der QPSK in diesem Quadranten.

Eine 64QAM ermöglicht die Übertragung von 6 Bit pro Symbol. Nachdem aber die Quadranteninformation als QPSK 2 Bit pro Symbol für den HP abzweigt, bleiben für die Übertragung des LP noch 4 Bit pro Symbol übrig. Die Bruttodatenraten für LP und HP stehen also in einem festen Verhältnis von 4:2 zueinander. Die Nettodatenraten sind zusätzlich von der verwendeten Coderate abhängig. Möglich ist auch eine QPSK, die in eine 16QAM eingebettet ist. Hierbei ist dann das Verhältnis der Bruttodatenraten von LP zu HP 2:2. Um die QPSK des High Priority Path robuster, also störunanfälliger zu machen, besteht die Möglichkeit, das Konstellationsdiagramm an der I- und Q-Achse zu spreizen. Im Falle eines Faktors α von 2 oder 4 erhöht man den Abstand der einzelnen Quadranten der 16QAM oder 64QAM zueinander. Je höher der Faktor α, desto unempfindlicher wird aber dann der High Priority Path, desto empfindlicher wird aber dann auch der Low Priority Path, da die diskreten Konstellationspunkte näher zusammenrücken. In Abb. 20.8. erkennt man die 6 möglichen Konstellationen bei hierarchischer Modulation, nämlich 64QAM mit α = 1, 2, 4 und 16QAM mit α = 1, 2, 4. Die Information, ob hierarchisch moduliert übertragen wird oder nicht und der Faktor α, sowie die Coderaten für LP und HP wird in den TPS-Trägern übermittelt. Der Empfänger wertet diese Information aus und stellt davon abhängig seinen Demapper automatisch ein. Die Entscheidung, ob der HP oder LP im Empfänger demoduliert werden soll, kann automatisch, abhängig von den aktuellen Empfangsbedingungen (Kanalbitfehlerrate) fallen oder dem Benutzer manuell überlassen werden. Die hierarchische Modulation wird bei modernen DVB-T-Chipsätzen unterstützt, da sie praktisch keinen größeren Hardwareaufwand bedeutet. In vielen DVB-T-Receivern ist diese Option aber softwaremäßig nicht vorgesehen, weil sie momentan in keinem Land verwendet wird. Lediglich in Australien wurde Anfang 2002 bei Feldversuchen die hierarchische Modulation getestet, kommt aber dort momentan auch nicht zum Einsatz.

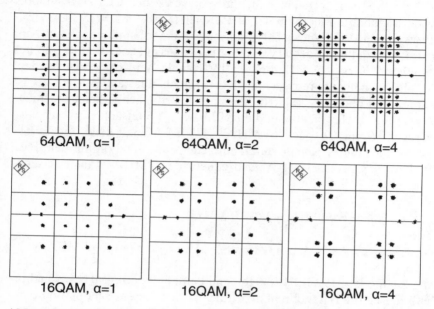

Abb. 20.8. Mögliche Konstellationsdiagramme bei hierarchischer Modulation

20.4 DVB-T-Systemparameter des 8/7/6-MHz-Kanals

Im folgenden sollen nun die Systemparameter von DVB-T im Detail hergeleitet und erläutert werden; dies sind:

- die IFFT-Abtastfrequenzen
- die DVB-T-Signalbandbreiten
- die spektrale Belegung des DVB-T-Kanals beim 8, 7 und 6 MHz-Kanal
- die Datenraten
- der Signalpegel der einzelnen Träger.

Der Basissystemparameter bei DVB-T ist die IFFT-Abtastfrequenz des 8 MHz-Kanals. Sie ist definiert zu

$f_{\text{Abtast IFFT 8MHz}} = 64/7 \text{ MHz} = 9.142857143 \text{ MHz}$;

Von diesem Basisparameter lassen sich fast alle weiteren Systemparameter herleiten und zwar die des 8-, 7- und 6 MHz-Kanales. Unter der IFFT-Abtastfrequenz versteht man die Abtastrate des COFDM-Symbols bzw. die Bandbreite innerhalb der alle 2K=2048 bzw. 8K=8192 Unterträger Platz finden. Viele dieser 2048 oder 8192 Träger sind jedoch auf Null gesetzt. Die Bandbreite des DVB-T-Signales muss kleiner sein als die des eigentlichen 8, 7 oder 6 MHz breiten TV-Kanals. Wie wir sehen werden, beträgt die Signalbandbreite des 8 MHz - Kanals nur ca. 7.6 MHz. Es ist also unten und oben ca. 200 kHz Abstand zu den Nachbarkanälen. Innerhalb dieser 7.6 MHz findet man die 6817 bzw. 1705 tatsächlich verwendeten Träger. Beim 7- oder 6 MHz - DVB-T-Kanal kann die IFFT-Abtastfrequenz dieser Kanäle durch einfache Multiplikation mit dem Faktor 7/8 bzw. 6/8 aus der IFFT-Abtastfrequenz des 8 MHz - Kanales errechnet werden:

$f_{\text{Abtast IFFT 7MHz}} = 64/7 \text{ MHz} \bullet 7/8 = 8 \text{ MHz}$;

$f_{\text{Abtast IFFT 6MHz}} = 64/7 \text{ MHz} \bullet 6/8 = 48/7 \text{ MHz} = 6.857142857 \text{ MHz}$;

Alle 2048 oder 8192 IFFT-Träger sind beim 8, 7 und 6 MHz - Kanal innerhalb dieser IFFT-Bandbreiten zu finden. Aus diesen Bandbreiten bzw. Abtastfrequenzen lässt sich leicht der jeweilige Unterträgerabstand herleiten. Man muss nur die Bandbreite $f_{\text{Abtast IFFT}}$ durch die Anzahl der IFFT-Träger teilen:

$\Delta f = f_{\text{Abtast IFFT}} / N_{\text{Träger komlett}}$;
$\Delta f_{2K} = f_{\text{Abtast IFFT}} / 2048$;
$\Delta f_{8K} = f_{\text{Abtast IFFT}} / 8192$;

Der COFDM-Unterträgerabstand Δf ist in Tabelle 20.5. beim 2K und 8K-Mode im 8, 7 und 6 MHz breiten DVB-T-Kanal aufgelistet:

Tabelle 20.5. Unterträgerabstände beim 2K- und 8K-Mode

Kanalbandbreite	Δf des 2K Modes	Δf des 8K Modes
8 MHz	4.464285714 kHz	1.116071429 kHz
7 MHz	3.90625 kHz	0.9765625 kHz
6 MHz	3.348214275 kHz	0.8370535714 kHz

Aus dem Unterträgerabstand lässt sich sofort die Symbollänge Δt_{symbol} bestimmen. Sie beträgt aufgrund der Orthogonalitätsbedingung:

$$\Delta t_{symbol} = 1/ \Delta f;$$

Die Symbollängen betragen bei DVB-T in den verschiedenen Modes und Kanalbandbreiten somit:

Tabelle 20.6. Symboldauern beim 2K- und 8K-Mode

Kanalbandbreite	Δt_{Symbol} des 2K Modes	Δt_{Symbol} des 8K Modes
8 MHz	224 us	896 ms
7 MHz	256 us	1.024 ms
6 MHz	298.7 us	1.1947 ms

Die DVB-T-Signalbandbreiten ergeben sich aus dem Unterträgerabstand Δf des jeweiligen Kanals (8, 7, 6 MHz) und der Anzahl der tatsächlich verwendeten Träger im 2K- und 8K-Mode (1705 / 6817):

$$f_{Signal\ DVB-T} = N_{benutze\ Träger} \bullet \Delta f;$$

Tabelle 20.7. Signalbandbreiten bei DVB-T

Kanalbandbreite	$f_{Signal\ DVB-T}$ des 2K Modes	$f_{Signal\ DVB-T}$ des 8K Modes
8 MHz	7.612 MHz	7.608 MHz
7 MHz	6.661 MHz	6.657 MHz
6 MHz	5.709 MHz	5.706 MHz

Bei der Zählweise der COFDM-Unterträger des DVB-T-Kanales wären prinzipiell 2 Möglichkeiten gegeben. Man kann die Träger entsprechend der 2048 bzw. 8192 IFFT-Träger von 0 bis 2047 oder 0 bis 8191 durchzählen oder mit Träger Nummer Null beim ersten tatsächlich genutzten Träger des jeweiligen Modes beginnen. Letztere Zählweise wird üblicherweise verwendet, man zählt also im 2K-Mode von 0 bis 1704 und im 8K-Mode von 0 bis 6816. Abb. 20.9. zeigt nun die Lage des Spektrums im DVB-T-Kanal und fasst die wichtigsten DVB-T-Systemparameter zusammen. In Abb. 20.9. eingetragen sind auch die für die messtechnische Praxis besonders wichtigen Zentralträgernummern. Diese Trägernummer 3408 im 8K-Modus und 852 im 2K-Modus entspricht exakt der Kanalmitte des DVB-T-Kanals. Einige Effekte, die durch den DVB-T-Modulator hervorgerufen werden können, sind nur an dieser Stelle beobachtbar. Die in Abb. 20.9. in eckigen Klammern angegebenen Werte gelten für den 2K-Mode (Beispiel: 3408 [852]), die anderen Werte für den 8K-Mode.

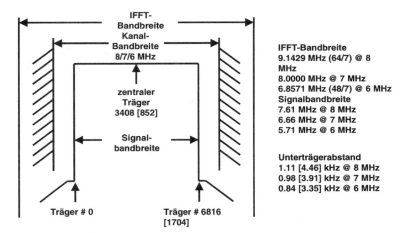

Abb. 20.9. Spektrum eines DVB-T-Signals im 8K- und im [2K]-Mode beim 8/7/6 MHz-Kanal

Die Bruttodatenrate des DVB-T-Signals leitet sich u.a. von der Symbolrate des DVB-T-COFDM-Signals ab. Die Symbolrate hängt ab von der Länge des Symbols und von der Länge des Guard Intervals.

Es gilt:

$$\text{Symbolrate}_{COFDM} = 1 \, / \, (\text{Symboldauer} + \text{Guard\_interval\_dauer});$$

Die Bruttodatenrate ergibt sich dann aus der Symbolrate, der Anzahl der tatsächlichen Nutzlastträger und der Art der Modulation (QPSK, 16QAM oder 64QAM). Beim 2K-Mode sind 1512 Nutzlastträger und beim 8K-Mode 6048 Nutzlastträger vorhanden. Bei QPSK werden 2 Bit pro Symbol, bei 16QAM 4 Bit pro Symbol und bei 64QAM werden 6 Bit pro Symbol übertragen. Nachdem im 8K-Mode die Symbole um den Faktor 4 länger sind, dafür aber 4 mal soviel Nutzlastträger im Kanal enthalten sind, kürzt sich dieser Faktor wieder heraus. D.h. die Datenraten sind vom 2/8K-Modus unabhängig.

Für die Bruttodatenrate des DVB-T-Kanals gilt:

$$\text{Bruttodatenrate} = \text{Symbolrate}_{COFDM} \bullet \text{Anzahl\_Nutzträger}$$
$$\bullet \, \text{Bit\_pro\_Symbol};$$

Die Gesamtlänge der COFDM-Symbole setzt sich zusammen aus der Symbollänge und der Länge des Schutzintervalls. Tabelle 20.8. stellt die Gesamtsymboldauer in Abhängigkeit vom Mode und von der Kanalbandbreite dar.

Tabelle 20.8. Gesamtsymboldauern bei DVB-T

Gesamtsymboldauer = Symbol + Guard [us]							
Kanal- band- breite [MHz]	2K g= 1/4	2K g= 1/8	2K g= 1/16	2K g= 1/32	8K g= 1/4	8K g= 1/8	8K g= 1/16	8K g= 1/32
8	280	252	238	231	1120	1008	952	924
7	320	288	272	264	1280	1152	1088	1056
6	373.33	336	317.3	308	1493.3	1344	1269.3	1232

Die Symbolrate des DVB-T-Kanals berechnet sich zu:

Symbolrate = 1/Gesamtsymboldauer;

Die Symbolraten von DVB-T sind in Tabelle 20.9. in Abhängigkeit vom Mode und von der Kanalbandbreite aufgelistet.

Tabelle 20.9. Symbolraten bei DVB-T

Symbolrate [kS/s]							
Kanal- band- breite [MHz]	2K g= 1/4	2K g= 1/8	2K g= 1/16	2K g= 1/32	8K g= 1/4	8K g= 1/8	8K g= 1/16	8K g= 1/32
8	3.5714	3.9683	4.2017	4.3290	0.8929	0.9921	1.0450	1.0823
7	3.1250	3.4722	3.6760	3.7888	0.7813	0.8681	0.9191	0.9470
6	2.6786	2.9762	3.1513	3.2468	0.6696	0.7440	0.7878	0.8117

Nun wird die Bruttodatenrate ermittelt aus:

Bruttodatenrate = Symbolrate • Bit pro Symbol
• Anzahl der Nutzlastträger;

Die DVB-T-Bruttodatenraten sind in Tabelle 20.10. in Abhängigkeit von der Kanalbandbreite und von der Guard Interval – Länge aufgeführt.

Tabelle 20.10. Bruttodatenraten bei DVB-T

Bruttodatenrate [Mbit/s]								
Kanal- Band- breite+ Modu- lation	2K g= 1/4	2K g= 1/8	2K g= 1/16	2K g= 1/32	8K g= 1/4	8K g= 1/8	8K g= 1/16	8K g= 1/32
8 MHz QPSK	10.800	12.000	12.706	13.091	10.800	12.000	12.706	13.091
8 MHz 16QAM	21.6	24.0	25.412	26.182	21.6	24.0	25.412	26.182
8 MHz 64QAM	32.4	36.0	38.118	39.273	32.4	36.0	38.118	39.273
7 MHz QPSK	9.45	10.5	11.118	11.455	9.45	10.5	11.118	11.455
7 MHz 16QAM	18.9	21.0	22.236	22.91	18.9	21.0	22.236	22.91
7 MHz 64QAM	28.35	31.5	33.354	34.365	28.35	31.5	33.354	34.365
6 MHz QPSK	8.1	9.0	9.530	9.818	8.1	9.0	9.530	9.818
6 MHz 16QAM	16.2	18.0	19.06	19.636	16.2	18.0	19.06	19.636
6 MHz 64QAM	24.3	27.0	28.59	29.454	24.3	27.0	28.59	29.454

Die Nettodatenrate hängt zusätzlich von der verwendeten Coderate der Faltungscodierung und vom Reed-Solomon-Fehlerschutz RS(188, 204) ab. Sie ergibt sich aus:

Nettodatenrate = Bruttodatenrate • 188/204 • Coderate;

Die Gesamtformel zur Ermittelung der Nettodatenrate von DVB-T-Signalen ist unabhängig vom 2K bzw. 8K-Mode, da sich der Faktor 4 herauskürzt. Die Formel lautet:

$$\text{Nettodatenrate} = 188/204 \bullet \text{Coderate} \bullet \log_2(m) \bullet 1(1+\text{Guard})$$
$$\bullet \text{Channel} \bullet \text{Const1};$$

mit m = 4 (QPSK), 16 (16QAM), 64 (64QAM);
bzw. $\log_2(m)$ = 2 (16QAM), 4 (16QAM), 6 (64QAM);

und Coderate = 1/2, 2/3, 3/4, 5/6, 7/8;

und Guard = 1/4, 1/8, 1/16, 1/32;

und Channel = 1 (8 MHz), 7/8 (7 MHz), 6/8 (6 MHz);

und Const1 = $6.75 \cdot 10^6$ Bit/s;

Daraus lassen sich die Nettodatenraten des 8, 7 und 6 MHz Kanals in den verschiedensten Betriebsarten ermitteln.

Die Nettodatenraten variieren bei DVB-T stark, abhängig von den Übertragungsparametern und Kanalbandbreiten zwischen etwa 4 und 31 Mbit/s. Beim 7 und 6 MHz-Kanal sind die zur Verfügung stehenden Nettodatenraten im Vergleich zum 8 MHz-Kanal um den Faktor 7/8 bzw. 6/8 niedriger.

Tabelle 20.11. DVB-T-Nettodatenraten bei nicht-hierarchischer Modulation beim 8 MHz Kanal

Modulation	CR	Guard 1/4	Guard 1/8	Guard 1/16	Guard 1/32
		Mbit/s	Mbit/s	Mbit/s	Mbit/s
QPSK	1/2	4.976471	5.529412	5.854671	6.032086
	2/3	6.635294	7.372549	7.806228	8.042781
	3/4	7.464706	8.294118	8.782007	9.048128
	5/6	8.294118	9.215686	9.757785	10.05348
	7/8	8.708824	9.676471	10.24567	10.55617
16QAM	1/2	9.952941	11.05882	11.70934	12.06417
	2/3	13.27059	14.74510	15.61246	16.08556
	3/4	14.92941	16.58824	17.56401	18.09626
	5/6	16.58824	18.43137	19.51557	20.10695
	7/8	17.41765	19.35294	20.49135	21.11230
64QAM	1/2	14.92941	16.58824	17.56401	18.0926
	2/3	19.90588	22.11765	23.41869	24.12834
	3/4	22.39412	24.88235	26.34602	27.14439
	5/6	24.88235	27.64706	29.27336	30.16043
	7/8	26.12647	29.02941	30.73702	31.66845

Tabelle 20.12. DVB-T-Nettodatenraten bei nicht-hierarchischer Modulation beim 7 MHz Kanal

Modulation	CR	Guard 1/4	Guard 1/8	Guard 1/16	Guard 1/32
		Mbit/s	Mbit/s	Mbit/s	Mbit/s
QPSK	1/2	4.354412	4.838235	5.122837	5.278075
	2/3	5.805882	6.450980	6.830450	7.037433
	3/4	6.531618	7.257353	7.684256	7.917112
	5/6	7.257353	8.063725	8.538062	8.796791
	7/8	7.620221	8.466912	8.964965	9.236631
16QAM	1/2	8.708824	9.676471	10.245675	10.556150
	2/3	11.611475	12.901961	13.660900	14.074866
	3/4	13.063235	14.514706	15.368512	15.834225
	5/6	14.514706	16.127451	17.076125	17.593583
	7/8	15.240441	16.933824	17.929931	18.473262
64QAM	1/2	13.063235	14.514706	15.368512	15.834225
	2/3	17.417647	19.352941	20.491350	21.112300
	3/4	19.594853	21.772059	23.052768	23.751337
	5/6	21.772059	24.191177	25.614187	26.390374
	7/8	22.860662	25.400735	26.894896	27.709893

Bei hierarchischer Modulation teilen sich die Bruttodatenraten bei 64QAM-Modulation im Verhältnis von 2:4 für HP zu LP auf, bei 16QAM ist das Verhältnis der Bruttodatenraten von HP zu LP exakt 2:2. Zudem sind die Nettodatenraten im High und Low Priority Path von den dort verwendeten Coderaten im HP und LP abhängig.

Die Formeln zur Ermittelung der Nettodatenraten von HP und LP lauten:

$$\text{Nettodatenrate}_{HP} = 188/204 \bullet \text{Coderate}_{HP} \bullet \text{Bit\_pro\_symbol}_{HP} \bullet 1(1+\text{Guard}) \bullet \text{Channel} \bullet \text{Const1};$$

$$\text{Nettodatenrate}_{LP} = 188/204 \bullet \text{Coderate}_{LP} \bullet \text{Bit\_pro\_symbol}_{LP} \bullet 1(1+\text{Guard}) \bullet \text{Channel} \bullet \text{Const1};$$

mit $\text{Bit\_pro\_symbol}_{HP} = 2;$

und $\text{Bit\_pro\_symbol}_{LP} = 2$ (16QAM) oder 4 (64QAM);

und Coderate$_{HP/LP}$ = 1/2, 2/3, 3/4, 5/6, 7/8;

und Guard = 1/4, 1/8, 1/16, 1/32;
und Channel = 1 (8 MHz), 7/8 (7 MHz), 6/8 (6 MHz);

und Const1 = 6.75 • 10^6 bit/s;

Tabelle 20.13. DVB-T-Nettodatenraten bei nicht-hierarchischer Modulation beim 6 MHz Kanal

Modulation	CR	Guard 1/4	Guard 1/8	Guard 1/16	Guard 1/32
		Mbit/s	Mbit/s	Mbit/s	Mbit/s
QPSK	1/2	3.732353	4.147059	4.391003	4.524064
	2/3	4.976471	5.529412	5.854671	6.032086
	3/4	5.598529	6.220588	6.586505	6.786096
	5/6	6.220588	6.911765	7.318339	7.540107
	7/8	6.531618	7.257353	7.684256	7.917112
16-QAM	1/2	7.464706	8.294118	8.782007	9.048128
	2/3	9.952941	11.058824	11.709343	12.064171
	3/4	11.197059	12.441177	13.173010	13.572193
	5/6	12.441176	13.823529	14.636678	15.080214
	7/8	13.063235	14.514706	15.368512	15.834225
64-QAM	1/2	11.197059	12.441177	13.173010	13.572193
	2/3	14.929412	16.588235	17.564014	18.096257
	3/4	16.795588	18.661765	19.759516	20.358289
	5/6	18.661765	20.735294	21.955017	22.620321
	7/8	19.594853	21.772059	23.052768	23.751337

Nun kommen wir zu den letzten praxisrelevanten Details des DVB-T-Standards - zur Konstellation und zu den Pegeln der einzelnen Träger. Je nach Art der Konstellation - QPSK, 16QAM oder 64QAM, hierarchisch mit Faktor α = 1, 2 oder 4, ergibt sich ein Signalmittelwert der Nutzsignalträger, der sich einfach durch den quadratischen Mittelwert aller möglichen Vektorlängen in deren korrekter Verteilung berechnen lässt. Dieser Mittelwert sei nun zu 100% oder einfach zu Eins definiert. Im Falle des 2K-Modes gibt es nun 1512 oder 6048 Nutzlastträger, deren mittlere Leistung 100% oder Eins ist. Die TPS-Trägerpegel haben exakt im Verhältnis zu einzelnen Nutzlastträgern die gleiche Pegelung. Ihre mittlere Leistung ist ebenfalls 100% oder Eins im Verhältnis zu den Nutzlastträgern. Anders sieht das bei den Continual und Scattered Piloten aus. Diese Pilote sind aufgrund der Notwendigkeit der leichteren Detektierbarkeit um 2.5 dB gegenüber dem mittleren Signalpegel der Nutzlastträger "geboostet", also verstärkt. D.h. der Spannungswert der Continual und Scattered Pilote ist um 4/3 gegenüber dem Mittelwert der Nutzlastträger höher, die Leistung ist um 16/9 höher:

$$20 \log(4/3) = 2.5 \text{ dB};$$ Spannungsdifferenz der Continual und Scattered Pilots gegenüber dem Signalmittelwert der Nutzlastträger;

oder

$$10 \log(16/9) = 2.5 \text{ dB};$$ Leistungsdifferenz der Continual und Scattered Pilots gegenüber dem Signalmittelwert der Nutzlastträger;

Man kann also zusammenfassend sagen, dass die Position der TPS-Träger im Konstellationsdiagramm immer dem 0 dB-Punkt des Mittelwertes der Nutzlastträger entspricht, und dass die Position der Continual und Scattered Pilote immer dem 2.5 dB-Punkt zuzuordnen ist, egal um welche DVB-T-Konstellation es sich gerade handelt.

Die Energie in den Piloten muss in Betracht gezogen werden, wenn das Carrier to Noise Ratio C/N umgerechnet werden muss in ein Signal to Noise Ratio S/N. Das Signal to Noise Ratio ist aber wiederum relevant für die Berechnung der Bitfehlerrate BER im Kanal hervorgerufen durch reinen Rauscheinfluss. Oft sind jedoch Messgeräte geeicht auf C/N und nicht auf S/N. In diesem Fall muss dann eine Umrechnung erfolgen. Hier ist der Lösungsansatz hierzu. Die Energie der reinen Nutzlastträger ohne Pilote lässt sich wie folgt für den 2K und 8K-Mode ermitteln:

$$\begin{aligned}
\text{Nutzlast\_zu\_Signal}_{2K} &= (\text{Nutzlast} / (\text{Nutzlast} + (\text{Scattered} + \text{Continual}) \\
&\quad \bullet (4/3)^2 + \text{TPS} \bullet 1)) \\
&= 10 \log(1512/(1512 + (131 + 45) \bullet 16/9 + 17 \bullet 1)) \\
&= -0.857 \text{ dB};
\end{aligned}$$

$$\begin{aligned}
\text{Nutzlast\_zu\_Signal}_{8K} &= 10 \log(6048/(6048 + (524 + 177) \bullet 16/9 \\
&\quad + 68 \bullet 1)) = -0.854 \text{ dB};
\end{aligned}$$

Der Pegel der DVB-T-Nutzlastträger alleine liegt also etwa 0.86 dB unter dem Gesamtträgerpegel.

Ein weiterer DVB-T-Systemparameter ist das Mapping der Konstellationsdiagramme für QPSK, 16QAM und 64QAM. Die Mappingtabellen beschreiben die Bitzuordnung zu den jeweiligen Konstellationspunkten. Die nachfolgenden Mappingtabellen sind so dargestellt, dass das LSB (Bit 0) links und das jeweilige MSB rechts zu finden ist. Bei QPSK gilt also die Reihenfolge Bit 0, Bit 1, bei 64QAM gilt Bit 0, Bit 1, Bit 2, Bit 3 und schließlich bei 64QAM beträgt die Reihenfolge Bit 0, Bit 1, Bit 2, Bit 3, Bit 4, Bit 5.

QPSK

10 •	00 •
11 •	01 •

16QAM

1000 •	1010 •	0010 •	0000 •
1001 •	1011 •	0011 •	0001 •
1101 •	1111 •	0111 •	0101 •
1100 •	1110 •	0110 •	0100 •

64QAM

100000 •	100010 •	101010 •	101000 •	001000 •	001010 •	000010 •	000000 •
100001 •	100011 •	101011 •	101001 •	001001 •	001011 •	000011 •	000001 •
100101 •	100111 •	101111 •	101101 •	001101 •	001111 •	000111 •	000101 •
100100 •	100110 •	101110 •	101100 •	001100 •	001110 •	000110 •	000100 •
110100 •	110110 •	111110 •	111100 •	011100 •	011110 •	010110 •	010100 •
110101 •	110111 •	111111 •	111101 •	011101 •	011111 •	010111 •	010101 •
110001 •	110011 •	111011 •	111001 •	011001 •	011011 •	010011 •	010001 •
110000 •	110010 •	111010 •	111000 •	011000 •	011010 •	010010 •	010000 •

Abb. 20.10. DVB-T-Mapping-Tabellen

20.5 DVB-T-Modulator und Sender

Nachdem nun der DVB-T-Standard und alle Systemparameter ausführlich behandelt wurden, kann nun der DVB-T-Modulator und Sender diskutiert werden. Ein DVB-T-Modulator kann ein oder zwei Transportstromeingänge mit nachfolgender Forward Error Correction (FEC) beinhalten. Dies hängt nur davon ab, ob dieser Modulator hierarchische Modulation unterstützt oder nicht. Beide FEC-Stufen sind im Falle hierarchischer Modulation vollkommen voneinander unabhängig, aber absolut identisch aufgebaut. Der eine Transportstrompfad mit FEC wird High Priority Path (HP), der andere Low Priority Path (LP) genannt. Nachdem beide FEC vollkommen identisch sind mit der FEC des Satellitenstandards DVB-S, brauchen diese nicht nochmals im Detail besprochen werden. Es sei hier auf das Kapitel DVB-S (Kap. 14.) verwiesen.

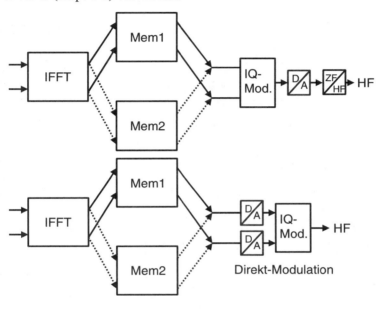

Abb. 20.11. Mögliche Realisierung eines DVB-T-Modulators

Auf den an am Transportstromeingang anliegenden Transportstrom wird im Basebandinterface aufsynchronisiert. Hierzu dient das im Transportstrom-Header enthaltene Sync-Byte, das konstant den Wert 0x47 im Abstand von 188 Byte aufweist. Um Langzeit-Zeitmarken im Transportstrom mitzuführen, wird anschließend vor der Energieverwischung jedes achte Sync-Byte invertiert zu 0xB8. Es folgt dann die Energieverwischungsstufe, die sowohl auf Sende- als auch auf Empfangsseite von diesen invertierten Sync-Bytes synchronisiert wird. Daraufhin findet im Reed-Solomon-Encoder der erste Fehlerschutz statt. Die TS-Pakete werden nun um 16 Byte Fehlerschutz erweitert. Nach dieser Blockcodierung wird der Datenstrom interleaved, um auf der Empfangsseite Burstfehler beim De-Interleaving aufbrechen zu können. Im Convolutional Encoder wird zusätzlicher Fehlerschutz hinzugefügt, der in der Punktierungsstufe wieder reduziert werden kann.

Bis hierhin sind beide Pfade - HP und LP - absolut gleich ausgeführt. Die Coderate kann aber unterschiedlich gewählt werden. Die fehlergeschützten Daten des HP und LP oder im Falle nicht-hierarchischer Modulation die Daten des einen TS-Pfades laufen dann in den Demultiplexer, wo sie dann in 2, 4 oder 6 ausgehende Datenströme abhängig vor der Art der Modulation (QPSK = 2, 16QAM = 4, 64QAM = 6 Pfade) aufgeteilt werden. Die aufgeteilten Datenströme laufen dann in einen Bitinterleaver hinein. Dort werden dann 126 Bit lange Blöcke gebildet, die dann in jedem Pfad in sich gemischt werden (Interleaving). Im nachfolgenden Symbolinterleaver werden dann die Blöcke nochmals blockweise gemischt, um dann den fehlergeschützten Datenstrom gleichmäßig über den ganzen Kanal zu verteilen. Ausreichender Fehlerschutz und eine gute Verteilung über den DVB-T-Kanal sind die Voraussetzung für das Funktionieren von COFDM. Zusammen ist das dann COFDM - Coded Orthogonal Frequency Division Multiplex. Anschließend erfolgt dann das Mapping aller Nutzlastträger abhängig von der gewählten Modulationsart und abhängig von hierarchischer oder nicht-hierarchischer Modulation und vom Faktor $\alpha = 1$, 2 oder 4. Es entstehen zwei Tabellen, nämlich die für den Realteil Re(f) und die für den Imaginärteil Im(f). Darin sind aber auch noch Lücken enthalten, in die dann vom Frame Adaptation Block die Pilote und die TPS-Träger eingefügt werden. Die vollständigen 2048 bzw. 8192 Werte umfassenden Tabellen für die Real- und Imaginärteile werden dann in das Herzstück des DVB-T-Modulators, nämlich in den IFFT-Block eingespeist. Anschließend liegt das COFDM-Signal getrennt nach Real- und Imaginärteil im Zeitbereich vor. Die 2048 bzw. 8192 Werte für Real- und Imaginärteile im Zeitbereich werden dann in Speichern zwischengespeichert, die nach dem Pipeline-Prinzip organisiert sind. D.h. es wird abwechselnd in einen Speicher geschrieben, während aus dem anderen ausgelesen wird. Beim Auslesevorgang wird das Ende des Speichers zuerst ausgelesen, wodurch das Guard Interval gebildet wird. Es sei speziell für das Verständnis dieses Abschnittes auf das COFDM-Kapitel verwiesen. Üblicherweise wird das Signal dann in der zeitlichen IQ-Ebene digital gefiltert (FIR-Filter), um dann die Schultern (Nachbarkanal-Aussendungen) stärker zu unterdrücken. Bei einem Leistungssender wird jetzt eine Vorentzerrung vorgenommen, um die Nichtlinearitäten der Endstufe zu kompensieren. Gleichzeitig findet ein Clipping statt, um das DVB-T-Signal bezüglich des Crest-Faktors zu begrenzen, da ansonst die Endstufen ggf. zerstört werden könnten. Ein OFDM-Signal weist nämlich einen sehr großen Crestfaktor auf, d.h. das Signal weist sehr große und sehr kleine Amplituden auf. Die Position des IQ-Modulators ist nun abhängig von der praktischen Realisierung des

DVB-T-Modulators bzw. Senders. Entweder wird das Signal in der IQ-Ebene getrennt für I- und Q digital-analog-gewandelt und dann einem analogen IQ-Modulator zugeführt, der es erlaubt nach dem Prinzip der Direktmodulation sofort in die RF-Lage zu mischen. Dieses Prinzip nennt man Direktmodulation und ist heutzutage üblich. Der andere Weg ist, bis einschließlich IQ-Modulator in der digitalen Ebene zu bleiben, um anschließend eine D/A-Wandlung durchzuführen. Dies erfordert jedoch eine weitere Umsetzerstufe von einer niedrigeren Zwischenfrequenz auf die letztendliche HF-Lage. Dies ist aber aufwändiger und kostenintensiver. D.h. dies wird heutzutage üblicherweise vermieden. Man erkauft sich das aber dann mit den evtl. unangenehmen Eigenschaften eines analogen IQ-Modulators. Den analogen IQ-Modulator kann man im Ausgangssignal praktisch immer messtechnisch nachweisen. Die Direktmodulation vom Basisband in die HF-Lage ist aber heutzutage bei richtiger Realisierung zu beherrschen (Abb. 20.11.).

20.6 Der DVB-T-Empfänger

Obwohl schon der DVB-T-Modulator ziemlich komplex erscheint - die Empfangsseite ist noch deutlich aufwändiger. Die meisten Baugruppen des DVB-T-Empfängers finden aber aufgrund der heute möglichen hohen Integrationsdichte in einem einzigen Chip Platz. Die erste Baugruppe des DVB-T-Empfängers ist der Tuner. Er dient zur RF/IF-Down-Konvertierung des DVB-T-Kanals. Von der Ausführung her unterscheidet sich ein DVB-T-Tuner lediglich in der Forderung nach einem deutlich besseren Phasenrauschverhalten von dem eines Tuners für analoges Fernsehen. Nach dem Tuner findet man den DVB-T-Kanal bei 36 MHz Bandmitte vor. Dies entspricht auch der Bandmitte eines analogen 8 MHz breiten TV-Kanals. Beim analogen Fernsehen wird jedoch alles auf die Bildträgerfrequenz bezogen. Sie liegt in der ZF-Lage bei 38.9 MHz. Beim digitalen Fernsehen, also bei DVB-S, DVB-C und auch bei DVB-T gilt als Kanalfrequenz die Kanalmittenfrequenz. In der ZF-Ebene findet dann die Bandpassfilterung auf 8, 7 oder 6 MHz Bandbreite statt. Man verwendet hierzu Oberflächenwellenfilter (OFW) oder auf Englisch Surface Acoustic Wave Filter (SAW). Die Filter sind mit den hier bei DVB-T geforderten Eigenschaften gut in diesem Frequenzbereich realisierbar. Nach dieser Bandpassfilterung sind nun die Nachbarkanäle ausreichend gut unterdrückt. Ein SAW-Filter ist minimalphasig, d.h. es weist keine Gruppenlaufzeitverzerrungen auf. Es sind lediglich Ampituden- und Gruppenlaufzeitrippel, also Welligkeit vorzufinden.

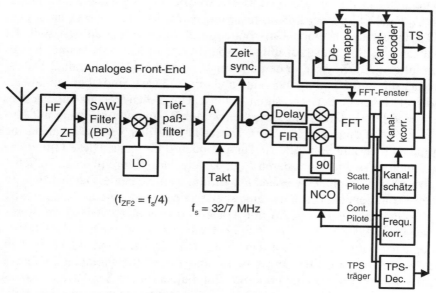

Abb. 20.12. Blockschaltbild eines DVB-T-Empängers (Teil 1)

Im nächsten Schritt wird das DVB-T-Signal auf eine tiefere zweite ZF bei ca. 5 MHz heruntergemischt. Häufig wird eine ZF von 32/7 MHz = 4.571429 MHz verwendet. Nach dieser Mischstufe werden dann mit Hilfe eines Tiefpassfilters alle Signalbestandteile über der halben Abtastfrequenz unterdrückt, um Alias-Effekte zu vermeiden. Es folgt dann die Analog-Digital-Wandelung. Der AD-Wandler wird üblicherweise exakt auf der 4-fachen zweiten ZF getaktet, also bei 4 • 32/7 MHz = 18.285714 MHz. Dies ist notwendig, um im DVB-T-Modulator zur IQ-Demodulation die sog. fs/4-Methode anwenden zu können (siehe Kapitel IQ-Modulation). Nach dem AD-Wandler wird der Datenstrom, der nun mit einer Datenrate von etwa 20 Megaworten/s vorliegt, u.a. der Time Synchronization-Stufe zugeführt. In dieser Stufe wird mit Hilfe der Autokorrelation versucht, Synchroninformation abzuleiten. Man detektiert mit Hilfe der Autokorrelation Signalbestandteile, die mehrfach gleichartig im Signal vorhanden sind. Nachdem im Guard Interval vor jedem Symbol das Ende des nachfolgenden Symbols wiederholt wird, wird man von der Autokorrelationsfunktion ein Identifikationssignal im Bereich der Guard Intervale und im Bereich der Symbole geliefert bekommen. Mit Hilfe der Autokorrelation wird nun das FFT-Abtastfenster in den intersymbolstörungsfreien Bereich von Schutzintervall plus Symbol positioniert. Dieses Positionierungs-

Steuersignal wird in den FFT-Prozessor im DVB-T-Empfänger eingespeist. Parallel zur Zeitsynchronisierung wird der Datenstrom nach dem
AD-Wandler durch einen Umschalter in 2 Datenströme aufgespaltet. Es
gelangen z.b. die ungeradzahligen Abtastwerte in den oberen und die geradzahligen Abtastwerte in den unteren Zweig. So entstehen nun 2 Datenströme, die je die halbe Abtastrate aufweisen. Diese sind aber nun zueinander um einen halben Abtasttakt versetzt. Um diesen Versatz aufzuheben,
wird eine Interpolation der Zwischenwerte z.b. im unteren Zweig mit Hilfe eines FIR-Filters durchgeführt. Dieses Digitalfilter verursacht aber eine
Grundverzögerung von z.b. 20 Taktperioden oder mehr. Diese Grundverzögerung muss auch im oberen Signalzweig mit Hilfe einfacher Schieberegister vorgenommen werden. Daraufhin werden beide Datenströme in
einen komplexen Mischer eingespeist, der von einem Numerically
Controlled Oszillator (NCO) mit Träger versorgt wird. Mit Hilfe dieses
Mischers und des NCO's kann nun noch eine Frequenzkorrektur des DVB-
T-Signales vorgenommen werden. Aufgrund der mangelnden Genauigkeit
der Oszillatoren im Empfänger muss eine Automatic Frequency Control
(AFC) durchgeführt werden und der Empfänger an die Sendefrequenz angebunden werden. Hierzu werden die Continual Pilots nach der Fast Fourier Transformation ausgewertet. Liegt eine Frequenzablage der Empfangsfrequenz gegenüber der Sendefrequenz vor, so rotieren alle
Konstellationsdiagramme im oder entgegen dem Uhrzeigersinn mehr oder
weniger schnell. Die Rotationsrichtung hängt einfach davon ab, ob die
Frequenzablage positiv oder negativ ist; die Rotationsgeschwindigkeit ist
von der Größe der Frequenzablage abhängig. Nun vermisst man einfach
die Position der Continual Pilots im Konstellationsdiagramm. Interessant
für die Frequenzkorrektur ist nur die Phasendifferenz der Continual Pilots
von Symbol zu Symbol. Ziel ist es, diese Phasendifferenz zu Null zu bringen. Die Phasendifferenz ist eine direkte Regelgröße für die AFC. D.h.
man verändert die NCO-Frequenz so lange, bis die Phasendifferenz zu
Null wird. Die Rotation der Konstellationsdiagramme ist dann gestoppt,
der Empfänger ist an die Sendefrequenz angebunden. Der FFT-
Signalverarbeitungsblock, dessen Abtastfenster von der Time Synchroni-
zation gesteuert wird, transformiert die COFDM-Symbole zurück in den
Frequenzbereich. Man erhält 2048 bzw. 8192 Real- und Imaginärteile zurück. Diese entsprechen aber noch nicht direkt den Trägerkonstellationen.
Nachdem das FFT-Abtastfenster nicht exakt über dem eigentlichen Symbol liegt, liegt bei allen COFDM-Unterträgern eine Phasenverschiebung
vor, d.h. alle Konstellationsdiagramme sind verdreht. Dies bedeutet, dass
auch die Continual und Scattered Pilote nicht mehr auf der reellen Achse
zu finden sind, sondern irgendwo auf einem Kreis dessen Radius der Amplitude dieser Pilote entspricht. Weiterhin sind aber auch Kanalverzerrungen

aufgrund von Echos oder aufgrund von Amplitudengang oder Gruppenlaufzeitgang zu erwarten. Dies wiederum bedeutet, dass die Konstellationsdiagramme auch in der Amplitude verzerrt sein können und zusätzlich
mehr oder weniger verdreht sein können. Im DVB-T-Signal werden jedoch
jede Menge Pilotsignale mitgeführt, die im Empfänger als Messsignal für
die Kanalschätzung und Kanalkorrektur verwendet werden können. Über
die Zeit von 12 Symbolen hinweg werden an jeder dritten Trägerposition
Scattered Pilote zum Liegen gekommen sein; d.h. es liegen an jeder dritten
Trägerposition Information über die Verzerrungen des Kanals vor. Man
vermisst die Continual und Scattered Pilote bezüglich deren Amplituden
und Phasenverzerrung und errechnet daraus die Korrekturfunktion für den
Kanal. Man dreht damit alle Konstellationsdiagramme wieder auf Soll-
Lage zurück, man entzerrt auch die Amplitudenverzerrungen, d.h. man
komprimiert oder expandiert die Konstellationsdiagramme so, dass die Pilote auf deren Soll-Lage auf der reellen Achse an der richtigen Position
zum Liegen kommen. Die Kenntnis über die Funktion der Kanalschätzung
und Korrektur ist wichtig für das Verständnis messtechnischer Probleme
bei DVB-T.

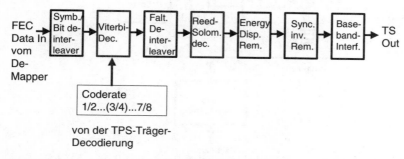

Abb. 20.13. Blockschaltbild eines DVB-T-Empfängers (Teil 2 – FEC), Kanalde-
coder

Aus den Kanalschätzdaten können sowohl jede Menge Messinformatio-
nen im DVB-T-Messempfänger abgeleitet werden (Übertragungsfunktion
des Kanals, Impulsantwort), als auch Probleme des DVB-T-Modulators
gewonnen werden (IQ-Modulator, Mittenträger). Parallel zur Kanalkorrektur werden die TPS-Träger im unkorrigierten Kanal dekodiert. Die Transmission Parameter Signaling Träger brauchen keine Kanalkorrektur, da sie
differenzcodiert sind. Die Modulationsart der TPS-Träger ist DBPSK -
Differential Biphase Shift Keying. Innerhalb eines Symbols sind viele
TPS-Träger zu finden. Jeder Träger trägt die gleiche Information. Das jeweilige zu dekodierende Bit wird durch Differenzdekodierung im Ver-

gleich zum vorherigen Symbol und durch Mehrheitsentscheidung innerhalb eines Symbols ermittelt. Zusätzlich sind die TPS-Informationen fehlergeschützt. Die TPS-Information ist deshalb deutlich vor der Schwelle
zum "fall of the cliff" für die DVB-T-Übertragung richtig auswertbar. Die
TPS-Information benötigt der dem Kanalkorrektur nachfolgende Demapper und auch der Kanaldekoder. Aus den TPS-Trägern kann die aktuell
gewählte Modulationsart (QPSK, 16QAM, 64QAM) und die Information
über das Vorliegen hierarchischer Modulation abgeleitet werden. Der Demapper wird nun entsprechend auf die richtige Modulationsart eingestellt,
d.h. es wird die richtige Demapping-Tabelle geladen. Im Falle hierarchischer Modulation muss nun entweder manuell oder automatisch abhängig
von der Kanalbitfehlerrate entschieden werden, welcher Pfad dekodiert
werden soll, der High Priority Path (HP) oder der Low Priority Path (LP).
Nach dem Demapper liegt nun wieder Datenstrom vor. Dieser Datenstrom
wird der Kanaldecodierung zugeführt.

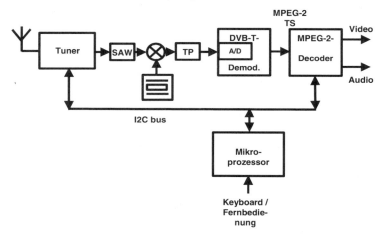

Abb. 20.14. Blockschaltbild einer DVB-T-Settop-Box (DVB-T-Receiver)

Der Kanaldekoder (Abb. 20.13.) ist bis auf den Symbol- und Bitdeinterleaver absolut identisch wie beim Satellitenstandard DVB-S aufgebaut.
Die de-gemappten Daten gelangen vom Demapper in den Symbol- und
Bitdeinterleaver und werden wieder zurücksortiert und in den Viterbi-
Dekoder eingespeist. Dieser benötigt für die Depunktierung die Coderate,
die er vom TPS-Dekoder zugespielt bekommt. An den Stellen, wo Bits
punktiert wurden, werden wieder Don't Care - Bits eingefügt. Der Viterbi-
Dekoder behandelt diese dann ähnlich wie Fehlerbits. Der Viterbi-Dekoder
versucht dann entsprechend der vom Trellis-Diagramm her bekannten

Wege die ersten Fehler zu reparieren. Daraufhin folgt der Convolutional De-Interleaver, die durch Rückgängigmachung des Interleavings Burstfehler aufbricht. Damit tut sich der Reed-Solomon-Decoder leichter, Bitfehler zu reparieren. Der Reed-Solomon-Dekoder repariert bis zu 8 Bitfehler pro Paket mit Hilfe der 16 Byte Fehlerschutzbytes. Liegen mehr als 8 Fehler pro Paket vor, so wird der Transport Error Indicator auf Eins gesetzt. Das Transportstrompaket darf dann im MPEG-2-Dekoder nicht weiterverwendet werden. Es muss Fehlerverschleierung durchgeführt werden. Weiterhin wird dann die Energieverwischung rückgängig gemacht. Diese Stufe wird durch die invertierten Sync-Bytes synchronsiert. Diese Sync-Byte-Invertierung muss nun rückgängig gemacht werden und anschließend liegt wieder MPEG-2-Transportstrom vor.

Ein praktisch realisierter DVB-T-Empfänger (Abb. 20.14.) weist nur noch wenige diskrete Bauteile auf. Tuner, SAW-Filter, Mischoszillator für die 2. ZF und Tiefpassfilter sind noch diskret auffindbar. Dann folgt ein DVB-T-Demodulator-Chip, der ab dem AD-Wandler alle Baugruppen des DVB-Demodulators beinhaltet; oft aber ist mittlerweile alles bis hierher bereits in den Tuner integriert, auch der COFDM-Chip. Der aus dem DVB-T-Demodulator herauskommende Transportstrom wird in den nachfolgenden MPEG-2-Dekoder eingespeist und wieder zu Video und Audio dekodiert. Ein Mikroprozessor steuert alle Baugruppen über I2C-Bus (Abb. 20.14.).

20.7 Störeinflüsse auf der DVB-T-Übertragungsstrecke

Terrestrische Übertragungswege sind zahlreichen Einflüssen ausgesetzt (Abb. 20.15.). Neben additivem weißem gausschem Rauschen (AWGN = Additive White Gaussian Noise), sind es vor allem die zahlreichen Echos, also Mehrwegeempfang, die diese Art der Übertragung so besonders schwierig machen. Abhängig von der Echosituation ist ein terrestrischer Empfang leichter oder schwieriger.

Aber auch der DVB-T-Modulator und Sender bestimmt die Güte der Übertragungsstrecke. Wegen des hohen Crestfaktors von COFDM-Übertragungen ergeben sich schon auf der Sendeseite besondere Anforderungen. Theoretisch liegt der Crestfaktor, also das Verhältnis zwischen maximaler Spitzenamplitude und Effektivwert von DVB-T-Signalen in der Größenordnung von 35 bis 41 dB. Kein praktisch realisierbarer Leistungsverstärker wäre wirtschaftlich bei diesen Crestfaktoren betreibbar. Man würde die Leistungsverstärker früher oder später "zerschießen". Deswegen wird der Crestfaktor praktisch auf etwa 13 dB limitiert bevor das DVB-T-

Signal in die Leistungsverstärker eingespeist wird. Dies führt aber wiederum zu einem schlechten Schulterabstand des DVB-T-Signales. Außerdem entsteht aufgrund von Inter- und Kreuzmodulation Inband-Rauschen in der gleichen Größenordnung wie der Schulterabstand. Der Schulterabstand liegt nun bei ca. 35 dB. Um diesen Schulterabstand wieder in eine vernünftige Größenordnung zu bringen, werden passive Bandpassfilter, die auf den DVB-T-Kanal abgestimmt sind, nachgeschaltet (Abb. 20.29.).

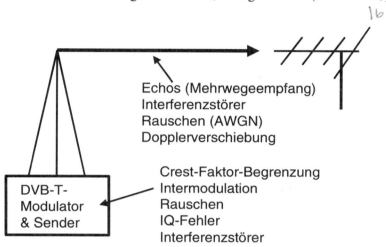

Abb. 20.15. Störeinflüsse auf der DVB-T-Übertragungsstrecke

Man erhält damit wieder einen Schulterabstand von besser 40 dB. Gegen den nun vorliegenden Inband-Störabstand von etwa 35 dB kann man aber nichts mehr tun. Diese Störprodukte sind aufgrund des notwendigen Clippings zur Reduzierung des Crestfaktors entstanden und bestimmen nun die Performance des DVB-T-Senders. D.h. jeder DVB-T-Sender wird einen Störabstand C/N in der Größenordnung von etwa 35 dB aufweisen. Im DVB-T-Modulator wird heutzutage praktisch immer Direktmodulation angewendet, d.h. man setzt direkt vom digitalen Basisband in die HF-Lage um, was einen analog arbeitenden IQ-Modulator zur Folge hat. Folglich beeinträchtigt auch dieser nun nicht mehr perfekt arbeitende Schaltungsteil auch die Signalqualität. Dies hat IQ-Fehler wie Amplituden-Imbalance, IQ-Phasenfehler und mangelnde Trägerunterdrückung zur Folge. Es ist nun die Kunst der Modulatorhersteller, diese Einflüsse so gering wie möglich zu halten. Messtechnisch ist ein analog arbeitender IQ-Modulator im DVB-T-Sender aber immer nachzuweisen, wie später im Messtechnik-Kapitel zu sehen sein wird. Aber auch aufgrund der endlich guten Signalverarbeitungsvorgänge im DVB-T-Modulator werden rauschartige Störer erzeugt. Auf der Übertragungsstrecke kommt weiteres Rauschen hinzu abhängig von den Empfangsbedingungen. Ebenso ist mit Mehrfachechos und Interferenzstörern, die sinusförmig oder impulsartig sein können, zu rechnen. Echos führen zu frequenz- und ortsselektiven Schwunderscheinungen (Fading).

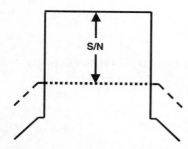

Abb. 20.16. Schulterabstand nach dem Clipping und nach der Bandpaßfilterung

Zur Berechnung des Crest-Faktors bei COFDM-Signalen:

Üblicherweise ist der Crest-Faktor definiert zu

$$c_{fu} = 20 \log(U_{peak}/U_{RMS});$$

Teilweise sind Leistungsmesser und Spektrumanalysatoren auch auf folgende Definition geeicht:

$$c_{fp} = 10 \log(PEP/P_{AVG});$$

mit PEP = Peak Envelope Power = $(U_{peak}/\sqrt{2})^2/z_o$;
und $P_{AVG} = U_{rms}^2/z_o$;

Beide Crestfaktor-Definitionen unterscheiden sich um 3dB:

$$c_{fu} = c_{fp} + 3dB;$$

Der Crestfaktor von COFDM-Signalen berechnet sich folgendermaßen:

Die maximale Spitzenspannung ergibt sich bei Aufaddierung der Spitzenamplituden aller Einzelträger:

$U_{Peak} = N \bullet U_{peak0};$

Dabei ist

U_{peak0} = Spitzenwert der Amplitude eines einzelnen COFDM-Trägers;

und

N = Anzahl der benutzten COFDM-Träger;

Der Effektivwert eines COFDM-Signales berechnet sich aus dem quadratischen Mittelwert zu:

$$Urms = \sqrt{(N \cdot Urms0^2)};$$

Dabei ist

U_{rms0} = Effektivwert eines einzelnen COFDM-Trägers;

$$Urms0 = Upeak0 / \sqrt{2};$$

Damit erhält man für den Effektivwert des OFDM-Signales:

$$Urms = \sqrt{(N \cdot Upeak0^2 / 2)};$$

Setzt man nun den maximal auftretenden Spitzenwert bei Überlagerung aller Einzelträger, sowie den Effektivwert des Gesamtsignales in die Gleichung ein, so erhält man:

$$cf_{OFDM} = 20\log(Upeak / Urms)$$
$$= 20\log((N \cdot Upeak0) / \sqrt{(N \cdot Upeak0^2 / 2)});$$

Dies wiederum lässt sich umformen und vereinfachen zu:

$$cf_{OFDM} = 20\log(\frac{N}{\sqrt{N/2}}) = 10\log(2N);$$

Die theoretischen Crestfaktoren bei DVB-T sind nun

im 2K Mode:

1705 benutzte Träger

$$cf_{DVB-T2K} = 35dB;$$

und im 8K Mode:

6817 benutzte Träger

$$cf_{DVB-T8K} = 41dB;$$

Zu beachten ist, dass dies theoretische Werte sind, die in der Praxis aufgrund der begrenzten Auflösung der Signalverarbeitung und der Spannungsbegrenzung (Clipping) nicht auftreten können.

Praktische Werte liegen in der Größenordung von 13 dB (DVB-T-Leistungssender) bis etwa 15 dB (bei Modulatoren ohne Clipping).

Im folgenden wird nun der DVB-T-Übertragungsweg selbst genauer betrachtet. Im Idealfalle trifft an der Empfangsantenne genau ein Signalpfad ein. Das Signal ist lediglich mehr oder weniger gedämpft. In diesem Fall ist das DVB-T-Signal lediglich mit additivem weißen gausschen Rauschen beaufschlagt. Man spricht von AWGN oder von einem Gauß-Kanal (Abb. 20.17.). Dies ist die für den Empfänger günstigste Empfangsbedingung.

Direkte Sicht zum Sender, keine Echos

Abb. 20.17. Gauß'scher Kanal

Kommen zu diesem direkten Signalpfad, man spricht von direkter Sicht zum Sender, jedoch noch Mehrfachechos hinzu, so ergeben sich schon deutlich schwierigere Empfangsbedingungen. Dieser als mathematisches

Kanalmodell simulierbare Kanal mit direkter Sicht und einer definierten Anzahl an Mehrfachechos wird Rice-Kanal (Abb. 20.18.) genannt.

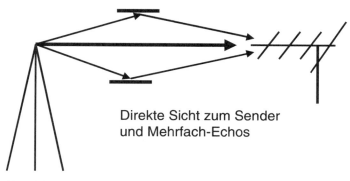

Direkte Sicht zum Sender
und Mehrfach-Echos

Abb. 20.18. Rice-Kanal

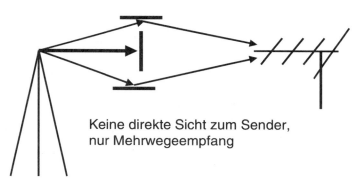

Keine direkte Sicht zum Sender,
nur Mehrwegeempfang

Abb. 20.19. Rayleigh-Kanal

Entfällt nun auch noch die direkte optische Sicht zum Sender, also der Direktsignalpfad, so spricht man von einem Rayleigh-Kanal (Abb. 20.19.). Dieser stellt die ungünstigsten stationären Empfangsbedingungen dar.

Bewegt sich z.B. der Empfänger (Abb. 20.20.) mit einer bestimmten Geschwindigkeit vom Sender weg oder zum Sender hin, so entsteht aufgrund des Dopplereffektes eine negative oder positive Frequenzverschiebung Δf. Diese Frequenzverschiebung alleine stellt für den DVB-T-Empfänger kein Problem dar. Seine AFC korrigiert diese Frequenzablage. Die Frequenzverschiebung lässt sich berechnen aus der Geschwindigkeit, der Sendefrequenz und der Lichtgeschwindigkeit.

Es gilt:

$$\Delta f = v \bullet (f/c) \bullet \cos(\varphi);$$

Mit

v = Geschwindigkeit;
f = Sendefrequenz;
c = Lichtgeschwindigkeit = 299792458 m/s;
φ = Einfallswinkel des Echos in Relation zur Bewegungsrichtung;

Beispiel: Bei einer Sendefrequenz von 500 MHz und einer Geschwindigkeit von 200 km/h ergibt sich eine Dopplerverschiebung von 94 Hz.

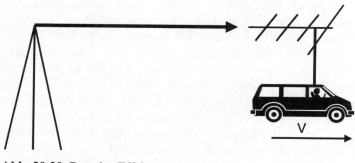

Abb. 20.20. Doppler-Effekt

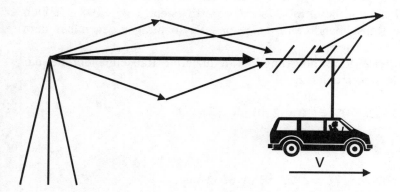

Abb. 20.21. Doppler-Effekt und Mehrwegeempfang

Kommen jedoch auch noch Mehrfachechos (Abb. 20.21.) hinzu, so wird das COFDM-Spektrum verschmiert. Diese Verschmierung kommt dadurch zustande, dass sich der Mobilempfänger sowohl auf Signalpfade zubewegt, als sich auch von anderen Quellen wegbewegt. D.h. es gibt nun COFDM-Spektral-Kämme, die sich nach oben und nach unten schieben. Der 8K-Modus ist aufgrund seines um den Faktor 4 engeren Unterträgerabstand deutlich empfindlicher gegenüber solchen Verschmierungen im Frequenzbereich als der 2K-Modus. Somit trifft man mit dem 2K-Modus beim Mobilempfang die bessere Wahl. Ursprünglich war jedoch der Mobilempfang bei DVB-T nicht vorgesehen.

Betrachten wir nun das Verhalten des DVB-T-Empfängers in Gegenwart von Rauschen. Mehr oder weniger Rauschen im DVB-T-Kanal führt zu mehr oder weniger Bitfehlern während des Empfanges. Abhängig von der gewählten Coderate im Faltungscoder kann nun der Viterbi-Dekoder mehr oder weniger dieser Bitfehler reparieren. Grundsätzlich gelten bei DVB-T die gleichen Regeln wie bei einem Einträgerverfahren (DVB-C, DVB-S). D.h. es sind die gleichen "Wasserfall-Kurven" für die Bitfehlerrate als Funktion des Störabstandes gültig. Vorsichtig muss man nur in Bezug auf die Definition des Signal/Rauschabstandes sein. Oft ist aber auch die Rede von einem Carrier to Noise Ratio C/N. Beide - S/N und C/N - unterscheiden sich bei DVB-T geringfügig. Die Ursache hierfür liegt in der Leistung in den Pilot- und Hilfsträgern (Continual und Scattered Pilote, sowie TPS-Träger). Als Signalleistung darf man für die Ermittelung der Bitfehlerrate bei DVB-T nur die Leistung in den eigentlichen Nutzlastträgern heranziehen. Die Differenz zwischen der kompletten Trägerleistung und der Leistung in den reinen Nutzlastträgern beträgt bei DVB-T im 2K-Mode 0.857 dB und beim 8K-Mode 0.854 dB (siehe Kap. 20.4.). Jedoch ist auch die Rauschbandbreite der reinen Payloadträger gegenüber dem Gesamtsignal reduziert.

Die reduzierte Rauschleistung bei reduzierter Rauschbandbreite der Payload-Träger ergibt sich zu:

$$10 \bullet \log(1512/1705) = -0.522 \text{ dB im 2K-Mode}$$

und

$$10 \bullet \log(6048/6817) = -0.52 \text{ dB im 8K-Mode.}$$

Somit beträgt die Differenz zwischen dem C/N und S/N bei DVB-T:

$$C/N - S/N = -0.522 \text{ dB} -(-0.857 \text{ dB}) = 0.34 \text{ dB im 2K-Mode}$$

und

C/N - S/N = -0.52 dB –(-0.854 dB) = 0.33 dB im 8K-Mode.

Aus dem S/N lässt sich unter Anwendung von Abb. 20.22. die Bitfehlerrate vor Viterbi, also die Kanalbitfehlerrate ermitteln. Diese Abbildung gilt nur bei nicht-hierarchischer Modulation, da bei hierarchischer Modulation das Konstellationsdiagramm expandiert sein kann.

Die theoretischen Mindeststörabstande für den quasi-fehlerfreien Betrieb hängen bei DVB-T ebenso wie bei DVB-S von der Coderate ab. Zusätzlichen Einfluss nimmt die Art der Modulation (QPSK, 16QAM, 64QAM) und die Art des Kanals (Gauß, Rice, Rayleigh). Die theoretischen Mindeststörabstände C/N sind in Tabelle 20.14. für den Fall der nicht-hierarchischen Modulation aufgelistet.

Tabelle 20.14. Minimal notwendiges C/N bei nicht-hierarchischer Modulation

Modula-tionsart	Coderate	Gauß-Kanal	Rice-Kanal	Rayleigh-Kanal
		[dB]	[dB]	[dB]
QPSK	1/2	3.1	3.6	5.4
	2/3	4.9	5.7	8.4
	3/4	5.9	6.8	10.7
	5/6	6.9	8.0	13.1
	7/8	7.7	8.7	16.3
16QAM	1/2	8.8	9.6	11.2
	2/3	11.1	11.6	14.2
	3/4	12.5	13.0	16.7
	5/6	13.5	14.4	19.3
	7/8	13.9	15.0	22.8
64QAM	1/2	14.4	14.7	16.0
	2/3	16.5	17.1	19.3
	3/4	18.0	18.6	21.7
	5/6	19.3	20.0	25.3
	7/8	20.1	21.0	27.9

Die Forderungen für ein Mindest-C/N schwanken also bei DVB-T in einem weiten Bereich von etwa 3 dB bei QPSK mit Coderate 1/2 im Gauß-Kanal bis hin zu etwa 28 dB im Rayleigh-Kanal bei 64QAM mit Coderate 7/8. Praktische Werte für stationären Empfang liegen bei etwa 18 bis 20 dB (64QAM, Coderate 2/3 oder 3/4) und für portablen Empfang bei etwa 11 bis 17 dB (16QAM, Coderate 2/3 oder 3/4).

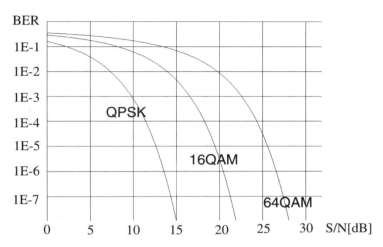

Abb. 20.22. Bitfehlerrate BER bei DVB-T in Abhängigkeit vom Störabstand S/N bei QPSK, 16 QAM und 64QAM

Tabelle 20.15. Theorestische Mindeststörabstände bei hierarchischer Modulation (QPSK in 64-QAM mit α=2); Low Priority Path (LP)

Modula-tionsart	Coderate	Gauß-Kanal	Rice-Kanal	Rayleigh-Kanal
		[dB]	[dB]	[dB]
QPSK	1/2	6.5	7.1	8.7
	2/3	9.0	9.9	11.7
	3/4	10.8	11.5	14.5
64-QAM	1/2	16.3	16.7	18.2
	2/3	18.9	19.5	21.7
	3/4	21.0	21.6	24.5
	5/6	21.9	22.7	27.3
	7/8	22.9	23.8	29.6

20.8 DVB-T-Gleichwellennetze (SFN)

COFDM ist bestens geeignet für einen Gleichwellenbetrieb (SFN =Single Frequency Network). Bei einem Gleichwellenbetrieb arbeiten alle Sender, die den gleichen Inhalt ausstrahlen auf der gleichen Frequenz. Daher ist der Gleichwellenbetrieb sehr frequenzökonomisch. Alle Sender strahlen ein absolut identisches Signal ab und müssen deswegen vollkommen synchron arbeiten. Signale von benachbarten Sendern sieht ein DVB-T-Empfänger so, als wären es einfach Echos. Die am einfachsten einhaltbare Bedingung ist die Frequenzsynchronisation, denn auch schon beim analogen terrestrischen Fernsehen musste die Frequenzgenauigkeit und Stabilität hohen Anforderungen genügen. Bei DVB-T bindet man die RF des Senders an eine möglichst gute Referenz an. Nachdem das Signal der GPS-Satelliten (Global Positioning System) weltweit verfügbar ist, benutzt man dieses als Referenz für die Synchronisation der Sendefrequenzen eines DVB-T-Gleichwellennetzes. Die GPS-Satelliten strahlen ein 1pps-Signal (one puls per second) aus, an das man in professionellen GPS-Empfängern einen 10 MHz-Oszillator anbindet. Dieser wird als Referenzsignal für die DVB-T-Sender verwendet.

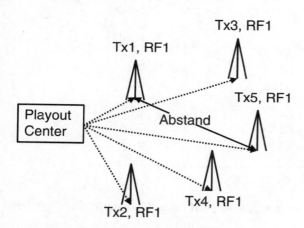

Abb. 20.23. DVB-T-Gleichwellen-Netze (SFN)

Es besteht aber noch eine strenge Forderung hinsichtlich des maximalen Senderabstandes (Abb. 20.23. und Tab. 20.16., Tab. 20.17., Tab. 20.18.). Der mögliche maximale Senderabstand ergibt sich hierbei aus der Länge des Guard-Intervals und der Lichtgeschwindigkeit, bzw. der damit verbundenen Laufzeit. Es sind Intersymbolinterferenzen nur vermeidbar, wenn bei Mehrwegeempfang kein Pfad eine längere Laufzeit aufweist wie die Schutzintervall-Länge. Die Frage, was denn passiert, wenn ein Signal eines weiter entfernteren Senders, das das Schutzintervall verletzen würde, empfangen wird, ist leicht zu beantworten. Es entstehen Intersymbol-

Interferenzen, die sich als rauschartige Störung im Empfänger bemerkbar machen. Signale von weiter entfernten Sendern müssen einfach ausreichend gut gedämpft sein. Als Schwelle für den quasi-fehlerfreien Betrieb gelten die gleichen Bedingungen wie bei reinem Rauschen. Es ist also besonders wichtig, dass ein Gleichwellennetz richtig gepegelt ist. Nicht die maximale Sendeleistung an jedem Standort ist gefordert, sondern eben die richtige. Bei der Netzplanung sind topographische Informationen erforderlich.

Vielfach ist die Netzplanung aber relativ einfach, da meist nur kleine regionale Gleichwellennetze mit nur ganz wenigen Sendern (2-3) aufgebaut werden.

Tabelle 20.16. Guard Interval-Längen 8K, 2K und Senderabstände (8 MHz-Kanal)

Mode	Symbol-dauer [µs]	Guard Interval	Guard Interval [µs]	max. Sender-abstand [km]
2K	224	1/4	56	16.8
2K	224	1/8	28	8.4
2K	224	1/16	14	4.2
2K	224	1/32	7	2.1
8K	896	1/4	224	67.1
8K	896	1/8	112	33.6
8K	896	1/16	56	16.8
8K	896	1/32	28	8.4

Tabelle 20.17. Guard-Interval-Längen 8K, 2K und Senderabstände (7 MHz-Kanal)

Mode	Symbol-dauer [µs]	Guard Interval	Guard Interval [µs]	max. Sender-abstand [km]
2K	256	1/4	64	19.2
2K	256	1/8	32	9.6
2K	256	1/16	16	4.8
2K	256	1/32	8	2.4
8K	1024	1/4	256	76.7
8K	1024	1/8	128	38.4
8K	1024	1/16	64	19.2
8K	1024	1/32	32	9.6

Mit c=299792458 m/s Lichtgeschwindigkeit ergibt sich eine Signallauf-zeit pro Kilometer Senderabstand von t_{1km} = 1000m / c = 3.336 us. Da im 8K-Betrieb das Guard Interval absolut gesehen länger ist, ist dieser Mode hauptsächlich für den Gleichwellenbetrieb vorgesehen.

Lange Guard Intervale sind für nationale Gleichwellennetze vorgesehen. Mittlere Guard Intervale werden bei regionalen Netzen verwendet. Die kurzen Guard Intervale schließlich sind für lokale Netze vorgesehen oder werden außerhalb von Gleichwellennetzen eingesetzt.

Tabelle 20.18. Guard-Interval-Längen 8K, 2K und Senderabstände (6 MHz-Kanal)

Mode	Symbol-dauer [µs]	Guard Intervall	Guard Intervall [µs]	Sender-abstand [km]
2K	299	1/4	75	22.4
2K	299	1/8	37	11.2
2K	299	1/16	19	5.6
2K	299	1/32	9	2.8
8K	1195	1/4	299	89.5
8K	1195	1/8	149	44.8
8K	1195	1/16	75	22.4
8K	1195	1/32	37	11.2

In einem Gleichwellennetz müssen alle einzelnen Sender aufeinander synchronisiert arbeiten. Die Zuspielung erfolgt hierbei vom Playout-Center, in dem sich der MPEG-2-Multiplexer befindet, z.B. über Glasfaser oder Richtfunk. Dabei ist klar, dass sich aufgrund verschiedener Weglängen bei der Zuführung unterschiedliche Zuführungslaufzeiten für die MPEG-2-Transportströme ergeben. Innerhalb jedes DVB-T-Modalators in einem Gleichwellennetz müssen jedoch die gleichen Transportstrompakete zu COFDM-Symbolen verarbeitet werden. Jeder Modulator muss alle Arbeitsschritte vollkommen synchron zu allen anderen Modulatoren im Netz vollziehen. Die gleichen Pakete, die gleichen Bits and Bytes müssen zur gleichen Zeit verarbeitet werden. Absolut identische COFDM-Symbole müssen zur gleichen Zeit an jedem DVB-T-Senderstandort abgestrahlt werden.

Die DVB-T-Modulation ist in Rahmen, in Frames organisiert. 1 Frame setzt sich hierbei aus 68 DVB-T-COFDM-Symbolen zusammen. Innerhalb eines Rahmens wird die volle TPS-Information übertragen, innerhalb eines Rahmens springen die Scattered Pilote über den ganzen DVB-T-Kanal. 4 solcher Frames ergeben wiederum einen Überrahmen, einen sog. Super-frame.

Rahmenstruktur von DVB-T:

1 Frame = 1 Rahmen = 68 COFDM-Symbole
4 Frames = 1 Superframe = 1 Überrahmen

Bei DVB-T ist es gelungen, innerhalb eines Superframes eine ganzzahlige Anzahl an MPEG-2-Transportstrompaketen unterzubringen. Dies sind:

Tabelle 20.19. Anzahl der Transportstrompakete pro Superframe

Code-rate	QPSK 2K	QPSK 8K	16QAM 2K	16QAM 8K	64QAM 2K	64QAM 8K
1/2	252	1008	504	2016	756	3024
2/3	336	1344	672	2688	1008	4032
3/4	378	1512	756	3024	1134	4536
5/6	420	1680	840	3360	1260	5040
7/8	441	1764	882	3528	1323	5292

In Tabelle 20.19. ist die Anzahl der Transportstrompakete pro Superframe angegeben.

Innerhalb eines Gleichwellennetz muss sich folglich ein Superframe aus den absolut identischen Transportstrompaketen zusammensetzen. Jeder Modulator im Gleichwellennetz muss den Superframe zur gleichen Zeit erzeugen und abstrahlen.

Nun müssen diese Modulatoren aber zueinander synchronisiert werden und es müssen außerdem die Laufzeitunterschiede bei der Zuführung statisch und dynamisch ausgeglichen werden. Hierzu werden in den MPEG-2-Transportstrom Pakete mit Zeitmarken im Playout-Center eingestanzt. Diese Pakete sind spezielle Transportstrompakete, die ähnlich wie eine MPEG2-Tabelle (PSI/SI) aufgebaut sind. Dazu wird der Transportstrom in Abschnitte eingeteilt. Die Abschnittlängen wurden dabei so gewählt, dass sie ungefähr eine halbe Sekunde lang sind. Ungefähr deswegen, weil diese Abschnitte einer bestimmten ganzzahligen Anzahl von Transportstrompaketen entsprechen müssen, die in eine bestimmte ganzzahlige Anzahl von Superframes hineinpassen. Diese Abschnitte nennt man Megaframes.

Ein Megaframe setzt sich auch einer ganzzahligen Anzahl von Superframes zusammen:

- 1 Megaframe = 2 Superframes im 8K-Modus
- 1 Megaframe = 8 Superframes in 2K-Modus

Zur Zeitsynchronisation der DVB-T-Modulatoren werden ebenfalls die 1pps-Signale der GPS-Satelliten verwendet. Im Falle eines Gleichwellennetzes findet man im Playout-Center (Abb. 20.24.), in dem der Multiplex zusammengesetzt wird und an jedem Senderstandort einen professionellen GPS-Empfänger, der sowohl ein 10 MHz-Referenzsignal, als auch dieses 1pps-Zeitsignal ausgibt.

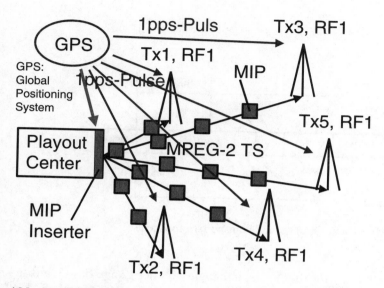

Abb. 20.24. DVB-T-Gleichwellen-Netzwerk mit Transportstromverteilung

Am Multiplexerstandort findet man den sog. MIP-Inserter, der dieses spezielle Transportstrompaket innerhalb jeweils eines Megaframes eintastet. Man nennt dieses Paket deshalb Megaframe Initializing Packet (Abb. 20.25.) kurz MIP. Das MIP hat eine besondere PID von 0x15; daran ist es identifizierbar (Abb. 20.26.). Im MIP findet man Zeitreferenz- und Steuerinformationen für die DVB-T-Modulatoren. U.a. ist dort die Zeit rückwärts zum Empfangszeitpunkt des letzten 1pps-Impulses am MIP-Inserter aufzufinden. Diese in 100ns-Schritten aufgelöste Zeitmarke dient zum automatischen Vermessen der Zuführungsstrecke. Der Single Frequency Network - Adapter (SFN-Adapter) im DVB-T-Modulator wertet diese Zeitinformation aus und korrigiert automatisch mit Hilfe eines Pufferspeichers die Laufzeit vom Playout-Center zum Senderstandort. Er benötig dazu die Information über die maximale Verzögerung im Netzwerk. Mit dieser Information, die entweder manuell lokal an jedem Senderstandort eingebbar ist oder im MIP-Paket mitgeführt wird, stellt sich jeder SFN-Adapter im Sender auf diese Zeit ein. Des weiteren ist im MIP-Paket ein Zeiger (Pointer) auf den Start des nachfolgenden Megaframes in Anzahl von Transportstrompaketen enthalten. Unter Ausnutzung dieser Pointerinformation kann nun jeder Modulator einen Megaframe zum gleichen Zeitpunkt starten lassen.

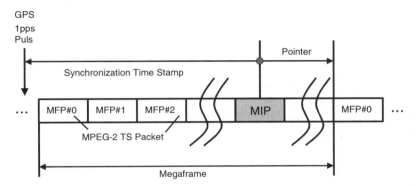

Abb. 20.25. Megaframe-Struktur auf Transportstrom-Ebene

Die Länge eines Megaframes ist abhängig von der Länge des Guard Intervals und von der Bandbreite des Kanals. Je schmäler der Kanal (8, 7, 6 MHz) ist, desto länger werden die COFDM-Symbole, da der Unterträgerabstand kleiner wird. Mit Hilfe der im MIP-Paket enthaltenen Informationen kann nun jeder DVB-T-Modulator synchronisiert werden. Das MIP-Paket kann immer an einer festen Position im Megaframe übertragen werden; die Position darf aber auch variieren. Die exakten Längen eines Megaframes sind in Tabelle 20.20. aufgelistet.

Tabelle 20.20. Dauer eines Megaframes

Guard Interval	8 MHz Kanal	7 MHz Kanal	6 MHz Kanal
1/32	0.502656 s	0.574464 s	0.670208 s
1/16	0.517888 s	0.598172 s	0.690517 s
1/8	0.548352 s	0.626688 s	0.731136 s
1/4	0.609280 s	0.696320 s	0.812373 s

In einem MIP kann aber auch noch zusätzliche Information z.B. die DVB-T-Übertragungsparameter übertragen werden. Damit kann das ganze

DVB-T-Gleichwellennetz von einer Zentrale aus gesteuert und konfiguriert werden. Es kann damit z.B. die Modulationsart, die Coderate, die Guard Interval-Länge usw. umgestellt werden. Dies ist möglich, wird aber evtl. nicht jeder DVB-T-Modulator unterstützen.

Fällt die Übertragung der MIP-Pakete aus oder ist die Information in den MIP-Paketen korrupt, so fällt das Gleichwellennetz aus der Synchronisation. Stellt ein DVB-T-Sender fest, dass er aus der Synchronisation fällt, oder dass er über längere Zeit keinen GPS-Empfang mehr hatte und deswegen die 1pps-Referenz und die 10 MHz-Referenz weggelaufen ist, so muss er Offair gehen. Andernfalls spielt dieser Sender nur noch Rauschquelle im Gleichwellennetz. Nur noch in Sendernähe ist dann bei gerichtetem Empfang ein sicherer Empfang möglich. Oft wird deshalb eine MIP-Überwachung des am Sender ankommenden Transportstromes mit Hilfe eines MPEG-2-Messdekoderes durchgeführt (siehe Abb. 20.27., MIP-Paketanalyse).

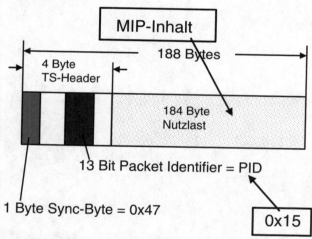

Abb. 20.26. Megaframe-Initializing Packet

Deutlich erkennt man im Abb. 20.27. (MIP-Analyse), dass nun im MPEG-2-Multiplex ein weiteres tabellenartiges Paket mitgeführt wird, das MIP-Paket. Man erkennt das Synchronisation Time Stamp, den Pointer und das Maximum Delay. Außerdem findet man die Übertragungsparameter. Es ist auch erkennbar, dass sogar jeder einzelne Sender im Verbund adressierbar ist. Der Inhalt des MIP-Paketes ist wie bei einer Tabelle mit einer CRC-Checksum geschützt.

Jeder Sender kann zusätzlich noch "geschoben" werden, d.h. es kann der Abstrahlzeitpunkt des COFDM-Symboles verändert werden. Dies wirft aber das Gleichwellennetz nicht aus der Synchronisation, sondern variiert nur die Laufzeit der Signale der Sender zueinander. Damit lässt sich das SFN-Netz optimieren. In Abb. 20.27. (MIP-Paketanalyse) findet man diese Time offsets in den TX time offset functions. Durch das Verschieben des Abstrahlzeitpunktes erscheint für den Empfänger dann der jeweilige Sender als in seiner geographischen Position verschoben. Dies ist ggf. gerade dann interessant, wenn zwei Sender in einem SFN sehr weit auseinander liegen und nahe an die Grenze des Guard Intervals kommen (Beispiel: DVB-T-Netz Südbayern mit Olympiaturm München und Sender Wendelstein mit einem Abstand von d = 63 km) oder das Guard Interval recht kurz gewählt wurde aus Datenratengründen (Beispiel: Sydney Australien mit g=1/16).

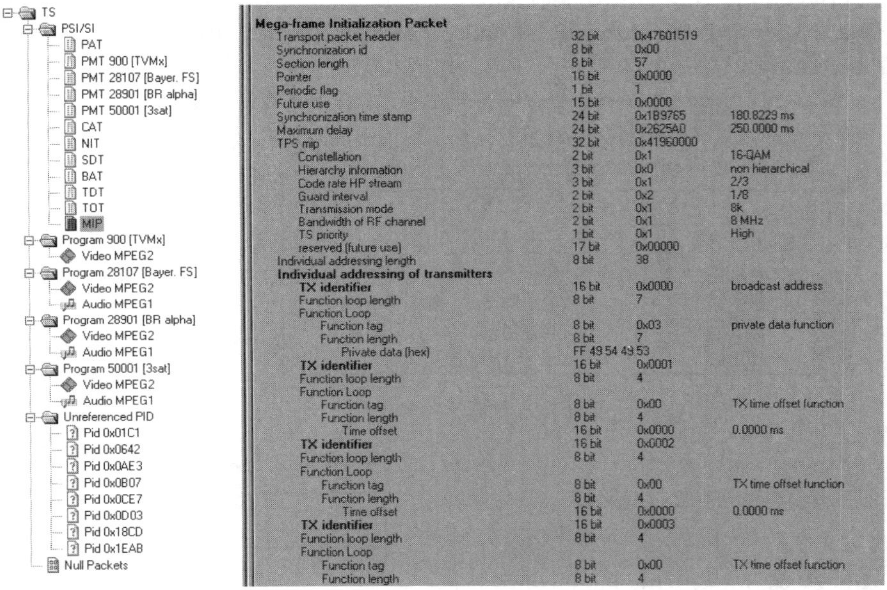

Tree structure (left panel):

```
TS
├─ PSI/SI
│   ├─ PAT
│   ├─ PMT 900 [TVMx]
│   ├─ PMT 28107 [Bayer. FS]
│   ├─ PMT 28901 [BR alpha]
│   ├─ PMT 50001 [3sat]
│   ├─ CAT
│   ├─ NIT
│   ├─ SDT
│   ├─ BAT
│   ├─ TDT
│   ├─ TOT
│   └─ MIP
├─ Program 900 [TVMx]
│   └─ Video MPEG2
├─ Program 28107 [Bayer. FS]
│   ├─ Video MPEG2
│   └─ Audio MPEG1
├─ Program 28901 [BR alpha]
│   ├─ Video MPEG2
│   └─ Audio MPEG1
├─ Program 50001 [3sat]
│   ├─ Video MPEG2
│   └─ Audio MPEG1
├─ Unreferenced PID
│   ├─ Pid 0x01C1
│   ├─ Pid 0x0642
│   ├─ Pid 0x0AE3
│   ├─ Pid 0x0B07
│   ├─ Pid 0x0CE7
│   ├─ Pid 0x0D03
│   ├─ Pid 0x18CD
│   └─ Pid 0x1EAB
└─ Null Packets
```

Mega-frame Initialization Packet

Field	Size	Value	Note
Transport packet header	32 bit	0x47601519	
Synchronization id	8 bit	0x00	
Section length	8 bit	57	
Pointer	16 bit	0x0000	
Periodic flag	1 bit	1	
Future use	15 bit	0x0000	
Synchronization time stamp	24 bit	0x1B9765	180.8229 ms
Maximum delay	24 bit	0x2625A0	250.0000 ms
TPS mip	32 bit	0x41960000	
Constellation	2 bit	0x1	16-QAM
Hierarchy information	3 bit	0x0	non hierarchical
Code rate HP stream	3 bit	0x1	2/3
Guard interval	2 bit	0x2	1/8
Transmission mode	2 bit	0x1	8k
Bandwidth of RF channel	2 bit	0x1	8 MHz
TS priority	1 bit	0x1	High
reserved (future use)	17 bit	0x00000	
Individual addressing length	8 bit	38	
Individual addressing of transmitters			
TX identifier	16 bit	0x0000	broadcast address
Function loop length	8 bit	7	
Function Loop			
Function tag	8 bit	0x03	private data function
Function length	8 bit	7	
Private data (hex)	FF 49 54 49 53		
TX identifier	16 bit	0x0001	
Function loop length	8 bit	4	
Function Loop			
Function tag	8 bit	0x00	TX time offset function
Function length	8 bit	4	
Time offset	16 bit	0x0000	0.0000 ms
TX identifier	16 bit	0x0002	
Function loop length	8 bit	4	
Function Loop			
Function tag	8 bit	0x00	TX time offset function
Function length	8 bit	4	
Time offset	16 bit	0x0000	0.0000 ms
TX identifier	16 bit	0x0003	
Function loop length	8 bit	4	
Function Loop			
Function tag	8 bit	0x00	TX time offset function
Function length	8 bit	4	

Abb. 20.27. MIP-Paket-Analyse [DVMD]

20.9 Mindestens notwendiger Empfängereingangspegel bei DVB-T

Zum fehlerfreien Empfang eines DVB-T-Signals muss am DVB-T-Empfängereingang der mindestens notwendige Empfangspegel anliegen. Unter einem bestimmten Signalpegel bricht der Empfang ab, an der Schwelle kommt es zum sog. Blocking und Freezing, darüber ist dann die

Wiedergabe fehlerfrei. In diesem Abschnitt werden die Grundlagen zur Ermittlung dieses Mindestpegels diskutiert.

Der Mindestpegel bei DVB-T hängt ab

- von der Modulationsart (QPSK, 16QAM, 64QAM),
- vom verwendeten Fehlerschutz (Coderate = 1/2, 2/3, 3/4, ... 7/8),
- vom Kanalmodell (Gauss, Rice, Rayleigh),
- von der Bandbreite (8, 7, 6 MHz),
- von der Umgebungstemperatur,
- von den tatsächlichen Empfängereigenschaften (Rauschzahl des Tuners, ...).

Grundsätzlich ist ein mindestens notwendiger Störabstand S/N gefordert, der mathematisch eine Funktion von einigen oben aufgelisteten Faktoren ist. Die theoretischen S/N-Limits sind in Tabelle 20.14. im Abschnitt 20.7. aufgelistet. Beispielhaft soll eine Betrachtung für 2 Fälle durchgeführt werden, nämlich

- Fall 1 = Rice-Kanal, bei 16QAM mit Coderate = 2/3 und
- Fall 2 = Rice-Kanal, bei 64QAM mit Coderate=2/3.

Fall 1 entspricht Bedingungen die für ein DVB-T-Netzwerk, das für portable Indoor ausgelegt wurde (z.B. Deutschland), Fall 2 entspricht Bedingungen für ein DVB-T-Netzwerk, dessen Parameter für Dachantennenempfang zugeschnitten wurden (z.B. Schweden, Australien). Aus Tabelle 20.14. kann entnommen werden, dass

- für Fall 1 ein S/N von 11.6 dB und
- für Fall 2 ein S/N von 17.1 dB notwendig ist.

Der am Empfängereingang anliegende Rauschpegel N (Noise) ergibt sich aus folgender physikalischen Beziehung:

$N[dBW] = -228.6 + 10 \bullet log(b/Hz) + 10 \bullet log((T/°C+273)) + F;$
B = Bandbreite in Hz;
T = Temperatur in °C;
F = Rauschzahl des Empfängers in dB;

Die Konstante -228.6 dBW/K/Hz in der Formel ist hierbei die sog. Boltzmann-Konstante.

Angenommen werden soll:

Umgebungstemperatur T = 20 °C;
Rauschzahl des Tuners F = 7 dB;
Empfangsbandbreite B = 8 MHz;

N[dBW] = -228.6 + 10•log(8000000/Hz) + 10•log((20/°C+273)) + 7;

0 dBm @ 50 Ohm = 107 dBμV;
0 dBm @ 75 Ohm = 108.8 dBμV;

N = -98.1 dBm = -98.1 dBm + 108.8 dB = **10.7 dBμV**; (an 75 Ohm)

Am Empfängereingang liegt also unter diesen Bedingungen
10.7 dBμV Rauschpegel an.

Für den **Fall 1 (16QAM)** ergibt sich somit ein mindest notwendiger Empfängereingangspegel von
S = S/N [dB] + N [dBμV] = (11.6 + 10.7) [dBμV] = **22.3 dBμV**;

Für den **Fall 2 (64QAM)** ergibt sich ein mindest notwendiger Empfängereingangspegel von
S = S/N [dB] + N [dBμV] = (17.1 + 10.7) [dBμV] = **27.8 dBμV**;

In der Praxis zeigt sich, dass bei nur einem Signalpfad diese Werte recht gut getroffen werden, sobald aber mehrere Signalpfade (Mehrwegeempfang) am Empfängereingang anliegen ist der notwendige Pegel oft bis zu 10 – 15 dB höher und streut bei den verschiedenen Empfängertypen ziemlich stark.

Der tatsächlich vorhandene Empfangspegel wiederum ergibt sich aus

- der vorliegenden Empfangsfeldstärke am Empfangsort,
- dem Antennengewinn,
- Polarisationsverlusten,
- den Verlusten der Zuführungsleitung von der Antenne zum Empfänger.

Es gilt für die Umrechnung den Antennenausgangspegels aus der am Empfangsort vorhandenen Feldstärke:

$$E[dB\mu V/m] = U[dB\mu V] + k[dB/m];$$

$$k[dB] = (-29.8 + 20 \cdot log(f[MHz]) - g[dB]);$$

mit
E = elektrische Feldstärke;
U = Antennenausgangspegel;
k = Antennen-k-Faktor;
f = Empfangsfrequenz;
g = Antennengewinn;

Der am Empfängereingang dadurch anliegende Pegel beträgt dann:

$$S[dB\mu V] = U[dB\mu V] - Loss[dB];$$

Loss = Implementierungsverluste (Antennenleitung usw.);

Nun soll Fall 1 (16QAM) und Fall 2 (64QAM) bei 3 Frequenzen betrachtet werden, nämlich bei

a) f = 200 MHz,
b) f = 500 MHz,
c) f = 800 MHz.

Der Antennengewinn sei jeweils g = 0dB (Stabantenne ungerichtet).

Antennen-k-Faktoren:

a) k = (-29.8 + 46) dB = 16.2 dB;
b) k = (-29.8 + 54) dB = 24.2 dB;
c) k = (-29.8 + 58.1) dB = 28.3 dB;

Feldstärken für Fall 1(16QAM; mindest notwendiger Pegel U = S – Loss = 22.3 dBμV – 0 dB = 22.3 μV):

a) E = (22.3 + 16.2) dBμV/m = 38.5 dBμV/m;
b) E = (22.3 + 24.2) dBμV/m = 46.5 dBμV/m;
c) E = (22.3 + 28.3) dBμV/m = 50.6 dBμV/m;

Kommt eine gerichtete Antenne mit Antennengewinn, z.B. eine Dachantenne zum Einsatz, so ergeben sich folgende Verhältnisse:

a) bei f = 200 MHz (Annahme Antennengewinn g = 6 dB):
    E = 32.5 dBμV/m;
b) bei f = 500 MHz (Annahme g = 10 dB): E = 36.5 dBμV/m;
c) bei f = 800 MHz (Annahme g = 10 dB). E = 40.6 dBμV/m;

Feldstärken für Fall 2(64QAM; mindest notwendiger Pegel U = S – Loss = 27.8 dBμV – 0 dB = 27.8 dBμV):

a) E = (27.8 + 16.2) dBμV/m = 44.0 dBμV/m;
b) E = (27.8 + 24.2) dBμV/m = 52.0 dBμV/m;
c) E = (27.8 + 28.3) dBμV/m = 56.1 dBμV/m;

Kommt eine gerichtete Antenne mit Antennengewinn, z.B. eine Dachantenne zum Einsatz, so ergeben sich folgende Verhältnisse:

a) bei f = 200 MHz (Annahme Antennengewinn g = 6 dB):
    E = 38.0 dBμV/m;
b) bei f = 500 MHz (Annahme g = 10 dB): E = 42.0 dBμV/m;
c) bei f = 800 MHz (Annahme g = 10 dB). E = 46.1 dBμV/m;

Die Feldstärke am Empfangsort lässt sich unter Freiraumbedingungen berechnen zu:

$E[dBμV/m] = 106.9 + 10 \bullet \log(ERP[kW]) - 20\lg(d[km]);$

mit:
E = elektrische Feldstärke;
ERP = Effektive Radiated Power des Senders, also Leistung des Senders
    plus Antennengewinn;
d = Entfernung Sender – Empfänger;

Man muss aber unter reellen Bedingungen von deutlich niedrigeren Feldstärken ausgehen, weil in dieser Formel keinerlei Abschattung, Mehrwegeempfang usw. berücksichtigt ist. Der „Abschlag", den man vornehmen muss hängt von den topologischen Bedingungen ab (Hügel, Berge, Bebauung usw.). Er kann bis zu etwa 20 – 30 dB betragen, bei kompletter Abschattung auch deutlich mehr.

Beispiel (ohne Abschlag, ein Abschlag von ca. min. 20 dB ist empfehlenswert):

ERP = 50 kW;

$$d = 1 \text{ km}; \ E = (106.9 + 10 \bullet \log(50) - 20 \bullet \log(1)) \ dB\mu V/m$$
$$= 123.9 \ dB\mu V/m;$$

$$d = 10 \text{ km}; \ E = (106.9 + 10 \bullet \log(50) - 20 \bullet \log(10)) \ dB\mu V/m$$
$$= 103.9 \ dB\mu V/m;$$

$$d = 30 \text{ km}; \ E = 94.4 \ dB\mu V/m;$$

$$d = 50 \text{ km}; \ E = 89.9 \ dB\mu V/m;$$

$$d = 100 \text{ km}; \ E = 83.9 \ dB\mu V/m;$$

Da im Zuge der DVB-T-Umstellung oft auch die Polarisationsebene von horizontal auf vertikal am Senderstandort umgestellt wurde, treten dann ggf. auch noch Polaristionsverluste (ca. 10 dB) an der Empfangsantenne auf, wenn diese nicht von horizontal auf vertikal mit umgestellt wurde.

Empfängt man das DVB-T-Signal im Haus mit einer Zimmerantenne, so muss man auch noch die Gebäudedämpfung mit berücksichtigen. Diese liegt im Bereich von 10 bis 20 dB.

In Deutschland wurden bei der Simulation der Empfangsbedingungen als Grenzwerte der Feldstärke außerhalb des Gebäudes in etwa folgende Feldstärken bei 16QAM, CR = 2/3 angesetzt:

- Empfang über Dachantenne: ca. 55 dBμV/m;
- Empfang über Außenantenne: ca. 65 dBμV/m;
- Empfang mit Zimmerantenne: ca. 75 dBμV/m;

Literatur: [ETS300744], [REIMERS], [HOFMEISTER], [EFA], [SFQ], [TR101190], [ETR290]

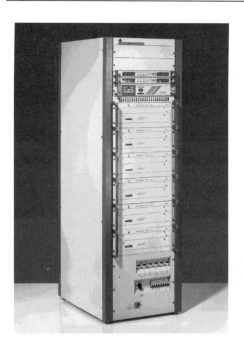

Abb. 20.28. DVB-T-Mittelleistungssender; Werkfoto Rohde&Schwarz

Abb. 20.29. DVB-T-Maskenfilter, kritische Maske (8-Kreis-Dual Mode Filter); Werkfoto: Spinner

21 Messungen an DVB-T-Signalen

Der DVB-T-Standard mit seinem sehr aufwändigem Modulationsverfahren COFDM wurde nun sehr ausführlich diskutiert. In diesem Kapitel werden Messverfahren an DVB-T Signalen erläutert. Aufgrund des sehr komplexen terrestrischen Übertragungsweges, des deutlich aufwändigeren DVB-T-Modulators und des dort meist benutzten analogen IQ-Modulators ist der Messbedarf wesentlich größer als bei den beiden anderen DVB-Übertragungswegen DVB-C und DVB-S. Die mit Hilfe der DVB-T-Messtechnik zu erfassenden Störeinflüsse sind:

- Rauschen (AWGN)
- Phasenjitter
- Interferenzstörer
- Mehrwegeempfang
- Dopplereffekt
- Effekte im Gleichwellennetz
- Störeinflüsse auf die Nachbarkanäle (Schulterabstand)
- IQ-Fehler des Modulators:
    - IQ-Amplituden-Ungleichheit (Amplitude Imbalance)
    - IQ-Phasenfehler
    - mangelhafte Trägerunterdrückung (Carrier Leakage)

Die bei der DVB-T-Messtechnik eingesetzten Messgeräte sind im wesentlichen vergleichbar mit den bei der Breitbandkabelmesstechnik verwendeten. Für Messungen an DVB-T-Signalen benötigt man:

- einen modernen Spektrumanalyzer
- einen DVB-T-Messempfänger mit Konstellationsanalyse
- für Messungen an DVB-T-Empfängern einen DVB-T-Messsender.

Das wichtigste Messmittel bei DVB-T ist der DVB-T-Messempfänger. Er erlaubt es aufgrund der in DVB-T integrierten Pilotsignale umfangreichste Analysen am Signal ohne weitere zusätzliche Hilfsmittel durchzuführen. Die wichtigste Analyse ist hierbei die Analyse des DVB-T-Konstellationsdiagramms. Obwohl seit Mitte der 90er Jahre weitreichende Erfahrungen auf dem Gebiet der DVB-C-Konstellationsanalyse vorliegen, reicht es nicht aus, diese einfach in die DVB-T-Welt zu kopieren. Dieses Kapitel beschäftigt sich in der Hauptasche mit den Besonderheiten der DVB-T-Konstellationsanalyse, zeigt Probleme auf und gibt Hilfestellung für die Interpretation der Messergebnisse.

DVB-T-Konstellationsanalyse ist im Vergleich zur DVB-C-Konstellationsanalyse nicht einfach nur eine Konstellationsanalyse an vielen tausenden von Unterträgern; viele Dinge lassen sich nicht einfach übertragen.

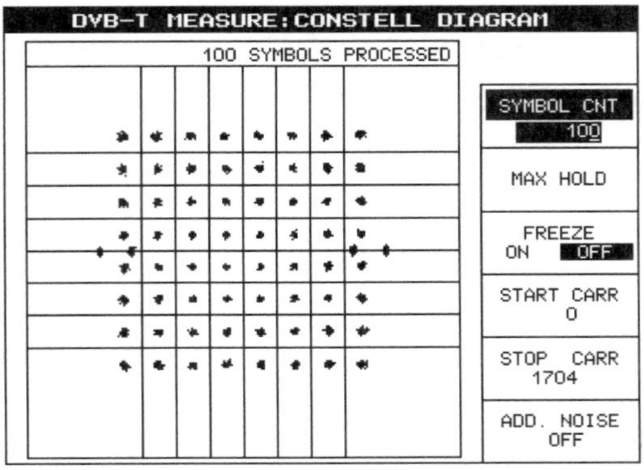

Abb. 21.1. Konstellationsdiagramm eines 64QAM-DVB-T-Signals samt Pilote

Abb. 21.1. zeigt das Konstellationsdiagramm einer 64QAM bei DVB-T. Gut erkennbar sind die Positionen der Scattered und Continual Pilote (links und rechts außerhalb des 64QAM-Konstellationsdiagrammes, auf der I-Achse liegend), sowie der TPS-Träger (Konstellationspunkte innerhalb des 64QAM-Konstellationsdiagrammes, ebenfalls auf der I-Achse liegend). Die Scattered Pilote werden zur Kanalschätzung und -korrektur verwendet und stellen somit einen Fixpunkt im Konstellationsdiagramm dar, der immer an die gleiche Position "geregelt" wird. Die Transmission Parameter Signaling - Träger dienen als schneller Informationskanal vom Sender zum Empfänger. Das dargestellte Konstellationsdiagramm (Abb. 21.1.) weist außer etwas Rauschen keine weiteren Einflüsse auf.

Mit Hilfe eines DVB-T-Messempfängers (Abb. 21.2., Blockschaltbild) können alle Einflüsse auf der Übertragungsstrecke erfasst werden. Ein DVB-T-Messempfänger unterscheidet sich von einer Settop-Box (DVB-T-Receiver) im wesentlichen dadurch, dass die analoge Signalaufbereitung wesentlich hochwertiger ist, und dass ein Signalprozessor (DSP) Zugriff auf die IQ-Daten und auf die Kanalschätzdaten hat. Der DSP berechnet dann das Konstellationsdiagramm und die Messwerte. Außerdem kann das DVB-T-Signal bis auf MPEG-2-Transportstromebene demoduliert werden.

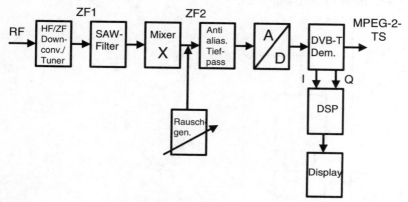

Abb. 21.2. Blockschaltbild eines DVB-T-Messempfängers

21.1 Messung der Bitfehlerraten

Aufgrund des inneren und äußeren Fehlerschutzes gibt es bei DVB-T ebenso wie bei DVB-S drei verschiedene Bitfehlerraten:

- Bitfehlerrate vor Viterbi
- Bitfehlerrate vor Reed-Solomon
- Bitfehlerrate nach Reed-Solomon

Die interessanteste und für die Übertragungsstrecke aussagekräftigste Bitfehlerrate ist die Bitfehlerrate vor Viterbi. Sie kann dadurch ermittelt werden, indem man den Datenstrom nach dem Viterbi-Dekoder wieder auf einen Faltungscoder gibt, der genauso aufgebaut ist, wie der auf der Senderseite. Vergleicht man nun den Datenstrom vor dem Viterbi-Dekoder mit dem nach den Faltungscoder miteinander – wobei die Laufzeit des Faltungscoder berücksichtigt werden muss – so sind beide bei Fehlerfreiheit identisch. Ein Komparator für den I- und Q-Zweig ermittelt dann die Unterschiede und somit die Bitfehler.

Die gezählten Bitfehler werden dann ins Verhältnis zur Anzahl der im entsprechenden Zeitraum übertragenen Bits gesetzt; dies ergibt dann die Bitfehlerrate

BER = Bitfehler / übertragene Bit;

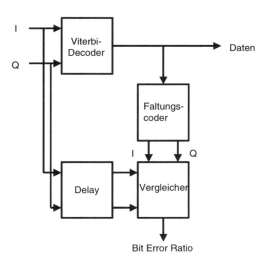

Abb. 21.3. Blockschaltbild / Messung der Bitfehlerrate vor Viterbi

Der Bereich der Bitfehlerrate vor Viterbi liegt bei 10^{-9} (Senderausgang) bis 10^{-2} (Empfängereingang bei ungünstigen Empfangsbedingungen).

Der Viterbi-Dekoder kann nur einen Teil der Bitfehler korrigieren. Es bleibt somit eine Restbitfehlerrate vor Reed-Solomon. Zählt man die Korrekturvorgänge des Reed-Solomon-Dekoders und setzt diese ins Verhältnis zur Anzahl der im entsprechenden Zeitraum übertragenen Bits, so erhält man die Bitfehlerrate vor Reed-Solomon.

Auch der Reed-Solomon-Dekoder kann nicht alle Bitfehler korrigieren. In diesem Fall entstehen dann fehlerhafte Transportstrompakete. Diese sind im TS-Header markiert (Transport Error Indicator Bit = 1). Zählt man die fehlerhaften Transportstrompakete, so kann man daraus die Bitfehlerrate nach Reed-Solomon berechnen.

Ein DVB-T-Messempfänger erfasst alle drei Bitfehlerraten und zeigt sie uns in einem der Messmenüs. Zu beachten ist, dass bei relativ niedrigen Bitfehlerraten, wie sie üblicherweise nach Viterbi und nach Reed-Solomon vorliegen, entsprechend lange Messzeiten im Minuten- bis Stundenbereich zu wählen sind.

Im Beispiel-Messmenü [EFA] erkennt man, dass hier alle wichtigen Informationen über die DVB-T-Übertragung zusammengefasst sind. Neben der gewählten RF ist auch der Empfangspegel, die Frequenzablage, alle 3 Bitfehlerraten, sowie die dekodierten TPS-Parameter dargestellt.

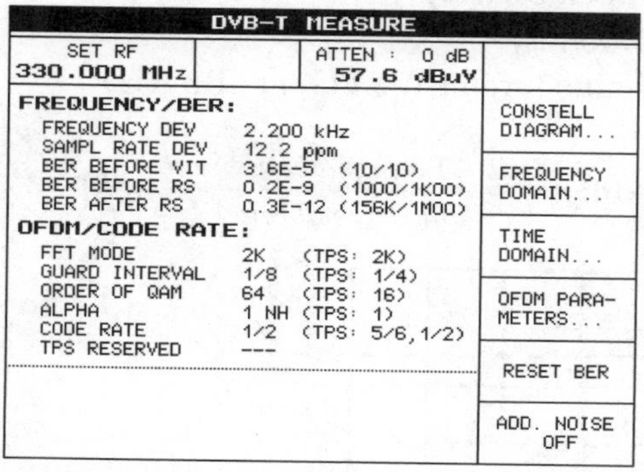

```
                    DVB-T MEASURE
    SET RF              ATTEN :   0 dB
 330.000 MHz            57.6 dBuV
 FREQUENCY/BER:                          CONSTELL
    FREQUENCY DEV    2.200 kHz            DIAGRAM...
    SAMPL RATE DEV   12.2 ppm
    BER BEFORE VIT   3.6E-5  (10/10)      FREQUENCY
    BER BEFORE RS    0.2E-9  (1000/1K00)  DOMAIN...
    BER AFTER RS     0.3E-12 (156K/1M00)
 OFDM/CODE RATE:                          TIME
    FFT MODE         2K    (TPS: 2K)      DOMAIN...
    GUARD INTERVAL   1/8   (TPS: 1/4)
    ORDER OF QAM     64    (TPS: 16)      OFDM PARA-
    ALPHA            1 NH  (TPS: 1)       METERS...
    CODE RATE        1/2   (TPS: 5/6,1/2)
    TPS RESERVED     ---
                                          RESET BER

                                          ADD. NOISE
                                          OFF
```

Abb. 21.4. Bitfehlerratenmessung [EFA]

21.2 Messungen an DVB-T-Signalen mit einem Spektrumanalyzer

Mit Hilfe eines Spektrumanalysators kann man zumindest am DVB-T-Senderausgang sehr gut die Leistung des DVB-T-Kanals vermessen. Natürlich könnte man hierzu auch einfach einen thermischen Leistungsmesser verwenden. Prinzipiell lässt sich mit einem Spektrumanalyzer aber auch relativ gut der Störabstand schätzen. Zunächst soll jedoch nun die Leistung des DVB-T-Signals ermittelt werden. Ein COFDM-Signal sieht rauschartig aus und hat einen ziemlich großen Crestfaktor. Aufgrund seiner Ähnlichkeit mit weißem gauß'schen Rauschen erfolgt die Leistungsmessung vergleichbar wie bei rauschförmigen Signalen.

Zur Ermittelung der Trägerleistung stellt man den Spektrumanalyser folgendermaßen ein: Am Analysator wird eine Auflösebandbreite von 30 kHz und eine Videobandbreite gewählt, die 3 bis 10 mal so groß ist, wie die Auflösebandbreite, also z.B. 300 kHz. Es ist eine langsame Ablaufzeit einzustellen (2000 ms), um eine gewisse Mittelung zu erreichen. Diese Parameter sind nötig, da sinnvollerweise mit dem RMS-Detektor des Spektrumanalyzers gearbeitet wird. Folgende Einstellungen sind zu empfehlen:

- Center Frequenz auf Kanalmitte des DVB-T-Kanals
- Span 20 MHz
- Res. Bandwidth auf 30 kHz
- Video Bandwidth auf 300 kHz (wegen RMS Detector und log. Darstellung)
- Detector RMS (= Root Mean Square)
- Langsame Ablaufzeit (2000 ms)
- Noise Marker auf Kanalmitte (ergibt Wert C' in dBm/Hz)

$$C[dBm] - 10\lg(\frac{DVB-T-Signalbandbreite}{Auflösebandbreite})[dB];$$

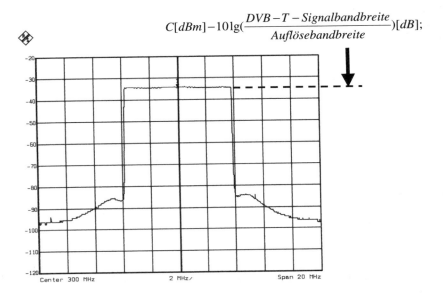

Abb. 21.5. Spektrum eines DVB-T-Signals

Der angezeigte Pegel im Nutzbandes des DVB-T-Spektrums (siehe Abb. 21.5.) hängt von der Wahl der Auflösebandbreite (RBW = Resolution Bandwidth) des Spekrumanalyzers (z.B. 1, 4, 10, 20, 30 kHz) im Verhältnis zur Bandbreite des DVB-T-Signals (7.61 MHz, 6.66 MHz, 5.71 MHz) ab. Oft wird in Literaturangaben (DVB-T-Standard, Pflichtenhefte) als Bezugsbandbreite 4kHz gewählt, die aber Spektrumanalysatoren oft nicht unterstützen. Bei 4kHz Bezugsbandbreite liegt der dargestellte Pegel im Nutzband um 38.8 dB (7.61 MHz) bzw. 32.2 dB unter dem Pegel des DVB-T-Signals.

Tabelle 21.1. Pegel des vom Spektrumanalyzer dargestellten Nutzbandes gegenüber dem Signalpegel

Auflösebandbreite [kHz]	Dämpfung [dB] im Nutzband gegenüber DVB-T-Signalpegel beim 7MHz-Kanal	Dämpfung [dB] im Nutzband gegenüber DVB-T-Signalpegel beim 8MHz-Kanal
1	38.8	38.2
4	32.8	32.2
5	31.8	31.2
10	28.8	28.2
20	25.8	25.8
30	24.0	24.0
50	21.8	21.8
100	18.8	18.8
500	11.8	11.8

Wegen des rauschartigen Signals sollte der Noise-Marker zur Leistungsmessung verwendet werden. Hierzu wird der Noise-Marker in die Bandmitte gestellt. Voraussetzung für die Gültigkeit der folgenden Betrachtung ist aber ein flacher Kanal, der aber am Senderausgang immer vorausgesetzt werden kann. Beim Vorliegen eines nicht-flachen Kanals müssen andere geeignete, aber spektrumanalyzer-abhängige Messfunktionen zur Kanalleistungsmessung verwendet werden.

Der Analyzer gibt uns den Wert C' als Rauschleistungsdichte an der Stelle des Noise-Markers in dBm/Hz, wobei die Filterbandbreite sowie die Eigenschaften des Logarithmierers des Analysators automatisch berücksichtigt werden. Um die Signalleistungsdichte C' nun auf die Nyquist-Bandbreite B_N des DVB-T-Signals zu beziehen, muss die Signalleistung C über

$$C = C' + 10log(Signal\_bandwidth/Hz); [dBm]$$

berechnet werden.

Die Signalbandbreite des DVB-T-Signals hängt von der Kanalbandbereite ab und beträgt im

- 8 MHz-Kanal: 7.61 MHz
- 7 MHz-Kanal: 6.66 MHz
- 6 MHz-Kanal: 5.71 MHz.

Beispiel (8 MHz-Kanal):

Messwert des Noise-Markers:	-100 dBm/Hz
Korrekturwert bei 7.6 MHz	
Signalbandbreite:	+68.8 dB
------------------------	------------------------
Leistung im DVB-T-Kanal:	-31.2 dBm

Näherungsweise Ermittelung der Rauschleistung N

Würde man das DVB-T-Signal abschalten können, ohne die Rauschver-hältnisse im Kanal zu verändern, so würde man vom Rauschmarker in Bandmitte nun eine Aussage über die Rauschverhältnisse im Kanal be-kommen. Dies ist aber nicht so einfach möglich. Keinen exakten Mess-wert, aber zumindest eine "gute Idee" über die Rauschleistung im Kanal erhält man, wenn man mit dem Noise-Marker auf der Schulter des DVB-T-Signals ganz nah am Signal misst. Man kann nämlich annehmen, dass sich der Rauschsaum im Nutzband ähnlich fortsetzt, wie er auf der Schul-ter zu finden ist.

Der Wert N' der Rauschleistungsdichte wird vom Spektrumanalysator ausgegeben. Um aus der Rauschleistungsdichte N' nun die Rauschleistung im Kanal mit der Bandbreite BK des DVB-T-Übertragungskanals zu be-rechnen, muss die Rauschleistung N über

$$N = N' + 10\log(\text{Kanalbandbreite} / Hz); \ [dBm]$$

ermittelt werden. Als Rauschbandbreite sollte die tatsächliche Signalband-breite des DVB-T-Signals eingesetzt werden (empfohlen gemäß [ETR290]). Diese ist z.B. 7.6 MHz beim 8 MHz-Kanal.

Beispiel:

Messwert des Noise-Markers:	-140 dBm/Hz
Korrekturwert bei 7.6 MHz Bandbreite:	+68.8 dB
------------------------	------------------------
Rauschleistung im DVB-S-Kanal:	-71.2 dBm
Daraus ergibt sich für den Wert C/N:	

$$C / N_{[dB]} = C_{[dBm]} - N_{[dBm]}$$

Im Beispiel: C/N[dB] = -31.2 dBm - (-71.2 dBm) = 40 dB.

Entscheidend ist wenn so eine C/N-Abschätzung anhand der Schultern des DVB-T-Signals vorgenommen wird, dass diese Messung vor evtl. passiven Bandpassfiltern direkt an Auskoppelschnittstellen nach dem Leistungsverstärker vorgenommen wird. Andernfalls sieht man nur noch die durch das Bandpassfilter abgesenkten Schultern. Die näherungsweise Gültigkeit dieser Messmethode wurde vom Autor in Vergleichen mit Messergebnissen eines DVB-T-Messempfängers immer wieder bewiesen.

21.3 Konstellationsanalyse an DVB-T-Signalen

Der große Unterschied zwischen der Konstellationsanalyse von DVB-C und DVB-T-Signalen ist die Analyse von vielen tausenden von COFDM-Unterträgern bei DVB-T. Es muss der Trägerbereich wählbar sein. Oft interessiert die Gesamtdarstellung aller Konstellationsdiagramme (Träger Nr. 0 bis 6817, bzw. 0 bis 1705) als übereinander geschriebene Konstellationsdiagramme. Die Wahl der Trägerbereiche kann auf 2 Arten erfolgen:

- Start-/ Stop-Träger-Nr.
- Center-/ Span-Träger-Nr.

Neben den reinen Nutzlastträgern können auch die Pilotträger und die TPS-Träger betrachtet werden. Eine mathematische Konstellationsanalyse wird jedoch an diesen Spezial-Trägern nicht vorgenommen. Im folgenden werden nun die einzelnen Einflüsse und Messparameter besprochen.

Die mit Hilfe der Konstellationsanalyse erfassbaren Messwerte sind:

- Signal/Rauschverhältnis S/N
- Phasenjitter
- IQ-Amplitudenungleichheit
- IQ-Phasenfehler
- Modulation Error Ratio MER

21.3.1 Weißes Rauschen (AWGN = Additive White Gaussian Noise)

Weißes Rauschen (AWGN = Additive White Gaussian Noise) führt zu wolkenförmigen Konstellationspunkten. Je größer der Konstellationspunkt, desto größer der Rauscheinfluss (Abb. 21.6.). Der Parameter Signal/Noise-

Ratio S/N kann durch die Analyse der Verteilungsfunktion (Gauß'sche Normalverteilung) im Entscheidungsfeld ermittelt werden. Der Effektivwert des Rauschanteiles entspricht hierbei der Standardabweichung. Rauscheinflüsse betreffen jeden DVB-T-Unterträger und können auch an jedem Unterträger nachgewiesen werden. Die Effekte und Messverfahren sind hier völlig identisch mit den Verfahren bei DVB-C.

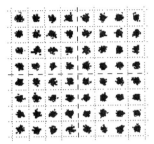

Abb. 21.6. Konstellationsdiagramm eines DVB-T-Signals mit Rauscheinfluss

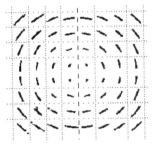

Abb. 21.7. Konstellationsdiagramm eines DVB-T-Signals mit Jitter

21.3.2 Phasenjitter

Phasenjitter (Abb. 21.7.) führt zu einer schlierenförmigen Verzerrung im Konstellationsdiagramm. Phasenjitter wird durch die Oszillatoren im Modulator verursacht und betrifft ebenfalls jeden Träger und kann auch an jedem Träger nachgewiesen werden.

Auch hier sind Messverfahren und Effekte völlig vergleichbar mit den Effekten bei DVB-C.

21.3.3 Interferenzstörer

Interferenzstörer betreffen einzelne Träger oder Trägerbereiche. Sie können rauschförmig sein, die Konstellationspunkte werden zu Rauschwolken; sie können auch sinusförmig sein, die Konstellationspunkte erscheinen dann als Kreise.

21.3.4 Echos, Mehrwegeempfang

Echos, also Mehrwegeempfang führt zu frequenzselektiven Schwunderscheinungen (Fading). Einzelne Trägerbereiche erscheinen gestört. Aufgrund des Interleavings über die Frequenz und des hohen Fehlerschutzes bei DVB-T (Reed-Solomon und Faltungs-Codierung) kann die dadurch verloren gehende Information jedoch wiederhergestellt werden. COFDM - Coded Orthogonal Frequency Division Multiplex wurde ja entwickelt, um speziell mit dem Mehrwegeempfang bei der terrestrischen Übertragung gut zurecht zu kommen.

21.3.5 Dopplereffekt

Beim Mobilempfang entsteht aufgrund des Dopplereffektes eine Frequenzverschiebung des gesamten DVB-T-Spektrums. Der Dopplereffekt alleine ist kein Problem für die DVB-T-Übertragung; eine Verschiebung von wenigen Hundert Hertz bei KFZ-Geschwindigkeiten stört weiter nicht. Eine Kombination von Mehrwegeempfang und Dopplereffekt führt aber zu einer Verschmierung des Spektrums; Echos, die bewegungsmäßig auf uns zukommen verschieben das Spektrum in eine andere Richtung, als Echos, von denen wir uns wegbewegen. Dies führt dann dazu, dass der Störabstand S/N im Kanal abnimmt.

21.3.6 IQ-Fehler des Modulators

Der Schwerpunkt dieser Ausführung soll sich aber nun mit den IQ-Fehlern des DVB-T-Modulators beschäftigen. Diese wirken sich nämlich bei DVB-T ganz anders aus, als bei DVB-C.

Das COFDM-Symbol entsteht dadurch, dass man mit Hilfe des Mappers die Realteile und Imaginärteile aller Unterträger in der Frequenzebene vor der IFFT (Inverse Fast Fourier Transformation) setzt. Jeder Träger wird unabhängig von den anderen Trägern QAM-moduliert (QPSK, 16QAM,

64QAM). Das Spektrum weist keine Symmetrien oder Punktsymmetrien auf, ist also nicht konjugiert komplex in Bezug auf die IFFT-Bandmitte.

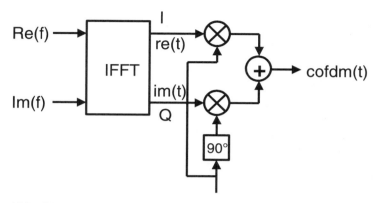

Abb. 21.8. COFDM-Modulator bestehend aus IFFT-Block und nachfolgendem IQ-Modulator

Nach der Systemtheorie muss deshalb ein komplexes Zeitsignal nach der IFFT entstehen. Betrachtet man nun Träger für Träger das reelle Zeitsignal re(t) mit dem imaginären Zeitsignal im(t), so stellt man fest, dass re(t) für jeden Träger exakt die gleiche Amplitude aufweist wie im(t), und dass im(t) immer exakt um 90 Grad gegenüber re(t) phasenverschoben ist. Die zeitliche Überlagerung aller re(t) wird in den I-Zweig des komplexen IQ-Mischers und die Überlagerung aller im(t) wird in den Q-Zweig eingespeist. Der I-Mischer wird mit 0 Grad Trägerphase und der Q-Mischer mit 90 Grad Trägerphase gespeist. Beide Modulationsprodukte werden aufaddiert und ergeben das COFDM-Signal cofdm(t).

Die Signalzweige re(t) und im(t) müssen exakt die richtigen Pegelverhältnisse zueinander aufweisen. Auch der 90°-Phasenschieber muss exakt richtig eingestellt sein. Ebenso darf den Signalen re(t) und im(t) kein Gleichspannungsanteil überlagert sein. Andernfalls stellen sich sog. IQ-Fehler ein. Die sich in diesem Falle ergebenden Erscheinungen am DVB-T-Signal werden im folgenden dargestellt.

Abb. 21.10 zeigt das Konstellationsdiagramm bei einer im IQ-Mischer des Modulators vorliegenden IQ-Amplituden-Imbalance am zentralen Träger. Das Konstellationsdiagramm erscheint rechteckförmig verzerrt. Es ist also in einer Richtung (horizontal oder vertikal) gestaucht. Dieser Effekt kann bei DVB-C problemlos beobachtet werden, bei DVB-T wird man diesen Effekt nur am zentralen Träger (Bandmitte) nachweisen können, alle anderen Träger erscheinen rauschartig gestört.

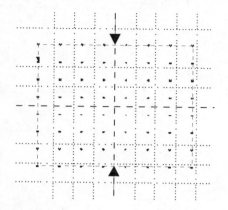

Abb. 21.9. IQ-Amplituden-Ungleichheit bei DVB-T gemessen am zentralen Träger

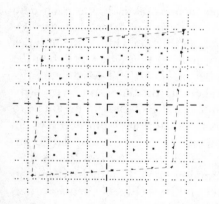

Abb. 21.10. IQ-Phasenfehler bei DVB-T gemessen am zentralen Träger

Ein IQ-Phasenfehler führt zu einer rautenförmigen Verzeichnung des Konstellations-Diagramms (Abb. 21.10.). Beim Kabelstandard DVB-C kann dies problemlos beobachtet und erfasst werden; bei DVB-T lässt sich ein Phasenfehler nur am zentralen Träger nachweisen. Alle anderen Träger erfahren aufgrund dieses Effektes ebenfalls eine rauschartige Störung.

Ein am IQ-Mischer vorliegender Restträger verschiebt das Konstellationsdiagramm in irgend einer Richtung aus der Mitte heraus (Abb. 21.11.).

Das Diagramm selber bleibt unverzerrt. Dieser Effekt ist nur am zentralen Träger beobachtbar und beeinflusst auch nur diesen.

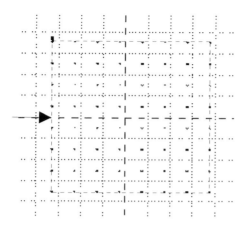

Abb. 21.11. Schlechte Trägerunterdrückung am zentralen Träger bei DVB-T

Moderne DVB-T-Modulatoren arbeiten heute praktisch alle nach dem Verfahren der Direktmodulation. Ein hierbei verwendeter analoger IQ-Modulator weist üblicherweise v.a. Probleme bei der Unterdrückung des Trägers auf. IQ-Amplituden-Ungleichheit und IQ-Phasenfehler haben die Hersteller meist gut im Griff. Jedoch ist bei jedem DVB-T-Modulator dieser Bauweise mehr oder weniger ein Trägerunterdrückungsproblem nachweisbar. Die Restträgerproblematik ist nur in DVB-T-Bandmitte am zentralen Träger (3408 bzw. 852) nachweisbar und stört auch nur dort bzw. in den Bereichen um den zentralen Träger herum. Eine mangelnde Trägerunterdrückung ist sofort an der Darstellung des Modulation Error Ratios über den DVB-T-Unterträgerbereich in der Bandmitte als Einbruch erkennbar. Ein DVB-T-Messtechnik-Experte erkennt an diesen Eigenheiten sofort einen DVB-T-Modulator nach dem Verfahren der Direktmodulation.

21.3.7 Ursache und Auswirkung von IQ-Fehlern bei DVB-T

Wodurch entstehen nun die IQ-Fehler, warum sind diese Effekte nur am zentralen Träger beobachtbar und warum werden alle anderen Träger im Falle einer vorliegenden IQ-Amplituden-Imbalance und eines IQ-Phasenfehlers rauschartig gestört?
Abb. 21.12. zeigt die Stellen im COFDM-Modulator, an denen diese Fehler entstehen. Ein Gleichspannungsanteil in re(t) bzw. im(t) nach der

IFFT führt zu einem Restträger im I- oder Q- Zweig oder in beiden Zweigen. Der Restträger weist also neben einer entsprechenden Amplitude auch einen Phasenwinkel auf.

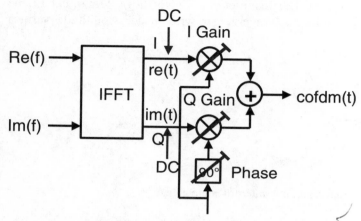

Abb. 21.12. IQ-Fehler eines DVB-T-Modulators

Liegt im I- und Q-Zweig eine unterschiedliche Verstärkung vor, so ergibt sich eine IQ-Amplituden-Imbalance. Ist der Phasenwinkel am IQ-Mischer verschieden von 90 Grad, so entsteht ein IQ-Phasenfehler (Quadraturfehler).

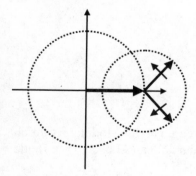

Abb. 21.13. Zeigerdiagramm einer Amplitudenmodulation bei nicht-unterdrücktem Träger

Anhand von Zeigerdiagrammen kann man die durch die IQ-Fehler hervorgerufenen Störungen bei DVB-T sehr anschaulich ohne viel Mathematik erläutern. Beginnen wir mit dem Zeigerdiagramm einer gewöhnlichen Amplitudenmodulation (Abb. 21.13.). Eine AM kann dargestellt werden als rotierender Trägerzeiger und durch überlagerte Zeiger der beiden Seitenbänder, wobei ein Seitenbandzeiger links herum und ein Seitenbandzeiger rechts herum rotiert. Der resultierende Zeiger liegt stets in der Ebene des Trägerzeigers. D.h. der Trägerzeiger wird in der Amplitude variiert (moduliert).

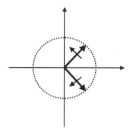

Abb. 21.14. Zeigerdiagramm mit unterdrücktem Träger

Unterdrückt man den Trägerzeiger, so entsteht eine Amplitudenmodulation mit Trägerunterdrückung (Abb. 21.14.).

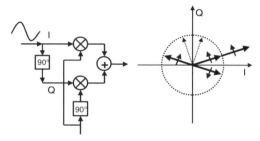

Abb. 21.15. Vektordiagramm einer IQ-Modulation

Entsprechend kann man auch das Verhalten eines IQ-Modulators durch die Überlagerung von 2 Zeigerdiagrammen darstellen (Abb. 21.15.). Beide Mischer arbeiten mit unterdrücktem Träger.

Speist man in den I- und Q-Zweig das selbe Signal ein, jedoch mit 90 Grad Phasendifferenz zueinander, so ergibt sich ein Zeigerdiagramm wie in Abb. 21.16. "Einseitenbandmodulation" dargestellt. Wie bereits in Kap. 20. erwähnt, liegen genau diese Verhältnisse nach der IFFT beim COFDM-Modulator vor. Man erkennt deutlich, dass sich zwei Seitenbandzeiger addieren und zwei Seitenbandzeiger auslöschen (subtrahieren). Es wird somit ein Seitenband unterdrückt; es entsteht eine Einseitenband-Amplitudenmodulation. Man kann also einen COFDM-Modulator als Einseitenbandmodulator für viele tausend Unterträger interpretieren. Bei einem idealen COFDM-Modulator gibt es kein Übersprechen vom oberen COFDM-Band ins untere und umgekehrt.

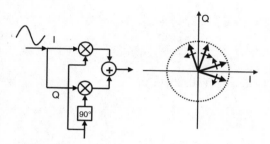

Abb. 21.16. Unterdrückung eines Seitenbandes mit Hilfe eines Hilbert-Transformators und eines IQ-Modulators (Einseitenbandmodulation nach der Phasenmethode)

Nachdem die IFFT ein rein mathematischer Prozess ist, kann dieser als ideal angenommen werden. Der IQ-Mischer jedoch kann digital (also ideal) oder auch analog (also nicht ideal) realisiert werden. Es gibt und es wird auch in Zukunft analoge IQ-Mischer innerhalb von DVB-T-Modulatoren geben (Direktmodulation).

Liegt nun eine IQ-Amplituden-Imbalance vor, so löscht sich das obere, bzw. das untere Seitenband nicht mehr vollständig aus. Es bleibt eine Störkomponente übrig. Das gleiche gilt für einen IQ-Phasenfehler. Somit ist klar, dass alle Unterträger mit Ausnahme des zentralen Trägers rauschartig gestört werden. Auch ist nun klar, warum ein Restträger das Konstellationsdiagramm am zentralen Träger aus der Mitte herausschiebt und auch nur diesen stört.

Eindrucksvoll kann dies auch im Spektrum des DVB-T-Signals gezeigt werden (Abb. 21.17.), wenn es der DVB-T-Modulator testweise zulässt, z.B. den unteren Trägerbereich im Spektrum abzuschalten. Dies ist z.B. möglich mit einem DVB-Messsender (Rohde&Schwarz SFQ, SFU). Man erkennt deutlich einen vorhandenen Restträger in Bandmitte (zentraler Träger, Abb. 21.18.). Verstellt man nun den IQ-Modulator so, dass eine Amplituden-Imbalance vorliegt, so erkennt man deutlich ein Übersprechen vom oberen ins untere Seitenband (Abb. 21.19.). Das gleiche gilt für einen IQ-Phasenfehler.

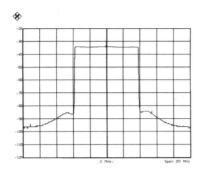

Abb. 21.17. Spektrum eines DVB-T-Signals (vollständig)

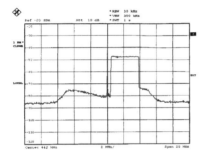

Abb. 21.18. Spektrum eines DVB-T-Signals mit teilweise abgeschalteten Träger-bereichen

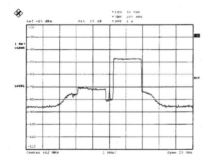

Abb. 21.19. Spektrum eines DVB-T-Signals mit teilweise abgeschalteten Träger-bereichen bei Amplitudenungleichheit des IQ-Modulators von 10%

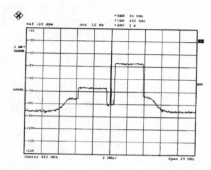

Abb. 21.20. Spektrum eines DVB-T-Signals mit teilweise abgeschalteten Träger-
bereichen und Vorliegen eines IQ-Phasenfehlers von 10°; das Übersprechen von
Trägerbereichen oberhalb der Bandmitte auf die Bereiche unterhalb der Bandmitte
ist ebenso wie in Abb. 21.19. deutlich erkennbar.

$$a1 \qquad a2 = a1(1\text{-}AI)$$
$$N = a1\text{-}a2; \qquad \text{Störsignal N}$$

$$a1 \qquad a2 = a1(1\text{-}AI)$$
$$S = a1 + a2; \qquad \text{Signal S}$$

$$S/N = (a1+a2)/(a1\text{-}a2) = (a1+a1(1\text{-}AI)/(a1\text{-}a1(1\text{-}AI)) = (2\text{-}AI)/AI;$$

$$S/N[dB] = 20lg((2\text{-}AI[\%]/100)/(AI[\%]/100));$$

Abb. 21.21. Ermittelung des Störabstands S/N beim Vorliegen einer IQ-
Amplituden-Imbalance

Den Prozess des rauschartigen Übersprechens kann man leicht durch
einfache trigonometrische Operationen beschreiben, die sich aus dem Zeigerdiagramm ableiten lassen. Bei Amplitudenungleichheit löschen sich die
gegenüberstehenden Vektoren nicht mehr ganz aus (Abb. 21.21.). Es entsteht ein Störvektor, der sich als Übersprechen vom oberen ins untere
DVB-T-Band und umgekehrt auswirkt. In gleichem Maße wie das Übersprechen zunimmt, nimmt die eigentliche Nutzsignalamplitude ab.

Beim Vorliegen eines Phasenfehlers ergibt sich ein Störvektor, dessen
Länge sich aus dem Vektorparallelogramm (Abb. 21.22.) ermitteln lässt.
Die Nutzsignalamplitude nimmt in gleichem Maße ebenfalls ab. Die Verhältnisse für den Störabstand S/N bei vorliegender Amplitudenungleichheit
bzw. bei einem Phasenfehler, die nun formelmäßig hergeleitet wurden,
sind in Abb. 21.22. dargestellt. Anzustreben ist bei der praktischen Reali-

sierung eines DVB-T-Modulators eine Amplitudenungleichheit von kleiner 0.5% und eine Phasenfehler von kleiner 0.5 Grad.

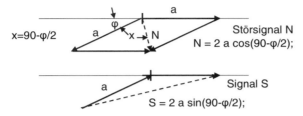

x=90-φ/2

Störsignal N
N = 2 a cos(90-φ/2);

Signal S
S = 2 a sin(90-φ/2);

S/N = (2a)/(2a) (sin(90-φ/2)/cos(90-φ/2)) = tan(90-φ/2);

S/N[dB] = 20lg(tan(90-φ/2));

Abb. 21.22. Ermittelung des Störabstands S/N beim Vorliegen eines IQ-Phasenfehlers

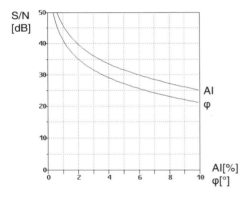

Abb. 21.23. Störabstand S/N in Abhängigkeit von der Amplituden-Imbalance (AI) und vom IQ-Phasenfehler (φ)

IQ-Fehler des DVB-T-Modulators lassen sich also nur durch Beobachtung des zentralen Trägers identifizieren, stören aber u.U. das ganze DVB-T-Signal. Zusätzlich wird man feststellen, dass jeweils mindestens die beiden oberen und unteren benachbarten Träger zum zentralen Träger mitverzerrt werden (Abb. 21.24.). Ursache hierfür ist die Kanalkorrektur im DVB-T-Empfänger. Die Kanalschätzung- und korrektur geschieht auf der

Basis der Auswertung der Scattered Pilote. Diese liegen aber nur im Abstand von 3 Trägern vor. Dazwischen muss interpoliert werden.

Zentraler DVB-T-Träger
8K: Nr. 3408 = Continual Pilot
2K: Nr. 852 = Scattered pilot / Nutzlast

Abb. 21.24. Durch die Kanalkorrektur im Empfänger gestörte Konstellationsdiagramme in der Nähe des zentralen Trägers, verursacht durch IQ-Fehler des Modulators

Der zentrale Träger im 2K-Mode ist die Nr. 852; es handelt sich hierbei um einen Payload-Träger bzw. manchmal um einen Scattered Piloten. D.h. der Nachweis der IQ-Fehler ist hier kein Problem. Anders ist die Situation im 8K-Mode. Hier ist der zentrale Träger die Nr. 3408 und immer ein Continual Pilot. IQ-Fehler können hier nur durch die Beobachtung der unteren und oberen Nachbarträger erahnt werden.

Für jeden der beschriebenen Einflüsse gibt es eigene Messparameter. Schon beim Kabelstandard DVB-C wurden diese zusätzlich zu einem Summenparameter zusammengefasst, dem Modulation Error Ratio.

Das Modulation Error Ratio (MER) ist ein Maß für die Summe aller auf der Übertragungsstrecke auftretenden Störeinflüsse. Es wird üblicherweise ebenso wie der Signal-Rauschabstand in dB angegeben. Liegt nur ein Rauscheinfluss vor, so sind MER und S/N gleich.

Alle erläuterten Störeinflüsse auf ein digitales TV-Signal in Breitbandkabelnetzen bewirken, dass die Konstellationspunkte Ablagen in Bezug auf die Soll-Lage in der Mitte der Entscheidungsfehler aufweisen (Abb. 21.25.). Sind die Ablagen zu groß, so werden die Entscheidungsgrenzen überschritten und es entstehen Bitfehler. Die Ablagen von der Entscheidungsfeldmitte können aber auch als Messparameter für die Größe einer beliebigen Störgröße aufgefasst werden. Und genau das ist das Ziel eines künstlichen Messparameter, wie er im MER = Modulation Error Ratio vorzufinden ist. Bei der MER-Messung nimmt man an, dass die tatsächlichen Treffer in den Konstellationsfeldern durch Störgrößen aus der Mitte des jeweiligen Fehlers herausgeschoben wurden. Man vergibt für die Störgrößen Fehlervektoren; der Fehlervektor zeigt von der Mitte des Konstellationsfeldes zum Punkt des tatsächlichen Treffers im Konstellationsfeld (Abb. 21.25.). Man vermisst dann die Längen aller dieser Fehlervektoren in jedem Konstellationsfeld über die Zeit und bildet den quadratischen Mittelwert oder erfasst den maximalen Spitzenwert in einem Zeitfenster. Die Definition des MER ist in den DVB-Measurement Guidelines [ETR290] zu finden.

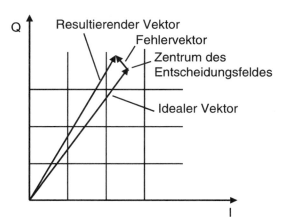

Abb. 21.25. Definition des Fehlervektors beim Modulation Error Ratio (MER)

Das MER errechnet sich aus der Fehlervektorlänge über folgende Beziehung:

$$MER_{PEAK} = \frac{\max(|\,error\_vector\,|)}{U_{RMS}} \cdot 100\%;$$

$$MER_{RMS} = \frac{\sqrt{\dfrac{1}{N}\sum_{n=0}^{N-1}(|\,error\_vector\,|)^2}}{U_{RMS}} \cdot 100\%;$$

Als Bezug U_{RMS} gilt hier der Effektivwert des QAM-Signals.

Üblicherweise arbeitet man aber im logarithmischen Maß:

$$MER_{dB} = 20 \cdot \lg\left(\frac{MER[\%]}{100}\right) \quad [dB] \quad ;$$

Der MER-Wert ist also eine Summengröße, in die alle möglichen Einzelfehler eingehen. Der MER-Wert beschreibt also die Qualität der DVB-T-Übertragungsstrecke vollständig.

Es gilt grundsätzlich: MER [dB] $\leq$ S/N [dB];

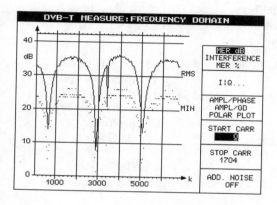

Abb. 21.26. MER als Funktion der Unterträgernummer MER(f)

Besonders bedeutend ist bei DVB-T die Darstellung des MER als Funktion der Unterträgernummer MER(f) (Abb. 21.26.). Dadurch lässt sich nämlich sehr gut die Situation im Kanal betrachten. Man erkennt sehr leicht gestörte Trägerbereiche.

Zusammenfassend kann man sagen, dass Rauschen und Phasen-Jitter alle Träger gleichermaßen beeinflusst, Interferenzstörer beeinflussen Träger oder Trägerbereiche rauschartig oder sinusförmig, Echos betreffen ebenfalls nur Trägerbereiche.

IQ-Fehler des Modulators wirken sich z.T. auf die Träger als rauschartige Störung aus und lassen sich als solche nur durch Beobachtung des zentralen Trägers identifizieren.

Alle beschriebenen Einflüsse auf der DVB-T-Übertragungsstrecke lassen sich gut mit Hilfe der Konstellationsanalyse in einem DVB-T-Messempfänger erfassen. Zusätzlich gestattet ein DVB-T-Messempfänger auch die Messung des Empfangspegels, die Messung der Bitfehlerrate, die Berechnung des Amplituden- und Gruppenlaufzeitganges, sowie der Impulsantwort aus den Kanalschätzdaten. Die Impulsantwort spielt eine große Rolle bei der Erfassung des Mehrwegeempfanges im Feld besonders bei Gleichwellennetzen (SFN - Single Frequency Network). D.h. neben der dargestellten IQ-Analyse ermöglicht ein DVB-T-Messempfänger auch noch eine Vielzahl bedeutender Messungen auf der DVB-T-Übertragungsstrecke.

Tabelle 21.2. DVB-T-Störeinflüsse

Störeinfluss	Auswirkung	Nachweis
Rauschen	alle Träger	alle Träger
Phasenjitter	alle Träger	alle Träger
Interferenzstörer	einzelne Träger	betroffene Träger
Echos	Trägerbereiche	betroffene Träger, bzw. Impulsantwort
Doppler	alle Träger	Frequenzablage, bzw. Verschmierung des Spektrums
IQ-Amplituden-imbalance	alle Träger	zentraler Träger
IQ-Phasenfehler	alle Träger	zentraler Träger
Restträger	zentraler Träger, bzw. benachbarte Träger zum zentralen Träger	zentraler Träger

21.4 Messung des Crestfaktors

DVB-T-Signale weisen einen großen Crestfaktor auf, der theoretisch bis zu 40 dB betragen kann. Praktisch ist aber der Crestfaktor auf ca. 13 dB bei Leistungssendern begrenzt. Eine Crestfaktor-Messung kann mit einem DVB-T-Messempfänger erfolgen. Hierzu erfasst der Messempfänger den Datenstrom direkt nach dem AD-Wandler und berechnet daraus sowohl den Effektivwert als auch den maximal in einem Zeitfenster auftretenden Signalspitzenwert. Der Crestfaktor ergibt sich dann per Definition zu

$$c_f = 20 \log(U_{Max\ Peak}/U_{RMS});$$

21.5 Messung des Amplituden-, Phasen- und Gruppenlaufzeitganges

Obwohl DVB-T ziemlich tolerant gegenüber linearen Verzerrungen, wie Amplituden-, Phasen- und Gruppenlaufzeitverzerrungen ist, ist andererseits eine Messung dieser Parameter kein größeres Problem. Ein DVB-T-Messempfänger kann die im Signal enthaltenen Pilotträger (Scattered und Continual Pilots) analysieren und daraus leicht die linearen Verzerrungen berechnen. Zur Ermittelung der linearen Verzerrungen werden also die Kanalschätzdaten verwendet (Abb. 21.2.8.).

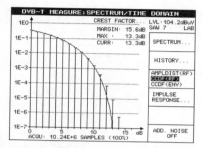

Abb. 21.27. Messung des Crestfaktors

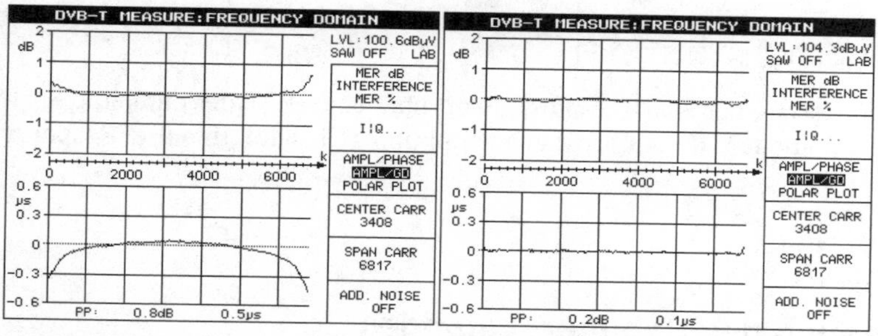

Abb. 21.28. Messung von linearen Verzerrungen (Amplituden- und Gruppenlaufzeitgang) am DVB-T-Signal mit Hilfe der Scattered Pilote; links ist ein gruppenlaufzeitvorentzerrtes DVB-T-Signal vor dem Maskenfilter dargestellt, rechts ein DVB-T-Signal (entzerrt) nach dem Maskenfilter.

21.6 Messung der Impulsantwort

Transformiert man die im Frequenzbereich vorliegenden Kanalschätzdaten, aus denen die Darstellung des Amplituden- und Phasenganges abgeleitet wurde, mit Hilfe einer inversen Fast Fourier Transformation in den Zeitbereich, so erhält man die Impulsantwort. Die maximale Länge der berechenbaren Impulsantwort hängt hierbei von den von der Kanalschätzung zur Verfügung gestellten Abtastwerten ab. Jeder 3. Unterträger liefert irgendwann einen Beitrag zur Kanalschätzung. D.h. der Abstand zwischen zwei Stützwerten der Kanalschätzung beträgt 3 • Δf, wobei Δf dem Unterträgerabstand der COFDM entspricht. Somit beträgt die berechenbare Impulsantwortlänge 1/(3Δf), d.h. ein Drittel der COFDM-Symboldauer. Im Idealfall findet man als Impulsantwort nur einen Hauptimpuls bei t=0, also nur einen Signalpfad. Mehrfachechos sind leicht nach Laufzeit und Pfaddämpfung aus der Impulsantwort klassifizierbar.

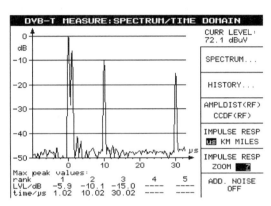

Abb. 21.29. Messung der Kanal-Impulsantwort über eine IFFT der durch die Scattered Pilote ermittelten Kanalübertragungsfunktion (Channel Impulse Response CIR)

21.7 Messung des Schulterabstandes

Um benachbarte Kanäle nicht zu stören, wird nicht die volle Kanalbandbandbreite ausgenutzt, d.h. ein Teil der 8K bzw. 2K Frequenzunterträger sind auf Null gesetzt. Aufgrund von Nichtlinearitäten kommt es aber trotzdem zu Außerbandanteilen, man spricht aufgrund der spektralen Auswirkung und Form vom sog. Schulterabstand.

Der zulässige Schulterabstand ist in der Norm als Toleranzschablone definiert. In Abb. 21.30. ist das Spektrum eines DVB-T-Signals am Leistungsverstärkerausgang, also vor dem Maskenfilter abgebildet. Zur Bestimmung des Schulterabstandes sind unterschiedliche Methoden definiert, speziell auch eine relativ aufwändige Methode in den Measurement Guidelines [ETR290]. In der Praxis vermisst man das DVB-T-Spektrum meist einfach mit Hilfe von drei Markern. Ein Marker wird auf Bandmitte gestellt, die anderen stellt man auf +/- (DVB-T-Kanalbandbreite/2 + 0.2

MHz). Dies ergibt beim 8 MHz-Kanal Messpunkte bei +/- 4.2 MHz relativ zur Bandmitte bzw. beim 7 MHz-Kanal Messpunkte bei +/- 3.7 MHz. Abb. 21.31 zeigt das Spektrum eines DVB-T-Signals nach dem Maskenfilter (kritische Maske). Es sind im DVB-T-Standard [ETS 300 744] verschiedene Toleranz-Masken für verschiedene Nachbarkanalbelegungen definiert.

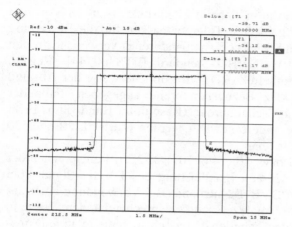

Abb. 21.30. Spektrum eines DVB-T-Signals gemessen am Senderausgang vor dem Maskenfilter

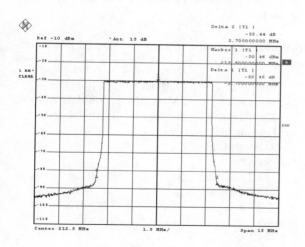

Abb. 21.31. Spektrum eines DVB-T-Signals gemessen nach dem Maskenfilter (kritische Maske)

Folgende Schulterabstände werden in der Praxis erreicht:

- Leistungsverstärker unverzerrt: ca. <30 dB
- Leistungsverstärker entzerrt: ca. <40 dB
- nach Ausgangsbandpassfilter: ca. >50 dB

Es werden üblicherweise die in Tabelle 21.3. (unkritische Maske) und 21.4. (kritische Maske) aufgelisteten Toleranzmasken für die Bewertung eines DVB-T-Signals (7 und 8 MHz Kanalbandbreite) verwendet. In den entsprechenden Dokumenten (DVB-T-Standard [ETS300744], RegTP, Deutsche Telekom, Pflichtenhefte ARD) wird üblicherweise der Abstand zur Kanalleistung bei 4 kHz Bezugsbandbreite angegeben. Falls der Spektrumanalyzer diese Auflösebandbreite (Resolution Bandwidth) nicht unterstützt, kann auch eine andere gewählt werden (z.B. 10, 20 oder 30 kHz), die Werte sind umrechenbar.

$10\lg(4/7610) = -32.8$ dB bzw. $10\lg(4/6770) = -32.2$ dB entsprechen der Dämpfung gegenüber der Gesamtsignalleistung des DVB-T-Signals bei 4kHz Bezugsbandbreite im DVB-T-Nutzband. Bei Verwendung einer anderen Auflösebandbreite des Analyzers sind entsprechend andere Werte in die Formel einzusetzen. In den Tabellen ist jedoch auch die relative Dämpfung gegenüber dem Nutzkanal unabhängig von der Bezugsbandbreite dargestellt.

Wichtig bei der Wahl der Auflösebandbreite des Spektrumanalyzers ist, dass diese nicht zu klein und nicht zu groß gewählt wird, üblicherweise wird 10, 20 oder 30kHz eingestellt.

Tabelle 21.3. DVB-T-Toleranzmaske (unkritische Maske) im 7 und 8 MHz-Kanal

f_{rel}[MHz] bei 7MHz Kanalbandbreite	f_{rel}[MHz] bei 8MHz Kanalbandbreite	Dämpfung [dB] gegenüber Kanalgesamtleistung bei 4kHz Bezugsbandbreite	Dämpfung [dB] bei 7MHz Kanalbandbreite	Dämpfung [dB] bei 8MHz Kanalbandbreite
+/-3.4	+/-3.9	-32.2 (7MHz) -32.8 (8MHz)	0	0
+/-3.7	+/-4.2	-73	-40.8	-40.2
+/-5.25	+/-6.0	-85	-52.8	-52.2
+/-10.5	+/-12.0	-110	-77.8	-77.2
+/-13.85		-126	-93.8	

Tabelle 21.4. DVB-T-Toleranzmaske (kritische Maske) im 7 und 8 MHz-Kanal

f_{rel}[MHz] bei 7MHz Kanalbandbreite	f_{rel}[MHz] bei 8MHz Kanalbandbreite	Dämpfung [dB] gegenüber Kanalgesamtleistung bei 4kHz Bezugsbandbreite	Dämpfung [dB] bei 7MHz Kanalbandbreite	Dämpfung [dB] bei 8MHz Kanalbandbreite
+/-3.4	+/-3.9	-32.2 (7MHz) -32.8 (8MHz)	0	0
+/-3.7	+/-4.2	-83	-50.8	-50.2
+/-5.25	+/-6.0	-95	-62.8	-62.2
+/-10.5	+/-12.0	-120	-87.8	-87.2
+/-13.85		-126	-93.8	

Abb. 21.32. DVB-T-Maskenfilter (unkritische Maske, Kleinleistung, Hersteller: Spinner) mit Messrichtkoppler am Ein- und Ausgang

Abb. 21.33. DVB-T-Übertragungsstrecke mit MPEG-2-Generator DVRG (links, Mitte), DVB-T-Mess-Sender SFQ (links, unten), DVB-T-Messempfänger EFA (links, oben), MPEG-2-Messdecoder DVMD (rechts, Mitte), sowie TV-Monitor, Videoanalyzer VSA und „601"-Analyzer VCA (Rohde&Schwarz).

Literatur: [ETS300744], [ETR290], [HOFMEISTER], [EFA], [SFQ], [SFU], [FISCHER2]

22 DVB-H – Digital Video Broadcasting for Handhelds

22.1 Einführung

Die Einführung der 2. Mobilfunkgeneration GSM (Global System for Mobile Communication) hat einen regelrechten Boom hin auf diese drahtlose Art der Kommunikation ausgelöst. War zu Beginn der 90er Jahre der Besitz von Autotelefonen oder ähnlichen mobiltauglichen Telefonen meist speziellen Personenkreisen vorbehalten, so hatte Ende der 90er Jahre fast zumindest jeder zweite sein persönliches Mobiltelefon, das bis dorthin meist auch entweder zum Telefonieren oder zum Versenden und Empfangen von Kurznachrichten – SMS – benutzt wurde. Ende der 90er Jahre entstand dann aber auch der Wunsch Daten z.B. von einem PC aus über ein Mobiltelefon zu versenden und zu empfangen. Seine Emaildatenbank zu checken war v.a. im professionellen Bereich bei Dienstreisen eine zunächst angenehme Möglichkeit, auf dem Laufenden zu bleiben; heute ist dies mehr und mehr einfach Standard. Die Datenraten beim hauptsächlich für das Mobiltelefonieren entwickelten GSM-Standard bewegen sich jedoch im Bereich von 9600 Bit/s. Dies reicht meist für einfache Textemails ohne Anhang gut aus, bei längeren angehängten Files wird die Datenrate aber eher unerträglich. Surfen im Internet ist hierüber zwar auch möglich, aber eine teure und mühselige Angelegenheit. Mit der Einführung der sog. 2.5 Generation von Mobiltelefonen – Schlagwort GPRS = General Packet Radio System – wurde die mögliche Datenrate durch Paketbildung, also durch Zusammenfassen von Zeitschlitzen des GSM-Systems auf 171.2 kbit/s erhöht. Erst mit der 3. Mobilfunkgeneration, dem UMTS-Standard (Universal Mobile Telecommunication System) war eine deutliche Datenratensteigerung auf 144 kbit/s bis 384 kbit/s bzw. 2 Mbit/s möglich, die jedoch von den jeweiligen Empfangs-, bzw. Versorgungsbedingungen stark abhängig ist. Auch der EDGE-Standard (Enhanced Data Rates for GSM Evolution) unter Anwendung einer höherwertigen Modulation (8 PSK) erlaubt höhere Datenraten von bis zu 345.6 kbit/s (ECSD) bzw. 473.6 kbit/s (EGPRS).

Alle Mobilfunkstandards sind naturgemäß als eine bidirektionale Kommunikation zwischen Endgerät und Basisstation ausgelegt. Die Modulationsverfahren wie z.b. GMSK = Gaussian Minumum Shift Keying bei GSM oder WCDMA = Wide Band Code Division Multiple Access bei UMTS, sowie der verwendete Fehlerschutz (FEC = Forward Error Correction) sind auf diese „rauen" Empfangsbedingungen beim Mobilempfang ausgelegt worden.

Heute sind Mobiltelefone längst nicht mehr nur Telefone; sie dienen als Fotoapparat oder als Spielkonsole oder als Organizer; ein Mobiltelefon wird mehr und mehr zum Multimedia-Endgerät. Gerätehersteller und Netzbetreiber suchen ständig nach weiteren neuen Anwendungen.

Parallel zur Entwicklung des Mobilfunks fand der Übergang vom Analogen Fernsehen hin zum Digitalen Fernsehen statt. Schien es Ende der 80er Jahre noch unmöglich, Bewegtbilder digital über existierende Übertragungswege wie Satellit, Kabelfernsehen oder über den seit jeher bekannten terrestrischen Übertragungsweg schicken zu können, so ist dies heute selbstverständlich. Moderne Kompressionsverfahren wie MPEG (= Moving Pictures Expert Group), sowie moderne Modulationsverfahren und angepasster Fehlerschutz (FEC) machen dies möglich. Als ein Schlüsselereignis ist in diesem Bereich der erstmalige Einsatz der sog. DCT = Discrete Cosine Transform beim JPEG-Standard zu sehen. JPEG (Joint Photographics Expert Group) ist ein Verfahren zur Komprimierung von Standbildern und wird bei digitalen Fotoapparaten eingesetzt. Erfahrungen mit der DCT wurden dann Anfang der 90er Jahre auch bei der Komprimierung von Bewegtbildern beim MPEG-Standard umgesetzt. Es entstand zunächst der für CD-Datenraten- und Applikationen entwickelte MPEG-1-Standard. Im Rahmen von MPEG-2 gelang es, Bewegtbildsignale des SDTV (= Standard Definition Television) von ursprünglich 270 Mbit/s auf unter 5 Mbit/s zu komprimieren. Die Datenrate des zugehörigen lippensynchronen Tonkanales beträgt hierbei etwa meist 200...400 kbit/s. Selbst HDTV (= High Definition Televison) – Signale ließen sich jetzt auf erträgliche Datenraten von etwa 15 Mbit/s reduzieren. Unter Kenntnis der Anatomie des menschlichen Auges und Ohres wurde eine sog. Irrelevanzreduktion in Kombination mit einer Redundanzreduktion vorgenommen. Signalbestandteile, Informationen, die Auge und Ohr nicht wahrnehmen, werden vor der Übertragung aus dem Signal entfernt.

Bis heute wurden die Kompressionsverfahren im Rahmen von MPEG-4 (H.264, MPEG-4 Part 10 AVC) noch verfeinert, noch niedrigere Datenraten bei besserer Bild- und Tonqualität sind möglich.

Während der Entwicklung von DVB = Digital Video Broadcasting wurden 3 Übertragungsverfahren entwickelt, nämlich DVB-S (Satellit), DVB-C (Kabel) und DVB-T (Terrestrisch). Bei DVB-T wird im Frequenzbereich von etwa 47 MHz bis 862 MHz, mit Lücken dazwischen, in 6, 7 oder 8 MHz breiten Funkkanälen Digitales Fernsehen erdgebunden, also terrestrisch bei Datenraten von entweder meist ca. 15 Mbit/s oder 22 Mbit/s Nettodatenrate ausgestrahlt. DVB-T ist in einigen Ländern wie UK, Schweden oder Australien für reinen Dachantennenempfang ausgelegt. Entsprechend hoch ist die dabei mögliche Datenrate von etwa 22 Mbit/s. Länder wie Deutschland haben sich als Applikation „Portable Indoor" ausgesucht; in Ballungsräumen soll es möglich sein, über eine Zimmerantenne (passiv oder ggf. aktiv) über 20 Programme „free to air" empfangen zu können. Der notwendige höhere Fehlerschutz (FEC) bzw. das robustere Modulationsverfahren (16QAM anstelle 64QAM) ermöglicht nur niedrigere Datenraten wie z.B. etwa 15 Mbit/s.

Wird DVB-T als portabel empfangbares Netz betrieben, so liegen die Datenraten bei ca. 15 Mbit/s, entsprechend finden auch nur etwa 4 Programme = Services Platz in einem DVB-T-Kanal. Dies sind aber immerhin 4 mal mehr als zuvor in einem vergleichbaren analogen TV-Kanal. Die pro Programm zur Verfügung stehenden Datenraten liegen deshalb bei ca. 2.5 bis 3.5 Mbit/s, meist als variable Datenraten in einem sog. Statistischen Multiplex vorliegend.

22.2 Konvergenz zwischen Mobilfunk und Broadcast

Mobilfunknetze sind Netze, bei denen bidirektionale Verbindungen (Punkt zu Punkt) über relativ niedrige Datenraten robust möglich sind. Modulationsverfahren, Fehlerschutz und Handover-Verfahren sind an die mobilen Gegebenheiten entsprechend angepasst. Entsprechend ist auch Billing usw. systembedingt im Standard zu finden. Der End-User bestimmt die Art der entsprechend zu wählenden Services, sei es nun ein Telefonat, eine SMS oder eine Datenverbindung. Entsprechend den angeforderten Services erfolgt auch eine Gebührenabrechnung.

Broadcastnetze sind unidirektionale Netze, bei denen Inhalte Punkt zu Multipunkt gemeinsam an viele Teilnehmer bei relativ hohen Datenraten verteilt werden. Inhalte on Demand sind relativ selten, für viele Teilnehmer wird ein vorgegebener Inhalt von einem Sendestandort oder neuerdings von Gleichwellennetzen an viele Teilnehmer verteilt. Dieser Inhalt ist üblicherweise ein Radio- oder Fernsehprogramm. Die Datenraten sind deutlich höher als bei Mobilfunknetzen. Modulationsverfahren und Fehlerschutz sind oft nur auf portablen oder Dachantennenempfang ausgelegt. Mobilempfang ist nur im Rahmen von DAB (= Digital Audio Broadcasting) im Standard vorgesehen. DVB-T ist nur für stationären bzw. portablen Empfang entwickelt worden.

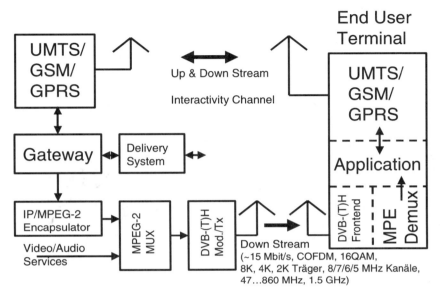

Abb. 22.1. Konvergenz zwischen Mobilfunk und DVB

Im Rahmen von DVB-H (= Digital Video Broadcasting for hand-held mobile terminals) gibt es nun Bestrebungen, die Mobilfunkwelt und den Broadcastbereich konvergent zusammen zu bringen (Abb. 22.1.) und die Vorteile beider Netzsysteme zu vereinigen. Die Bidirektionalität der Mobilfunknetze bei relativ niedrigen Datenraten gilt es nun mit der Unidirektionalität von Broadcast-Netzen bei relativ hohen Datenraten zu vereinigen. Werden die gleichen Dienste, wie z.B. bestimmte Video/Audio-Services on Demand von vielen Teilnehmern angefordert, wird der Datendienst vom Mobilfunknetz auf die Broadcast-Schiene Punkt zu Multipunkt umgemappt. Dies geschieht dann je nach Bedarf und Nachrichtenaufkommen.

Welche Nachrichten vom Mobilfunknetz auf das Broadcast-Netz umgelenkt werden, hängt alleine von den aktuellen Anforderungen ab. Welche Dienste in Zukunft über den Service DVB-H den Mobiltelefonen angeboten werden, ist momentan noch völlig offen. Dies können rein IP-basierende Services oder auch Video/Audio über IP sein. DVB-H wird jedoch in jedem fall ein auf UDP/IP aufgesetzter Service im Rahmen von MPEG/DVB-T/-H sein. Aktuelle Sportübertragungen, Nachrichten und sonstige Services, die für die Masse mobilempfangbar interessant sein können, sind denkbare Anwendungen. Mit Sicherheit wird ein DVB-H-taugliches Handy zusätzlich auch reine kostenfreie DVB-T-Austrahlungen – abhängig von den jeweiligen Empfangsbedingungen - empfangen können.

22.3 DVB-H – die wesentlichen Parameter

DVB-H entspricht in den wesentlichen Parametern dem DVB-T-Standard. Am physikalischen Layer von DVB-T wurden nur geringfügige Erweiterungen vorgenommen. Zusätzlich zum schon bei DVB-T existierenden 8K-Mode und 2K-Mode wurde als guter Kompromiss zwischen beiden der 4K-Mode eingeführt, der es gestattet, bei besserer Mobiltauglichkeit gleichzeitig Gleichwellennetze in vernünftiger Größe zu bilden. Der 8K-Mode ist wegen des geringen Unterträgerabstandes zu schlecht mobiltauglich und der 2K-Mode lässt nur geringe Senderabstände von etwa 20 km zu. Beim 8K-Mode wird für das Interleaving und De-Interleaving der Daten mehr Speicher benötigt als im 4K-Mode und 2K-Mode. Frei werdender Speicher im 4K-Mode und 2K-Mode kann nun bei DVB-H für tieferes Interleaving verwendet werden. D.h. der Interleaver kann im 4K-Mode und 2K-Mode zwischen Native und In-Depth gewählt werden. Zur Signalisierung zusätzlicher Parameter werden bei DVB-H reservierte bzw. auch bereits anderweitig verwendete Transmission Parameter Signaling Bits (TPS-Bits) eingesetzt.

Die bei DVB-H zusätzlich eingeführten Parameter sind im DVB-T-Standard [ETS300744] als Anhang eingefügt. Alle weiteren Änderungen bzw. Erweiterungen beziehen sich auf den MPEG-2-Transportstrom. Diese wiederum sind im DVB Data Broadcast Standard [ETS301192] zu finden. Der MPEG-2-Transportstrom ist als DVB-Basisbandsignal das Eingangssignal eines DVB-H-Modulators. Die schon vor DVB-H im Rahmen von DVB Data Broadcasting definierte Multiprotocol Encapsulation (MPE) wird bei DVB-H im Zeitschlitzverfahren eingesetzt, um im Mobilteil Energie sparen zu können. Sowohl Zeitschlitzlänge als auch Zeitschlitzabstand müssen signalisiert werden. Die in MPE-Zeitschlitze verpackten IP-Pakete können bei DVB-H optional mit einer zusätzlichen FEC (=Forward Error Correction) versehen werden. Es handelt sich hierbei um einen Reed-Solomon-Fehlerschutz auf IP-Paket-Ebene. Alles weitere entspricht direkt DVB-T bzw. MPEG-2. DVB-H ist eine IP-Paketübertragung im Zeitschlitzverfahren über einen MPEG-2-Transportstrom. Als physikalischer Layer dient DVB-T mit einigen Erweiterungen. Ziel ist die Konvergenz zwischen einem Mobilfunknetz und einem DVB-H-Broadcastnetzwerk, Datendienste werden je nach Verkehrsaufkommen entweder über das Mobilfunknetz zum Mobile übertragen, oder es erfolgt diese über das DVB-H-Netzwerk.

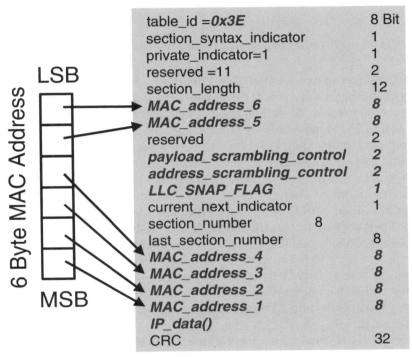

table_id =*0x3E*	8 Bit
section_syntax_indicator	1
private_indicator=1	1
reserved =11	2
section_length	12
MAC_address_6	*8*
MAC_address_5	*8*
reserved	2
payload_scrambling_control	*2*
address_scrambling_control	*2*
LLC_SNAP_FLAG	*1*
current_next_indicator	1
section_number	8
last_section_number	8
MAC_address_4	*8*
MAC_address_3	*8*
MAC_address_2	*8*
MAC_address_1	*8*
IP_data()	
CRC	32

Abb. 22.2. DSM-CC Section für IP-Übertragung (Table_ID=0x3E)

22.4 DSM-CC Sections

Im MPEG-2-Standard ISO/IEC 13818 Teil 6 wurden schon früh Mechanismen zur Übertragung von Daten, Datendiensten und Directory-Strukturen geschaffen. Dies sind die sog. DSM-CC Sections. DSM-CC steht für Digital Storage Media Command and Control. DSM-CC Sections weisen grundsätzlich eine vergleichbare Struktur wie die PSI/SI-Tabellen auf. Sie beginnen mit einer Table ID, die immer im Bereich von 0x3A bis 0x3E liegt. DSM-CC Sections sind bis zu 4 kByte lang und werden ebenfalls in Transportstrompakete eingeteilt und in den Transportstrom hinein-gemultiplext ausgestrahlt. Mit Hilfe von Object Carousels (= zyklisch wie-derholte Ausstrahlung von Daten) können über DSM-CC Sections ganze Directory-Bäume mit verschiedenen Files zum DVB-Empfänger übermit-telt werden. Dies geschieht z.B. bei MHP, bei der Multimedia Home Plat-form. Bei MHP werden HTML- und Java-Files übertragen, die dann im MHP-tauglichen DVB-Empfänger ausgeführt werden können.

Über DSM-CC Sections mit Table ID=0x3E (Abb. 22.2.) können Inter-net-Pakete (IP) im MPEG-2-Transportstrom übermittelt werden. In einem IP-Paket wird ein TCP-Paket (Transmission Control Protocol) oder ein UDP-Paket (User Datagram Protocol) übertragen. TCP-Pakete führen zwi-schen Sender und Empfänger über einen Handshake eine kontrollierte Übertragung durch. UDP-Pakete werden dagegen ohne jegliche Rückmel-dung verschickt. Da beim Broadcast-Betrieb meist kein Rückkanal vor-handen ist – deswegen der Begriff Broadcast – machen deshalb TCP-Pakete keinen Sinn. Man verwendet deshalb bei der sog. Multiprotocol Encapsulation (MPE) bei der IP-Übertragung im Rahmen von DVB nur UDP-Protokolle. Bei DVB-H wäre zwar über das Mobilfunknetz ein Rückkanal vorhanden, da die Nachrichten bei DVB-H aber an viele Adres-saten gleichzeitig laufen müssen, kann hier keine Neuanforderung eines IP-Paketes erfolgen.

22.5 Multiprotocol Encapsulation (MPE)

Bei der Multiprotocol Encapsulation im Rahmen von DVB werden in User Datagram Protocol (UDP) – Paketen Inhalte wie z.B. HTML-Files oder auch MPEG-4 – Video- und Audioströme transportiert. Auch Windows Media 9 Applikationen sind so übertragbar und können in entsprechend ausgestatteten Endgeräten auch wiedergegeben werden. In den UDP-Paketen ist die sog. Portadresse des Zieles (DST Port) enthalten (Abb. 22.3.), ein 16 Bit breiter Zahlenwert, über den die Zielapplikation adres-siert wird. Das World Wide Web (WWW) kommuniziert z.B. grundsätz-lich über Port Nr. 0x80. Eine Firewall blockiert und kontrolliert Ports.

Die UDP-Pakete wiederum werden dann in den Nutzlastanteil von IP-Paketen eingebettet. Im Header der IP-Pakete findet man dann die Quell- und Ziel-IP-Adresse (SRC- und DST IP Address), über die ein IP-Paket von einem Sender zum Empfänger kontrolliert durch das Netz geschleift wird.

Werden IP-Pakete über ein gewöhnliches Rechnernetzwerk übertragen, so werden sie meist in sog. Ethernet-Paketen transportiert. Im Header der

Ethernet-Pakete wiederum findet man die Hardware-Adressen der miteinander kommunizierenden Netzwerkkomponenten, die sog. MAC-Adressen (Media Access Command).

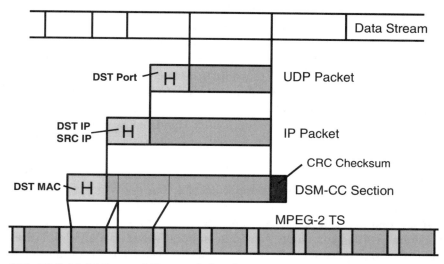

Abb. 22.3. Multi-Protocol Encapsulation (MPE)

Bei der Übertragung von IP-Paketen über DVB-Netzwerke wird der Ethernet-Layer durch den MPEG-2-Transportstrom, sowie dem physikalischen DVB-Layer (DVB-C, S, T) ersetzt. Die IP-Pakete werden zunächst in DSM-CC-Sections verpackt, die dann wiederum in viele Transportstrompakete eingeteilt werden. Man spricht von Multiprotocol Encapsulation: UDP in IP, IP in DSM-CC, DSM-CC in TS-Pakete aufgeteilt. Im Header der DSM-CC-Sections findet sich die Ziel-MAC-Adresse (DST-MAC). Sie ist wie beim Ethernet-Layer 6 Byte lang. Die Quell-MAC-Adresse fehlt.

22.6 DVB-H – Standard

DVB-H steht für "Digital Video Broadcasting for hand-held mobile Terminals". Es handelt sich hierbei um einen Versuch der Konvergenz zwischen Mobilfunknetzwerken und Broadcast-Netzwerken. Abhängig vom Verkehrsaufkommen wird der Downstream vom Mobilfunknetzwerk (GSM/GPRS, UMTS) auf das Broadcast-Netzwerk umgemappt. Fordert z.B. nur ein einzelner Teilnehmer einen Service über z.B. UMTS an, so läuft dieser im Downstream weiterhin über UMTS. Fordern viele Teilnehmer den gleichen Service zur etwa gleichen Zeit an, so macht es Sinn, diesen Service, z.B. ein Video Punkt zu Multipunkt über das Broadcast-Netzwerk anzubieten. Die Services, die über DVB-H realisiert werden sollen, sind alle samt und sonders IP-Paket-basierend.

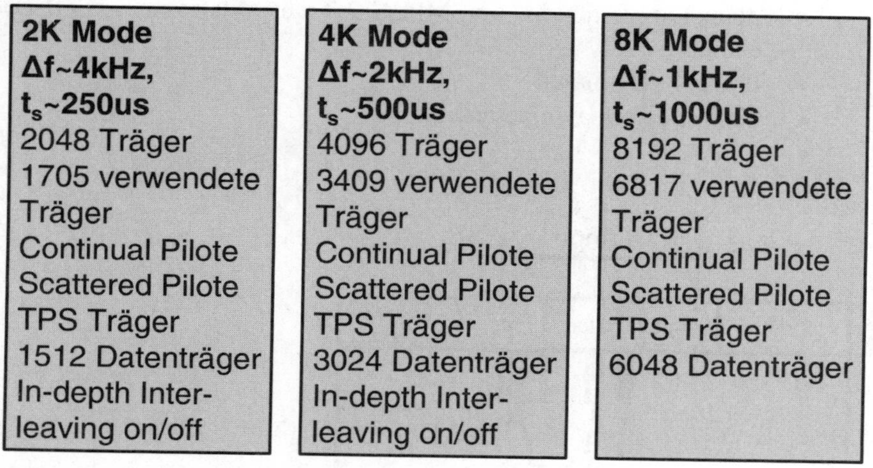

2K Mode Δf~4kHz, t_s~250us 2048 Träger 1705 verwendete Träger Continual Pilote Scattered Pilote TPS Träger 1512 Datenträger In-depth Inter- leaving on/off	4K Mode Δf~2kHz, t_s~500us 4096 Träger 3409 verwendete Träger Continual Pilote Scattered Pilote TPS Träger 3024 Datenträger In-depth Inter- leaving on/off	8K Mode Δf~1kHz, t_s~1000us 8192 Träger 6817 verwendete Träger Continual Pilote Scattered Pilote TPS Träger 6048 Datenträger

Abb. 22.4. Übersicht 2K-, 4K- und 8K-Mode bei DVB-T

Im Rahmen von DVB-H soll physikalisch ein modifiziertes DVB-T-Netzwerk IP-Services in Zeitschlitzen in einem MPEG-2-Transportstrom ausstrahlen. Hierbei sind die physikalischen Modulationsparameter denen eines DVB-T-Netzwerkes sehr ähnlich bis fast gleich. Größere Modifikationen sind im MPEG-2-Transportstrom erforderlich.

Eine Systemübersicht von DVB-H wird im ETSI-Dokument TM 2939 gegeben. Die Details hierzu sind im DVB-Data Broadcasting Standard [ETS301192] , sowie im DVB-T-Standard [ETS300744] beschrieben.

Der physikalische Layer DVB-T ist hierbei am wenigsten modifiziert bzw. beeinflusst. Neben dem für Gleichwellennetze (SFN) besonders gut geeigneten 8K-Mode und dem für Mobilempfang besser geeigneten 2K-Mode, wurde als Kompromiss nun noch zusätzlich der 4K-Mode wahlweise eingeführt. Es lassen sich mit dem 4K-Mode doppelt so große Senderabstände im Gleichwellennetz realisieren wie beim 2K-Mode bei deutlich verbesserter Mobiltauglichkeit gegenüber dem 8K-Mode. Freiwerdende Speicherkapazitäten im Interleaver und De-Interleaver sollen im 4K- und 2K- Mode für ein größeres Interleaving (In-Depth Interleaving) nutzbar werden. Mit Hilfe des In-Depth Interleaving soll DVB-H robuster gegenüber Burstfehlern, also Mehrfachbitfehlern gemacht werden; der Datenstrom wird hierbei besser über die Zeit verteilt.

Bei DVB-H müssen des weiteren einige zusätzliche Systemparameter über TPS-Träger signalisiert werden.

Dies sind:

- Zeitschlitzverfahren im MPEG-2-Transportstrom (=DVB-H) ein/aus
- IP mit FEC ein/aus
- tieferes Interleaving ein/aus
- 4K-Mode

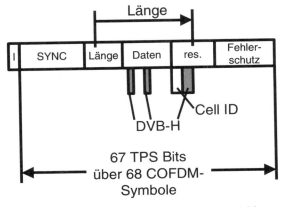

Bit 27...29: Hierarchical Mode 000, 001, 010
Bit 27: 0 = native Interleaver, 1 = In-depth
            Interleaver (nur im 2K und 4K Mode)
Bit 38, 39: 00 = 2K, 01 = 8K, 10 = 4K Mode
Bit 40...47: Cell ID
2 neue TPS-Bits:
Bit 48: DVB-H (Time Slicing) On/Off
Bit 49: IP FEC On/Off

Abb. 22.5. TPS-Bits in einem DVB-T-Frame (Transmission Parameter Signaling)

Hierzu werden 2 zusätzliche Bit aus den reservierten TPS-Bit (=Transmission Parameter Signaling, Bit 42 und 43), sowie bereits verwendete TPS-Bits benutzt. Die Details sind Abb. 22.5. entnehmbar.

Durch Verwendung des 4K-Modes und tieferem Interleaving im 4K-Mode bzw. 2K-Mode lässt sich eine bessere RF-Performance im Mobilkanal erreichen. Gleichzeitig sind um den Faktor 2 größere Senderabstände im 4K-Mode (ca. 35 km) gegenüber dem 2K-Mode (ca. 17 km) in einem SFN möglich.

Neben dem schon von DVB-T her bekannten 8, 7 oder 6 MHz-Kanal ist nun im Rahmen von DVB-H auch eine Bandbreite von 5 MHz (L-Band, USA) wählbar.

Die weiteren Modifikationen finden sich jedoch in der Struktur des MPEG-2-Transportstromes.

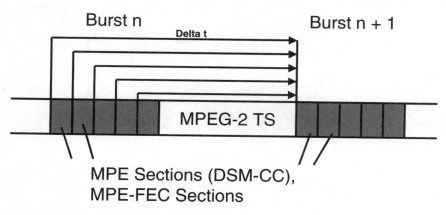

Abb. 22.6. Time-Slicing bei DVB-H

Bei DVB-H wird über die bereits beschriebene Multiprotocol Encapsulation (MPE) eine IP-Übertragung über den MPEG-2-Transportstrom realisiert. Gegenüber einer herkömmlichen MPE gibt es bei DVB-H aber einige Besonderheiten; die IP-Pakete können mit einer zusätzlichen Reed-Solomon-FEC geschützt werden (Abb. 22.7.). Die Reed-Solomon-FEC eines IP-Datagrams wird in eigenen MPE-FEC-Sections ausgestrahlt. Diese Sections haben als Table_ID den Wert 0x78. Der Header dieser FEC-Sections ist aber genauso aufgebaut, wie der der MPE-Sections. Durch das getrennte Übertragen der FEC kann ein Empfänger auch ohne FEC-Auswertung im fehlerfreien Fall das IP-Paket zurückgewinnen. Desweiteren werden die zu übertragenden IP-Informationen im MPEG-2-Transportstrom zu Zeitschlitzen zusammengefasst. In den Zeitschlitzen wird im DSM-CC-Header die Zeit Δt bis zum Beginn des nächsten Zeitschlitz signalisiert. Das Mobiltelefon kann sich nach dem Empfang eines Zeitschlitzes dann wieder bis kurz vor dem nächsten Zeitschlitz „Schlafen" legen, um Batterie-Energie zu sparen. Die Datenraten in den Zeitschlitzen werden gemittelt in etwa bis zu 400 kbit/s betragen, je nach Applikation. Es handelt sich um IP-Informationen, die viele Benutzer zur gleichen Zeit angefordert haben. Zur Signalisierung der Zeit Δt bis zum nächsten Zeitschlitz werden 4 der insgesamt 6 für die Ziel-MAC-Adresse vorgesehenen Bytes im DSM-CC-Header verwendet. Das Ende eines Zeitschlitzes wird über das Frame Boundary und Table Boundary-Bit in den MPE- und FEC-Sections signalisiert (Abb. 22.8.). Über eine neue SI-Tabelle, die IP-MAC Notification Table (INT) wird im MPEG-2-Transportstrom dem Mobilempfänger mitgeteilt, wo ein IP-Service zu finden ist. Desweiteren werden dort die Zeitschlitzparameter übertragen (Abb. 22.8.).

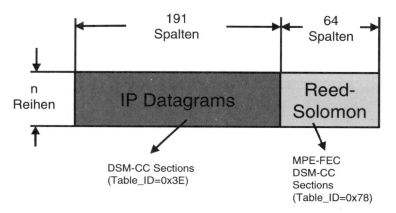

Abb. 22.7. MPE- und FEC-Sections bei DVB-H

Anstelle der niederwertigsten 4 MAC-Adress-Bytes findet man bei DVB-H in der MPE-Section die Zeitschlitzparameter, die Zeit Delta t in 10 ms-Schritten bis zum Beginn eines neuen Zeitschlitzes und die beiden Bits „table_boundary" und „frame_boundary". „table_boundary" markieren die letzte Section innerhalb eines Time Slices und „frame_boundary" das echte Ende eines Time Slices, speziell wenn mit MPE-FEC-Sections gearbeitet wird.

22.7 Zusammenfassung

DVB-H stellt eine Konvergenz zwischen GSM/UMTS und DVB dar. Als interaktiver Kanal dient das Mobilfunknetzwerk GSM/UMTS. Über dieses werden höherdatenratige Dienste, wie z.B. Videostreaming (H.264 /

MPEG-4 Part 10 AVC = Advanced Video Coding oder auch Windows Media 9) angefordert, die dann entweder über das Mobilfunknetzwerk (UMTS) übertragen werden oder auf das DVB-H-Netzwerk umgemappt werden. Bei DVB-H wird physikalisch quasi ein DVB-T-Netzwerk verwendet, wobei es einige Modifikationen am DVB-T-Standard gibt. Es wurden im Rahmen von DVB-H zusätzliche Betriebsarten eingeführt:

- der 4K-Mode als guter Kompromiss zwischen dem 2K- und 8K-Mode mit nun 3409 verwendeten Trägern
- tieferes Interleaving im 4K-Mode und auch im 2K-Mode ist möglich
- 2 neue TPS-Bit zur zusätzlichen Signalisierung, sowie auch zusätzliche Signalisierung über schon verwendete TPS-Bit
- Time Slicing zum Stromsparen
- IP-Pakete mit FEC-Fehlerschutz
- Einführung eines 5 MHz-Kanales (L-Band, USA)

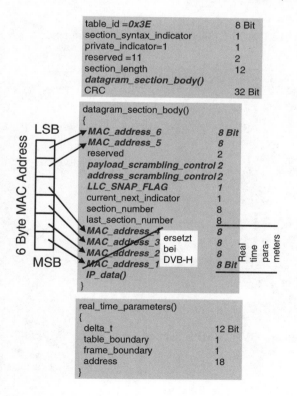

Abb. 22.8. Aufbau einer MPE-Section mit Zeitschlitzparameter gemäß DVB-H

table_id = 0x78 = MPE-FEC

table_id =*0x78*	8 Bit
section_syntax_indicator	1
private_indicator=1	1
reserved =11	2
section_length	12
MPE_FEC_section_body()	
CRC	32 Bit

MPE_FEC_section_body()
{

padding_columns	*8 Bit*
reserved_for_future_use	*8*
reserved	*2*
reserved_for_future_use	*5*
current_next_indicator	1
section_number	8
last_section_number	8
real_time parameters()	*42 Bit*
RS_data()	

}

Abb. 22.9. Aufbau einer DVB-H-MPE-FEC-Section mit Zeitschlitzparameter

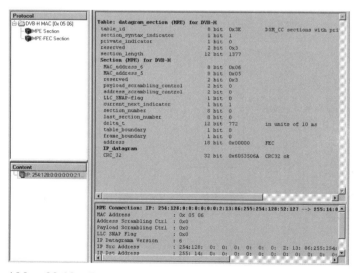

Abb. 22.10. Darstellung einer DVB-H-MPE-Section auf einem MPEG-2-Analyzer [DVM]

Im MPEG-2-Transportstrom wird Multiprotocol Encapsulation im Zeitschlitzverfahren angewendet. Die zu übertragenden IP-Pakete können hierbei über eine zusätzliche Reed-Solomon-FEC geschützt werden. Über eine neue DVB-SI-Tabelle (INT) wird dem End User Terminal mitgeteilt, wo es den IP-Service finden kann.

Ein erster Prototyp eines DVB-H-tauglichen Endgerätes wurde Ende 2003 vorgestellt, das in einem modifizierten Batterie-Pack einen DVB-H-Empfänger integriert hat.

Literatur: [ETS300744], [TM2939], [ETS301192], [ISO/IEC13818-6], [R&S_APPL_1MA91]

23 Digitales Terrestrisches Fernsehen gemäß ATSC (Nordamerika)

Obwohl der terrestrische Funkkanal aufgrund von Mehrwegeempfang sehr schwierig ist und am besten mit Hilfe von Mehrträgerverfahren (Coded Orthogonal Frequency Division Multiplex - COFDM) bewältigt werden kann, hat man sich in Nordamerika im Rahmen der Arbeiten zu ATSC für ein Einträgerverfahren entschieden. In den Jahren 1993 bis 1995 wurde vom Advanced Television System Committee (ATSC) unter der Federführung von AT&T, Zenith, General Instruments, MIT, Philips, Thomson und Sarnoff ein Verfahren zur Übertragung von digitalen TV-Signalen über terrestrische Austrahlungswege und auch über Kabel entwickelt. Das dort entstandene Kabelübertragungsverfahren kommt jedoch nicht zum Einsatz und wird vom Standard J83B ersetzt. Als Basisbandsignal kommt wie bei allen anderen digitalen TV-Übertragungsverfahren auch der MPEG-2-Transportstrom zum Einsatz. Das Videosignal wird MPEG-2-komprimiert, das Audiosignal ist jedoch Dolby Digital AC-3 codiert. Außerdem hat man im Gegensatz zu DVB dem High Definition Television (HDTV) bei ATSC größere Priorität gegeben. Das Eingangssignal eines ATSC-Modulators ist also ein MPEG-2-Transportstrom mit MPEG-2-Video, Dolby Digital AC-3-Audio, und das Videosignal ist als SDTV oder HDTV-Signal vorliegend. Als Übertragungsverfahren kommt 8VSB zum Einsatz. 8VSB steht für 8 Vestigial Sideband und ist ein Einträgerverfahren. 8VSB ist IQ-Modulation nur unter Ausnutzung der I-Achse (Abb. 23.1.). Man findet 8 Konstellationspunkte auf der I-Achse in äquidistantem Abstand. Das 8VSB-Basisbandsignal ist 8-stufig. Zunächst wird jedoch ein 8ASK-Signal erzeugt, wobei ASK für Amplitude Shift Keying steht.

Es ist ein treppenförmiges Signal (Abb. 23.2.), in dessen Treppenhöhe die zu übertragenden Bitinformationen stecken. Eine Treppenstufe entspricht einem Symbol und man kann 3 Bit pro Symbol übertragen. Der Kehrwert der Treppenstufenlänge entspricht der Symbolrate, eine Treppenstufe entspricht einem Symbol. Dieses treppenförmige Signal wird nun einem sinusförmigen Träger durch Amplitudenmodulation aufgeprägt. Es entsteht dabei aber ein Zweiseitenband-Spektrum.

Um nun Bandbreite zu sparen, wird gemäß 8VSB ein Seitenband wie beim analogen Fernsehen auch teilweise unterdrückt. D.h. das amplitudenmodulierte Signal wird nun ein restseitenbandgefiltertes Signal (= Vestigial Sideband Filtering / VSB). Daher kommt der Name 8VSB. Neben dem oberen Seitenband bleibt ein unteres Restseitenband übrig. Wegen der Restseitenbandfilterung ist aber auf der Empfängerseite eine Nyquistflanke notwendig. In der ursprünglichen Bandmitte wird das 8VSB-Signal auf der Empfängerseite sanft nyquist-gefiltert.

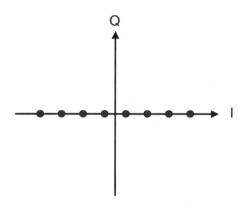

Abb. 23.1. Konstellationsdiagramm eines 8ASK-Signals

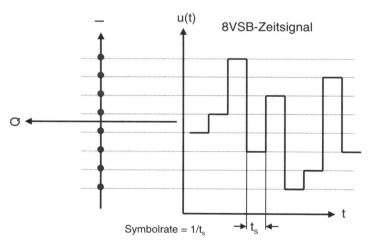

Abb. 23.2. 8ASK/8VSB-Basisbandsignal

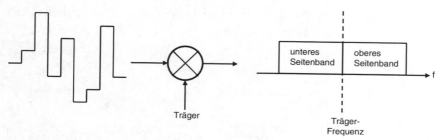

Abb. 23.3. ASK-Modulation in der HF-Lage

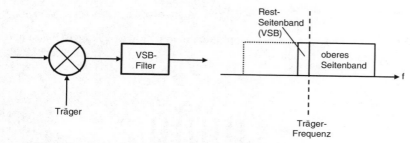

Abb. 23.4. Restseitenband-Filterung

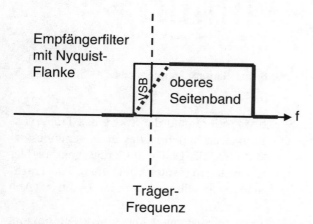

Abb. 23.5. ZF-Fiterung im Empfänger mit Nyquist-Flanke

Die Fläche unter der Nyquist-Kurve unterhalb der ursprünglichen Bandmitte (Abb. 23.5.) füllt dabei die fehlende Fläche oberhalb der ursprünglichen Bandmitte auf. Zusammen ergibt sich dann ein gerader Amplitudengangverlauf. Ist die Nyquist-Flanke nicht korrekt abgeglichen, so entsteht niederfrequenter Frequenzgang.

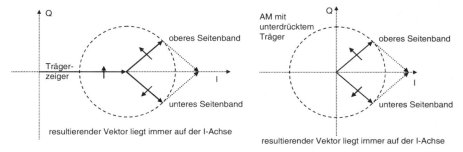

Abb. 23.6. Vektor-Diagramm einer Amplitudenmodulation mit Träger (links) und mit unterdrücktem Träger (rechts)

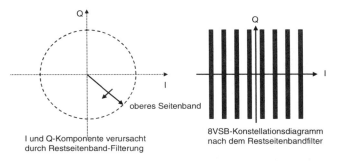

Abb. 23.7. Vektor-Diagramm und Konstellationsdiagramm eines 8VSB-Signals

Bei einem zweiseitigen Spektrum rotieren auf der Spitze des Trägervektors die Vektoren des oberen und unteren Seitenbandes in entgegengesetzter Richtung und verändern (modulieren) die Länge des Trägervektors. Der Trägervektor bleibt auf der I-Achse liegen. Unterdrückt man den Träger selbst, so bleibt die Resultierende nach wie vor auf der I-Achse (Abb 23.6.).

Wird jedoch ein Seitenband mehr oder weniger unterdrückt, so beginnt der resultierende Vektor zu pendeln. Es entsteht ein Q-Anteil aufgrund der Restseitenbandfilterung. Auch ein analoges restseitenbandgefiltertes TV-Signal weist diesen Q-Anteil auf (Abb. 23.7.). Ein analoger TV-Messempfänger hat meist auch neben dem Videoausgang (I-Ausgang) einen Q-Messausgang. Dieser dient der Messung der ICPM, der Incidental Phase Modulation, der aussteuerungsabhängigen Bildträgerphase. Das

Konstellationsdiagramm eines 8VSB-Signales weist aufgrund der Restseitenbandfilterung nun eine Q-Komponente auf, es ist nun nicht mehr punkt-
förmig, sondern linienförmig. Ein ATSC-Messempfänger zeigt das 8VSB-
Konstellationsdiagramm ebenfalls in Linienform (Abb. 23.7, 23.8.).

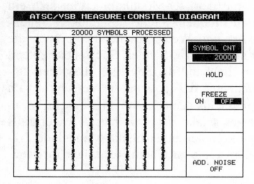

Abb. 23.8. Konstellationsdiagramm eines 8VSB-Signals wie es ein ATSC-
Messempfänger darstellt [EFA]

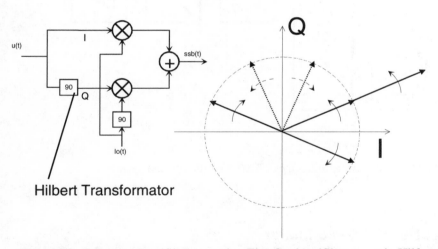

Abb. 23.9. Restseitenbandfilterung oder Einseitenbandfilterung mit Hilfe eines
Hilbert-Transformators

Die Restseitenbandfilterung erfolgt bei 8VSB aber nun nicht mehr durch
einfachen Einsatz eines analogen Restseitenbandfilters, wie dies früher
beim analogen Fernsehen üblich war. Vielmehr kommt ein Hilbert-

Transformator und ein IQ-Modulator zum Einsatz (Abb. 23.9.). Hierzu wird das 8VSB-Basisbandsignal in zwei Züge aufgeteilt und einmal direkt dem I-Mischer zugeführt und im anderen Zweig dem Q-Mischer über einen Hilbert-Transformator gefiltert eingespeist. Ein Hilbert-Transformator ist ein 90°-Phasenschieber für alle Teilfrequenzen im Hilbert-transformierten Band. Zusammen mit dem IQ-Modulator ergibt sich ein Einseitenbandmodulator; es werden Frequenzanteile des unteren Seitenbandes unterdrückt. Auf gleiche Art und Weise arbeitet heute auch die Restseitenbandfilterung moderner analoger TV-Sender. Ganz entscheidend bei diesem Verfahren der Restseitenbandfilterung ist, dass der IQ-Modulator perfekt arbeitet. Dies bedeutet, dass sowohl die Verstärkung im I-Zweig und Q-Zweig gleich sein muss, als auch der 90°-Phasenschieber in der Trägerzuführung des Q-Zweiges exakt stimmen muss. Andernfalls wird das Restseitenband nicht mehr komplett unterdrückt. Mangelnde Trägerunterdrückung des IQ-Modulators führt zu einem Restträger in Bandmitte.

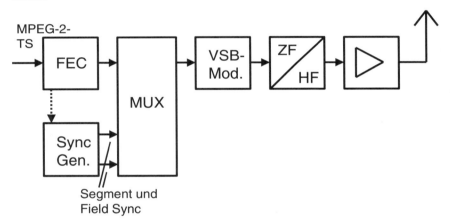

Abb. 23.10. Blockschaltbild eines ATSC-Modulators und -Senders

23.1 Der 8VSB-Modulator

Nachdem nun die ATSC-Grundlagen diskutiert wurden, soll nun der 8VSB-Modulator (Abb. 23.10.) im Detail besprochen werden. Der ATSC-konforme MPEG-2-Transportstrom mit den PSIP-Tabellen, MPEG-2-Video-Elementarströmen, sowie Dolby Digital AC-3-Audio-Elementarströmen wird mit einer Datenrate von exakt 19.3926585 Mbit/s in den Forward Error Correction Block des 8VSB-Modulators eingespeist.

Im Baseband-Interface wird dann auf die 188-Byte-Blockstruktur des MPEG-2-Transportstromes anhand der Sync-Bytes aufsynchronisiert.

Alle 188 Byte sind im Transportstrom-Paket-Header hierzu Sync-Bytes mit einem konstanten Wert von 0x47 enthalten. Der Transportstrompaket-Takt und der Byte-Takt, der hier abgeleitet wird, wird sowohl innerhalb des FEC-Blocks verwendet, als auch dem Sync-Generator des 8VSB-Modulators zugeführt. Der Sync-Generator erzeugt daraus den Segment- und Field-Sync-Rahmen.

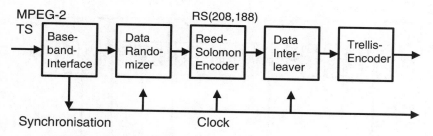

Abb. 23.11. Blockschaltbild des ATSC-Fehlerschutzes (FEC-Block)

Im FEC-Block (Abb. 23.11.) werden die Daten dann in einen Randomizer (Abb. 23.12.) eingespeist, um ggf. im Transportstrom vorhandene lange Null- oder Einssequenzen aufzubrechen. Da lange Null- oder Eins- Sequenzen keine Taktinformation mehr beinhalten würden, würden sich die 8VSB-Symbole über eine längere Zeit nicht mehr ändern. Dies würde zu Synchronisationsproblemen im Empfänger und über einen bestimmten Zeitraum zu diskreten Spektrallinien im Übertragungskanal führen. Randomizing führt jedoch zur Energieverwischung. In diesem Randomizing-Block wird der Transportstrom hierzu mit einer Pseudo-Random-Sequenz (PRBS) exklusiv-oder-verknüpft. Der Pseudo-Zufallsgenerator, der aus einem 16-stufigen rückgekoppelten Schieberegister besteht, wird hierbei immer wieder zu einem definierten Zeitpunkt während des sog. Field-Syncs auf einen definierten Initialisierungswert zurückgesetzt. Die Sync-Bereiche, die später genauer besprochen werden, werden vom Randomizer nicht beeinflusst und dienen u.a. dazu, den Empfänger an den Modulator anzukoppeln. Auf der Empfangsseite ist ebenfalls ein Zufallsgenerator und Randomizer vorhanden, der exakt so aufgebaut ist, wie auf der Sendeseite und der exakt synchron hierzu läuft.

Dieser Randomizer im Empfänger hebt den Mischvorgang der Sendeseite wieder auf und generiert wieder den Originaldatenstrom. Nach dem Randomizer folgt der Reed-Solomon-Blockcoder. Der RS-Coder (Abb.

23.12.) fügt zum ursprünglich 188 Byte langen Transportstrompaket bei ATSC 20 Byte Fehlerschutz hinzu (vergleiche DVB: 16 Byte). Es entstehen nun insgesamt 208 Byte lange Pakete. Auf der Empfangsseite können mit Hilfe dieser 20 Byte Fehlerschutz bis zu 10 Fehler pro Paket repariert werden. Liegen mehr als 10 Fehler pro TS-Paket vor, so versagt der RS-Fehlerschutz und die TS-Pakete werden als fehlerhaft gekennzeichnet.

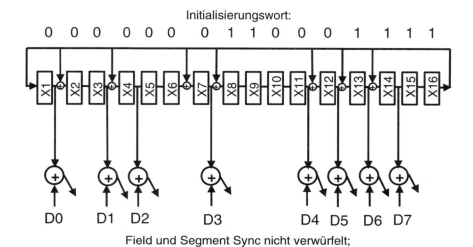

Field und Segment Sync nicht verwürfelt;
Initialisierung während Field Sync Interval

Abb. 23.12. Blockschaltbild des Randomizers

Hierzu dient der sog. Transport Error Indicator (Abb. 23.13.) im Transportstrompaket-Header. Ist dieses Bit auf Eins gesetzt, so muss der dem 8VSB-Demodulator nachfolgende MPEG-2-Decoder im Empfänger dieses Paket verwerfen und Fehlerverschleierung vornehmen.

Nach dem Reed-Solomon-Coder RS(188,204) folgt der Daten-Interleaver; dieser hat die Aufgabe, die zeitliche Position der Daten zueinander zu verändern, sie also zu verwürfeln. Auf der Empfangsseite werden die Daten dann im De-Interleaver wieder in die richtige Reihenfolge gebracht. Hierbei werden dann evtl. Burstfehler aufgebrochen zu Einzelfehlern, die dann im Reed-Solomon-Decoder leichter repariert werden können. Es folgt dann der zweite Fehlerschutz im Trellis-Encoder. Der Trellis-Encoder arbeitet vergleichbar wie der Faltungscoder bei DVB-S und DVB-T.

Reed Solomon Coder RS(208,188) = äußerer Coder;
erste Forward Error Correction (1. FEC)

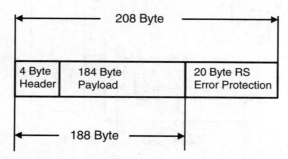

Abb. 23.13. Reed-Solomon-FEC

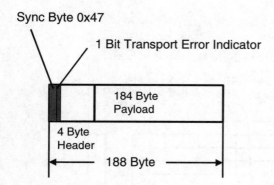

Abb. 23.14. Transport Error Indicator im TS-Header

Der bei ATSC eingesetzte Coder (Abb. 23.15.) besteht aus zwei Signal-
zweigen. Aus dem Bitstrom wird abwechselnd ein Bit dem sog. Precoder,
welcher eine Coderate von 1 aufweist, zugeführt und dann dem eigentlichen Trellis-Coder mit einer Coderate von 1/2. Zusammen ergibt sich eine

Coderate von 2/3. Die vom Precoder und Trellis-Coder generierten Datenströme werde als 3 Datenströme in den Mapper eingespeist und führen schließlich zum 8-stufigen 8VSB-Basisbandsignal. Das Gegenstück zum Trellis-Coder ist auf der Empfängerseite der Viterbi-Decoder.

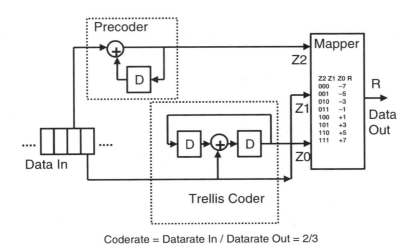

Abb. 23.15. ATSC-Trellis-Encoder

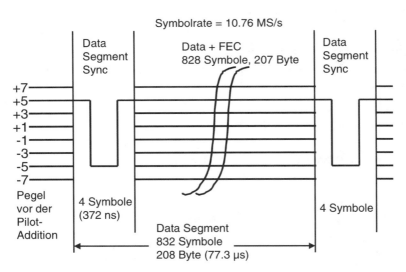

Abb. 23.16. ATSC-8VSB-Datensegment mit Segment-Sync

Dieser Viterbi-Decoder versucht nach dem Prinzip der größten Wahrscheinlichkeit anhand der Wege im Trellis-Diagramm Bitfehler zu reparieren (siehe hierzu auch DVB-S-Kapitel). Parallel zum FEC-Block findet man im 8VSB-Modulator den Sync-Generator. Dieser erzeugt in gewissen zeitlichen Abschnitten spezielle Sync-Muster, die dann anstelle von Daten im 8VSB-Signal übertragen werden, um für den Empfänger Synchroninformation zu übertragen. Die FEC-geschützten Daten und der vom Sync-Generator erzeugte Segment- und Field-Sync werden im Multiplexer zusammengefasst. Das 8VSB-Signal ist in Datensegmente (Abb. 23.16.) eingeteilt. Jedes Datensegment beginnt mit einem Data Segment Sync.

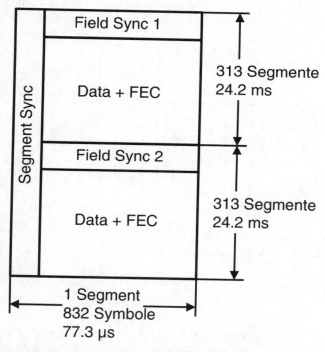

Abb. 23.17. ATSC-Daten-Frame bestehend aus 2 Fields

Der Data Segment Sync ist hierbei eine ganz spezielle Kombination von 8VSB-Signalpegeln bzw. 8VSB-Symbolen. Er besteht aus 4 Symbolen, das erste Symbol liegt auf Signalpegel +5, die beiden mittleren auf -5 und das letzte Symbol des Data Segment Sync liegt wieder auf Signalpegel +5. Der Data Segment Sync ist vergleichbar mit dem analogen TV-Synchronimpuls. Der Data Segment Sync markiert den Beginn einer Datenübertragung bestehend aus 828 Symbolen, die insgesamt 207 Byte Daten übertragen. Innerhalb eines kompletten Datensegmentes findet man 832 Symbole. Das Datensegment ist 77.3 μs lang. Es folgt dann das nächste Datensegment, wieder beginnend mit einem 4 Symbole langem Data Segment Sync. Jeweils 313 Segmente werden zu einem Field (Abb. 23.17.) zusammengefasst. Bei der 8VSB-Übertragung unterscheidet man zwischen Field 1 und Field 2. Insgesamt gibt es also je 313 Datensegmente in Field 1 und 313 Datensegmente in Field 2, zusammen also 626 Datensegmente. Jedes Field beginnt mit einem Field Sync. Ein Field Sync ist ein ganz spezielles Datensegment, auch beginnend mit einem 4 Symbole langen Data Segment Sync, aber mit ganz speziellem Dateninhalt. Ein Field, das 313 Segmente umfasst, ist 24.2 ms lang. Zusammen sind Field 1 und Field 2 also 48.4 ms lang.

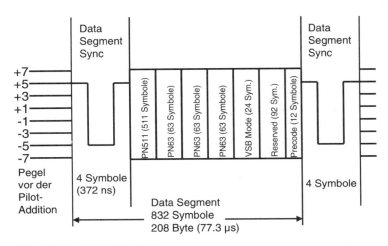

Abb. 23.18. ATSC-Field-Sync

Der Field Sync (Abb. 23.18.) beginnt ebenfalls wie ein normales Datensegment mit einem Data Segment Sync, beinhaltet aber dann anstelle normaler Daten einige Pseudo-Random-Sequenzen, sowie den VSB Mode und einige spezielle reservierte Symbole. In den VSB-Mode-Bits wird die VSB-Betriebsart 8/16VSB übertragen. 16VSB war für die Kabelübertragung vorgesehen, kommt aber nicht zum Einsatz.

Im terrestrischen Übertragungsweg wird bei ATSC immer mit 8VSB gearbeitet. Die Pseudo-Random-Sequenzen dienen dem im Empfänger vorhandenen Kanal-Equalizer als Trainingssequenzen. Außerdem kann der Empfänger anhand dieser Pseudo-Random-Sequenzen erst überhaupt den

Field-Sync erkennen und sich auf die Rahmenstruktur aufsynchronisieren. Während des Field Syncs erfolgt auch das Rücksetzen des Randomizer Blocks im Modulator und Empfänger. Das nun generierte 8VSB-Basisbandsignal bestehend aus den Field-Syncs und den Datensegmenten wird dann dem 8VSB-Modulator zugeführt (Abb. 23.19.). Vor der eigentlichen Amplitudenmodulation wird dem 8-stufigen Signal aber zunächst ein Gleichspannungsanteil von relativ +1.25 hinzuaddiert. Vorher hatte das 8VSB-Signal die diskreten Amplitudenstufen -7, -5, -3, -1, +1, +3, +5 und +7 angenommen. Nach der Hinzufügung des Gleichspannungsanteiles sind alle 8VSB-Pegel nun relativ um +1.25 verschoben.

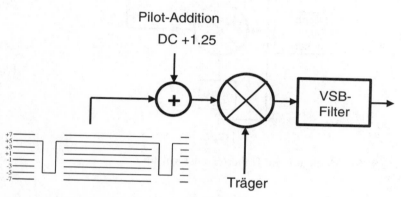

Abb. 23.19. 8VSB-Modulation mit Pilot

Eine Amplitudenmodulation mit einem nun nicht mehr gleichspannungsfreien Basisbandsignal mit Hilfe eines eigentlich trägerfreien Mischers führt nun aber zu einem Trägeranteil. Man spricht von einem 8VSB-Pilotsignal, das exakt in Bandmitte des noch nicht restseitenbandgefilterten 8VSB-Modulationsproduktes zu finden ist. Das Modulationsprodukt ist aber nun ein zweiseitiges Spektrum und würde nun mindestens eine Bandbreite der Symbolrate entsprechend belegen. Nachdem die Symbolrate 10.76 MSymbole/s beträgt, beträgt die benötigte Bandbreite nun ebenfalls mindestens 10.76 MHz bzw. etwas mehr. Die Kanalbandbreite im nordamerikanischen TV-System beträgt aber nur 6 MHz. Wie beim analogen Fernsehen auch, wird das 8VSB-Signal nach der Amplitudenmodulation nun restseitenbandgefiltert, d.h. ein Teil - der größte Teil - des unteren Seitenbandes wird einfach unterdrückt. Man könnte nach dem Amplitudenmodulator ein herkömmliches analoges Restseitenbandfilter einsetzen, tut dies aber heutzutage auch bei modernen analogen TV-

Sendern nicht mahr. Vielmehr spaltet man das 8VSB-Basisbandsignal mit Pilot-DC-Anteil auf in ein Signal, das man direkt einem I-Mischer zuführt und in ein Signal, das man einem Hilbert-Transformator und dann einem Q-Mischer zuführt (Abb. 23.20.).

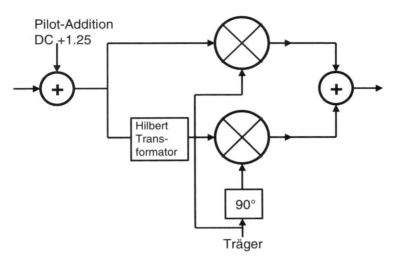

Abb. 23.20. 8VSB-Modulator mit Hilbert-Transformator

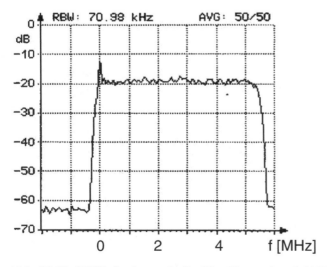

Abb. 23.21. 8VSB-Spektrum (roll-off-gefiltert mit r=0.115)

Der Hilbert-Transformator ist ein 90°-Phasenschieber für alle Frequenzen innerhalb eines Bandes. Zusammen mit dem IQ-Modulator ergibt sich nun aufgrund der Amplituden- und Phasenverhältnisse eine teilweise Unterdrückung des unteren Seitenbandes. Im 8VSB-Spektrum (Abb. 23.21.) ist nun nur noch das obere Seitenband und ein unteres Restseitenband zu finden. Außerdem findet man an der Stelle der ehemaligen Bandmitte vor der Restseitenbandfilterung eine Spektrallinie vor, die durch die DC-Addition entstanden ist und Pilotträger genannt wird. Nach der VSB-Modulation folgt die Umsetzung in die HF-Lage, die heute meist oft direkt im Rahmen der VSB-Modulation durch Direktmodulation erfolgt. Es kommt deshalb bei der VSB-Modulation meist ein analoger IQ-Modulator zum Einsatz, der das Basisbandsignal direkt in die HF-Lage umsetzt. Der IQ-Modulator ist aber nun nicht mehr perfekt und muss deshalb so gut wie eben analog nur möglich gleiche Verstärkung im I- und Q-Zweig aufweisen, sowie in der 90°-Phasenlage in der Q-Trägerzuführung so gut wie möglich stimmen. Andernfalls wird das Restseitenband nur schlecht unterdrückt. Am Ende erfolgt dann nach der Vorentzerrung noch die Leistungsverstärkung. In der Zuführung zur Antenne findet man dann noch ein passives Bandpass-Filter zur Unterdrückung der Außerbandanteile und schließlich wird das Signal in die Antenne eingespeist.

23.2 8VSB-Brutto- und Nettodatenrate

Die bei 8VSB zur Anwendung kommende Symbolrate ergibt sich zu

Symbolrate = 4.5/286 • 684 MSymbole/s = 10.76223776 MSymbole/s;

Damit erhält man eine Bruttodatenrate von

Bruttodatenrate = 3 Bit/Symbol • 10.76 MSymbole/s = 32.2867 Mbit/s;

Die Nettodatenrate beträgt dann

Nettodatenrate = 188/208 • 2/3 • 312/313 • Bruttodatenrate
= 19.39265846 Mbit/s.

Die Faktoren, die dies bestimmen sind:

- 8VSB = 3 Bit/Symbol
- Reed-Solomon = 188/208

- Coderate = 2/3 (Trellis)
- Field Sync = 312/313.

23.3 Der ATSC-Empfänger

Im ATSC-Empfänger setzt der Tuner das Signal von der HF-Lage zunächst in die ZF-Lage um. Anschließend folgt das SAW-Filter, das die Nachbarkanäle unterdrückt und außerdem eine Nyquist-Flanke aufweist. Die Nyquist-Flanke ist notwendig wegen des Restseitenbandes. Das bandbegrenzte ATSC-Signal wird dann auf eine tiefere 2. ZF umgesetzt, um die AD-Wandlung nach dem Anit-Aliasing-Tiefpass einfacher zu gestalten. Nach dem AD-Wandler findet man dann in der digitalen Ebene einen Kanal-Equalizer, der den Kanal dann korrigiert. Daraufhin wird das 8VSB-Signal demoduliert und schließlich im FEC-Block fehlerkorrigiert. Es liegt dann wieder Transportstrom vor, der dann dem MPEG-2-Decoder zugeführt wird und wieder in Video und Audio decodiert wird.

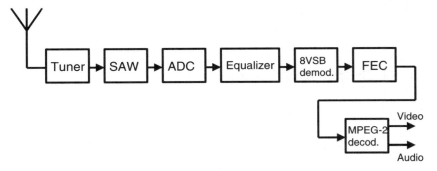

Abb. 23.22. Blockschaltbild eines ATSC-Empfängers

23.4 Störeinflüsse auf der ATSC-Übertragungsstrecke

Grundsätzlich sind die Störeinflüsse auf der ATSC-Übertragungsstrecke die gleichen wie bei DVB-T. Ein terrestrischer Übertragungskanal ist gekennzeichnet durch

- Rauscheinflüsse
- Interferenzstörer
- Mehrwegeempfang (Echos)

- Amplitudengang, Gruppenlaufzeit
- Dopplereffekt bei Mobilempfang (nicht berücksichtigt bei ATSC/8VSB).

Der einzige Störeinfluss der für die ATSC-Übertragung gut kalkulierbar ist und relativ problemlos bewältigbar ist, ist der Rauscheinfluss. Mit allen anderen Effekten, besonders mit dem Mehrwegeempfang kommt eine ATSC-Übertragung leider nicht so gut zurecht. Dies liegt am Prinzip des Einträgerübertragungsverfahrens. Der Equalizer korrigiert bei 8VSB / ATSC zwar auch Echos; im Vergleich zu COFDM ist aber 8VSB störempfindlicher. Mobilempfang ist praktisch unmöglich.

Fall-of-the-cliff liegt bei ATSC bei einem S/N von etwa 14.9 dB. Dies entspricht etwa 2.5 Segment-Fehlern pro Sekunde bzw. einer Segment Error Rate von $1.93 \bullet 10^{-4}$. Die Bitfehlerrate vor Reed-Solomon liegt dann bei $2 \bullet 10^{-3}$ und die Bitfehlerrate nach Reed-Solomon bei $2 \bullet 10^{-6}$.

Nimmt man an, dass die Rauschleistung am Tunereingang etwa bei 10 dBµV liegt (siehe DVB-T-Kapitel), so beträgt die mindest notwendige Empfängereingangsspannung bei ATSC etwa 25 dBµV.

Literatur: [A53], [EFA], [SFQ], [SFU]

24 ATSC/8VSB-Messtechnik

Im folgenden Abschnitt wird die Messtechnik an der Luftschnittstelle zum nordamerikanischen Übertragungsverfahren des digitalen terrestrischen Fernsehens im Detail diskutiert. ATSC - Advanced Television System Committee verwendet als Modulationsverfahren ein Einträgerverfahren, nämlich 8VSB - 8 Vestigial Sideband. Das Konstellationsdiagramm von 8VSB ist kein Punkt-Diagramm - es ist ein Liniendiagramm. Wegen der von der von der Restseitenbandfilterung hervorgerufenen Q-Komponente entstehen aus den ursprünglich 8 Punkten auf der I-Achse 8 Linien. Grundsätzlich gilt bei 8VSB, dass die Signalqualität umso besser sein wird, je schmäler die 8 Linien sind. Das 8VSB-Verfahren erscheint im Vergleich zum Mehrträgerverfahren COFDM als relativ einfach, aber umso empfindlicher ist es auf diverse Signaleinflüsse aus dem terrestrischen Umfeld.

Die zu besprechenden Signaleinflüsse sind:

- Additives weißes gauß'sches Rauschen
- Echos
- Amplituden- und Gruppenlaufzeitverzerrungen
- Phasenjitter
- IQ-Fehler des Modulators
- mangelnder Schulterabstand
- Interferenzstörer.

Alle Einflüsse auf das 8VSB-Signal äußern sich in Bitfehlern. Diese Bitfehler können aufgrund der Forward Error Correction (FEC) bis zu einem bestimmten Maß korrigiert werden. Die Messung der Bitfehlerrate ist ebenso wichtig, wie die detaillierte Analyse der Ursachen für die Bitfehler.

24.1 Messung der Bitfehlerraten

Bei ATSC/8VSB gibt es aufgrund zweier vorhandener Fehlerschutzmechanismen, nämlich der Reed-Solomon-Blockcodierung und der Faltungscodierung insgesamt 3 Bitfehlerraten, nämlich die

- Bitfehlerrate vor Viterbi,
- Bitfehlerrate vor Reed-Solomon,
- Bitfehlerrate nach Reed-Solomon.

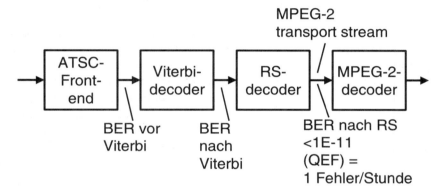

Abb. 24.1. Bitfehlerraten bei ATSC

Die interessanteste Bitfehlerrate ist die Bitfehlerrate vor Viterbi; sie entspricht der Kanalbitfehlerrate. Die Bitfehlerrate vor Viterbi kann mit Hilfe einer Hilfsschaltung vom Viterbi-Decoder abgeleitet werden. Diese Hilfsschaltung besteht aus einem Trellis-Encoder, wie er sich auch in einem 8VSB-Modulator befindet und einem Vergleicher. Der Vergleicher prüft, ob der neu codierte Datenstrom dem empfangenen Datensignal entspricht. Evtl. Abweichungen werden als Bitfehlerrate ausgegeben.

Die Bitfehlerrate nach Viterbi, also vor Reed-Solomon lässt sich direkt vom Reed-Solomon-Decoder ableiten. Nicht-korrigierbare Bitfehler, also mehr als 10 Bitfehler pro 208 Byte langem blockfehlergeschütztem Transportstrompaket ergeben Bitfehler nach Reed-Solomon. Diese Bitfehlerrate lässt sich ebenfalls vom Korrekturergebnis des Reed-Solomon-Decoders ableiten. Diese Bitfehler erkennt man an gesetzten Transport Error Indicatoren im MPEG-2-Transportstrom. Die Messung der Bitfehlerraten erfolgt mit Hilfe eines ATSC/8VSB-Messempfängers.

24.2 8VSB-Messungen mit Hilfe eines Spektrumanalysators

Mit Hilfe eines Spektrumanalysators können am 8VSB-Signal sowohl Messungen im Band als auch vor allem außerhalb des Bandes vorgenommen werden. Die mit Hilfe eines modernen Spektrumanalysator zu erfassenden Parameter sind:

- Schulterabstand,
- Amplitudenfrequenzgang,
- Pilotträgeramplitude,
- Oberwellen.

Es empfiehlt sich, an einem modernen Spektrumanalysator folgende Einstellungen vorzunehmen:

- Center Frequency auf Bandmitte,
- Span 20 MHz,
- RMS-Detektor,
- Auflösebandbreite 20 kHz,
- Videobandbreite 200 kHz,
- langsame Ablaufzeit von größer 1 s wegen Mittelungsverhalten des RMS-Detektors,
- kein Averaging.

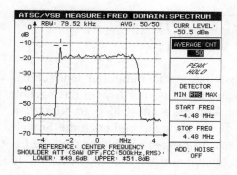 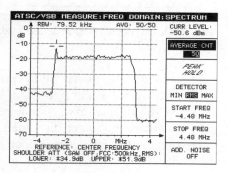

Abb. 24.2. Spektrum eines 8VSB-Signals mit guter (links) und schlechter (rechts) Unterdrückung des Restseitenbands

Anschließend kann dann der Schulterabstand, speziell auch die Unterdrückung des Restseitenbandes vermessen werden. Ebenfalls lässt sich die Pilotamplitude und die Amplitudenverzerrung im Durchlassbereich erfassen.

24.3 Konstellationsanalyse an 8VSB-Signalen

Das Konstellationsdiagramm eines 8VSB-Signales ist im Gegensatz zur Quadraturamplitudenmodulation (QAM) nicht ein Punkt-, sondern ein Liniendiagramm. Ein ATSC-Messempfänger beinhaltet meist einen Konstellationsanalyzer, der dieses Liniendiagramm mit 8 parallelen und möglichst schmalen vertikalen Linien darstellt.

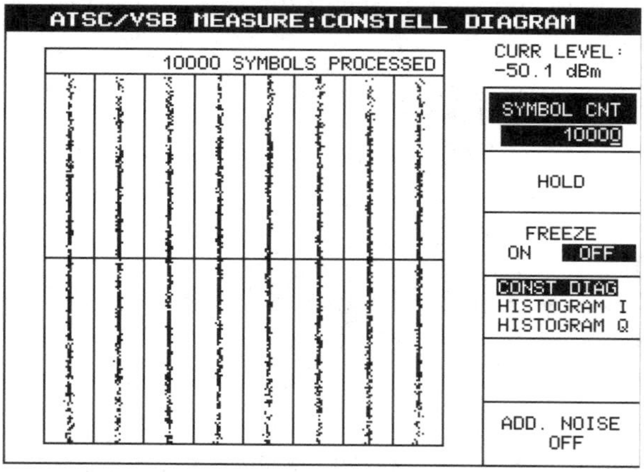

```
┌─────────────────────────────────────────────────────┐
│ ATSC/VSB MEASURE:CONSTELL DIAGRAM                     │
│  ┌───────────────────────────────┐ CURR LEVEL:       │
│  │      10000 SYMBOLS PROCESSED   │ -50.1 dBm         │
│  │                                │ ┌───────────────┐ │
│  │                                │ │ SYMBOL CNT    │ │
│  │                                │ │      10000    │ │
│  │                                │ └───────────────┘ │
│  │                                │      HOLD         │
│  │                                │                   │
│  │                                │     FREEZE        │
│  │                                │  ON    OFF        │
│  │                                │ ┌───────────────┐ │
│  │                                │ │ CONST DIAG    │ │
│  │                                │  HISTOGRAM I      │
│  │                                │  HISTOGRAM Q      │
│  │                                │                   │
│  │                                │   ADD. NOISE      │
│  └───────────────────────────────┘     OFF           │
└─────────────────────────────────────────────────────┘
```

Abb. 24.3. Unverzerrtes Konstellationsdiagramm eines 8VSB-Signals

Das in Abb. 24.3. dargestellte Konstellationsdiagramm mit sehr schmalen Linien weist nur geringfügigen Rauscheinfluss auf, wie er auch schon im ATSC-Modulator bzw. -Sender entsteht. Es kann jedoch grundsätzlich gesagt werden, je dünner die Linien, desto geringer sind auch die Signalverzerrungen. Im Falle eines reinen rauschförmigen Einflusses sind die Linien über den gesamten Bereich gleichmäßig aufgeweitet (Abb. 23.4.). Je breiter die Linien werden, desto größter ist der Rauscheinfluss. Bei der Konstellationsanalyse wird mit Hilfe der Statistik (gauß'sche Normalverteilung) durch Ermittelung der Standardabweichung der Trefferergebnisse in den verschiedenen Bereichen des Konstellationsdiagramms der Effektivwert des rauschförmigen Einflusses ermittelt.

Ein Messempfänger ermittelt daraus den Störabstand S/N in dB bezogen auf die Signalleistung, die er ebenfalls erfasst.

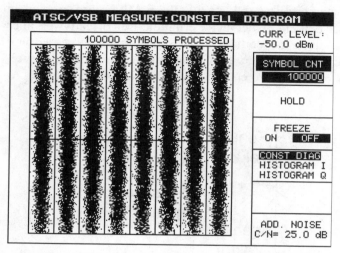

Abb. 23.4. 8VSB-Konstellationsdiagramm mit Rauscheinfluss

Abb. 23.5. 8VSB-Konstelltionsdiagramm mit Phasenjitter

Im Falle eines Phasen-Jitters (Abb. 23.5.) wird das Konstellationsdiagramm trompetenförmig verzerrt, d.h. die Konstellationslinien im entsprechenden Entscheidungsfeld werden umso mehr aufgeweitet, je weiter man sich von der horizontalen Mittellinie entfernt.

Im Modulation Error Ratio - im MER - werden alle Störeinflüsse in einem Gesamtparameter erfasst (Abb. 24.6.). Beim MER wird aus jedem Störeinfluss zu jeder Zeit ein Fehlervektor ermittelt. Der Effektivwert aller Fehlervektoren wird dann ins Verhältnis zur Signalamplitude gesetzt und ergibt dann das MER, das üblicherweise in dB angegeben wird. Ist nur reiner Rauscheinfluss vorhanden, so entspricht das MER direkt dem S/N.

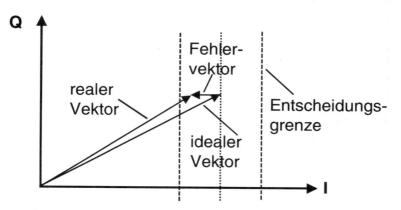

Abb. 24.6. Bestimmung des Modulation Error Ratios (MER) eines 8VSB-Signals

Grundsätzlich gilt:

MER[dB] <= S/N[dB];

$MER_{RMS}[dB] = -10 \log(1/n \bullet (\sum(|Fehlervektoren|)^2/U_{RMS\_Signal\_ohne\_Pilot});$

Ein 8VSB-Messempfänger erfasst eine Vielzahl an Messparametern auch rein numerisch (Abb. 24.7.). Dies ist u.a. die Signalamplitude, Bitfehlerrate, die Pilotamplitude, die Symbolrate, der Phasenjitter, das S/N und das MER.

24.4 Ermittelung des Amplituden- und Gruppenlaufzeitganges

Obwohl im ATSC/8VSB-Signal keinerlei Pilotsignale zur Vermessung des Kanals selbst mitgeführt werden, lässt sich mit Hilfe des Kanalequalizers im Messempfänger aus den PRBS-Sequenzen im 8VSB-Signal der Amplituden- und Gruppenlaufzeit, bzw. -Phasengang grob ermitteln. Die vom 8VSB-Messempfänger ausgegebenen Signalverläufe dienen dem Abgleich z.B. eines ATSC-Modulators bzw. -Senders. Aus den Daten des Equalizers lässt sich auch auf das Echoverhalten des Übertragungskanals rückschließen und die Impulsantwort berechnen.

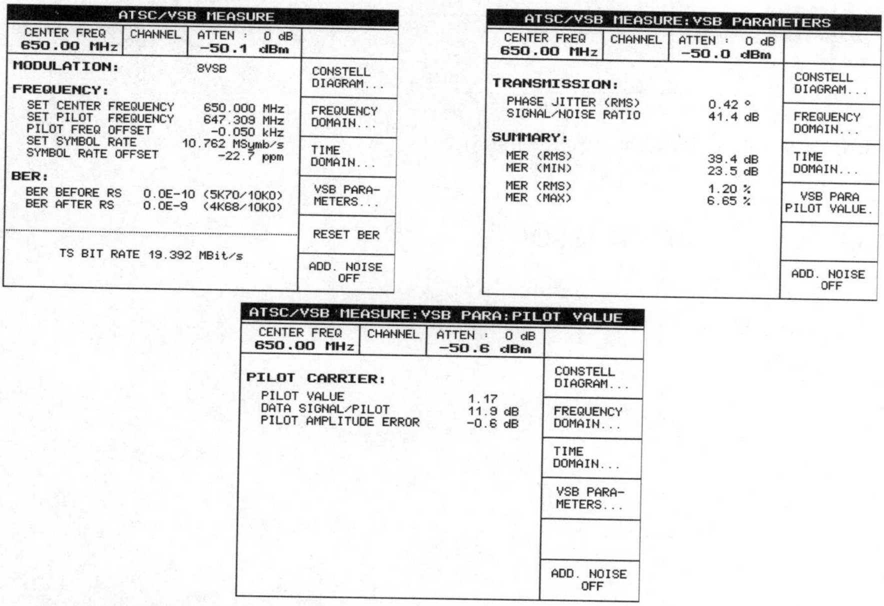

Abb. 24.7. Messwert-Displays eines ATSC-Messempfängers [EFA]

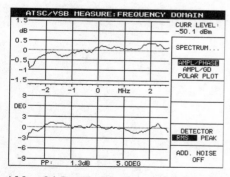

Abb. 24.8. Amplituden- und Phasengang-Messung mit Hilfe eines ATSC-Messempfängers [EFA]

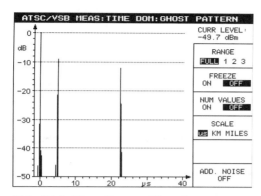

Abb. 24.9. Ghost Pattern / Impulsantwort

Literatur: [A53], [EFA], [SFQ]

25 Digitales Terrestrisches Fernsehen gemäß ISDB-T (Japan)

Die japanische Antwort zum digitalen terrestrischen Fernsehen heißt ISDB-T - nämlich Integrated Services Digital Broadcasting - Terrestrial. Der gleichnamige Standard wurde im Jahre 1999 deutlich nach DVB-T und ATSC verabschiedet. Man konnte deshalb auch Erfahrungen aus den älteren Standards mit in Betracht ziehen. Ganz klar hat man sich bei ISDB-T nicht wie bei ATSC für ein Einträgerverfahren, sondern wie bei DVB-T richtigerweise für ein COFDM-Vielträgerverfahren entschieden. ISDB-T ist noch deutlich aufwändiger als DVB-T; es wird vermutlich aufgrund des deutlich größeren Interleaving über die Zeit auch robuster sein. Dem Autor selbst liegen aber keine wirklichen praktischen Erfahrungen vor. Die erste Pilotstation wurde auf dem Tokyo Tower installiert; insgesamt wurde mit 11 Pilotstationen in ganz Japan begonnen.

Bei ISDB-T kommt COFDM – Coded Orthogonal Frequency Division Multiplex im 2K, 4K und im 8K-Modus zum Einsatz. Der 6 MHz breite Kanal ist in 13 Teilbänder einteilbar. In diesen 13 Teilbändern können unterschiedliche Modulationsparameter gewählt werden und Inhalte übertragen werden. Zeitinterleaving kann wahlweise in verschiedenen Stufen eingeschaltet werden. Bei einer tatsächlichen Kanalbandbreite von 6 MHz ist das eigentliche Nutzband nur 5.57 MHz breit, d.h. es gibt zum unteren und oberen Nachbarkanal einen Schutzabstand von je etwa 200 kHz. Ein Teilband des ISDB-T-Kanals ist 430 kHz breit.

Bei ISDB-T können unterschiedliche Modulationsarten gewählt werden. Dies sind

- QPSK mit Kanalkorrektur
- 16QAM mit Kanalkorrektur
- 64QAM mit Kanalkorrektur
- DQPSK ohne Kanalkorrektur (bei differentieller Codierung nicht notwendig)

3 verschiedene Modes (Beispiel: 6MHz-Kanal) sind möglich, nämlich

- Mode I mit
  108 Trägern pro Teilband
  3.968 kHz Unterträgerabstand
  1404 Trägern innerhalb des Kanals
  2048-Punkte-IFFT
- Mode II mit
  216 Trägern pro Teilband
  1.9841 kHz Unterträgerabstand
  2808 Trägern innerhalb des Kanals
  4196-Punkte-IFFT
- Mode III mit
  432 Trägern pro Teilband
  0.99206 kHz Unterträgerabstand
  5616 Trägern innerhalb des Kanals
  8192-Punkte-IFFT

Der 6 MHz-Gesamtkanal kann, wie schon erwähnt, in 13 Teilbänder von exakt je 3000/7 kHz = 428.7 kHz unterteilt werden.

Nicht alle der 2048, 4192 oder 8192 OFDM-Träger in Modus I, II oder III werden tatsächlich als Nutzlastträger verwendet. Es gibt bei ISDB-T

- Nullträger, also Träger, die nicht verwendet werden
- Datenträger, also echte Nutzlast
- Scattered Pilots (jedoch nicht bei DQPSK)
- Continual Pilots
- TMCC-Träger (Transmission and Multiplexing Configuration Control)
- AC (Auxilliary Channel).

Die Nettodatenraten liegen zwischen 280.85 kbit/s pro Segment bzw. 3.7 Mbit/s pro Kanal und 1787.28 kbit/s pro Segment bzw. 23.2 Mbit/s pro Kanal.

Aufgrund des Teilband- bzw. Segmentkonzeptes sind Schmalbandempfänger, die nur ein oder mehrere Teilbänder empfangen und auch Breitbandempfänger, die den ganzen 6 MHz breiten Kanal empfangen realisierbar.

Der ISDB-T-Modulator ist grundsätzlich ganz ähnlich aufgebaut wie ein DVB-T-Modulator. Er verfügt über einen äußeren Fehlerschutz, realisiert als Reed-Solomon RS(204,188)-Coder, einer Energieverwischungseinheit, einem Interleaver, einem inneren Coder, realisiert als Faltungscoder, einem konfigurierbaren, ein- oder ausschaltbaren Zeitinterleaver, einem Frequenzinterleaver, der COFDM-Frame-Adaptierung, der IFFT usw.

Die hierarchische Modulation wird ggf. über die Teilbandcodierung vorgenommen.

ISDB-T ist neben dem 6 MHz-Kanal, wie er in Japan üblich ist, auch für 7 und 8 MHz breite Kanäle definiert. Jedoch erscheint die Verbreitung in 7 MHz- und 8 MHz-Ländern fraglich wegen der mittlerweile doch schon beträchtlichen Akzeptanz von DVB-T.

Mit Sicherheit ist ISDB-T der flexiblere Standard und wegen des möglichen langen Zeit-Interleavings auch in manchen Applikationen der robustere Standard. Wie sich jedoch das Teilbandkonzept wirklich in der Natur der terrestrischen Umgebung wegen der doch relativ schmalen Teilbänder bewähren wird, muss auch noch ermittelt werden.

Literatur: [ISDB-T]

26 Digital Audio Broadcasting - DAB

Deutlich vor DVB, zu Beginn der 90er Jahre wurde DAB – Digital Audio Broadcasting eingeführt. Trotzdem ist DAB in vielen Ländern in der breiten Öffentlichkeit relativ unbekannt. Nur in wenigen Ländern wie z.B. in UK kann man tatsächlich von einem gewissen Erfolg von DAB im Markt sprechen. Dieses Kapitel beschäftigt sich mit den Grundzügen des Digitalen Hörfunkstandards DAB.

Betrachten wir jedoch zunächst die geschichtliche Entwicklung des Audio-Rundfunks. Das Zeitalter der Übertragung von Audiosignalen für Rundfunkzwecke begann im Jahre 1923 mit dem Mittelwellenrundfunk (AM). 1948 ging der erste UKW-Sender in Betrieb, entwickelt und gefertigt von Rohde&Schwarz. Die ersten UKW-Heimempfänger wurden ebenfalls von Rohde&Schwarz entwickelt und produziert. 1982 begann für jedermann der Schritt vom analogen Audiosignal zum digitalen Audiosignal durch die Einführung der Compact Disc, der Audio-CD. 1991 wurden in Europa über Satellit zum ersten mal digitale Audiosignale ausgestrahlt, die für die breite Öffentlichkeit vorgesehen waren, nämlich DSR – Digital Satellite Radio. Dieses Verfahren, das unkomprimiert arbeitete, hatte aber keine lange Lebensdauer und war auch in der Bevölkerung wenig bekannt. 1993 ging in Europa ADR – Astra Digital Radio in Betrieb, das auf Unterträgern von Transpondern des ASTRA-Satellitensystems ausgestrahlt wird, auf denen auch analoge TV-Programme übertragen werden. 1989 wurde das MUSICAM-Verfahren fixiert, das bis heute im Rahmen von MPEG-1 und MPEG-2 bei Layer II zur Audiokomprimierung verwendet wird und auch bei DAB Anwendung findet, genauer gesagt, sogar im Rahmen des DAB-Projektes für DAB entwickelt wurde. Zu Beginn der 90er Jahre wurde im Rahmen des EUREKA-Projektes 147 das DAB-Verfahren entwickelt – Digital Audio Broadcasting. DAB setzte revolutionär auf die neuen Techniken MPEG-1- und MPEG-2-Audio und auf das Modulationsverfahren COFDM – Coded Orthogonal Frequency Division Multiplex. Mitte der 90er Jahre wurden schließlich die Standards zum Digitalen Fernsehen DVB-S, DVB-C und DVB-T im Rahmen von Digital Video Broadcasting abgeschlossen, das Zeitalter des digitalen Fernsehens hatte nun damit auch begonnen. Seit 2001 gibt es einen weiteren digitalen Hörfunkstandard, nämlich DRM – Digital Radio Mondiale, vorgesehen für digitale Kurz-

und Mittelwelle, das ebenfalls COFDM-basierend ist, aber MPEG-4 AAC Audiocodierung verwendet.

Der erste DAB-Pilotversuch wurde 1991 in München durchgeführt. Deutschland hat momentan eine DAB-Abdeckung von etwa 80% v.a. in Band III. Des weiteren finden sich auch L-Bandsender für lokale Programme. In der Öffentlichkeit ist DAB in Deutschland nach wie vor fast unbekannt. Dies liegt u.a. daran, dass lange Zeit keine Empfänger verfügbar waren und zudem die ausgestrahlten Inhalte bei weitem nicht die Vielfalt wie im UKW-Bereich abdecken. Mit technischen Gründen hat das ganze aber nichts zu tun. DAB wurde 2003/2004 kräftig in UK ausgebaut. Singapur ist zu 100% abgedeckt, Belgien zu 90%. DAB wird ausgestrahlt in Frankreich, Spanien, Portugal, auch in Kanada. Insgesamt gibt es DAB-Aktivitäten in 27 Ländern; DAB-Frequenzen sind in 44 Ländern verfügbar.

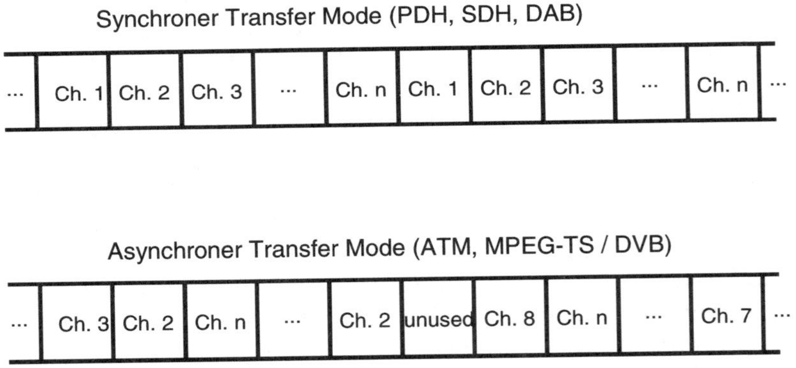

Synchroner Transfer Mode (PDH, SDH, DAB)

| ... | Ch. 1 | Ch. 2 | Ch. 3 | ... | Ch. n | Ch. 1 | Ch. 2 | Ch. 3 | ... | Ch. n | ... |

Asynchroner Transfer Mode (ATM, MPEG-TS / DVB)

| ... | Ch. 3 | Ch. 2 | Ch. n | ... | Ch. 2 | unused | Ch. 8 | Ch. n | ... | Ch. 7 | ... |

Abb. 26.1. Synchroner und asynchroner Transfer Mode

26.1 Vergleich DAB und DVB

Ein Vergleich von DVB und DAB soll zunächst die grundsätzlichen Wesenszüge beider Verfahren gegenüberstellen und die Unterschiede und Eigenschaften aufzeigen. Grundsätzlich ist es möglich, eine Datenübertragung synchron oder asynchron zu gestalten (Abb. 26.1.). Bei der synchronen Übertragung ist die Datenrate pro Datenkanal konstant und die Zeitschlitze der einzelnen Datenkanäle sind fest zugeordnet. Bei der asynchronen Übertragung kann die Datenrate der einzelnen Datenkanäle konstant sein oder auch variieren. Die Zeitschlitze sind nicht fest vergeben. Sie werden je nach Bedarf zugeordnet. Die Reihenfolge der Zeitschlitze der einzelnen Kanäle kann somit vollkommen zufällig sein. Beispiele für eine synchrone Datenübertragung sind PDH = Plesiochrone Digitale Hierarchie, SDH = Synchrone Digitale Hierarchie und DAB = Digital Audio Broadcasting. Als Beispiele für eine asynchrone Datenübertragung können ATM = Asynchroner Transfer Mode und der MPEG-2-Transport-Strom / Digital Video Broadcasting / DVB genannt werden.

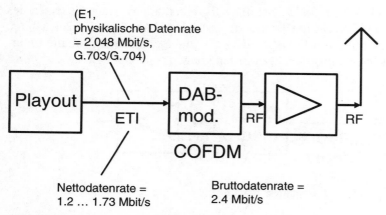

ETI = Ensemble Transport Interface

Abb. 26.2. DAB-Übertragungsstrecke

DAB ist ein vollkommen synchrones System. Schon im Playout Center bzw. am Ort der Erzeugung des DAB-Multiplex-Signals wird ein vollkommen synchroner Datenstrom erzeugt. Die Datenraten der einzelnen Inhalte sind konstant und immer ein Vielfaches von 8 kbit/s. Die Zeitschlitze, in denen die Inhalte der einzelnen Quellen übertragen werden, sind fest vergeben und variieren nur dann, wenn sich eine komplette Änderung im Multiplex, also in der Zusammensetzung des Datenstroms ergibt. Das Datensignal, das vom Multiplexer kommend, dem DAB-Modulator und Sender zugeführt wird, nennt man ETI = Ensemble Transport Interface (Abb. 26.2.). Der Multiplex selbst wird mit Ensemble bezeichnet. Das ETI-Signal benutzt von der Telekommunikation her bekannte E1-Übertragungswege, die eine physikalische Datenrate von 2.048 Mbit/s aufweisen. E1 entspräche 30 ISDN-Kanälen plus 2 Signalisierungskanälen von je 64 kbit/s. Man spricht vom Interface G.703 und G.704. Beides sind von der physikalischen Natur her PDH-Schnittstellen. Bei DAB wird jedoch ein anderes Protokoll verwendet. Obwohl die physikalische Datenrate

2.048 Mbit/s ist, liegt die tatsächliche Nettodatenrate des DAB-Signals, das darüber transportiert wird, zwischen (0.8) 1.2 ... 1.73 Mbit/s. Das ETI-Signal wird entweder ohne Fehlerschutz oder mit einem Reed-Solomon-Fehlerschutz übertragen, der aber am DAB-Modulatoreingang wieder entfernt wird. Der Fehlerschutz des DAB-Systems selbst wird erst im DAB-Modulator zugesetzt, obwohl dies oft fälschlicherweise anders in verschiedenen Literaturstellen dargestellt wird. Als Modulationsverfahren wird bei DAB COFDM = Coded Orthogonal Frequency Division Multiplex eingesetzt; die Unterträger sind π/4-shift-DQPSK moduliert. Nach Zusetzen des Fehlerschutzes beträgt die Bruttodatenrate des DAB-Signales 2.4 Mbit/s. Eine Besonderheit von DAB ist, dass die unterschiedlichen Inhalte unterschiedlich stark fehlergeschützt werden können (unequal FEC).

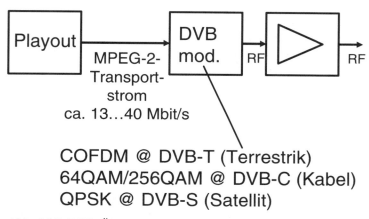

Abb. 26.3. DVB-Übertragungsstrecke

MPEG-2 und somit auch DVB – Digital Video Broadcasting ist ein vollkommen asynchrones System.

Der MPEG-2-Transportstrom ist als Basisbandsignal das Eingangssignal eines DVB-Modulators. Der MPEG-2-Transportstrom wird im Playout Center durch Encodieren und Multiplexen der einzelnen Programme (Services) generiert und dann über verschiedene Übertragungswege dem Modulator zugeführt (Abb. 26.3.). Beim DVB-Modulator muss man nun unterscheiden, über welchen Übertragungsweg der MPEG-2-Transportstrom ausgestrahlt werden soll: terrestrisch – DVB-T, Kabel – DVB-C oder Satellit – DVB-S. Die Übertragungsraten und Modulationsverfahren sind bei den einzelnen erwähnten Übertragungsverfahren natürlich unterschiedlich. Als Modulationsverfahren wird bei DVB-T COFDM unter Anwendung von QPSK, 16QAM oder 64QAM benutzt. Bei DVB-C arbeitet man entweder mit 64QAM oder 256QAM, je nach Art der Kabelverbindung (Koax oder Glasfaser). Bei DVB-S hat man aufgrund des schlechten Störabstandes im Kanal QPSK als Modulationsverfahren gewählt.

Der zugeführte MPEG-2-Transportstrom unterscheidet sich im Aufbau bei den einzelnen Übertragungsverfahren nur geringfügig. Unterschiedlich ist im wesentlichen nur die Datenrate und damit die Anzahl der enthaltenen Services und eine Tabelle, die die physikalischen Parameter des Modulators und Übertragungsweges beschreibt (NIT = Network Information Table).

Bei DVB werden alle übertragenen Inhalte im Modulator gleich stark fehlergeschützt, also mit dem gleichen Fehlerschutz versehen (equal FEC).

Die Datenrate bei DVB-S liegt in der Regel bei etwa 38 Mbit/s. Sie hängt nur von der gewählten Symbolrate und von der Coderate, also dem Fehlerschutz ab. Mit QPSK sind 2 Bit pro Symbol übertragbar. Die Symbolrate liegt meist bei 27.5 MSymbole/s. Wählt man nun als Coderate = ¾, so ergibt sich eine Datenrate von 38.01 Mbit/s.

Verwendet man bei DVB-C beispielhaft 64QAM (Koax-Netze) und eine Symbolrate von 6.9 MSymbole/s, so ergibt sich eine Nettodatenrate von 38.15 Mbit/s.

Bei DVB-T liegt die mögliche Datenrate je nach Betriebsart (Modulationsart QPSK, 16QAM, 64QAM, Fehlerschutz, Guard Interval - Länge, Bandbreite) zwischen 4 und etwa 32 Mbit/s. Üblich sind jedoch entweder ungefähr 15 Mbit/s bei Applikationen, die portablen Empfang erlauben und ungefähr 22 Mbit/s bei Applikationen im stationären Empfangsbereich mit Dachantenne. Ein DVB-T-Broadcast-Netzwerk wird entweder für portablen Empfang oder für Dachantennenempfang ausgelegt, d.h. bei Verwendung einer Dachantenne in einem für portablen Empfang ausgelegten DVB-T-Netz ergibt natürlich dadurch keine Datenratenerhöhung.

Der MPEG-2-Transportstrom ist das Datensignal, das den DVB-Modulatoren zugeführt wird. Es besteht aus Paketen konstanter Länge von 188 Byte. Der MPEG-2-Transportstrom stellt eine asynchrone Übertragung dar, d.h. die einzelnen zu übertragenden Inhalte werden völlig zufällig, nur rein bedarfsorientiert in den Nutzlastbereich der Transportstrompakete eingetastet. Die im Transportstrom enthaltenen Inhalte können völlig unterschiedliche Datenraten aufweisen, die auch nicht unbedingt konstant sein müssen. Die einzige Regel bezüglich der Datenraten ist, dass die Summendatenrate, die der Kanal zur Verfügung stellt, nicht überschritten werden darf. Und die Datenrate des MPEG-2-Transportstroms muss natürlich absolut der sich aus den Modulationsparametern ergebenden Eingangsdatenrate der DVB-Modulatoren entsprechen.

Zusammenfassung:
DAB ist ein vollkommen synchrones, DVB ein vollkommen asynchrones Übertragungssystem. Dies immer vor Augen zu haben, erleichtert es, die Wesenszüge beider Systeme besser verstehen zu können.

Der Fehlerschutz bei DAB ist ungleich, kann also für verschieden Inhalte anders gewählt werden, wohingegen der Fehlerschutz bei DVB für alle zu übertragenen Inhalte gleich ist und wegen der Asynchronität auch gar nicht unterschiedlich gewählt werden könnte, da man ja nicht weiß, wann gerade welcher Inhalt übertragen wird.

Der DAB-Modulator demultiplext und berücksichtigt den gerade übertragenen Inhalt im ETI-Signal, DVB interessiert sich im Modulator nicht für den gerade übertragenen Inhalt. Das Modulationsverfahren bei DAB ist COFDM mit π/4-shift-DQPSK. DVB verwendet je nach Übertragungsweg Einzelträgerübertragungsverfahren oder COFDM. DAB ist für terrestrische Applikationen vorgesehen, wohingegen DVB Satellit, Kabel und terrestrische Übertragungsstandards vorsieht. Der Weg über Satellit ist bei DAB vorgesehen, wird aber momentan nicht verwendet.

Tabelle 26.1. Gegenüberstellung DAB und DVB

	Digital Audio Broadcasting - DAB	Digital Video Broadcasting - DVB
Transfer Mode	synchron	asynchron
Forward Error Correction (FEC)	unequal	equal
Modulation	COFDM mit π/4-shift DQPSK	Einzelträger QPSK, 64QAM, 256QAM oder COFDM mit QPSK, 16QAM, 64QAM
Übertragungswege	Terrestrik (Satellit vorgesehen)	Satellit, Kabel, Terrestrik

26.2 DAB im Überblick

Im folgenden soll nun zunächst ein kurzer Überblick über DAB – Digital Audio Broadcasting gegeben werden. Der DAB-Standard ist der ETSI-Standard [ETS300401]. Im Standard ist die Datenstruktur, die FEC und die COFDM-Modulation des DAB-Standards beschrieben. Darüber hinaus ist in [ETS300799] das Zuführungssignal ETI (Ensemble Transport Interface) und in [ETS300797] sind die Zuführungssignale für den Ensemble Multi-

plexer STI (Service Transport Interface) definiert. Ein weiteres wichtiges
Dokument ist [TR101496], das Guidelines und Regeln für die Implementierung und den Betrieb von DAB enthält. Desweiteren ist in [ETS301234]
beschrieben, wie Multimedia-Objekte (Data Broadcasting) innerhalb von
DAB zu übertragen sind.

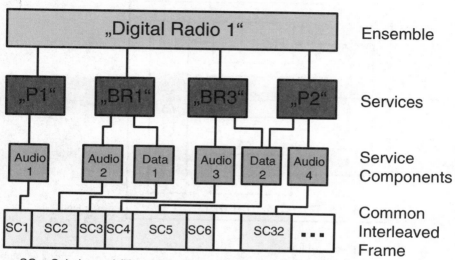

SC = Subchannel (Kapazität = n * 8 kbit/s pro Subchannel)

Abb. 26.4. DAB Ensemble

In Abb. 26.4 ist ein Beispiel für die Zusammensetzung eines DAB-
Multiplexes dargestellt. Unter dem Oberbegriff „Ensemble" sind mehrere
Programme zu einen Datenstrom zusammengefasst. Das Ensemble mit
dem beispielhaften Namen „Digital Radio 1" setzt sich hier aus 4 Programmen, den sog. Services zusammen, die hier mit „P1", „BR1", „BR3"
und „P2" bezeichnet wurden. Diese Services wiederum können sich aus
mehren Service Components zusammensetzen. Eine Service Component
kann z.B. ein Audiostrom oder ein Datenstrom sein. Im Beispiel enthält
der Service „P1" einen Audiostrom, nämlich Audio1. Dieser Audiostrom
wird physikalisch im Subchannel SC1 übertragen. „BR" setzt sich zusammen aus einem Audiostrom „Audio2" und einem Datenstrom „Data 1", die
in den Subchannels SC2 und SC3 ausgestrahlt werden. Jeder Subchannel
weist eine Kapazität von n • 8 kbit/s aus. Die Übertragung in den Subchannels ist vollkommen synchron, d.h. die Reihenfolge der Subchannels
ist immer gleich, die Datenraten in den Subchannels sind immer konstant.
Alle Subchannels zusammen – max. sind 64 möglich – ergeben den sog.

Common Interleaved Frame. Service Components können mehreren Servicen zugeordnet sein, wie im Beispiel „Data 2".

Während der Übertragung im DAB-System können die unterschiedlichen Subchannels unterschiedlich stark fehlergeschützt werden (unequal FEC).

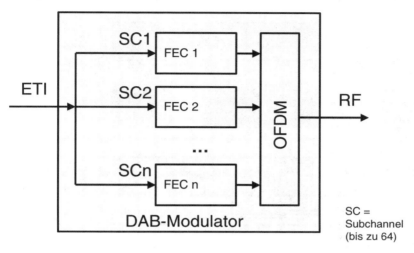

Abb. 26.5. DAB-Modulator

Den Datenstrom, der bei DAB im Multiplexer erzeugt wird, nennt man ETI = Ensemble Transport Interface. In ihm sind alle Programme und Inhalte, die später über den DAB-Sender abgestrahlt werden sollen, enthalten. Die Zuführung des ETI-Signals vom Playout Center zum Modulator kann z.B. über Glasfaserstrecken über bestehende Telekommunikationsnetzwerke oder aber auch über Satellit erfolgen. Eine E1-Strecke mit einer Datenrate von 2.048 MBit/s eignet sich hierfür.

Im DAB-Modulator erfolgt die COFDM (Abb. 26.5.). Der Datenstrom wird dort zunächst mit Fehlerschutz versehen und dann COFDM-moduliert. Das RF-Signal nach dem Modulator wird dann leistungsverstärkt, um dann über die Antenne abgestrahlt zu werden.

Bei DAB werden alle Teilkanäle (Subchannels) einzeln und unterschiedlich stark fehlergeschützt. Es sind bis zu 64 Subchannels möglich. Der Fehlerschutz (FEC) findet im DAB-Modulator statt. In vielen Blockschaltbildern wird die FEC oft in Verbindung mit dem DAB-Multiplexer beschrieben, was zwar vom Prinzip her nicht falsch ist, aber nicht der Realität entspricht. Der DAB-Multiplexer bildet das ETI-Datensignal, in dem die Teilkanäle synchron und ungeschützt übertragen werden.

Im ETI ist aber hinterlegt ist, wie stark die einzelnen Kanäle zu schützen sind. Im DAB-Modulator wird der ETI-Datenstrom dann aufgespalten und jeder Teilkanal wird dann entsprechend der Signalisierung im ETI unterschiedlich stark fehlergeschützt. Die mit FEC versehenen Teilkanäle werden dann dem COFDM-Modulator zugeführt.

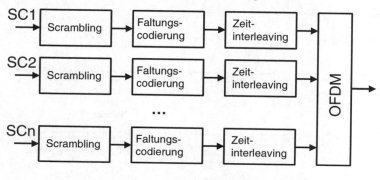

SC = Subchannel (bis zu 64)

Abb. 26.6. Fehlerschutz bei DAB

Der Fehlerschutz bei DAB (Abb. 26.6.) setzt sich zusammen aus einer Verwürfelung (Scrambling) mit anschließender Faltungscodierung (Convolutional Coding). Zusätzlich wird das DAB-Signal dann noch einem langen zeitlichen Interleaving unterworfen, d.h. die Daten werden über die Zeit verwürfelt, um während der Übertragung robuster gegenüber Blockfehlern zu sein. Jeder Teilkanal (Subchannel) kann hierbei unterschiedlich stark fehlergeschützt werden (ungleicher Fehlerschutz, unequal Forward Error Correction). Die Daten aus allen Teilkanälen werden dann dem COFDM-Modulator zugeführt, der dann zunächst ein Frequenz-Interleaving durchführt, um sie dann auf viele COFDM-Teilträger aufzumodulieren.

Bei DAB gibt es 4 verschiedene wählbare Modes. Diese Modes sind für verschiedene Applikationen und Frequenzbereiche vorgesehen. Im VHF-Bereich wird Mode I verwendet, im L-Band je nach Frequenz – und Applikation Mode II bis IV. Die Trägeranzahl liegt zwischen 192 und 1536 Trägern. Die Bandbreite des DAB-Signals ist immer 1.536 MHz. Der Unterschied zwischen den Modes ist einfach die Symbollänge und die Anzahl der verwendeten Unterträger.

Mode I weist das längste Symbol auf und hat die meisten Unterträger und somit den geringsten Unterträgerabstand. Es folgt dann Mode IV, Mode II und schließlich Mode III mit der kürzesten Symboldauer und den wenigsten Trägern und damit dem größten Unterträgerabstand. Grundsätzlich gilt jedoch: je länger das COFDM-Symbol, desto besser die Echoverträglichkeit, je kleiner der Unterträgerabstand, desto schlechter die Mobiltauglichkeit.

Die in der Praxis tatsächlich verwendeten Modes sind Mode I für den VHF-Bereich und Mode II für das L-Band.

Tabelle 26.2. DAB-Modes

Mode	Frequenz-bereich	Träger-Abstand [kHz]	Anzahl der COFDM-Träger	Anwend-ungs-bereich	Symbol-Dauer [μs]	Schutz-Inter-vall-Länge [μs]	Frame-länge
I	Band III VHF	1	1536	Gleich-wellennetz (SFN)	1000	246	96 ms 76 Symbole
II	L-Band (<1.5 GHz)	4	384	Mehr-frequenz-netzwerk (MFN)	250	62	24 ms 76 Symbole
III	L-Band (<3 GHz)	8	192	Satellit	125	31	24 ms 152 Symbole
IV	L-Band (<1.5 GHz)	2	768	Kleines Gleichwel-lennetz (SFN)	500	123	48 ms 76 Symbole

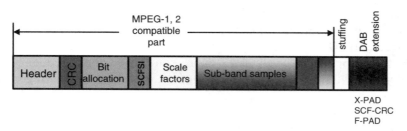

Abb. 26.7. DAB-Audio-Frame

Die Audiosignale sind bei DAB MPEG-1- oder MPEG-2 – audiocodiert (Layer II), d.h. komprimiert von etwa 1.5 Mbit/s auf 64...384 kbit/s. Das Audiosignal wird hierbei in 24 oder 48 ms lange Abschnitte eingeteilt, die dann einzeln komprimiert werden. Es findet hierbei eine Wahrnehmungs-codierung (Perceptual Coding) statt, d.h. es werden Audiosignalbestandteile weggelassen, die für das menschliche Ohr nicht hörbar sind. Diese Verfahren basieren auf dem MUSICAM-Prinzip, das in den Standards ISO/IEC 11172-3 (MPEG-1) und ISO/IEC 13818-3 (MPEG-2) beschrieben ist und sogar im Rahmen von DAB für DAB entwickelt wurde. In MPEG-1 und MPEG-2 ist es möglich in Mono, Stereo, Dual Sound, und Joint Stereo zu übertragen. Die Frame-Länge liegt bei MPEG-1 bei 24 ms. Sie beträgt bei MPEG-2 48 ms. Diese Rahmenlängen finden sich auch im DAB-Standard wieder und beeinflussen auch die Länge der COFDM-Rahmen. Auch hier gilt dann wieder: DAB ist ein vollkommen synchrones Übertragungssystem. Alle Vorgänge sind aufeinander synchronisiert.

In Abb. 26.7. ist die Struktur eines DAB Audio Frames dargestellt. Ein MPEG-1-kompatibler Frame ist 24 ms lang. Der Frame beginnt mit einem Header, in dem 32 Bit System-Information enthalten sind. Der Header wird durch eine 16 Bit lange CRC-Checksum geschützt. Daraufhin folgt der Block mit der Bitzuweisung in den einzelnen Teilbändern, gefolgt von den Skalierungsfaktoren und Teilband-Abtastwerten. Zusätzlich können dann noch optional Hilfsdaten (Ancillary Data) übertragen werden. Die Abtastrate des Audiosignals beträgt bei MPEG-1 48 kHz, entspricht also nicht den 44.1 kHz der Audio-CD. Die Datenraten liegen zwischen 32 und 192 kbit/s für einen einzelnen Kanal oder zwischen 64 und 384 kbit/s im Falle von Stereo, Joint Stereo oder Zweiton. Die Datenraten betragen ein Vielfaches von 8 kbit/s. Bei MPEG-2 wird der MPEG-1-Rahmen um eine MPEG-2-Erweiterung ergänzt. Der Rahmen ist bei MPEG-2 Layer II 48 ms lang. Die Abtastrate des Audiosignals beträgt bei MPEG-2 24 kHz.

Diese Audio Frame Struktur des MPEG-1 und MPEG-2-Standards findet sich auch bei DAB wieder. Der MPEG-1 oder MPEG-2 kompatible Teil wird durch eine DAB-Erweiterung ergänzt, in dem programmzugehörige Daten übertragen werden, sog. PAD = Program Associated Data. Dazwischen wird ggf. noch mit Stopfbytes (Padding) aufgefüllt. Bei den PAD unterscheidet man zwischen den X-PAD, den extended PAD und den F-PAD, den Fixed PAD. Zu den PAD gehört u.a. eine Kennung für Musik/Sprache, programmbezogener Text und zusätzlicher Fehlerschutz.

In der Praxis übliche DAB-Audio-Datenraten sind:
- Deutschland:
      meist 192 kbit/s, PL3, manche 160 kbit/s
      oder 192 kbit/s, PL4 (ein Programm mehr)
- UK:
      256 kbit/s Klassik
      128 kbit/s Pop
      64 kbit/s Sprache

26.3 Der physikalische Layer von DAB

Im folgenden Abschnitt soll nun die Implementierung von COFDM im Rahmen von Digital Audio Broadcasting im Detail diskutiert werden. Es geht hier vor allem um die DAB-Details auf der Modulationsseite. COFDM ist ein Mehrträgerübertragungsverfahren, bei dem im Falle von DAB zwischen 192 und 1536 Träger zu einem Symbol zusammengefasst werden. Jeder der Träger kann bei DAB wegen DQPSK 2 Bit tragen. Ein Symbol ist eine Überlagerung all dieser Einzelträger. Zum Symbol, das bei DAB zwischen 125µs und 1ms lang ist, wird ein Guard Interval hinzugefügt. Die Länge des Guard Intervals beträgt bei DAB etwa ¼ der Symbollänge. Im Guard Interval wird das Ende des nachfolgenden Symbols wiederholt. In ihm können sich Echos aufgrund von Mehrwegeempfang „austoben". Intersymbol-Interferenzen werden somit vermieden, solange eine maximale Echolaufzeit nicht überschritten wird.

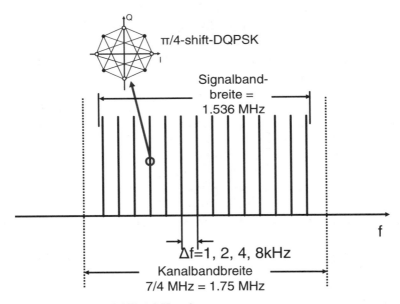

Abb. 26.8. DAB-COFDM-Kanal

Bei COFDM (Abb. 26.8.) findet man anstelle eines Trägers hunderte bis zu tausende von Unterträgern in einem Kanal. Die Träger sind äquidistant zueinander. Alle Träger bei DAB sind $\pi/4$-shift-Differential Quadrature Phase Shift Keying (DQPSK) – moduliert. Die Bandbreite eines DAB-

Signals beträgt 1.536 MHz, die zur Verfügung stehende Kanalbandbreite z.B. im VHF-Band 12 (223 … 230 MHz) liegt bei 1.75 MHz. 1.75 MHz entspricht genau ¼ eines 7 MHz-Kanals.

Zunächst jedoch zum Prinzip einer differentiellen QPSK: Der Zeiger kann vier Positionen einnehmen, nämlich 45, 135, 225 und 315 Grad. Der Zeiger ist aber nicht absolut gemappt, sondern differenziell. D.h. die Information steckt in der Differenz von einem zum nächsten Symbol. Der Vorteil dieser Art von Modulation liegt darin, dass man sich jegliche Kanalkorrektur spart. Außerdem ist es egal, wie der Empfänger phasenmäßig einrastet, die Decodierung arbeitet immer einwandfrei. Diese Anordnung hat aber auch einen Nachteil. Es ist ein um etwa 3 dB besserer Störabstand notwendig als bei absolutem Mapping (Kohärente Modulation), da bei einem fehlerhaften Symbol die Differenz zum vorherigen und zum nachfolgenden Symbol falsch ist und zu Bitfehlern führt. Ein Störereignis ruft dann 2 Bitfehler hervor.

Bei DAB wird aber in Wirklichkeit keine DQPSK, sondern eine π/4-shift-DQPSK angewendet, die später noch im Detail besprochen wird. In vielen Literaturstellen wird bei DAB oft fälschlich nur von einer DQPSK gesprochen. Analysiert man jedoch den DAB-Standard im Detail und dort v.a. die COFDM-Rahmenstruktur, so stößt man automatisch über das Phasenreferenzsymbol (TFPR) auf diese besondere Art der DQPSK.

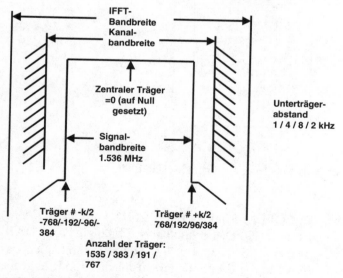

Abb. 26.9. DAB-Spektrum

COFDM-Signale werden mit Hilfe einer Inversen Fast Fourier Transformation erzeugt (siehe Kapitel COFDM), die eine Trägeranzahl erfordert, die einer Zweierpotenz entspricht. Bei DAB wird entweder eine 2048-Punkte-IFFT, 512-Punkte-IFFT, 256-Punkte-IFFT oder 1024-Punkte IFFT vorgenommen. Die IFFT-Bandbreite aller dieser Träger zusammen ist größer als die Kanalbandbreite. Die Randträger werden aber nicht benutzt und sind auf Null gesetzt (Guard Band). Die tatsächliche Signalbandbreite von DAB beträgt 1.536 MHz. Die Kanalbandbreite liegt bei 1.75 MHz. Die Unterträgerabstände sind 1, 4, 8 oder 2 kHz je nach DAB-Mode (Mode I, II, III oder IV) (siehe hierzu Abb. 26.8 und 26.9.).

In Abb. 26.10 ist ein echtes DAB-Spektrum dargestellt, so wie man es mit Hilfe eines Spektrumanalyzers am Senderausgang nach dem Maskenfilter messen würde. Das Spektrum ist 1.536 MHz breit. Es sind auch Signalanteile vorhanden, die bis in die Nachbarkanäle hineinreichen, man spricht von sog. Schultern und dem Schulterabstand. Die Schultern werden mit Hilfe von Maskenfiltern abgesenkt.

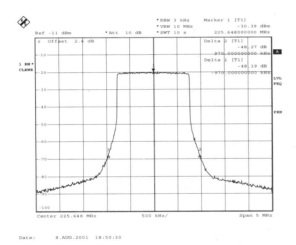

Abb. 26.10. „Echtes" DAB-Spektrum nach dem Maskenfilter

Bei DAB besteht ein COFDM-Rahmen (Abb. 26.11.) aus 77 COFDM-Symbolen. Die Länge eines COFDM-Symbols ist abhängig vom DAB-Mode. Sie beträgt zwischen 125 µs und 1 ms. Hinzu kommt noch das Guard Interval, das in etwa ¼ der Symbollänge ausmacht. Somit liegt die Gesamtlänge eines Symbols zwischen etwa 156 µs und 1.246 ms. Das Symbol Nr. 0 ist das sog. Nullsymbol; während dieser Zeit ist der HF-Träger vollständig ausgetastet. Mit dem Nullsymbol startet der DAB-

Rahmen (= Frame). Nach dem Nullsymbol folgt das Phasenreferenz – Symbol (TFPR). Dieses dient zur Frequenzsynchronisation und Phasensynchronisation des Empfängers. Es enthält keine Daten.

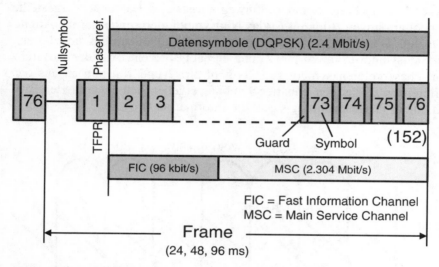

Abb. 27.11. DAB-Rahmen

Alle COFDM-Träger sind im Phasenreferenz-Symbol auf definierte Amplituden- und Phasenwerte gesetzt. Mit dem Symbol Nr. 2 startet die eigentliche Datenübertragung. Anders als bei DVB ist bei DAB der Datenstrom vollkommen synchron zum COFDM-Rahmen. In den ersten Symbolen des DAB-Rahmens wird der FIC, der Fast Information Channel übertragen. Die Länge des FIC's ist vom DAB Mode abhängig. Die Datenrate des FIC beträgt 96 kbit/s. Im FIC werden wichtige Informationen für den DAB-Empfänger übertragen. Nach dem FIC startet die Übertragung des MSC, des Main Service Channels. In ihm finden sich die eigentlichen Nutzdaten. Die Datenrate des MSC ist konstant 2.304 MBit/s und ist modeunabhängig. Beide – FIC und MSC beinhalten zusätzlich Forward Error Correction (FEC), eingetastet vom DAB-COFDM-Modulator. Bei DAB ist die FEC sehr flexibel und für die verschiedenen Teilkanäle unterschiedlich konfigurierbar. Es ergeben sich damit Nettodatenraten für die eigentliche Nutzlast (Audio und Daten) von (0.8) 1.2 bis 1.73 Mbit/s. Die Modulationsart bei DAB ist Differential QPSK. Die Bruttodatenrate von FIC und MSC zusammen beträgt 2.4 Mbit/s. Die Länge eines DAB-Frames liegt zwischen 24 und 96 ms (modeabhängig).

Im weiter soll nun genauer auf die Details der COFDM-Implementierung bei DAB eingegangen werden. Bei DAB startet ein COFDM-Rahmen mit einem Nullsymbol. Alle Träger sind in diesem Symbol einfach auf Null gesetzt. In Abb. 26.12 ist jedoch nur ein einzelner Träger über mehrere Symbole hinweg dargestellt. Das erste dargestellte Symbol am linken Bildrand ist das Nullsymbol, der Zeiger hat die Amplitude Null. Daraufhin folgt das Phasenreferenzsymbol, auf das sich das erste Datensymbol (Symbol Nr. 2) phasenmäßig bezieht. Aus der Differenz vom Phasenreferenzsymbol zum Symbol Nr. 2 und von nun an aus den Differenzen zweier benachbarter Symbole, ergeben sich die codierten Bits. D.h. in der Phasenänderung steckt die Information.

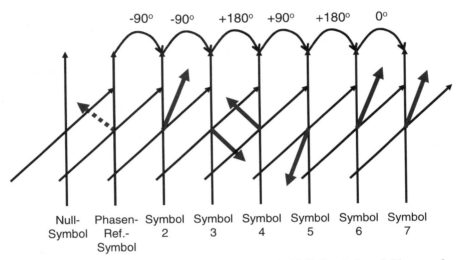

Abb. 26.12. Zeitlicher Ablauf einer DQPSK mit Null-Symbol und Phasenreferenz-Symbol

Das in Abb. 26.12. dargestellte Prinzip entspricht aber immer noch nicht der exakten Realität bei DAB. Wir nähern uns jetzt Schritt für Schritt der Wirklichkeit bei DAB.

In Abb. 26.13. dargestellt sind das Mapping und die Zustandsübergänge im Falle einer einfachen QPSK oder einfachen DQPSK. Man erkennt deutlich, dass Phasensprünge von +/-90 Grad und +/-180 Grad möglich sind. Bei Phasensprüngen von +/-180 Grad kommt es aber zum Nulldurchgang des Spannungsverlaufes, was zu Einschnürungen in der Hüllkurve führt. Deshalb ist es üblich bei Einträgerverfahren anstelle einer DQSPK eine sog. π/4-shift-DQPSK vorzunehmen. Eine π/4-shift-DQPSK vermeidet dieses Problem. Bei dieser Art von Modulation wird die Trägerphase von Symbol zu Symbol um 45 Grad, also um π/4 weitergeschaltet. Der Empfänger weiß hiervon und macht diesen Vorgang rückgängig. Ein Anwendungsbeispiel für π/4-shift-DQPSK ist z.B. der Mobilfunkstandard TETRA. Auch bei DAB hat man sich für dieses Modulationsverfahren entschieden, dort aber in Verbindung mit dem Vielträgerverfahren COFDM.

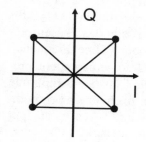

Abb. 26.13. Mapping einer „normalen" QPSK oder „normalen" DQPSK mit Zustandsübergängen, die auch durch den Nullpunkt laufen.

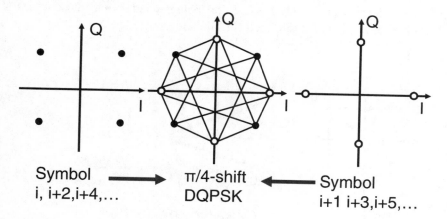

Abb. 26.14. Übergang von DQPSK auf π/4-shift-DQPSK

Betrachten wir nun den Übergang von einer DQPSK zu einer π/4-shift-DQPSK. Links in Abb. 26.14. ist das Konstellationsdiagramm einer einfachen QPSK dargestellt. Rechts im Bild ist eine um 45 Grad, also um π/4 gedrehte QPSK abgebildet. Eine π/4-shift-DQPSK setzt sich aus beidem zusammen. Von Symbol zu Symbol wird die Trägerphase um 45 Grad weitergeschaltet. Will man nur 2 Bit pro Vektorübergang darstellen, so kann man nun die 180 Grad Phasensprünge vermeiden. Es lässt sich zeigen, dass man mit Phasensprüngen von +/-45 Grad (+/-π/4) und +/-135 Grad (+/-3/4π) auskommt, um per differentiellem Mapping 2 Bit pro Symboldifferenz zu übertragen. Im Konstellationsdiagramm der π/4-shift-DQPSK (Abb. 26.14. Mitte) sind die benutzten Zustandsübergänge dargestellt. Man erkennt nun, dass kein 180 Grad Sprung stattfindet.

Bei DAB wird eine π/4-shift-DQPSK in Verbindung mit einer COFDM angewendet. Der COFDM Frame startet bei DAB mit dem sog. Nullsymbol. Während dieser Zeit sind alle Träger auf Null gesetzt, d.h. u(t) = 0 für den Zeitraum eines COFDM-Symbols. Anschließend folgt das Phasenreferenz-Symbol, genauer gesagt, das sog. TFPR-Symbol (Time Frequency Phase Reference). Dort sind alle Träger auf n • 90 Grad gemappt, entsprechend der sog. CAZAC-Sequenz. CAZAC steht für Constant Amplitude Zero Autocorrelation. Dies bedeutet, dass die Träger nach einem bestimmten Muster für jeden Träger verschieden auf die I- oder Q-Achse gemappt sind, also den Phasenraum 0, 90, 180, 270 Grad einnehmen. Das Phasenreferenzsymbol ist die Referenz für die π/4-shift-DQPSK des ersten Datensymbols, also die Referenz für Symbol Nr. 2. Die Träger im Symbol Nr. 2 belegen also den Phasenraum n • 45 Grad. Symbol Nr. 3 bezieht seine Phasenreferenz aus Symbol Nr. 2 und belegt wieder den Phasenraum n • 90 Grad usw. Gleiches gilt auch für alle anderen Träger.

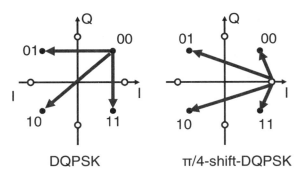

Abb. 26.15. Konstellationsdiagramm einer DQPSK im Vergleich zu einer π/4-shift-DQPSK

Abb. 26.15. zeigt den Vergleich einer DQPSK mit einer π/4-shift-DQPSK. Die gewählte Mapping-Vorschrift ist hier frei gewählt und könnte durchaus auch anders gewählt werden.

Will man mit Hilfe der DQPSK im Beispiel die Bitkombination 00 übertragen, so ändert sich die Phasenlage nicht. Die Bitkombination 01 wird durch einen Phasensprung von +45 Grad signalisiert, die Bitkombination

11 entspricht einem Phasensprung von -45 Grad. Eine 10 wiederum entspricht einem Phasensprung von 180 Grad.

Im rechten Bild (Abb. 26.15.) sind die Zustandsübergänge einer π/4-shift-DQPSK abgebildet. Hier treten Phasensprünge von +/-45 Grad und +/-135 Grad auf. Der Träger verharrt nie auf einer konstanten Phase, es treten auch keine 180 Grad Phasensprünge auf.

Das Nullsymbol ist das allererste Symbol eines DAB-Frames, von der Zählweise her wird es mit Symbol Nr. 0 bezeichnet. Während dieser Zeit ist die Amplitude des COFDM-Signals Null. Die Länge eines Nullsymbols entspricht in etwa der Länge eines normalen Symbols plus Guard Interval. In Wirklichkeit ist es aber etwas länger. Das liegt daran, dass man die DAB-Frame-Länge damit auf exakt 24, 48 oder 96 ms justiert, um somit eine Anpassung an die Frame-Länge des MPEG-1 bzw. MPEG-2 Audio-Layers II zu erreichen. Das Nullsymbol kennzeichnet den Beginn eines DAB-COFDM-Rahmens. Es ist das erste Symbol dieses Frames und ist sehr leicht erkennbar, da während dieser Zeit alle Träger auf Null getastet sind. Es dient also zur groben Zeitsynchronisation des Empfängers. Während des Nullsymbols kann außerdem eine Senderkennung, eine sog. TII = Transmitter Identification Information übertragen werden. Im Falle einer TII = Transmitter Identification Information sind bestimmte Trägerpaare im Nullsymbol gesetzt. Damit kann die Transmitter ID signalisiert werden.

Die Frame-Längen, die Symbollängen und somit auch die Nullsymbol-Längen hängen vom DAB Mode ab. Diese Längen sind in Tabelle 26.2. aufgelistet.

Das Phasenreferenzsymbol oder TFPR-Symbol = Time Frequency Phase Reference Symbol ist das Symbol, das unmittelbar nach dem Nullsymbol folgt. Innerhalb dieses Symbols sind alle Träger auf bestimmte feste Phasenpositionen gestellt nach der sog. CAZAC-Sequenz = Constant Amplitude Zero Autocorellation. Dieses Symbol dient zum einen der AFC = Automatic Frequency Control des Empfängers, als auch als Start-Phasenreferenz für die π/4-shift-DQPSK.

Anhand dieses Symbols kann der Empfänger auch die Impulsantwort des Kanals berechnen, um eine genaue Zeitsynchronisation vorzunehmen. Hierüber wird u.a. das FFT-Abtastfenster im Empfänger positioniert. Die Impulsantwort erlaubt eine Identifizierung der einzelnen Echopfade. Während des TFPR-Symboles sind die Träger auf 0, 90, 180 oder 270 Grad gesetzt. Dies geschieht für jeden Träger unterschiedlich. Die Vorschrift hierzu ist im Standard anhand von Tabellen definiert (CAZAC-Sequenz).

Nun kehren wir zurück zum DAB-Datensignal. Die Bruttodatenrate eines DAB-Kanals beträgt 2.4 Mbit/s. Abzüglich des Fast Information Channels, der der Empfängerkonfiguration dient und abzüglich des Fehlerschutzes (Faltungscodierung), erhält man eine Nettodatenrate von (0.8) 1.2

… 1.73 Mbit/s. DAB arbeitet im Gegensatz zu DVB vollkommen synchron. Während man bei DVB-T im Datensignal, dem sog. MPEG-2-Transportstrom keine COFDM-Rahmenstruktur erkennen kann, besteht das DAB-Datensignal auch aus Rahmen. Ein DAB-COFDM-Frame (Abb. 26.16.) beginnt mit einem Null-Symbol.

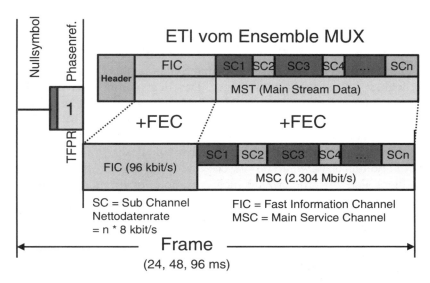

Abb. 26.16. DAB-Frame

Während dieser Zeit ist das RF-Signal wirklich auf Null getastet. Anschließend folgt das Referenzsymbol. Während der Zeit des Nullsymbols und Referenzsymbols erfolgt keine Datenübertragung. Die Datenübertragung startet mit dem COFDM-Symbol 2 mit der Übertragung des FIC, des Fast Information Channel. Anschließend wird der MSC, der Main Service Channel übertragen. Im FIC und im MSC ist bereits Fehlerschutz (FEC) vom Modulator eingefügt worden. Der im FIC verwendete Fehlerschutz ist gleichmäßig (equal), der im MSC verwendete Fehlerschutz ungleichmäßig (unequal). Gleichmäßiger Fehlerschutz bedeutet, dass alle Daten mit dem gleichen Fehlerschutz versehen werden, ungleichmäßiger Fehlerschutz bedeutet, dass wichtigere Daten besser geschützt werden als unwichtigere. Die Datenrate des FIC beträgt 96 kbit/s, die des MSC 2.304 Mbit/s. Zusammen ergibt sich eine Bruttodatenrate von 2.4 Mbit/s. Ein DAB-Frame ist 76 COFDM-Symbole lang im Mode I, II und IV, sowie 152 CODFM-Symbole lang im Mode III. Der Rahmen besteht aus 1536 • 2 • 76 Bit = 233472 Bit im DAB-Mode I, aus 384 • 2 • 76 Bit = 58368 Bit im Mode II,

$192 \bullet 2 \bullet 151$ Bit $= 57984$ Bit im Mode III und $768 \bullet 2 \bullet 76$ Bit $= 116736$ Bit im Mode IV.

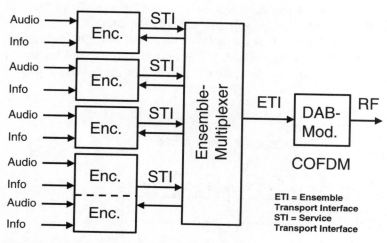

Abb. 26.17. DAB-Zuführung über ETI

Die Zuführung der DAB-Daten vom Ensemble-Multiplexer zum DAB-Modulator und Sender erfolgt über ein Datensignal, das man ETI = Ensemble Transport Interface bezeichnet (Abb. 26.17.). Die Datenrate des ETI-Signales ist niedriger als die des DAB-Frames, da es noch keinen Fehlerschutz enthält. Der Fehlerschutz wird erst im Modulator hinzugefügt (Faltungscodierung und Interleaving). Man findet aber auch schon im ETI-Signal die Frame-Struktur von DAB (Abb. 26.16.). Ein ETI-Rahmen startet mit einem Header. Dann folgen die Daten des Fast Information Channels = FIC. Daraufhin findet man den Main Stream = MST. Der Main Stream ist in Subchannels unterteilt. Bis zu 64 Subchannels sind möglich. Die Information über den Aufbau des Main Streams und den Fehlerschutz, der im Modulator hinzugefügt werden soll, findet man im Fast Information Channel FIC. Der FIC ist für den Empfänger zur automatischen Konfiguration gedacht.

Der Modulator bezieht die Information für die Zusammensetzung und Konfiguration des Multiplexes jedoch aus dem ETI-Header.

26.4 DAB – Forward Error Correction – FEC

In diesem Abschnitt wird nun der Fehlerschutz, die Forward Error Correction (FEC), die bei DAB verwendet wird, näher beleuchtet.

Bei DAB werden alle Teilkanäle (Subchannels) einzeln und unterschiedlich stark fehlergeschützt (Abb. 26.5. und 26.6.). Es sind bis zu 64 Subchannels möglich. Der Fehlerschutz (FEC) findet im DAB-Modulator statt.

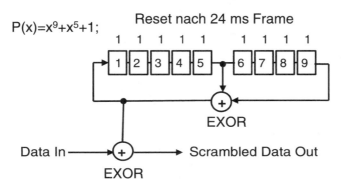

Abb. 26.18. Data Scrambling

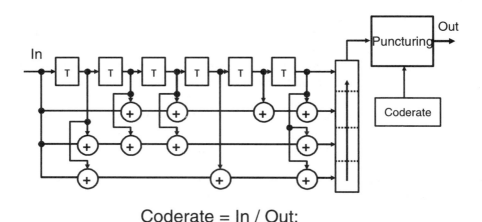

Abb. 26.19. DAB-Faltungscodierung mit Punktierung

Bevor der Datenstrom mit Fehlerschutz versehen wird, wird er verwürfelt (Abb. 26.18.). Dies geschieht durch Mischen mit einer Pseudo Random Binary Sequence (PRBS). Die PRBS wird mit Hilfe eines rückgekoppelten Schieberegisters erzeugt. Der Datenstrom wird dann mit Hilfe eines Exlusiv-Oder-Gatters mit dieser PRBS gemischt. Lange 1-Sequenzen und lange 0-Sequenzen, die im Datenstrom vorhanden sein können, werden damit aufgebrochen. Man spricht von einer sog. Energieverwischung. Bei Einträgerverfahren ist eine Energieverwischung u.a. notwendig, um das Verharren des Trägerzeigers an konstanten Positionen zu verhindern. Dies würde zu diskreten Spektrallinien führen. Aber auch der Fehlerschutz arbeitet erst richtig, wenn im Datensignal Bewegung drin ist. Dies ist der Grund, warum man dieses Scrambling auch bei COFDM-Verfahren am Eingang der FEC durchführt. Alle 24 ms wird die Schieberegisteranordnung mit lauter Einsen geladen und damit zurückgesetzt.

Solch eine Anordnung findet sich auch im Empfänger; sie muss zum Sender synchronisiert sein. Durch das nochmalige Vermischen mit der gleichen PRBS im Empfänger wird der Originaldatenstrom wiederhergestellt.

Es erfolgt dann die Faltungscodierung (Convolutional Coding). Der bei DAB verwendete Faltungscodierer (mit anschließendem Punktierer) ist in Abb. 26.19. dargestellt. Das Datensignal durchläuft ein sechsstufiges Schieberegister. Parallel dazu wird es in 3 Zweigen mit den in den Schieberegister gespeicherten Informationen zu verschiedenen Verzögerungszeitpunkten Exclusiv-Oder-verküpft. Der um sechs Takte verzögerte Schieberegisterinhalt und die 3 durch EXOR-Verknüpfung manipulierten Datensignale werden seriell zu einem neuen Datenstrom der nun vierfachen Datenrate im Vergleich zur Eingangsdatenrate zusammengestellt.

Man spricht von einer Coderate von ¼. Die Coderate ergibt sich aus dem Verhältnis von Eingangsdatenrate zu Ausgangsdatenrate.

Nach der Faltungscodierung wurde der Datenstrom nun um den Faktor vier aufgebläht. Der Ausgangsdatenstrom trägt aber nun 300% Overhead, also Fehlerschutz. Dies senkt aber entsprechend die zur Verfügung stehende Nettodatenrate. In der Punktierungseinheit kann nun dieser Overhead und damit auch der Fehlerschutz gesteuert werden. Durch gezieltes Weglassen von Bits kann die Datenrate wieder gesenkt werden. Das Weglassen, also Punktieren, geschieht nach einem dem Sender und Empfänger bekannten Schema; man spricht von einem Punktierungsschema. Die Coderate beschreibt die Punktierung und gibt damit ein Maß an für den Fehlerschutz an. Die Coderate berechnet sich ganz einfach aus dem Verhältnis von Eingangsdatenrate zu Ausgangsdatenrate. Sie kann bei DAB variiert werden zwischen 8/9, 8/10, 8/11 … 8/32. 8/32 ergibt den besten Fehlerschutz bei niedrigster Nettodatenrate, 8/9 ergibt den niedrigsten Fehlerschutz bei höchster Nettodatenrate. Bei DAB werden verschiedene Dateninhalte verschieden stark geschützt. Häufig treten jedoch bei einer Übertragung Bündelfehler (Burstfehler) auf. Bei längeren Burstfehlern führt dies aber zu einem Versagen des Fehlerschutzes. Deshalb werden die Daten nun in einem weiteren Arbeitsschritt ge-interleaved, d.h. über einen bestimmten Zeitraum verteilt. Das lange Interleaving über 384 ms macht das System sehr gut mobiltauglich und robust. Beim De-Interleaving auf der Empfangsseite werden dann evtl. vorhandene Bündelfehler aufgebrochen und breiter im Datenstrom verteilt. Nun ist es leichter, diese zu Einzelfehlern gewordenen Bündelfehler zu reparieren und dies ohne zusätzlichen Daten-Overhead. Bei DAB finden zwei Arten von Fehlerschutz Anwendung, nämlich gleichmäßiger Fehlerschutz und ungleichmäßiger Fehlerschutz.

Gleichmäßiger Fehlerschutz bedeutet, dass alle Komponenten mit dem selben FEC-Overhead versehen werden. Dies gilt für den Fast Information Channel (FIC) und für den Fall einer reinen Datenübertragung.

Ungleichmäßig geschützt werden Audioinhalte, d.h. die Bestandteile eines MPEG-1 oder MPEG-2 Audioframes. Manche Bestandteile im Audioframe sind wichtiger, weil sich dort Bitfehler störender auswirken würden. Deshalb werden diese Teile stärker geschützt. Diese unterschiedlichen Komponenten im Audio-Frame werden mit unterschiedlichen Coderaten versehen.

In vielen Übertragungsverfahren wird mit einem konstanten, gleichmäßigem Fehlerschutz gearbeitet. Ein Beispiel hierfür ist DVB. Bei DAB werden nur Teile der zu übertragenden Information mit einem gleichmäßigem Fehlerschutz versehen. Hierzu zählen die folgenden Daten: Der FIC = Fast Information Channel wird gleichmäßig mit einer mittleren Coderate von 1/3 geschützt. Die Daten des Packet Mode können mit einer Coderate von 2/8, 3/8, 4/8 oder 6/8 versehen werden.

Die MPEG-Audio-Pakete werden bei DAB mit einem ungleichmäßigem Fehlerschutz, der noch dazu steuerbar ist, geschützt. Manche Anteile des MPEG-Audio-Paketes sind empfindlicher gegenüber Bitfehlern als andere.

Die mit verschiedenem Fehlerschutz versehenen Anteile im DAB-Audioframe sind:

- Header
- Sklalierungsfaktoren
- Teilband-Abtastwerte
- Programmbezogene Daten (PAD).

Besonders gut muss der Header zu geschützt werden. Treten Fehler im Header auf, so führt dies zu schwerwiegenden Synchronisationsproblemen. Ebenfalls müssen die Skalierungsfaktoren gut geschützt sein, da sich Bitfehler in diesem Bereich sehr unangenehm anhören würden. Weniger empfindlich sind dagegen die Teilband-Abtastwerte. Entsprechend niedriger ist auch deren Fehlerschutz.

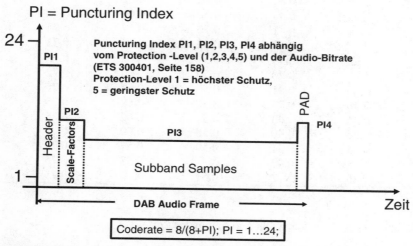

Abb. 26.20. Unequal Forward Error Correction eines DAB-Audio-Frames

In Abb. 26.20 ist ein Beispiel für den ungleichmäßigen Fehlerschutz innerhalb eines DAB-Audio-Frames abgebildet. Der Puncturing Index beschreibt die Qualität des Fehlerschutzes. Aus dem Puncturing Index lässt sich die Coderate im entsprechenden Abschnitt einfach berechnen. Sie ergibt sich einfach aus folgender Formel:

Coderate = 8/(8+PI);
mit PI = 1...24; = Puncturing Index

Der Puncturing Index ergibt sich wiederum aus dem sog. Protection Level, der im Bereich von 1, 2, 3, 4 oder 5 liegt, und der Audiobitrate. Tabelle 26.3 listet die mittleren Coderaten abhängig vom Protection Level und den Audiobitraten auf. PL1 bietet den höchsten Fehlerschutz, PL5 den niedrigsten Fehlerschutz.

Tabelle 26.3. DAB-Protection Levels und mittlere Coderaten

Audio-Bitrate [kbit/s]	Mittlere Coderate Protection Level 1	Mittlere Coderate Protection Level 2	Mittlere Coderate Protection Level 3	Mittlere Coderate Protection Level 4	Mittlere Coderate Protection Level 5
32	0.34	0.41	0.50	0.57	0.75
48	0.35	0.43	0.51	0.62	0.75
56	X	0.40	0.50	0.60	0.72
64	0.34	0.41	0.50	0.57	0.75
80	0.36	0.43	0.52	0.58	0.75
96	0.35	0.43	0.51	0.62	0.75
112	X	0.40	0.50	0.60	0.72
128	0.34	0.41	0.50	0.57	0.75
160	0.36	0.43	0.52	0.58	0.75
192	0.35	0.43	0.51	0.62	0.75
224	0.36	0.40	0.50	0.60	0.72
256	0.34	0.41	0.50	0.57	0.75
320	X	0.43	X	0.58	0.75
384	0.35	X	0.51	X	0.75

Tabelle 26.4. DAB-Kanalkapazität und minimales S/N

Protection Level (FEC)	Anzahl der Programme bei 196 kbit/s	S/N [dB]
PL1 (höchster)	4	7.4
PL2	5	9.0
PL3	6	11.0
PL4	7	12.7
PL5 (niedrigster)	8	16.5

Tabelle 26.4. zeigt den mindestens benötigten Störabstand S/N und die Anzahl der in einem DAB-Multiplex unterbringbaren Programme, ausgehend von einer Datenrate von 196 kbit/s je Programm, in Abhängigkeit vom Protection Level. Wird z.B. PL3 verwendet, so finden 6 Programme mit je 196 kbit/s in einem DAB-Multiplex Platz; der mindestens benötigte Störabstand beträgt dann 11.0 dB. Die Bruttodatenrate des DAB-Signals (inklusive Fehlerschutz) beträgt 2.4 Mbit/s, die Nettodatenrate liegt je nach gewähltem Fehlerschutz zwischen (0.8) 1.2 bis 1.7 Mbit/s.

Tabelle 26.5. DAB-Parameter und Qualität

Programmtyp	Format	Qualität	Abtastrate [kHz]	Protection Level	Bitrate [kbit/s]
Musik/Sprache	Mono	broadcast	48	PL2 oder 3	112...160
Musik/Sprache	2-Kanal Stereo	broadcast	48	PL2 oder 3	128...224
Musik/Sprache	Mehrkanal	broadcast	48	PL2 oder 3	384...640
Sprache	Mono	akzeptabel	24 oder 48	PL3	64...112
Nachrichten	Mono	verständlich	24 oder 48	PL4	32 oder 64
Daten	--	--		PL4	32 oder 64

Der ungleiche Fehlerschutz bei DAB bewirkt, dass die DAB-Empfangbarkeit nicht abrupt beim Unterschreiten einen bestimmten Mindeststörabstandes abbricht. Es setzen erst hörbare Störungen ein, erst etwa 2 dB später bricht dann die Empfangbarkeit ab. Tabelle 26.5 zeigt häufig gewählte Protection Levels und Audiodatenraten bei DAB [HOEG_LAUTERBACH].

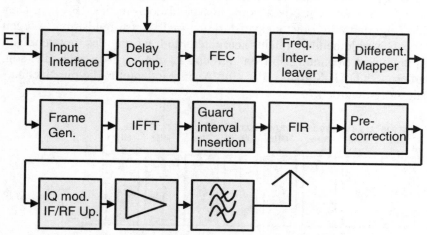

Abb. 26.21. Blockschaltbild eines DAB-Modulators und Senders

26.5 DAB-Modulator und Sender

Betrachten wir nun das Gesamtblockschaltbild eines DAB-Modulators (Abb. 26.21.) und Senders. Das ETI-Signal (Ensemble Transport Interface) liegt am Input Interface an. Dort findet die Aufsynchronisierung auf das

ETI-Signal statt. Im Falle eines Gleichwellennetzes erfolgt dann im Modulator ein Laufzeitausgleich, der über das TIST = Time Stamp im ETI-Signal gesteuert wird. Anschließend erfolgt für jeden Signalinhalt unterschiedlich stark der Fehlerschutz (FEC). Der fehlergeschützte Datenstrom wird dann über die Frequenz ge-interleaved, also verteilt. Jeder COFDM-Träger erhält einen Teil des Datenstromes zugewiesen, bei DAB sind dies immer 2 Bit pro Träger. Im Differential Mapper werden dann die Real- und Imaginärteiltabelle gebildet, d.h. für jeden Träger wird die aktuelle Vektorposition ermittelt. Es wird daraufhin der DAB-Frame mit Nullsymbol, TFPR-Symbol und Datensymbolen gebildet, um die fertigen Realteil- und Imaginärteiltabellen dann der IFFT, der Inversen Fast Fouriertransformation zuzuführen. Hinterher befinden wir uns dann wieder im Zeitbereich; dort wird zum Symbol durch Wiederholung des Endes des nachfolgenden Symboles das Guard Interval hinzugefügt. Nach einer FIR-Filterung erfolgt dann im Leistungssender eine Vorentzerrung zur Kompensation der Nichtlinearitäten von Betrag und Phase der Verstärkerkennlinie. Üblicherweise ist der dann folgende IQ-Modulator dann gleichzeitig IF/RF-Upconverter. Man verwendet heutzutage üblicherweise Direktmodulation, d.h. man geht direkt vom Basisband hoch in die RF-Lage. Daraufhin folgt dann die Leistungsverstärkung in Transistorendstufen. Wegen der noch verbleibenden Nichtlinearitäten und wegen des notwendigen Clippings von Spannungsspitzen auf ca. 13 dB ergeben sich die sog. Schultern des DAB-Signals. Dies sind Außerbandanteile, die die Nachbarkanäle stören würden.

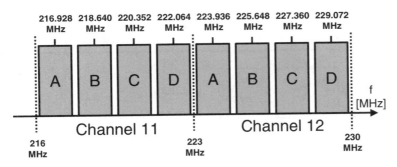

Abb. 26.22. DAB-Kanalraster; Beispiel: Kanal 11 und 12

Deshalb folgt dann noch ein passives Bandpassfilter (Maskenfilter). Ohne Vorentzerrung würde ein DAB-Signal einen Schulterabstand von ca.

30 dB aufweisen. Wenn die Vorentzerrung ordentlich eingestellt wurde, liegt der Schulterabstand dann bei etwa 40 dB. Dies würde aber immer noch die Nachbarkanäle zu stark stören und würde von den Regulierungsbehörden nicht genehmigt werden. Nach dem Maskenfilter sind die Schultern dann noch um weitere etwa 10 dB abgesenkt.

In Abb. 26.22 sind häufig verwendete DAB-Blöcke dargestellt. Man unterteilt einen VHF-Kanal (Bandbreite 7 MHz) in 4 DAB-Blöcke. Die Blöcke werden dann z.B. mit Block 12A, 12B, 12C oder 12D bezeichnet.

In Tab. 26.6., 26.7 und 26.8. sind die bei DAB verwendeten Kanaltabellen aufgelistet. Jeder DAB-Kanal ist 7/4 MHz = 1.75 MHz breit. Die COFDM-Signalbandbreite beträgt jedoch nur 1.536 MHz; es gibt also ein Guard Band zu den Nachbarkanälen hin.

Tabelle 26.6. DAB-Kanal-Tabelle Band III VHF

Kanal	Mittenfrequenz [MHz]
5A	174.928
5B	176.640
5C	178.352
5D	180.064
6A	181.936
6B	183.648
6C	185.360
6D	187.072
7A	188.928
7B	190.640
7C	192.352
7D	194.064
8A	195.936
8B	197.648
8C	199.360
8D	201.072
9A	202.928
9B	204.640
9C	206.352
9D	208.064
10A	209.936
10N	210.096
10B	211.648
10C	213.360
10D	215.072
11A	216.928
11N	217.088
11B	218.640
11C	220.352
11D	222.064
12A	223.936
12N	224.096
12B	225.648
12C	227.360

12D	229.072
13A	230.784
13B	232.496
13C	234.208
13D	235.776
13E	237.488
13F	239.200

Tabelle 26.7. DAB-Kanal-Tabelle L-Band

Kanal	Mittenfrequenz [MHz]
LA	1452.960
LB	1454.672
LC	1456.384
LD	1458.096
LF	1461.520
LG	1463.232
LH	1464.944
LI	1466.656
LJ	1468.368
LK	1470.080
LL	1471.792
LM	1473.504
LN	1475.216
LO	1476.928
LP	1478.640
LQ	1480.352
LR	1482.064
LS	1483.776
LT	1485.488
LU	1487.200
LV	1488.912
LW	1490.624

Tabelle 26.8. DAB-Kanaltabelle L-Band Kanada

Kanal	Mittenfrequenz [MHz]
1	1452.816
2	1454.560
3	1456.304
4	1458.048
5	1459.792
6	1461.536
7	1463.280
8	1465.024
9	1466.768
10	1468.512
11	1470.256
12	1472.000
13	1473.744
14	1475.488
15	1477.232

16	1478.976
17	1480.720
18	1482.464
19	1484.464
20	1485.952
21	1487.696
22	1489.440
23	1491.184

26.6 DAB-Datenstruktur

Im folgenden Abschnitt werden nun die wesentlichen Grundzüge der Datenstruktur von DAB – Digital Audio Broadcasting erläutert. Bei DAB werden mehrere MPEG-1- oder MPEG-2-Audio Layer II codierte Audiosignale (MUSICAM) in einem 1.75 MHz breiten DAB-Kanal zusammengefasst zu einem Ensemble übertragen. Die maximale Nettodatenrate des DAB-Kanals beträgt hierbei etwa 1.7 Mbit/s, die Bruttodatenrate 2.4 Mbit/s. Die Datenrate eines Audiokanals liegt zwischen 32 und 384 kbit/s.

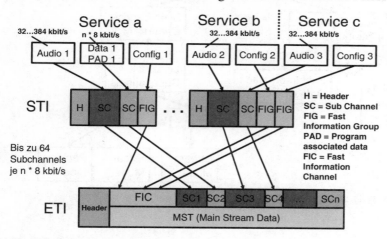

Abb. 26.23. Zusammensetzung des ETI-Datenstroms

Die im folgenden Abschnitt beschriebenen Details sind in den Standards [ETS300401] (DAB), [ETS300799] (ETI) und [ETS300797] (STI) zu finden.

Ein DAB-Datensignal (ETI) setzt sich zusammen aus dem Fast Information Channel FIC und dem Main Service Channel MSC. Im Fast Information Channel wird der Modulator und der Empfänger über die Zusammensetzung des Multiplexes mit Hilfe der Multiplex Configuration

Information (MCI) informiert. Der Main Service Channel enthält bis zu 64 Subchannels mit einer Datenrate von je n • 8 kbit/s. In den Subchannels werden Audiosignale, sowie Daten übertragen. Die Information über die Zusammensetzung des Main Service Channels erhält der Modulator und Receiver aus der Multiplex Configuration Information (MCI). Die Übertragung in den Subchannels kann im Stream Mode und im Packet Mode erfolgen. Im Stream Mode erfolgt eine kontinuierliche Datenübertragung. Im Packet Mode ist der Subchannel zusätzlich in Teilpakete einer konstanten Länge unterteilt. Eine Audioübertragung erfolgt grundsätzlich im Stream Mode. Hier ist die Datenstruktur von der Audiocodierung her vorgegeben (24ms / 48 ms – Raster). Daten können im Packet Mode (Beispiel: MOT=Multimedia Object Transfer) oder im Stream Mode (z.B. T-DMB) übertragen werden. Im Packet Mode ist es möglich, innerhalb eines Subchannels verschiedenartigste Datenströme zu übertragen.

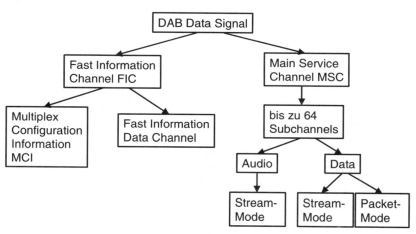

Abb. 26.24. DAB-Datenstruktur

Im Stream Mode wird ein Subchannel komplett für einen kontinuierlichen Datenstrom verwendet. Dies ist z.B. bei der Audioübertragung der Fall. Es können aber auch Daten im Stream Mode übertragen werden. Dies ist z.B. beim T-DMB-Verfahren (Süd-Korea) der Fall. Im Packet Mode wird ein Subchannel zusätzlich in Pakete konstanter Länge von 24, 48, 72 oder 92 Byte unterteilt. Ein Paket beginnt mit einem 5 Byte langen Packet Header, der u.a. die Packet ID enthält. Mit Hilfe der Packet ID kann der Inhalt des Pakets identifiziert werden. Ein Paket endet mit einer CRC-Checksum. Somit kann der Subchannel flexibel genutzt werden. Es können unterschiedliche Datendienste eingebettet werden. Variable Datenraten sind möglich.

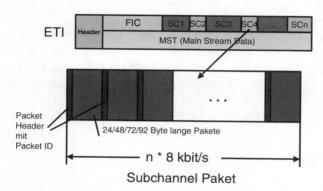

Abb. 26.25. DAB-Datenstruktur beim Packet Mode

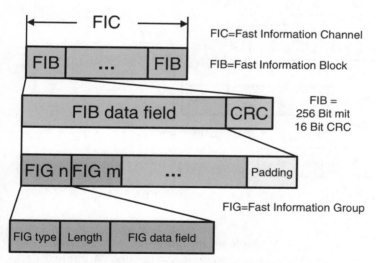

Abb. 26.26. Aufbau des DAB-Fast Information Channels

Im folgenden wird der Aufbau und Inhalt des FIC = Fast Information Channels und des MSC = Main Service Channels näher betrachtet. Die im Fast Information Channel und Main Service Channel übertragenen Informationen stammen aus dem MST = Main Stream Data aus dem ETI = En-

semble Transport Interface. FIC und MSC werden im Modulator mit Fehlerschutz (FEC) versehen. Besonders stark geschützt wird hierbei der FIC.
Der Fehlerschutz im MSC ist konfigurierbar. Die Stärke des Fehlerschutzes im MSC wird im FIC signalisiert, also dem Empfänger im Fast Information Channel mitgeteilt.

Im MSC werden die einzelnen Subchannels übertragen, wobei insgesamt bis zu 64 Subchannels möglich sind. Jeder Subchannel kann unterschiedlich stark fehlergeschützt sein. Auch dies wird im FIC signalisiert.
Die Subchannels sind zu Services zusammengefasst oder besser gesagt zugeordnet.

Der Fast Information Channel wird nicht-zeitinterleaved, aber fehlergeschützt übertragen. Die Übertragung erfolgt in sog. FIB's = Fast Information Blocks.

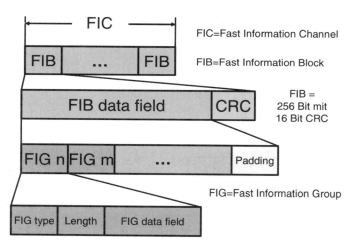

Abb. 26.27. Aufbau des DAB FIC = Fast Information Channel

Im FIC wird die MCI = Multiplex Configuration Information übertragen, eine Information über die Zusammensetzung des Multiplexes, des
weiteren die SI = Service Information und der FIDC = Fast Information
Data Channel.

Die SI überträgt Informationen über die übertragenen Programme, die
Services. Im FIDC werden schnelle programmübergreifende Zusatzdaten
übermittelt.

Der Fast Information Channel (FIC) setzt sich aus Fast Information
Blocks der Länge von 256 Bit zusammen. Ein FIB besteht aus einem FIB -

Data Field und einer 16 Bit breiten CRC Checksum. Im Datenbereich des FIB werden die Nachrichten in sog. FIG's = Fast Information Groups übertragen. Jede Fast Information Group ist gekennzeichnet durch ihren FIG-Typ. Eine FIG setzt sich zusammen aus dem FIG-Type, aus der Length und dem FIG Data Field, in dem die eigentlichen Nachrichten übertragen werden.

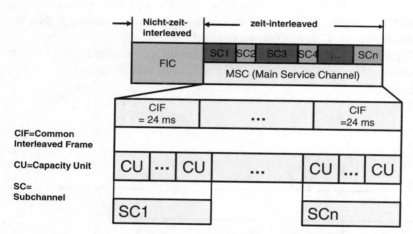

Abb. 26.28. DAB Main Service Channel

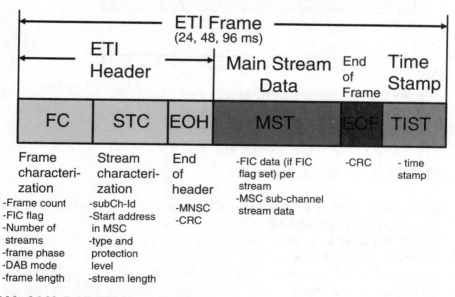

Abb. 26.29. DAB-ETI-Frame-Struktur

Im Main Service Channel (Abb. 26.28.) werden die einzelnen Subchannels ausgestrahlt. Insgesamt sind bis zu 64 Subchannels möglich. Jeder Subchannel hat eine Datenrate von n • 8 kbit/s. Die Subchannel sind Services = Programmen zugeordnet. Der MSC setzt sich zusammen aus sog. Common Interleaved Frames. Diese CIF's haben eine Länge von 24 ms und bestehen aus CU's = Capacity Units der Länge 64 Byte. Insgesamt ergeben 864 CU's einen CIF, der dann eine Länge von 55296 Byte aufweist. Mehrere CU's ergeben einen Subchannel. In einem Subchannel werden die Audio-Frames bzw. Daten übertragen.

Ein ETI-Frame (Abb. 26.29.) setzt sich zusammen aus dem Header, den MST = Main Stream Data, einem EOF = End of Frame und dem TIST = Time Stamp. Ein ETI-Frame ist 24, 48 oder 96 ms lang.

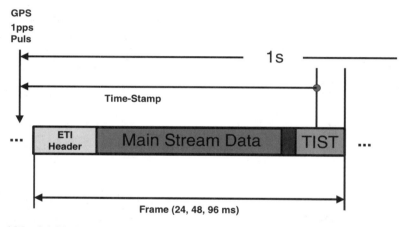

Abb. 26.30. Synchronisation von DAB-Modulatoren über das TIST=Time Stamp im EIT-Frame

26.7 DAB-Gleichwellennetze

Im weiteren werden DAB-Gleichwellennetze (SFN = Single Frequency Networks) und deren Synchronisation diskutiert.

COFDM ist bestens geeignet für einen Gleichwellenbetrieb. Bei einem Gleichwellenbetrieb arbeiten alle Sender auf der gleichen Frequenz. Daher ist der Gleichwellenbetrieb sehr frequenzökonomisch. Alle Sender strahlen ein absolut identisches Signal ab und müssen deswegen vollkommen synchron arbeiten. Signale von benachbarten Sendern sieht ein DAB-Empfänger so, als wären es einfach Echos.

Die am einfachsten einhaltbare Bedingung ist die Frequenzsynchronisation, denn auch schon beim analogen terrestrischen Rundfunk musste die Frequenzgenauigkeit und Stabilität hohen Anforderungen genügen. Bei DAB bindet man die RF des Senders an eine möglichst gute Referenz an. Nachdem das Signal der GPS-Satelliten (Global Positioning System) weltweit verfügbar ist, benutzt man dieses als Referenz für die Synchronisation der Sendefrequenzen eines DAB-Gleichwellennetzes.

Die GPS-Satelliten strahlen ein 1pps-Signal (one puls per second) aus, an das man in professionellen GPS-Empfängern einen 10 MHz-Oszillator anbindet. Dieser wird als Referenzsignal für die DAB-Sender verwendet.

Es besteht aber noch eine strenge Forderung hinsichtlich des maximalen Senderabstandes. Der mögliche maximale Senderabstand ergibt sich hierbei aus der Länge des Guard-Interval's und der Lichtgeschwindigkeit, bzw. der damit verbundenen Laufzeit. Es sind Intersymbol-Interferenzen nur vermeidbar, wenn bei Mehrwegeempfang kein Pfad eine längere Laufzeit aufweist als die Schutzintervall-Länge. Die Frage, was denn passiert, wenn ein Signal eines weiter entfernten Senders, das das Schutzintervall verletzen würde, empfangen wird, ist leicht zu beantworten. Es entstehen Intersymbol-Interferenzen, die sich als rauschartige Störung im Empfänger bemerkbar machen. Signale von weiter entfernten Sendern müssen einfach ausreichend gut gedämpft sein. Als Schwelle für den quasi-fehlerfreien Betrieb gelten die gleichen Bedingungen wie bei reinem Rauschen. Es ist also besonders wichtig, dass ein Gleichwellennetz richtig gepegelt ist. Nicht die maximale Sendeleistung an jedem Standort ist gefordert, sondern eben die richtige. Bei der Netzplanung sind topographische Informationen erforderlich.

Mit c=299792458 m/s Lichtgeschwindigkeit ergibt sich eine Signallaufzeit pro Kilometer Senderabstand von 3.336 µs.

Die bei DAB möglichen maximalen Abstände zwischen benachbarten Sendern in einem Gleichwellennetz sind in Tabelle 26.9 dargestellt.

Tabelle 26.9. SFN-Parameter bei DAB

	Mode I	Mode IV	Mode II	Mode III
Symboldauer	1 ms	500 µs	250 µs	125 µs
Guard-Interval	246 ms	123 µs	62 µs	31 µs
Symbol+Guard	1246 µs	623 µs	312 µs	15 6µs
Max. Senderabstand	73.7 km	36.8 km	18.4 km	9.2 km

In einem Gleichwellennetz müssen alle einzelnen Sender aufeinander synchronisiert arbeiten. Die Zuspielung erfolgt hierbei vom Playout-Center, in dem sich der DAB-Multiplexer befindet, z.B. über Satellit, Glasfaser oder Richtfunk. Dabei ist klar, dass sich aufgrund verschiedener Weglängen bei der Zuführung unterschiedliche Zuführungslaufzeiten für die ETI-Signale ergeben.

Innerhalb jedes DAB-Modalators in einem Gleichwellennetz müssen jedoch die gleichen Datenpakete zu COFDM-Symbolen verarbeitet werden. Jeder Modulator muß alle Arbeitsschritte vollkommen synchron zu allen anderen Modulatoren im Netz vollziehen. Die gleichen Pakete, die gleichen Bits and Bytes müssen zur gleichen Zeit verarbeitet werden. Absolut identische COFDM-Symbole müssen zur gleichen Zeit an jedem DAB-Senderstandort abgestrahlt werden.

Die DAB-Modulation ist in Rahmen, in Frames organisiert.

Zum Laufzeitausgleich im DAB-SFN werden dem ETI-Signal im Multiplexer TIST = Time Stamps zusammengesetzt, die vom GPS-Signal-Empfang abgeleitet werden.

Am Ende eines ETI-Frames wird das TIST = Time Stamp übertragen, das vom DAB Ensemble Multiplexer durch GPS-Empfang abgeleitet wird und in das ETI-Signal eingetastet wird. Es gibt den Zeitpunkt rückwärts zum Empfang des letzten GPS-1pps-Signales an. Die Zeit-Information im TIST=Time Stamp wird dann im Modulator mit dem dort ebenfalls empfangenen GPS-Signal am Senderstandort verglichen und damit wird kontrolliert eine angepasste ETI-Signalverzögerung durchgeführt.

26.8 DAB Data Broadcasting

Im weiteren wird kurz auf die Möglichkeit des Data Broadcasting bei DAB eingegangen. Bei Data Broadcasting über DAB (Abb. 26.31.) unterscheidet man zwischen dem MOT-Standard (Multimedia Object Transfer), wie er im Standard [ETS301234] definiert ist und der IP-Übertragung über DAB. In beiden Fällen wird ein DAB-Subchannel im Packet Mode betrieben, d.h. die zu übertragenden Datenpakete werden in kurze Pakete konstanter Länge eingeteilt. Jedes dieser Pakete weist im Headeranteil eine Packet ID auf, anhand der der übertragene Inhalt identifiziert werden kann.

Beim Multimedia Object Transfer (MOT) gemäß [ETS301234] wird zwischen einer File-Übertragung, einer Dia-Show und dem Betrieb „Broadcast Webpage" unterschieden. Bei der File-Übertragung werden einfach nur Files zyklisch ausgespielt. Eine Diashow kann in Bezug auf die Darstellungsgeschwindigkeit konfiguriert werden. Es besteht die Möglichkeit JPEG oder GIF-Dateien zu übertragen.

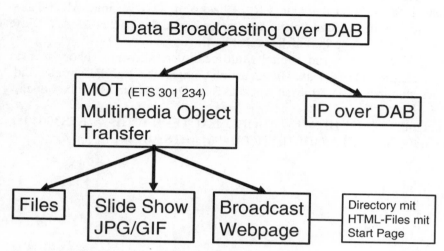

Abb. 26.31. Data Broadcasting über DAB

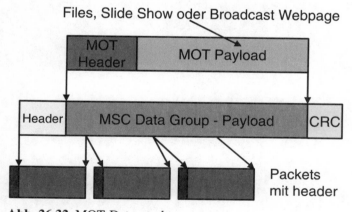

Abb. 26.32. MOT-Datenstruktur

Beim „Broadcast Webpage" findet die zyklische Übertragung eines Directories von HTML-Seiten statt, wobei eine Startseite definierbar ist. Die Auflösung entspricht ¼ VGA.

Abb. 26.32 zeigt die MOT-Datenstruktur. Die zu übertragenden Files, die Slide Show oder die HTML-Daten werden im Payloadanteil eines MOT-Pakets übertragen. Das MOT-Paket samt Header wird in den Nutzlastanteil einer MSC Data Group eingefügt. Vorangesetzt wird der MOT-Header, hinterher folgt eine CRC Checksum. Das gesamte MOT-Paket wird aufgeteilt in kurze Pakete konstanter Länge des Packet Modes. Diese Pakete werden dann in Subchannels übertragen.

T-DMB = Terrestrial Digital Multimedia Broadcasting gehört auch in die Kategorie „DAB-Data Broadcasting" eingereiht. Bei diesem aus Südkorea stammenden Verfahren wird DAB im Data Stream Mode betrieben.

Literatur: [FISCHER7],   [HOEG_LAUTERBACH],   [ETS300401], [ETS300799], [ETS300797], [TR101496], [ETS301234]

27 DVB-Datendienste: MHP und SSU

Neben DVB-H gibt es im Rahmen von DVB weitere aktuelle Datendienste, nämlich die Multimedia Home Platform, kurz MHP genannt und den System Software Update für DVB-Receiver – kurz SSU. Parallel hierzu läuft auch noch MHEG (=Multimedia and Hypermedia Information Coding Experts Group) in UK über DVB-T. All diese Datendienste haben als gemeisame Eigenschaft, dass sie über sog. Object Carousels über DSM-CC Sections ausgestrahlt werden. Über MHP und MHEG werden Applikationen zum Receiver hin übertragen, die dann ein speziell dafür ausgestatteter Receiver auch speichern und starten kann. Bei MHP sind dies HTML-Files und Java-Applikationen, die in kompletten Directory-Strukturen an das Endgerät übertragen werden. MHEG gestattet die Übermittlung das Starten von HTML- und XML-Files.

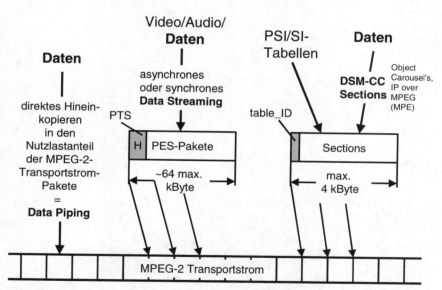

Abb. 27.1. Datenübertragung über einen MPEG-2-Transportstrom: Data Piping, Data Streaming und DSM-CC-Sections

27.1 Data Broadcasting bei DVB

Eine Datenübertragung (Abb. 27.1.) kann bei MPEG-2/DVB erfolgen als

- Data Piping,
- asynchrones oder synchrones Data Streaming,
- über Object-/Data-Carousels in DSM-CC Sections,
- als Datagram-Übertragung in DSM-CC Sections,
- oder als IP-Übertragung in DSM-CC Sections.

Beim Data Piping werden die zu übertragenden Daten ohne weiteres definiertes Zwischenprotokoll asynchron zu allen anderen Inhalten direkt in den Nutzlastanteil von MPEG-2-Transportstrompaketen hineinkopiert. Beim Data Streaming hingegen verwendet man die bekannten PES-Paket-Strukturen (PES=Packetized Elementary Stream), die eine Synchronisation der Inhalte zueinander über die Presentation Time Stamps (PTS) erlauben. DSM-CC Sections (DSM-CC=Digital Storage Media Command and Control) sind ein weiterer in MPEG-2 definierter Mechanismus zur asynchronen Datenübertragung.

```
table_id (=0x3A ...0x3E)                    8 Bit
section_syntax_indicator                    1
private_indicator=1                         1
reserved =11                                2
section_length                             12
{
  table_id_extension                       16
  reserved                                  2
  version_number                            5
  current_next_indicator                    1
  section_number                            8
  last_section_number                       8
  switch(table_id)
  {
    case 0x3A: LLCSNAP(); break;
    case 0x3B: userNetworkMessage(); break;
    case 0x3C: downloadDataMessage(); break;
    case 0x3D: DSMCC_descriptor_list(); break;
    case 0x3E: for (i=0; i<dsmcc_section_length-9;i++)
                         private_data_byte;             8 Bit
  }
}
CRC                                        32 Bit
```

Abb. 27.2. Aufbau einer DSM-CC-Section

27.2 Object Carousels

DSM-CC Sections sind schon ausführlich im Abschnitt DVB-H diskutiert worden. DSM-CC Sections sind tabellenartige Strukturen und gelten gemäß MPEG-2 Systems als sog. private Sections. Sie sind im Standard [ISO/IEC13818-6] definiert worden. Der grundsätzliche Aufbau einer DSM-CC Section entspricht dem Aufbau einer sog. langen Section mit CRC-Checksum am Ende. Eine DSM-CC Section ist bis max. 4 kByte lang und beginnt mit einer table_ID im Wertebereich 0x3A ... 0x3E. Anschließend folgt dann der schon in anderen Kapiteln ausführlich erläuterte Section Header mit Versionsverwaltung. Im eigentlichen Section-Rumpf erfolgt dann die Übertragung von Datendiensten, wie Object Carousels oder allgemeine Datagram's oder wie bei DVB-H über IP-Pakete (MPE=Multiprotocol Encapsulation). Anhand der table_ID lässt sich erkennen, um welche Art von Datendienste es sich handelt: Über die table_ID

- 0x3A und 0x3C erfolgt die Ausstrahlung von Object-/Data- Carousels,
- 0x3D die Signalisierung von Stream Events,
- 0x3E die Übertragung von Datagram's oder IP-Paketen.

Object Carousels erlauben die Übertragung kompletter File- und Directory-Strukturen von einem Server über den MPEG-2-Transportstrom hin zu einem Endgerät. Eine Einschränkung stellen hierbei die sog. Data Carousels dar. Sie erlauben nur eine relativ flache Directory-Struktur und flache logische Struktur. Object- und Data Carousels sind sowohl im Standard [ISO/IEC13818-6] (Teil von MPEG-2), als auch im DVB-Data Broadcasting Dokument [EN301192] beschrieben.

Data-/Object-Carousels haben zunächst eine logische Struktur, die nichts mit dem eigentlich zu übertragenden Inhalt (Directory-Baum samt Files) zu tun hat. Der Einstiegspunkt ins Carousel erfolgt über die sog. DSI-Nachricht (Download Server Initializing) bzw. beim Data Carousel nur über eine DII-Message. Sie wird zyklisch immer wieder in einer DSM-CC-Section mit einer table_ID=0x3B übertragen. Zyklisch deswegen, weil es sich ja um Broadcasting handelt, d.h. es sollen ja viele Endgeräte immer wieder erreicht werden können und die Endgeräte können vom Server keine Nachrichten anfordern. Das DSI-Paket verweist dann über ID's auf ein oder mehrere DII-Nachrichten (DII = Download Info Identification). Die DII-Nachrichten werden ebenfalls zyklisch immer wieder in DSM-CC Sections mit einer table_ID=0x3B verschickt. Die DII-Nachrichten wiederum zeigen auf Module in denen dann   über viele Data Download Blocks (DDB) in DSM-CC Sections mit einer table_ID=0x3C die eigentlichen Daten (Directory Strukturen) zyklisch immer wieder ausgestrahlt werden.

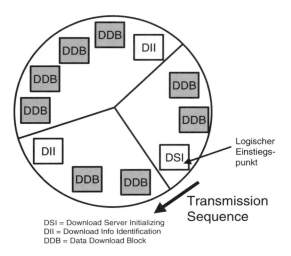

DSI = Download Server Initializing
DII = Download Info Identification
DDB = Data Download Block

Abb. 27.3. Prinzip eines Object Carousel's

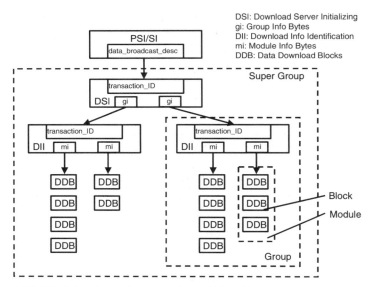

Abb. 27.4. Logische Struktur eines Object Carousels

Die Übertragung eines Directory Baums kann hierbei je nach Datenmenge und zur Verfügung stehender Datenrate bis zu mehreren Minuten
dauern.

Das Vorhandensein eines Object-/Data-Carousels muss über PSI/SI-
Tabellen bekannt gemacht werden. Solch ein Datendienst wird einem Pro-
gamm=Service zugeordnet und in der jeweiligen Program Map Table
(PMT) eingetragen, d.h. man findet dort die PID's der Object-/Data Carousels. Bei einem Data Carousel erfolgt der Einstieg direkt über DII.

Zusätzliche Dinge, wie eine genauere Beschreibung der Inhalte in den
Carousels werden über eigene neue SI-Tabellen ausgestrahlt, wie AIT =
Application Information Table und UNT = Update Notification Table. Die
AIT gehört zur Multimedia Home Platform und die UNT zum System
Software Update. Beide – AIT und UNT – müssen ebenfalls über PSI/SI
bekannt gemacht werden. Der Eintrag der AIT erfolgt in der PMT des zu-
gehörigen Programmes, der Eintrag der UNT in der NIT.

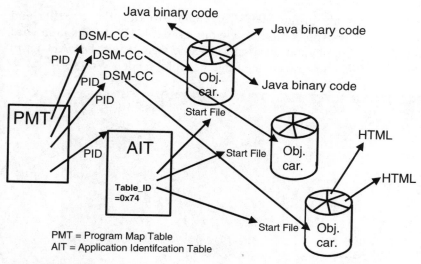

Abb. 27.5. MHP-Struktur

27.3 MHP = Multimedia Home Platform

Die Multimedia Home Platform ist im Rahmen von Digital Video Broadcasting als Zusatzservice für MHP-taugliche Empfänger vorgesehen worden. Der an die 1000 Seiten umfassende Standard ist [ETS101812] und im
Jahre 2000 verabschiedet worden. Es gibt zwei Versionen, nämlich MHP

1.1. und MHP 1.2. Über MHP erfolgt die Übertragung von HTML-Files (Hypertext Multimedia Language), bekannt vom Internet und die Übertragung von Java-Applikationen. Zum Starten der HTML- und Java-Applikationen ist eine spezielle Software im Receiver erforderlich, oft Middleware genannt. MHP-taugliche Empfänger sind deutlich teurer und nicht so zahlreich im Markt erhältlich. MHP-Applikationen werden in vielen Ländern ausgestrahlt, wirklich erfolgreich ist MHP wohl momentan nur in Italien.

Bei den über MHP ausgestrahlten Inhalten handelt es sich um

- Spiele,
- elektronische Programmzeitschriften,
- Nachrichtenticker,
- interaktive programmbegleitende Services,
- „moderner" Videotext.

Der Einstiegspunkt in die MHP-Verzeichnisstruktur, das Startfile und der Name der MHP-Applikation, sowie die Art der MHP-Applikation wird über die AIT = Application Information Table signalisiert. Die AIT ist in einer PMT als PID eingetragen; sie trägt als table_ID den Wert 0x74.

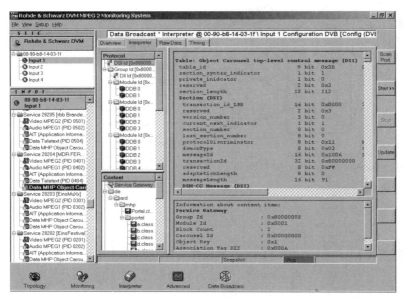

Abb. 27.6. MHP-Filestruktur und Object Carousel-Struktur, analysiert mit einem MPEG-Analyzer [DVM]

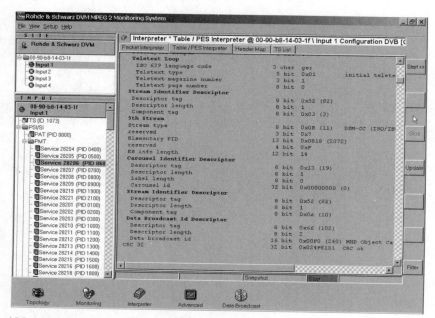

Abb. 27.7. Eintrag eines MHP-Object Carousel's in einer Program Map Table (PMT) analysiert mit einem MPEG-Analyzer [DVM]

27.4 System Software Update – SSU

Nachdem die Software von DVB-Receivern auch ständigen Erweiterungen unterworfen ist, macht es Sinn, diese dem Endkunden auf relativ einfache Weise in Updates zur Verfügung zu stellen. Hierzu bietet sich v.a. der Weg über die „Luft" bei DVB-S und DVB-T an und bei DVB-C eben der Weg über's Kabel. Wird die Software eingebettet im MPEG-2-Transportstrom gemäß DVB in Object Carousels übertragen, so spricht man vom SSU = System Software Update. Definiert ist dies im Standard [TS102006]. Momentan gibt es jedoch v.a. proprietäre Software Updates.

Beim SSU werden die zur Verfügung stehenden Software Updates über eine weitere Tabelle, die UNT = Update Notification Table bekannt gemacht. Die PID der UNT wird in der NIT eingetragen, die table_ID der UNT beträgt 0x4B.

Literatur: [ISO/IEC13818-6], [EN301192], [ETS101812], [TS102006]

28 DMB-T und T-DMB

In diesem Kapitel werden zwei Standards besprochen, die scheinbar gleich sind, aber in Wirklichkeit nur vom Begriff her ähnlich sind, von Verfahren, Zielen und Details jedoch völlig verschieden sind – nämlich DMB-T und T-DMB.

28.1 DMB-T

DMB-T = Digital Multimedia Broadcasting – Terrestrial ist ein chinesischer Standard, der ähnlich wie DVB-T das Ziel hat, Fernsehen digital terrestrisch mit modernen Zusatzdiensten ökonomisch auszustrahlen. Obwohl die technischen Parameter von DMB-T nicht veröffentlicht sind, scheinen DVB-T und DMB-T jedoch recht ähnlich zu sein. Beides sind COFDM-basierende Systeme, die verschiedene Modulationsarten wie QPSK, 16QAM und 64QAM erlauben und verschiedene Fehlerschutzstufen wählbar machen. Näheres ist nicht bekannt, bzw. veröffentlicht worden und kann somit leider auch hier in diesem Kapitel nicht näher erläutert werden.

28.2 T-DMB

T-DMB = Terrestrial Digital Multimedia Broadcasting stammt von der Idee her aus Deutschland, wurde in Südkorea weiterentwickelt und ist von der Physik her ganz genauso wie das europäische DAB – Digital Audio Broadcasting. T-DMB ist für den Mobilempfang von Broadcasting-Diensten ähnlich wie DVB-H vorgesehen für den Empfang am Handy. T-DMB entspricht 100% DAB, wobei DAB von Haus aus den bei T-DMB verwendeten Modus „Stream Mode" für Data Broadcasting unterstützt (Abb. 28.2.). Der bei DAB mögliche ungleiche Fehlerschutz „Unequal Error Protection" ist jedoch hierbei nicht mehr möglich. Der gesamte Subchannel, der für den T-DMB-Channel vorgesehen ist, muss gleichmäßig geschützt werden.

Bei T-DMB werden die Video- und Audioinhalte MPEG-4- AVC und AAC-codiert. Bei der Videocodierung kommt das neue H.264-Verfahren zum Einsatz. Video- und Audio werden dann in PES-Pakete verpackt und dann zu einem MPEG-2-Transportstrom zusammengestellt (Abb. 28.1.). Dieser beinhaltet auch die bekannten PSI/SI-Tabellen. Der Transportstrom wird dann fast genauso wie bei DVB-C fehlergeschützt, es erfolgt also ein Reed-Solomon-RS(204, 188)-Fehlerschutz plus Forney-Interleaving. An-schließend wird der Datenstrom im Stream Mode an DAB „angedockt" (Abb. 28.2.).

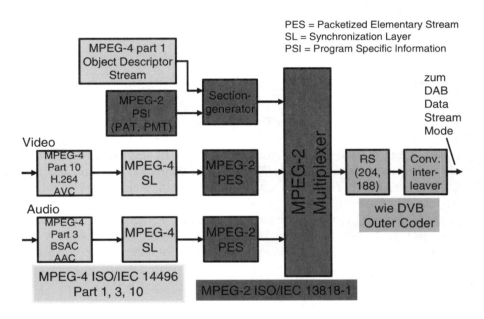

Abb. 28.1. Blockschaltbild T-DMB-Modulator

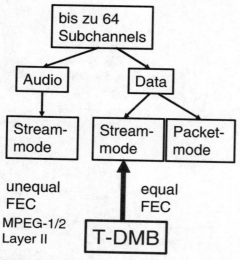

Abb. 28.2. DAB-Datenstruktur

Literatur: [ETS300401], [T-DMB]

29 Digitales Fernsehen weltweit - ein Ausblick

Nun wurden die zahlreichen technischen Details der verschiedenen digitalen Fernsehstandards besprochen. Was jetzt noch fehlt, ist ein Bericht über die aktuelle Entwicklung und Verbreitung dieser Technologien und ein Ausblick. Digitales Satellitenfernsehen - DVB-S - ist in Europa über zahlreiche Transponder der Satelliten Astra und Eutelsat verfügbar. Viele Multiplexe sind unverschlüsselt empfangbar. Komplette Empfangsanlagen für DVB-S werden für ca. 100 ... 200 EUR in zahlreichen Kaufhäusern angeboten. In Deutschland sind etwa 15 Multiplexe im Breitbandkabelnetz als DVB-C-Kanäle empfangbar. Nachdem die meisten davon nur mit Pay-TV-Kanälen belegt sind, ist die Akzeptanz und Bekanntheit momentan noch entsprechend gering. Digitales Terrestrisches Fernsehen hat sich in zahlreichen Ländern mittlerweile sehr gut verbreitet, allen voran Großbritannien, wo DVB-T 1998 startete. DVB-T verbreitete sich vor allem zuerst in Skandinavien; Schweden ist komplett mit DVB-T versorgt. Auch Australien gehört zu den Ländern, die DVB-T als erste eingeführt haben. DVB-T gibt es in Australien v.a. an der Ost- und Südküste in den Ballungszentren. DVB-T wird aufgebaut in Südafrika und Indien. In Europa ist der momentane Stand der folgende: In Deutschland hat DVB-T im Herbst 2002 in Berlin gestartet, im August 2003 waren dann in Berlin 7 Multiplexe mit über 20 Programmen in der Luft, das analoge Fernsehen wurde nur sehr kurz parallel hierzu im sog. Simulcast betrieben und im August 2003 komplett abgeschaltet, was schon eine gewisse „Revolution" darstellte. DVB-T wurde als Portable-Indoor-Empfang ausgelegt. Der Empfang ist mit einfachen Zimmerantennen im Herzen von Berlin z.T. bis an die Randlagen von Berlin möglich. Es gibt natürlich an manchen Stellen Einschränkungen beim Indoor-Empfang aufgrund von Gebäude-Dämpfung oder sonst. Abschattungen. Dieses als „Überallfernsehen" bezeichnete Prinzip hat sich dann in den Jahren 2003, 2004 und 2005 auch auf die Regionen NRW, Hamburg, Bremen, Hannover, Frankfurt und seit 30. Mai 2005 auch auf die Großräume München und Nürnberg ausgebreitet. Die Datenraten pro DVB-T-Kanal liegen in Deutschland im Bereich von 13...15 Mbit/s, pro Kanal finden etwa 4 Programme Platz. Meist sind etwa 4...6 Frequenzen in der Luft. Der Raum Mecklenburg folgte im Herbst 2005. Der Stuttgarter

Raum ist für das Jahr 2006 vorgesehen. Die in Deutschland realisierten Netze sind alle als kleine SFN-Inseln mit wenigen Sendern ausgelegt.

In Italien wurde DVB-T im Jahre 2004 ziemlich stark ausgebaut. Dort ist u.a. auch MHP nicht nur in der „Luft", sondern findet auch Akzeptanz.

Die Schweiz folgte mit DVB-T 2004/2005; in Österreich ist der DVB-T-Start für Oktober 2006 vorgesehen.

In Grönland z.B. ist DVB-T eine sehr kostengünstige Alternative, der Bevölkerung in den kleinen Städten - jede eine Insel für sich – mehr Fernsehvielfalt anzubieten. Satellitenempfang ist in Grönland sehr schwierig und nur mit riesigen Antennen machbar. Deshalb bietet es sich an, die einmal empfangenen Kanäle terrestrisch über DVB-T kostengünstig mit Sendeleistungen um die 100 W zu verbreiten.

DVB-T läuft auch in Belgien und Holland und wird v.a. in Holland in den nächsten Jahren stark ausgebaut.

In USA, Kanada, Mexiko und Südkorea verbreitet sich ATSC, begleitet von einigen technischen Schwierigkeiten wegen des Einträgerverfahrens. ATSC wird wohl fast auf diese Länder beschränkt bleiben.

Japan hat seinen eigenen Standard, nämlich ISDB-T.

Auf DVD und als MiniDV-Standard hat sich digitales Fernsehen jedoch mittlerweile auf jedenfall etabliert. Beide Verfahren haben die Wiedergabequalität im Vergleich zu VHS quantensprungweise verändert. Immer mehr Filme werden jetzt parallel zu VHS auch auf DVD angeboten, DVD-Wiedergabegeräte kosten auch nur noch etwa um die 100 EUR und jeder neue PC ist sowieso damit ausgestattet. Und im Heimvideokamerabereich kann man MiniDV-Kameras ab mittlerweile um die 500 EUR erwerben, bei bester Bildqualität.

Momentan laufen in Europa Feldversuche zum Thema DVB-H. Wie sich DVB-H durchsetzen wird und wie es sich hierbei mit dem Konkurrenzverfahren T-DMB verhält, vermag an dieser Stelle nicht geklärt werden.

Europa befindet sich momentan auch in der Einführung von HDTV=High Definition Television. Hierbei wird auf neue Schlüsseltechnologien gesetzt, wie MPEG-4 AVC / H.264 und dem neuen Satellitenstandard DVB-S2.

Mit diesem Buch wurde - angeregt durch viele Seminarteilnehmer weltweit - versucht, dem Praktiker sei es als Sendernetzplaner, Servicetechniker an Senderstandorten, Verantwortlicher für MPEG-2-Encoder und Multiplexer in Studios und Playout-Centern, Mitarbeiter in Entwicklungslabors oder auch als Studierender einen Einblick in die Technik und Messtechnik des digitalen Fernsehens zu geben. Es wurde bewusst versucht, den Schwerpunkt auf die wichtigen praktischen Dinge zu legen und den mathematischen "Balast" gering zu halten.

Der Autor dieses Buches konnte die Einführung des digitalen Fernsehens hautnah miterleben, sei es bei der Arbeit in der Entwicklungsabteilung „TV-Messtechnik" von Rohde&Schwarz und v.a. auch später bei vielen Seminarreisen, dazu zählen mittlerweile alleine 9 Reisen nach Australien. Prägend war auch das direkte Miterleben der Inbetriebnahme des DVB-T-Netzes Südbayern mit den Sendern München Olympiaturm und Sender Wendelstein von Anfang an bis zum Einschaltzeitpunkt um 1:00 nachts am 30. Mai 2005 auf dem Sender Wendelstein. Viele anschließende Feldmessungen und Erfahrungen aus Reisen von Australien bis Grönland sind in dieses Buch eingeflossen.

Herzlichen Dank und Gruß an die viele tausenden von Kursteilnehmern weltweit, für die Diskussionen und Anregungen in den vielen vielen Seminaren. Es sei damit auch der Wunsch an einen reichen Nutzen der gesammelten Erkenntnisse verbunden.

Literaturverzeichnis

[A53] ATSC Doc. A53, ATSC Digital Television Standard, September 1995

[A65] ATSC Doc. A65, Program and System Information Protocol for Terrestrial Broadcast and Cable, December 1997

[BEST] Best, R.: Handbuch der analogen und digitalen Filterungstechnik. AT Verlag, Aarau, 1982

[BOSSERT] Bossert, M.: Kanalcodierung. Teubner, Stuttgart, 1998

[BRIGHAM] Brigham, E. O.: FFT, Schnelle Fouriertransformation. Oldenbourg, München 1987

[BRINKLEY] Brinkley, J.: Defining Vision - The Battle for the Future of Television. Harcourt Brace, New York, 1997

[BUROW] Burow, R., Mühlbauer, O., Progrzeba, P.: Feld- und Labormessungen zum Mobilempfang von DVB-T. Fernseh- und Kinotechnik 54, Jahrgang Nr. 3/2000

[COOLEY] Cooley, J. W., and Tukey J. W., An Algorithm for Machine Calculation of Complex Fourier Series, Math. Computation, Vol. 19, pp. 297-301, April 1965

[DAMBACHER] Dambacher, P.: Digitale Technik für Hörfunk und Fernsehen. R. v. Decker, 1995

[DAVIDSON] Davidson, G., Fielder, L., Antill, M.: High-Quality Audio Transform Coding at 128 kBit/s, IEEE, 1990

[DVM] MPEG-2 Analyzer DVM, Documentation, Rohde&Schwarz, Munich, 2005

[DVMD] Digital Measurement Decoder DVMD, Gerätehandbuch, Rohde&Schwarz, Munich, 2001

[DVQ] Digital Picture Quality Analyzer DVQ, Gerätehandbuch, Rohde&Scharz, München, 2001

[DVG] Digital Video Generator DVG, Gerätehandbuch, Rohde&Schwarz, München, 2001

[ETS101812] Digital Video Broadcasting (DVB); Multimedia Home Platform (MHP) Specification 1.1.1., ETSI 2003

[ETS102006] ETSI TS 102 006, Digital Video Broadcasting (DVB); Specifications for System Software Update in DVB Systems, ETSI, 2004

[ETS300401] Radio Broadcasting Systems ; Digital Audio Broadcasting (DAB) to mobile, portable and fixed receivers, ETSI May 2001

[ETS300472] ETS 300472 Digital broadcasting systems for television, sound and data services; Specification for conveying ITU-R System B Teletext in Digital Video Broadcasting (DVB) bitstreams, ETSI, 1995

[ETS301192] ETSI EN 301 192, Digital Video Broadcasting (DVB); DVB specification for data broadcasting

[ETS301234] Digital Audio Broadcasting (DAB) ; Multimedia Object Transfer (MOT) protocol, ETSI 1999

[ETS300421] ETS 300421, Digital broadcasting systems for television, sound and data services; Framing structure, channel coding and modulation for 11/12 GHz satellite systems, ETSI, 1994

[ETS300429] ETS 300429, Digital Video Broadcasting; Framing structure, channel coding and modulation for cable systems, ETSI, 1998

[ETS300468] ETS 300468 Specification for Service Information (SI) in Digital Video Broadcasting (DVB) Systems, ETSI, March 1997

[ETS300744] ETS 300744, Digital Video Broadcasting; Framing structure, channel coding and modulation for digital terrestrial television (DVB-T), ETSI, 1997

[ETS300797] Digital Audio Broadcasting (DAB) ; Distribution Interfaces ; Service Transport Interface (STI), ETSI 1999

[ETS300799] Digital Audio Broadcasting (DAB) ; Distribution Interfaces ; Ensemble Transport Interface (ETI), ETSI, Sept. 1997

[ETS302304] Digital Video Broadcasting (DVB); Transmission Systems for Handheld Terminals (DVB-H), ETSI 2004

[ETR290] ETSI Technical Report ETR 290, Digital Video Broadcasting (DVB), Measurement Guidelines for DVB systems, Sophia Antipolis, 2000

[ETS302307] Digital Video Broadcasting (DVB), Second generation framing structure, channel coding and modulation, systems for Broadcasting, interactive services, News Gathering and other broadband satellite applications, ETSI 2004

[FISCHER1] Fischer, W.: Die Fast Fourier Transformation - für die Videomesstechnik wiederentdeckt. Vortrag und Aufsatz Fernseh- und Kinotechnische Gesellschaft, FKTG, Mai 1988

[FISCHER2] Fischer, W.: Digital Terrestrial Television: DVB-T in Theory and Practice, Seminar Documentaion, Rohde&Schwarz, Munich, 2001

[FISCHER3] Fischer, W.: DVB Measurement Guidelines in Theory and Practice, Seminar Documentation, Rohde&Schwarz, Munich, 2001

[FISCHER4] Fischer, W.: MPEG-2 Transport Stream Syntax and Elementary Stream Encoding, Seminar Documentation, Rohde&Schwarz, Munich, 2001

[FISCHER5] Fischer, W.: Picture Quality Analysis on Digital Video Signals, Seminar Documentation, Rohde&Schwarz, Munich, 2001

[FISCHER6] Fischer, W.: Digital Television, A Practical Guide for Engineers, Springer, Berlin, Heidelberg, 2004

[FISCHER7] Fischer, W.: Einführung in DAB, Seminardokumentation, Rohde&Schwarz München, 2004

[GIROD] Girod, B., Rabenstein, R., Stenger, A.: Einführung in die Systemtheorie. Teubner, Stuttgart, 1997

[GRUNWALD] Grunwald, S.: DVB, Seminar Documentation, Rohde&Schwarz, Munich, 2001

[HARRIS] Harris, Fredrik J.: On the Use of Windows for Harmonic Analysis with the Discrete Fourier Transform, Proceedings of the IEEE, Vol. 66, January 1978

[HOEG_LAUTERBACH] Hoeg W., Lauterbach T.: Digital Audio Broadcasting, Principles and Applications of Digital Radio, Wiley, Chichester, UK, 2003

[HOFMEISTER] Hofmeister, M.: Messung der Übertragungsparameter bei DVB-T, Diplomarbeit Fachhochschule München, 1999

[ISO/IEC13522.5] Information technology – Coding of multimedia and hypermedia information – part 5: Support of base-level interactive applications. ISO/IEC 13522-5, 1997

[ISO13818-1] ISO/IEC 13818-1 Generic Coding of Moving Pictures and Associated Audio: Systems, ISO/IEC, November 1994

[ISO13818-2] ISO/IEC 13818-2 MPEG-2 Video Coding

[ISO13181-3] ISO/IEC 13818-3 MPEG-2 Audio Coding

[ISO/IEC13818-6] Digital Storage Media Command and Control (DSM-CC), ISO/IEC 13818-6, 1996

[ITU205] ITU-R 205/11, Channel Coding, Frame Structure and Modulation Scheme for Terrestrial Integrated Services Digital Broadcasting (ISDB-T), ITU, March 1999

[ITU500] ITU-R BT.500 Methology for Subjective Assessment of Quality of Television Signals

[ITU601] ITU-R BT.601

[ITU709] ITU-R BT.709-5, Parameter values for the HDTV standards for production and interactive programme exchange, ITU, 2002

[ITU1120] ITU-R BT.1120-3, Digital interfaces for HDTV studio signals, ITU, 2000

[ITUJ83] ITU-T J83: Transmission of Television, Sound Programme and other Multimedia Signals; Digital Transmission of Television Signals, April 1997

[JACK] Jack, K.: Video Demystified, A Handbook for the Digital Engineer, Elsevier, Oxford, UK, 2005

[JAEGER] Jaeger, D.: Übertragung von hochratigen Datensignalen in Breitbandkommunikationsnetzen, Dissertation. Selbstverlag, Braunschweig, 1998

[KAMMEYER] Kammeyer, K.D.: Nachrichtenübertragung. Teubner, Stuttgart, 1996

[KORIES] Kories, R., Schmidt-Walter, H.: Taschenbuch der Elektrotechnik. Verlag Harri Deutsch, Frankfurt, 2000

[KUEPF] Küpfmueller, K.: Einführung in die theoretische Elektrotechnik. Springer, Berlin, 1973

[LASS] Lassalle, R., Alard, M.: Principles of Modulation and Channel Coding for Digital Broadcasting for Mobile Receivers. EBU Review no. 224, August 1987

[LEFLOCH] Le Floch, B., Halbert-Lassalle, R., Castelain, D.: Digital Sound Broadcasting to Mobile Receivers. IEEE Transactions on Consumer Electronics, Vol. 35, No. 3, August 1989

[LOCHMANN] Lochmann, D.: Digitale Nachrichtentechnik, Signale, Codierung, Übertragungssysteme, Netze. Verlag Technik, Berlin, 1997

[MAEUSL1] Mäusl, R.: Digitale Modulationsverfahren. Hüthig, Heidelberg, 1985

[MAEUSL2] Mäusl, R.: Modulationsverfahren in der Nachrichtentechnik. Huethig, Heidelberg, 1981

[MAEUSL3] Mäusl, R.: Refresher Topics - Television Technology, Rohde&Schwarz, Munich, 2000

[MAEUSL4] Mäusl, R.: Von analogen Videoquellensignal zum digitalen DVB-Sendesignal, Seminar Dokumentation, München, 2001

[MAEUSL5] Mäusl, R.:Fernsehtechnik, Von der Kamera bis zum Bildschirm. Pflaum Verlag, München, 1981

[MAEUSL6] Mäusl R.: Fernsehtechnik, Vom Studiosignal zum DVB-Sendesignal, Hüthig, Heidelberg, 2003

[NELSON] Nelson, M.: Datenkomprimierung, Effiziente Algorithmen in C. Heise, Hannover, 1993

[NEUMANN] Neumann, J.: Lärmmeßpraxis. Expert Verlag, Grafenau, 1980

[PRESS] Press, H. W., Teukolsky, S. A., Vetterling, W. T., Flannery, B. P.: Numerical Recipes in C. Cambridge University Press, Cambridge, 1992

[RAUSCHER] Rauscher, C.: Grundlagen der Spektrumanalyse. Rohde&Schwarz, München, 2000

[REIMERS] Reimers, U.: Digitale Fernsehtechnik, Datenkompression und Übertragung für DVB. Springer, Berlin, 1997

[REIMERS1] Reimers U.: DVB, The Family of International Standards for Digital Video Broadcasting, Springer, Berlin, Heidelberg, New York, 2004

[R&S_APPL_1MA91] Test of DVB-H Capable Mobile Phones in Development and Production, Application Note, Rohde&Schwarz, April 2005

[SIGMUND] Sigmund, G.: ATM - Die Technik. Hüthig, Heidelberg, 1997

[STEINBUCH] Steinbuch K., Rupprecht, W.: Nachrichtentechnik. Springer, Berlin, 1982

[SFN1] System Monitoring and Measurement for DVB-T Single Frequency Networks with DVMD, DVRM and Stream Explorer®, Rohde&Schwarz, April 2000

[T-DMB] Levi, S.: DMB-S/DMB-T Receiver Solutions on TI DM342, May 2004

[TEICHNER] Teichner, D.: Digitale Videocodierung. Seminarunterlagen, 1994

[THIELE] Thiele, A.N.: Digital Audio for Digital Video, Journal of Electrical and Electronics Engineering, Australia, September 1993

[TODD] Todd, C. C.: AC-3 The Multi-Channel Digital Audio Coding Technology. NCTA Technical Papers, 1994

[TOZER] Tozer E.P.J.: Broadcast Engineer's Reference Book, Elsevier, Oxford, UK, 2004

[TR101190] TR101190, Implementation Guidelines for DVB Terrestrial Services, ETSI, 1997

[TR101496] Digital Audio Broadcasting (DAB) ; Guidelines and rules for implementation and operation, ETSI 2000

[EFA] TV Test Receiver EFA, Gerätehandbuch, Rohde&Schwarz, München, 2001

[SFQ] TV Test Transmitter SFQ, Gerätehandbuch, Rohde&Schwarz, München, 2001

[WATKINSON] Watkinson, J.: The MPEG Handbook, Elsevier, Oxford, UK, 2004

[WEINSTEIN] Weinstein, S. B., Ebert, P. M.: Data Transmission by Frequency-Division Multiplexing Using the Discrete Fourier Transform. IEEE Transactions and Communication Technology, Vol. Com. 19, No. 5, October 1971

[WOOTTON] Wootton C.:, A Practical Guide to Video and Audio Compression, From Sprockets and Rasters to Macro Blocks, Elsevier, Oxford, UK, 2005

[ZEIDLER] Zeidler, E., Bronstein, I.N., Semendjajew K. A.: Teubner-Taschenbuch der Mathematik, Teubner, Stuttgart, 1996

[ZIEMER] Ziemer, A.: Digitales Fernsehen, Eine neue Dimension der Medienvielfalt. R. v. Decker, Heidelberg, 1994

[ZWICKER] Zwicker, E.: Psychoakustik. Springer, Berlin 1982

Abkürzungsverzeichnis

Diese Sammlung von wichtigen Begriffen aus dem Themenkomplex "Digitales Fernsehen" konnte dankenswerterweise zum größten Teil aus Dokumentationen der Firma Rohde&Schwarz übernommen werden, bei der der Autor tätig ist.

AAL0	ATM Adaptation Layer 0
AAL1	ATM Adaptation Layer 1
AAL5	ATM Adaptation Layer 5
ASI	Asynchronous Serial Interface
ATM	Asynchronous Transfer Mode
ATSC	Advanced Television Systems Committee
BAT	Bouquet Association Table
BCH	Bose-Chaudhuri-Hocquenghem Code
CA	Conditional Access
CAT	Conditional Access Table
CI	Common Interface
COFDM	Coded Orthogonal Frequency Divison Multiplex
CRC	Cyclic Redundancy Check
CVCT	Cable Virtual Channel Table
DAB	Digital Audio Broadcasting
DDB	Download Data Block
DMB-T	Digital Terrestrial Multimedia Broadcasting Terrestrial
DRM	Digital Radio Mondiale
DSI	Download Server Initializing
DSM-CC	Digital Storage Media Command and Control
DII	Download Info Identification
DTS	Decoding Time Stamp
DVB	Digital Video Broadcasting
ECM	Entitlement Control Messages
EIT	Event Information Table
EMM	Entitlement Management Messages
ES	Elementary Stream
ETT	Extended Text Table

FEC	Forward Error Correction
IRD	Integrated Receiver Decoder
LDPC	Low Density Priority Check Code
LVDS	Low Voltage Differential Signalling
MGT	Master Guide Table
MHP	Multimedia Home Platform
MHEG	Multimedia and Hypermedia Information Coding Experts Group
MIP	Megaframe Initialization Packet
MOT	Multimedia Object Transfer
MPEG	Moving Pictures Expert Group
NIT	Network Information Table
OFDM	Orthogonal Frequency Division Multiplex
PAT	Program Association Table
PCR	Program Clock Reference
PCMCIA	PCMCIA
PDH	Plesiochronous Digital Hierarchy
PES	Packetized Elementary Stream
PID	Packet Identifier
PMT	Program Map Table
Profile	MP@ML
PS	Program Stream
PSI	Program Specific Information
PSIP	Program and System Information Protocol
PTS	Presentation Time Stamp
QAM	Quadrature Amplitude Modulation
QPSK	Quadrature Phase Shift Keying
RRT	Rating Region Table
SDH	Synchronous Digital Hierarchy
SDT	Service Descriptor Table
SI	Service Information
SONET	Synchronous Optical Network
SSU	System Software Update
ST	Stuffing Table
STD	System Target Decoder
STT	System Time Table
T-DMB	Terrestrial Digital Multimedia Broadcasting
TDT	Time and Data Table
TOT	Time Offset Table
TS	Transport Stream
TVCT	Terrestrial Virtual Channel Table
VSB	Vestigial Sideband Modulation

Adaptation Field
Das Adaptation Field ist eine Erweiterung des TS-Headers und enthält Zusatzdaten für ein Programm. Von besonderer Bedeutung ist dabei die Program Clock Reference (PCR). Das Adaptation Field darf grundsätzlich nicht verschlüsselt übertragen werden.

Asynchronous Transfer Mode ~~Asynchronous Transfer Mode~~ (ATM)
Verbindungsorientiertes Breitband Übertragungsverfahren mit Zellen fester Länge von 53 Bytes. Hierbei werden Nutz- und Signalisierungsinformationen übertragen.

ATM Adaptation Layer 0 (AAL0)
Das ATM AAL0 Layer ist eine transparente ATM Schnittstelle. Hier werden die ATM-Zellen direkt weitergeleitet, ohne durch das ATM Adaptation Layer behandelt worden zu sein.

ATM Adaptation Layer 1 (AAL1)
Das ATM Adaption Layer AAL1 findet für MPEG-2 mit und ohne FEC Anwendung. Die Payload beträgt hierbei 47 Bytes, die restlichen 8 Bytes werden für den Header mit der Forward Error Correction und der Sequence Number verwendet. Damit lässt sich die Reihenfolge der eingehenden Data Units, sowie die Übertragung überprüfen. Mit der FEC lassen sich Übertragungsfehler korrigieren.

ATM Adaptation Layer 5 (AAL5)
Das ATM Adaption Layer AAL5 findet für MPEG-2 grundsätzlich ohne FEC Anwendung. Die Payload beträgt hierbei 48 Bytes, die restlichen 7 Bytes werden für den Header verwendet. Es können beim Empfang keine Korrekturen fehlerhaft übertragener Daten stattfinden.

Asynchronous Serial Interface (ASI)
Das ASI ist eine Schnittstelle für den Transport Stream. Dabei wird jedes Byte des Transport Stream auf 10 Bit erweitert (Energieverwischung) und unabhängig von der Datenrate des Transport Stream mit einem festen Bittakt von 270 MHz (asynchron) übertragen. Die feste Datenrate wird durch Hinzunahme von Fülldaten ohne Informationsinhalt erzielt. Die Einfügung der Nutzdaten in den seriellen Datenstrom erfolgt entweder in einzelnen Bytes oder ganzen TS-Packets. Dies ist notwendig, um einen PCR-Jitter zu vermeiden. Nicht zulässig ist deshalb ein variabler Pufferspeicher am Sender.

Advanced Television Systems Committee (ATSC)
Nordamerikanisches Normungsgremium, das den gleichnamigen Standard für die digitale Übertragung von Fernsehsignalen festgelegt hat. ATSC basiert ebenso wie DVB auf MPEG-2-Systems bezüglich der Transportstrom-Multiplexbildung sowie MPEG-2-Video für die Video-

kompression. Für die Audiokompression wird jedoch abweichend von MPEG-2 der Standard AC-3 verwendet. ATSC spezifiziert die terrestrische und kabelgebundene Übertragung während die Ausstrahlung über Satellit nicht berücksichtigt ist.

Bose-Chaudhuri-Hocquenghem Code (BCH)
Zyklischer Blockcode, der u.a. beim Satellitenstandard DVB-S2 in der FEC verwendet wird.

Bouquet Association Table (BAT)
Die BAT ist eine SI-Tabelle (DVB). Sie enthält Informationen über die verschiedenen Programme (Bouquet) eines Anbieters. Sie wird in TS-Packets mit der PID 0x11 übertragen und durch die Table_ID 0x4A angezeigt.

Cable Virtual Channel Table (CVCT)
Die CVCT ist eine PSIP-Tabelle (ATSC), die Kenndaten (z. B. Kanalnummer, Frequenz, Modulationsart) für ein Programm (= Virtual Channel) im Kabel enthält (terrestrische Übertragung → TVCT). Die CVCT wird in TS-Paketen mit der PID 0x1FFB übertragen und durch die Table_id 0xC9 angezeigt.

Common Interface (CI)
Das CI ist eine empfängerseitige Schnittstelle für eine anbieterspezifische wechselbare CA-Einsteckkarte. Damit soll es möglich sein mit ein und derselben Hardware verschlüsselte Programme von verschiedenen Anbietern trotz unterschiedlicher CA-Systeme zu dekodieren.

Conditional Access (CA)
CA ist ein System, das Programme verschlüsseln und auf der Empfängerseite individuell nur den berechtigten Nutzern zugänglich machen kann. Es eröffnet den Programmanbietern die Möglichkeit, Programme oder auch einzelne Sendungen gebührenpflichtig zu senden. Die Verschlüsselung kann auf einer von zwei vorgesehenen Ebenen eines MPEG-2 Multiplexstromes stattfinden. Dies ist die Ebene des Transport Stream oder die Ebene des Packetized Elementary Stream. Dabei bleiben die jeweiligen Header unverschlüsselt. Ebenfalls unverschlüsselt bleiben die PSI- und SI-Tabellen mit Ausnahme der EIT.

Conditional Access Table (CAT)
Die CAT ist eine PSI-Tabelle (MPEG-2) und enthält für die Entschlüsselung von Programmen notwendige Informationen. Sie wird in TS-Packets mit der PID 0x0002 übertragen und durch die Table_ID 0x01 gekennzeichnet.

Continuity Counter
Der Continuity Counter ist für jeden Elementary Stream (ES) als Vier-Bit-Zähler im vierten und letzten Byte eines jeden TS-Header vorhanden. Er zählt die TS-Packets eines PES und dient der Feststellung der richtigen

Reihenfolge sowie der Vollständigkeit der Pakete eines PES. Mit jedem neuen Paket des PES erfolgt ein Increment des Zählers (auf die Fünfzehn folgt die Null). Unter bestimmten Umständen sind Abweichungen davon erlaubt.

Coded Orthogonal Frequency Division Multiplex (COFDM)

Im Prinzip OFDM. C steht für den Fehlerschutz (Coding), der immer vor OFDM geschaltet wird.

Cyclic Redundancy Check (CRC)

Der CRC dient der Feststellung der fehlerfreien Übertragung von Daten. Dazu wird im Sender aus den zu überwachenden Daten ein Bitmuster errechnet und an die betreffenden Daten angehängt und zwar in der Weise, daß ein äquivalentes Rechenwerk im Empfänger nach der Verarbeitung des nun erweiterten Datenabschnitts bei fehlerfreier Übertragung ein festes Bitmuster zum Ergebnis hat. In einem Transport Stream ist für die PSI-Tabellen (PAT, PMT, CAT, NIT) sowie für einige SI-Tabellen (EIT, BAT, SDT, TOT) ein CRC vorgesehen.

Decoding Time Stamp (DTS)

Das DTS ist ein 33-Bit-Wert im PES-Header und repräsentiert den Dekodierzeitpunkt des betreffenden PES-Packets. Der Wert bezieht sich auf die 33 höherwertigen Bit der zugehörigen Program Clock Reference. Ein DTS ist nur vorhanden, wenn es vom Presentation Time Stamp (PTS) abweicht. Das ist bei Videoströmen dann der Fall, wenn Differenzbilder übertragen werden und somit die Reihenfolge der Dekodierung nicht mit der Reihenfolge der Ausgabe übereinstimmt.

Digital Radio Mondiale (DRM)

Digitaler Standard für Hörfunk im Mittelwellen- und Kurzwellenbereich. Die Audiosignale werden MPEG-4 AAC-codiert. Als Modulationsverfahren kommt COFDM zum Einsatz.

Digital Audio Broadcasting (DAB)

Ein im Rahmen des EUREKA Projekts 147 definierter Standard für den Digitalen Hörfunk im VHF-Band III, sowie dem L-Band. Die Audiocodierung erfolgt gemäß MPEG-1 oder MPEG-2 Layer II. Als Modulationsverfahren wird COFDM mit DSPSK-Modulation verwendet.

Digital Storage Media Command and Control (DSM-CC)

Private Sections gemäß MPEG-2, die im MPEG-2 Transportstrom zur Übertragung von Datendiensten in Object Carousels oder für Datagramme wie IP-Pakete dienen.

Download Info Identification (DII)

Logischer Einstiegspunkt in Module eines Object Carousels.

Download Data Block (DDB)

Datenübertragungsblöcke eines Object Carousels, logisch organisiert in Modulen.

Digital Multimedia Broadcasting Terrestrial (DMB-T)

Chinesischer Standard für digitales terrestrisches Fernsehen.

Digital Video Broadcasting (DVB)

Im Rahmen des europäischen DVB-Projekts sind Verfahren und Richtlinien für die digitale Übertragung von Fernsehsignalen festgelegt. Oft finden auch die Kürzel DVB-C (für die Übertragung im Kabel), DVB-S (für die Übertragung über Satellit) und DVB-T (für die terrestrische Übertragung) Verwendung.

Download Server Initializing (DSI)

Logischer Einstiegspunkt in ein Object Carousel.

Elementary Stream (ES)

Der Elementary Stream ist ein 'endloser' Datenstrom für Bild, Ton oder anwenderspezifische Daten. Die aus der Digitalisierung von Bild oder Ton entstandenen Daten sind mit in MPEG-2-Video und MPEG-2-Audio definierten Verfahren komprimiert.

Entitlement Control Messages (ECM)

ECM enthalten Informationen für den Descrambler im Empfänger eines CA-Systems, die Auskunft zum Entschlüsselungsverfahren geben.

Entitlement Management Messages (EMM)

EMM enthalten Informationen für den Descrambler im Empfänger eines CA-Systems, die Auskunft über die Zugriffsrechte des jeweiligen Kunden auf bestimmte verschlüsselte Programme oder Sendungen geben.

Event Information Table (EIT)

Die EIT ist sowohl als SI-Tabelle (DVB) als auch als PSIP-Tabelle (ATSC) definiert. Sie gibt Auskunft über Programminhalte ähnlich einer Programmzeitschrift.

In DVB wird die EIT in TS-Packets mit der PID 0x0012 übertragen und durch eine Table_ID von 0x4E bis 0x6F angezeigt. Abhängig von der Table_ID sind unterschiedliche Informationen enthalten:

Table_ID 0x4E actual TS / pesent+following

Table_ID 0x4E other TS / present+following

Table_ID 0x50...0x5F   actual TS / schedule

Table_ID 0x60...0x6F   other TS / schedule

In ATSC sind die EIT-0 bis EIT-127 definiert. Dabei enthält jede der EIT-k Informationen zu Programminhalten eines dreistündigen Abschnitts, angefangen bei der EIT-0 für das aktuelle Zeitfenster. Die EIT-4 bis EIT-127 sind optional. Jede EIT kann in einer von der MGT festgelegten PID mit der Table_id 0xCB übertragen werden.

Extended Text Table (ETT)

Die ETT ist eine PSIP-Tabelle (ATSC) und enthält Informationen zu einem Programm (Channel-ETT) oder zu einzelne Programmsendungen (ETT-0 ... ETT-127).in Textform. Die ETT-0 bis ETT-127 sind den

ATSC-Tabellen EIT-0 bis EIT-127 zugeordnet und geben jeweils Informationen über die Programm-inhalte eines dreistündigen Zeitabschnitts. Die ETT-0 bezieht sich dabei auf das aktuell ablaufende Zeitfenster, die weiteren ETTs auf jeweils spätere Zeitabschnitte. Alle ETTs sind optional. Jede ETT kann in einer von der MGT festgelegten PID mit der Table_id 0xCC übertragen werden.

Forward Error Correction (FEC)
Fehlerschutz bei der Datenübertragung, Kanalcodierung.

Integrated Receiver Decoder (IRD)
Der IRD ist ein Empfänger mit integriertem MPEG-2-Decoder. Umgangssprachlich ist von Set-Top-Box die Rede.

Kanalkodierung
Vor der Modulation und Übertragung eines Transport Stream wird die Kanalcodierung durchgeführt. Zweck der Kanalcodierung ist insbesondere eine Vorwärtsfehlerkorrektur (Forward Error Correction, FEC), die es ermöglicht, während der Übertragung auftretende Bitfehler im Empfänger zu korrigieren.

Low Voltage Differential Signaling (LVDS)
LVDS kommt bei der parallelen Schnittstelle des Transport Stream zur Anwendung. Es ist eine positive differentielle Logik. Die Differenzspannung ist 330 mV an 100 Ω.

Low Density Priority Check Code (LDPC)
Blockcode der in der FEC des Satellitenstandards DVB-S2 verwendet wird.

Master Guide Table (MGT)
Die MGT ist eine Referenztabelle für alle weiteren PSIP-Tabellen (ATSC). Sie listet die Versionsnummer, die Tabellenlänge und die PID für jede PSIP-Tabelle mit Ausnahme der STT auf. Die MGT wird immer mit einer Section in der PID 0x1FFB übertragen und durch die Table_ID 0xC7 angezeigt.

Mega-frame Initialization Packet (MIP)
Das MIP wird mit der PID 0x15 in Transportströmen von terrestrischen Gleichwellennetzen (SFN / Single Frequency Networks) übertragen und ist von DVB definiert. Das MIP enthält Zeitinformationen für GPS (Global Positioning System) und Modulationsparameter. In jedem Mega-Frame ist genau ein MIP vorhanden. Ein Mega-Frame besteht aus n TS-Paketen, wobei die Zahl n von den Modulationsparametern abhängig ist. Die Übertragungsdauer eines Mega-frames ist etwa 0.5 Sekunden.

Multimedia Home Platform (MHP)
Programmbegleitender Datendienst im Rahmen von DVB. Über Object Carousels werden HTML-Files und JAVA-Applikationen für MHP-

taugliche Receiver ausgestrahlt, die dann im Receiver gestartet werden können.

Multimedia and Hypermedia Information Group (MHEG)
Programmbegleitender Datendienst in MPEG-2-Transportströmen, basierend auf Object Carousels und HTML-Applikationen. Wird in UK im Rahmen von DVB-T ausgestrahlt.

MP@ML
MP@ML steht für Main Profile / Main Level und bezeichnet die Art der Quellencodierung für Videosignale. Dabei legt das Profile die anwendbaren Verfahren der Quellencodierung fest, während der Level die Bildauflösung bestimmt.

Moving Picture Experts Group (MPEG)
MPEG steht für ein weltweites Normungsgremium, das sich mit der Codierung, Übertragung und Aufzeichnung von (bewegtem) Bild und Ton befaßt.

MPEG-2
MPEG-2 ist ein von der Moving Picture Experts Group verfaßtes Normenwerk (ISO/IEC 13818), das sich in drei Hauptteile gliedert. Beschrieben wird die Codierung und Komprimierung von Bild (Teil 2) und Ton (Teil 3) zum jeweiligen Elementary Stream sowie die Zusammenführung der Elementary Streams zu einem Transport Stream durch die Multiplexbildung (Teil 1).

Network Information Table (NIT)
Die NIT ist eine PSI-Tabelle (MPEG-2/DVB). Sie enthält technische Daten zum Übertragungsnetzwerk (z. B. Orbitpositionen von Satelliten und Transpondernummern). Die NIT wird in TS-Packets mit der PID 0x0010 übertragen und wird durch die Table_ID 0x40 oder 0x41 angezeigt.

Null Packet
Null Packets sind TS-Packets, mit denen der Transport Stream zur Erlangung einer bestimmten Datenrate aufgefüllt werden kann. Null Packets enthalten keine Nutzdaten und besitzen die Packet Identity 0x1FFF. Der Continuity Counter ist ungültig.

Orthogonal Frequency Division Multiplex (OFDM)
Das Modulationsverfahren wird in DVB-Systemen zur die Ausstrahlung von Transportströmen mit terrestrischen Sendern verwendet. Es ist ein Multiträgerverfahren und eignet sich zum Betrieb von Gleichwellennetzen.

Packet Identity (PID)
Die PID ist ein 13Bit-Wert im TS-Header. Sie kennzeichnet die Zugehörigkeit eines TS-Packet zu einem Teilstrom des Transport Stream. Ein Teilstrom kann einen Packetized Elementary Stream (PES), anwenderspezifische Daten, Program Specific Information (PSI) oder Service Informa-

tion (SI) enthalten. Für verschiedene PSI- und SI-Tabellen sind die zugehörigen PID-Werte fest vergeben (siehe 1.3.6.). Alle anderen PID-Werte sind in den PSI-Tabellen des Transport Stream definiert.

Packetized Elementary Stream (PES)

Für die Übertragung wird der 'endlose' Elementary Stream in Pakete unterteilt. Bei Vidoeströmen bildet ein Bild diese Übertragungseinheit, während dies bei Audioströmen ein Audio Frame ist, das zwischen 16 ms und 72 ms Audiosignal repräsentieren kann. Jedem PES-Packet ist ein PES-Header vorangestellt.

Payload

Unter Payload sind allgemein Nutzdaten zu verstehen. Bezogen auf den Transport Stream sind dies alle Daten außer dem TS-Header und dem Adaptation Field. Bezogen auf einen Elementary Stream (ES) sind nur die Nutzdaten des betreffenden ES ohne den PES-Header Payload.

Payload Unit Start Indicator

Der Payload Unit Start Indicator ist ein 1Bit-Flag im zweiten Byte eines TS-Headers. Er zeigt den Beginn eines PES-Packets bzw. einer Section von PSI- oder SI-Tabellen im betreffenden TS-Packet an.

PCMCIA (PC-CARD)

PCMCIA ist eine von der Personal Computer Memory Card International Association standardisierte physikalische Schnittstelle für den Datenaustausch von Rechnern mit Peripheriegeräten. Eine Variante dieser Schnittstelle wird für das Common Interface verwendet.

PCR-Jitter

Der Wert einer PCR bezieht sich exakt auf den Beginn des TS-Packet, in dem sie sich befindet. Der Bezug auf den 27MHz-System-Takt ergibt eine Genauigkeit von etwa $\pm$ 20 ns. Wenn nun die Differenz der übertragenen Werte von der tatsächlichen Differenz des Beginns der betreffenden Pakete abweicht, spricht man von PCR-Jitter. Er kann beispielsweise durch ungenaue Berechnung der PCR während der Multiplexbildung des Transport Stream oder durch nachträgliches Einfügen von Null Packets auf dem Übertragungsweg ohne Korrektur der PCR verursacht werden.

Plesiochronous Digital Hierarchy (PDH)

Die Plesiochrone Digitale Hierarchy wurde ursprünglich zur Übertragung digitalisierter Sprachverbindungen entwickelt. Dabei werden hochbitratige Übertragungssysteme durch zeitliches Verschachteln der Digitalsignale niederbitratiger Untersysteme erzeugt. In der PDH dürfen die Taktfrequenzen der einzelnen Untersysteme schwan-ken, der Ausgleich dieser Schwankungen erfolgt durch entsprechende Stopfverfahren. Zu der PDH gehören u.a. E3, DS3.

PES-Header

Jedes PES-Packet beginnt im Transport Stream mit einem PES-Header.

Er enthält verschiedene Informationen zur Dekodierung des Elementary Stream. Von besonderer Bedeutung sind dabei die Zeitmarken Presentation Time Stamp (PTS) und Decoding Time Stamp (DTS). Der Beginn eines PES-Headers und damit auch der Beginn eines PES-Packet wird im betreffenden TS-Packet mit dem gesetzten Payload Unit Start Indicator angezeigt. Der PES-Header wird bei Verschlüsselung auf Transportstromebene verschlüsselt. Von der Verschlüsselung auf Elemantarstromebene bleibt er unbeeinflußt (siehe Conditional Access).

PES-Packet

Das PES-Packet (nicht zu verwechseln mit dem TS-Packet) enthält eine Übertragungseinheit eines Packetized Elementary Stream (PES). In einem Videostrom beispielsweise ist dies ein quellencodiertes Bild. Die Länge eines PES-Packets ist in der Regel auf 64 kByte begrenzt. Nur wenn eine Videobild in diesem Rahmen nicht Platz findet, darf das PES-Packet länger als 64 kByte sein. Jedem PES-Packet wird am Beginn ein PES-Header hinzugefügt.

Presentation Time Stamp (PTS)

Das PTS ist ein 33-Bit-Wert im PES-Header und repräsentiert den Ausgabezeitpunkt des Inhalts eines PES-Packets. Der Wert bezieht sich auf die 33 höherwertigen Bits der zugehörigen Program Clock Reference. Wenn die Reihenfolge der Ausgabe nicht mit der Reihenfolge der Dekodierung übereinstimmt, wird zusätzlich ein Decoding Time Stamp (DTS) übertragen. Das trifft für Videoströme zu, die Differenzbilder zum Inhalt haben.

Program and System Information Protocol (PSIP)

PSIP ist die Zusammenfassung der von ATSC definierten Tabellen für die Sendung von Übertragungsparametern, Programmbeschreibungen und anderem. Sie besitzen die von MPEG2-Systems definierte Struktur für ‚Private' Sections. Im einzelnen sind dies:

Master Guide Table (MGT)
Terrestrial Virtual Channel Table (TVCT)
Cable Virtual Channel Table (CVCT)
Rating Region Table (RRT)
Event Information Table (EIT)
Extended Text Table (ETT)
System Time Table (STT)

Program Association Table (PAT)

Die PAT ist eine PSI-Tabelle (MPEG-2). Sie listet alle in einem Transport Stream enthaltenen Programme auf und verweist auf die zugehörigen PMTs, in denen weitere Informationen zu den Programmen enthalten sind. Die PAT wird in TS-Packets mit der PID 0x0000 übertragen und durch die Table_ID 0x00 angezeigt.

Program Clock Reference (PCR)

Die PCR ist als 42-Bit-Wert in einem Adaptation Field enthalten und dient dem Decoder zur Synchronisation seines Systemtaktes (27 MHz) auf den Takt des Encoders bzw. des TS-Multiplexers mittels PLL. Dabei beziehen sich die 33 höherwertigen Bits auf einen 90-kHz-Takt, während die 9 niederwertigen Bits jeweils von 0 bis 299 zählen und damit einen Takt von 300 mal 90 kHz (= 27 MHz) darstellen. Jedes Programm eines Transport Stream bezieht sich auf eine PCR, die im Adaptation Field von TS-Packets mit einer bestimmten PID übertragen wird. Auf die 33 höherwertigen Bits der PCR beziehen sich die Presentation Time Stamps (PTS) und Decoding Time Stamps (DTS) aller Elementary Streams eines Programms. Jede PCR muss nach MPEG-2 im Abstand von höchstens 100 ms , nach den DVB-Richtlinien im Abstand von höchstens 40 ms übertragen werden.

Program Map Table (PMT)

Die PMT ist eine PSI-Tabelle (MPEG-2). In einer PMT sind die zu den einzelnen Programmen gehörenden Elementary Streams (Bild, Ton, Daten) beschrieben. Eine PMT besteht aus einer oder mehreren Sections, die jeweils Informationen zu einem Programm enthalten. Die PMT wird in TS-Packets mit einer PID von 0x0020 bis 0x1FFE übertragen (in der PAT referenziert) und durch die Table_ID 0x02 angezeigt.

Program Stream (PS)

Der Program Stream ist ebenso wie der Transport Stream ein Multiplexstrom, der aber nur Teilströme für ein Programm enthalten kann und nur für die Übertragung in 'ungestörten' Kanälen geeignet ist (z. B. Aufzeichnung in Speichermedien).

Program Specific Information (PSI)

Als Program Specific Information werden die vier in MPEG-2 definierten Tabellen zusammengefaßt. Es sind dies die
Program Association Table (PAT),
Program Map Table (PMT),
Conditional Access Table (CAT),
Network Information Table (NIT).
Quadrature Amplitude Modulation (QAM)

QAM ist das für die Übertragung eines Transport Stream im Kabel verwendete Modulationsverfahren. Vor der QAM wird die Kanalkodierung durchgeführt.

Quadrature Phase Shift Keying (QPSK)

QPSK ist das für die Übertragung eines Transport Stream über Satellit verwendete Modulationsverfahren. Vor dem QPSK wird die Kanalkodierung durchgeführt.

Quellencodierung

Ziel der Quellencodierung ist die Datenreduktion durch möglichst weitgehende Beseitigung von Redundanz bei möglichst geringer Beeinflussung der Relevanz in einem Video- oder Audiosignal. Die anzuwendenden Verfahren sind in MPEG-2 definiert. Sie sind die Voraussetzung dafür, daß die Übertragung von digitalen Signalen gegenüber entsprechenden analogen Signalen weniger Bandbreite beansprucht.

Rating Region Table (RRT)

Die RRT ist eine PSIP-Tabelle (ATSC). Sie enthält für verschiedene geographische Regionen Referenzwerte für die Klassifizierung von Sendungen (z.B. ‚geeignet für Kinder ab X Jahre‘). Die RRT wird mit einer Section in der PID 0x1FFB übertragen und durch die Table_ID 0xCA angezeigt.

Running Status Table (RST)

Die RST ist eine SI-Tabelle (DVB) und enthält Statusinformationen zu den einzelnen Sendungen. Sie wird in TS-Packets mit der PID 0x0013 übertragen und durch die Table_ID 0x71 angezeigt.

Section

Jede Tabelle (PSI und SI) kann eine oder mehrere Sections umfassen. Eine Section kann bis zu 1 kByte lang sein (bei EIT und ST bis zu 4 kByte). Bei den meisten Tabellen sind am Ende einer jeden Section 4 Bytes für den CRC vorhanden.

Service Description Table (SDT)

Die SDT ist ein SI-Tabelle (DVB) und enthält die Namen von Programmen und Programmanbietern. Sie wird in TS-Packets mit der PID 0x0011 übertragen und durch die Table_ID 0x42 oder 0x46 angezeigt.

Service Information (SI)

Als Service Information werden die von DVB definierten Tabellen bezeichnet. Sie besitzen die von MPEG2-Systems definierte Struktur für ‚Private‘ Sections. Es sind dies die

Bouquet Association Table (BAT),
Service Description Table (SDT),
Event Information Table (EIT),
Running Status Table (RST),
Time and Date Table (TDT),
Time Offset Table (TOT).

Oftmals bezieht man auch die Progam Specific Information (PSI) mit ein.

Stuffing Table (ST)

Die ST ist eine SI-Tabelle (DVB). Sie hat keinen relevanten Inhalt und entsteht durch das Überschreiben von nicht mehr gültigen Tabellen auf dem Übertragungsweg (z. B. an Kabelkopfstationen). Sie wird in

TS-Packets mit einer PID von 0x0010 bis 0x0014 übertragen und durch die Table_ID 0x72 angezeigt.

Syncbyte

Das Syncbyte ist das erste Byte im TS-Header und somit auch das erste Byte eines jeden TS-Packet und hat den Wert 0x47.

Synchronous Digital Hierarchy (SDH)

Die Synchronous Digital Hierarchy (SDH) ist ein internationaler Standard zur digitalen Übertragung von Daten in einer einheitlichen Rahmenstruktur (Container). Es können alle Bitraten der PDH, ebenso wie ATM mittels SDH übertragen werden. SDH unterscheidet sich zwar durch die Pointerverwaltung ist aber kompatibel zu den amerikanischen PDH- und SONET-Standards.

Synchronous Optical NETwork (SONET)

Die Synchronous Optical NETwork (SONET) ist ein amerikanischer Standard zur digitalen Übertragung von Daten in einer einheitlichen Rahmenstruktur (Container). Es können alle Bitraten der PDH, ebenso wie ATM mittels SONET übertragen werden. SONET unterscheidet sich durch die Pointerverwaltung und ist damit nicht kompatibel zu dem europäischen SDH-Standard.

System Software Update (SSU)

Genormter System Software Update für DVB-Receiver, gemäß ETSI TS102006.

System Target Decoder (STD)

Der System Target Decoder beschreibt das (theoretische) Modell für einen Dekoder von MPEG2-Transportströmen. Ein 'realer' Dekoder muß alle dem STD zugrunde liegenden Bedingungen erfüllen, wenn sichergestellt sein soll, daß er die Inhalte aller nach MPEG2 erzeugten Transportströme fehlerfrei dekodieren kann.

System Time Table (STT)

Die STT ist eine PSIP-Tabelle (ATSC). Sie enthält Datum und Uhrzeit (UTC) sowie die lokale Zeitverschiebung. Die STT wird in TS-Packets mit der PID 0x1FFB übertragen und durch die Table_ID 0xCD angezeigt.

Table_ID

Die Table_Identity definiert die Art der Tabelle (z. B. PAT, NIT, SDT,...) und steht immer am Beginn einer Section der betreffenden Tabelle. Die Table_ID ist insbesondere deshalb nötig, weil in einem Teilstrom mit einer PID verschiedene Tabellen übertragen werden können (z. B. BAT und SDT mit der PID 0x11, siehe Tabelle 1-3).

Terrestrial Digital Multimedia Broadcasting (T-DMB)

Aus Südkorea stammender Standard für Digital TV – Empfäng für Mobilempfänger, basierend auf DAB und MPEG-4 AVC und AAC.

Terrestrial Virtual Channel Table (TVCT)

Die TVCT ist eine PSIP-Tabelle (ATSC), die Kenndaten für ein Programm (z.B. Kanalnummer, Frequenz, Modulationsart) zur terrestrischen Ausstrahlung enthält (Übertragung im Kabel → CVCT). Die TVCT wird in TS-Paketen mit der PID 0x1FFB übertragen und durch die Table_id 0xC8 angezeigt.

Time and Date Table (TDT)

Die TDT ist eine SI-Tabelle (DVB) und enthält Datum und Uhrzeit (UTC). Sie wird in TS-Packets mit der PID 0x0014 übertragen und durch die Table_ID 0x70 angezeigt.

Time Offset Table (TOT)

Die TOT ist eine SI-Tabelle (DVB) und enthält zusätzlich zu Datum und Uhrzeit (UTC) Informationen zur lokalen Zeitverschiebung. Sie wird in TS-Packets mit der PID 0x0014 übertragen und durch die Table_ID 0x73 angezeigt.

Transport Error Indicator

Der Transport Error Indicator ist im TS-Header enthalten und dort das erste Bit nach dem Syncbyte (MSB des zweiten Bytes). Er wird während der Kanaldecodierung gesetzt, wenn diese nicht alle auf dem Übertragungsweg entstandenen Bitfehler in dem betreffenden TS-Packet korrigieren konnte. Da grundsätzlich nicht nachvollzogen werden kann, welche Bits falsch sind (z. B. könnte auch die PID betroffen sein), darf das fehlerhafte Paket keiner weiteren Verarbeitung zugeführt werden. Die Häufigkeit des Auftretens eines gesetzten Transport Error Indicator ist kein Maß für die Bitfehlerrate auf dem Übertragungsweg. Der gesetzte Transport Error Indicator weist darauf hin, dass die Qualität des Übertragungsweges trotz Fehlerschutzcodierung für eine fehlerfreie Übertragung nicht ausreicht. Bereits mit geringfügiger Verschlechterung der Übertragungsqualität wird die Häufigkeit eines gesetzten Transport Error Indicator rasch ansteigen und schließlich die Übertragung ausfallen.

Transport Stream (TS)

Der Transport Stream ist ein von MPEG-2 definierter Multiplexdatenstrom, der mehrere Programme enthalten kann, die wiederum jeweils aus mehreren Elementary Streams bestehen können. Für jedes Programm wird eine Zeitreferenz (PCR) mitgeführt. Die Multiplexbildung geschieht durch die Bildung von TS-Packets für jeden Elementary Stream und die Aneinanderreihung dieser von verschiedenen Elementary Streams stammenden TS-Pakete.

TS-Header

Der TS-Header steht am Beginn eines jeden TS-Packet und ist vier Bytes lang. Der TS-Header beginnt immer mit dem Syncbyte 0x47. Weitere wichtige Elemente sind die PID und der Continuity Counter. Der TS-Header darf grundsätzlich nicht verschlüsselt übertragen werden.

TS-Packet

Der Transport Stream wird in Paketen zu 188 Byte (nach der Kanalcodierung 204 Byte) übertragen. Dabei sind die ersten vier Bytes dem TS-Header vorbehalten, an die sich die 184 Nutzbytes anschließen.

Vestigial Sideband Modulation (VSB)

Das Modulationsverfahren VSB (=Restseitenband-Amplitudenmodulation) findet in ATSC-Systemen Anwendung. Für die terrestrische Ausstrahlung wird dabei 8-VSB mit 8 Amplitudenstufen verwendet, während für die Kabelübertragung meist mit 16-VSB moduliert wird.

TV-Kanaltabellen

Die in den folgenden Tabellen aufgelisteten TV-Kanäle sind Beispiele, die für analoges Fernsehen, sowie DVB-C und DVB-T möglich sind.

Analog-TV:
Bildträger bei 7 MHz Bandbreite 2.25 MHz unter Bandmitte,
Bildträger bei 8 MHz Bandbreite 2.75 MHz unter Bandbreite

Tabelle 32.1. TV-Kanalbelegung Europa

Kanal	Band	Mittenfrequenz [MHz]	Bandbreite [MHz]	Anmerkung
2	VHF I	50.5	7	
3	VHF I	57.5	7	
4	VHF I	64.5	7	
	VHF II			UKW 87.5...108.0 MHz
5	VHF III	177.5	7	
6	VHF III	184.5	7	
7	VHF III	191.5	7	
8	VHF III	198.5	7	
9	VHF III	205.5	7	
10	VHF III	212.5	7	
11	VHF III	219.5	7	
12	VHF III	226.5	7	
S1	Sonderkanal	107.5	7	nicht benutzt (UKW)
S 2	Sonderkanal	114.5	7	Kabel, Midband
S 3	Sonderkanal	121.5	7	Kabel, Midband
S 4	Sonderkanal	128.5	7	Kabel, Midband
S 5	Sonderkanal	135.5	7	Kabel, Midband
S 6	Sonderkanal	142.5	7	Kabel, Midband
S 7	Sonderkanal	149.5	7	Kabel, Midband
S 8	Sonderkanal	156.5	7	Kabel, Midband
S 9	Sonderkanal	163.5	7	Kabel, Midband
S 10	Sonderkanal	170.5	7	Kabel, Midband
S 11	Sonderkanal	233.5	7	Kabel, Superband
S 12	Sonderkanal	240.5	7	Kabel, Superband

S 13	Sonderkanal	247.5	7	Kabel, Superband
S 14	Sonderkanal	254.5	7	Kabel, Superband
S 15	Sonderkanal	261.5	7	Kabel, Superband
S 16	Sonderkanal	268.5	7	Kabel, Superband
S 17	Sonderkanal	275.5	7	Kabel, Superband
S 18	Sonderkanal	282.5	7	Kabel, Superband
S 19	Sonderkanal	289.5	7	Kabel, Superband
S 20	Sonderkanal	296.5	7	Kabel, Superband
S 21	Sonderkanal	306	8	Kabel, Hyperband
S 22	Sonderkanal	314	8	Kabel, Hyperband
S 23	Sonderkanal	322	8	Kabel, Hyperband
S 24	Sonderkanal	330	8	Kabel, Hyperband
S 25	Sonderkanal	338	8	Kabel, Hyperband
S 26	Sonderkanal	346	8	Kabel, Hyperband
S 27	Sonderkanal	354	8	Kabel, Hyperband
S 28	Sonderkanal	362	8	Kabel, Hyperband
S 29	Sonderkanal	370	8	Kabel, Hyperband
S 30	Sonderkanal	378	8	Kabel, Hyperband
S 31	Sonderkanal	386	8	Kabel, Hyperband
S 32	Sonderkanal	394	8	Kabel, Hyperband
S 33	Sonderkanal	402	8	Kabel, Hyperband
S 34	Sonderkanal	410	8	Kabel, Hyperband
S 35	Sonderkanal	418	8	Kabel, Hyperband
S 36	Sonderkanal	426	8	Kabel, Hyperband
S 37	Sonderkanal	434	8	Kabel, Hyperband
S 38	Sonderkanal	442	8	Kabel, Hyperband
S 39	Sonderkanal	450	8	Kabel, Hyperband
S40	Sonderkanal	458	8	Kabel, Hyperband
S41	Sonderkanal	466	8	Kabel, Hyperband
21	UHF IV	474	8	
22	UHF IV	482	8	
23	UHF IV	490	8	
24	UHF IV	498	8	
25	UHF IV	506	8	
26	UHF IV	514	8	
27	UHF IV	522	8	
28	UHF IV	530	8	
29	UHF IV	538	8	
30	UHF IV	546	8	
31	UHF IV	554	8	
32	UHF IV	562	8	
33	UHF IV	570	8	
34	UHF IV	578	8	
35	UHF IV	586	8	
36	UHF IV	594	8	
37	UHF IV	602	8	

38	UHF V	610	8
39	UHF V	618	8
40	UHF V	626	8
41	UHF V	634	8
42	UHF V	642	8
43	UHF V	650	8
44	UHF V	658	8
45	UHF V	666	8
46	UHF V	674	8
47	UHF V	682	8
48	UHF V	690	8
49	UHF V	698	8
50	UHF V	706	8
51	UHF V	714	8
52	UHF V	722	8
53	UHF V	730	8
54	UHF V	738	8
55	UHF V	746	8
56	UHF V	754	8
57	UHF V	762	8
58	UHF V	770	8
59	UHF V	778	8
60	UHF V	786	8
61	UHF V	794	8
62	UHF V	802	8
63	UHF V	810	8
64	UHF V	818	8
65	UHF V	826	8
66	UHF V	834	8
67	UHF V	842	8
68	UHF V	850	8
69	UHF V	858	8

Tabelle 32.2. TV-Kanalbelegung Australien (terrestrisch)

Kanal	Band	Mittenfrequenz [MHz]	Bandbreite [MHz]	Anmerkung
0	VHF I	48.5	7	
1	VHF I	59.5	7	
2	VHF I	66.5	7	„ABC Analog" Sydney
3	VHF II	88.5	7	
4	VHF II	97.5	7	
5	VHF II	104.5	7	
5A	VHF II	140.5	7	

6	VHF III	177.5	7	oft „Seven Digital"
7	VHF III	184.5	7	oft „Seven Analog"
8	VHF III	191.5	7	oft „Nine Digital"
9	VHF III	198.5	7	oft „Nine Analog"
9A	VHF III	205.5	7	
10	VHF III	211.5	7	oft „Ten Analog"
11	VHF III	219.5	7	oft „Ten Digital"
12	VHF III	226.5	7	oft „ABC Digital"
28	UHF IV	529.5	7	„SBS Analog" Sydney
29	UHF IV	536.5	7	
30	UHF IV	543.5	7	
31	UHF IV	550.5	7	
32	UHF IV	557.5	7	
33	UHF IV	564.5	7	
34	UHF IV	571.5	7	„SBS Digital" Sydney
35	UHF IV	578.5	7	
36	UHF V	585.5	7	
37	UHF V	592.5	7	
38	UHF V	599.5	7	
39	UHF V	606.5	7	
40	UHF V	613.5	7	
41	UHF V	620.5	7	
42	UHF V	627.5	7	
43	UHF V	634.5	7	
44	UHF V	641.5	7	
45	UHF V	648.5	7	
46	UHF V	655.5	7	
47	UHF V	662.5	7	
48	UHF V	669.5	7	
49	UHF V	676.5	7	
50	UHF V	683.5	7	
51	UHF V	690.5	7	
52	UHF V	697.5	7	
53	UHF V	704.5	7	
54	UHF V	711.5	7	
55	UHF V	718.4	7	
56	UHF V	725.5	7	
57	UHF V	732.5	7	
58	UHF V	739.5	7	
59	UHF V	746.5	7	
60	UHF V	753.5	7	
61	UHF V	760.5	7	
62	UHF V	767.5	7	
63	UHF V	774.5	7	

64	UHF V	781.5	7
65	UHF V	788.5	7
66	UHF V	795.5	7
67	UHF V	802.5	7
68	UHF V	809.5	7
69	UHF V	816.5	7

Abb. 32.1. zeigt die Belegung des Ku-Bands für den TV-Satelliten-Direktempfang.

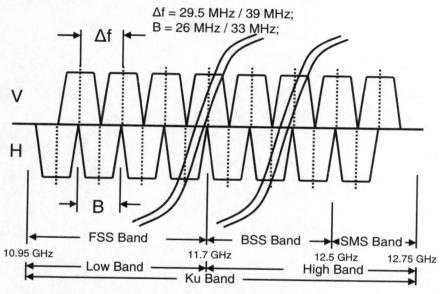

Abb. 32.1. Ku-Band für TV-Direktempfangssatelliten

Sachverzeichnis

16QAM 219, 220

256QAM 272, 287
2T-Impuls 21

4:2:0 117
4:2:2 117

625-Zeilensystem 8
64QAM 220, 272, 284, 288

8 Vestigial Sideband 425
8VSB 425, 443
8VSB-Datensegment 434
8VSB-Modulation 437
8VSB-Modulator 430
8VSB-Spektrum 438

AAL0 517
AAL1 42, 517
AAL5 517
AC-3 142, 152, 520
Adaptation Field 40, 519
Adaptation Field Control 81
Adaptive Spectral Perceptual
  Entropy Encoding 141
Additives weißes gauß'sches
  Rauschen 443
Advanced Television System
  Committee 425
Advanced Video Coding 137
AFC 323
AIT 499
AM 207
Amplitudenmodulation 207, 211

ARIB 77
ASI 517, 519
ASK 425
ASPEC 141
Asynchrone serielle
  Transportstromschnittstelle 174
Asynchronous Serial Interface 519
ATM 41, 517
ATM Adaptation Layer 1 42
ATM Adaptation Layer 5 42
ATSC 4, 75, 425, 443, 517, 519
ATSC-Messempfänger 449
ATSC-Modulator 430
Audio-CD 139
Audiocodierung 145, 147
Audiokomprimierung 140
Audioquellensignal 139
Austastlücke 115
Autocorrelation 472
Autokorrelation 320
Automatic Frequency Control 323
AVC 138
AWGN 252, 288, 306, 387

Bar 26
BAT 65, 517, 520
B-Bild 122
BCH 258, 517
BER 297
Bewegungsvektor 122
Bidirectional Predicted Pictures 122
Bidirektionale Prädiktion 122
Bildkomprimierung 120
Bildqualität 195
Bildqualitätsanalyse 198
Biphase Shift Keying 216
Bit Error Rate 297

Bitfehlerate 297
Bitfehlerrate 262, 279, 283, 297
Bitfehlerrate nach Reed-Solomon 297, 381, 444
Bitfehlerrate vor Reed-Solomon 297, 381, 444
Bitfehlerrate vor Viterbi 381, 444
Blackman-Fenster 111
Blocking 195, 197, 199
Block-Matching 122
Bouquet Association Table 62, 65, 66, 67, 68, 78, 520
BPSK 216
Breitbandkabel 283
BSPK 216
Bündelfehler 240
Burst 26
Burstfehler 274, 478

C/N 252, 261, 267, 290
CA 517
Cable Virtual Channel Table 76, 520
CAT 47, 517, 520
CAT_Error 189
CAZAC 472
C_B 86
CCD 11
CCIR 17 22
CCIR601 83, 171
CCVS 7
CDMA 305
Chrominanz 14, 120
CI 48, 517
Coded Orthogonal Frequency Division Multiplex 304, 308, 325
COFDM 303, 304, 308, 325, 458, 517
COFDM-Modulation 329
COFDM-Modulator 313
COFDM-Symbol 312, 314, 317, 319
Common Interface 48, 520
Common Interleaved Frame 462
Composite Video Signal 9
Conditional Access 517, 520

Conditional Access Table 47, 520
Constant Amplitude Zero Autocorellation 473
Continual Pilots 330, 333
Continuity Counter 81, 520
Continuity_count_error 183
Convolutional Coder 242
Convolutional Coding 477
Cosinusanteil 95
Cosinus-Sinus-Transformation 101
C_R 86
CRC 517, 521
CRC_Error 185, 186
CRC-Checksum 185
Crestfaktor 359, 402
CVCT 517, 520
Cyclic Redundancy Check 521

D2MAC 2
DAB 6, 141, 304, 455, 460, 517
DAB Ensemble 461
DAB-Audio-Frame 464
DAB-COFDM-Frame 474
DAB-Data Broadcasting 494
DAB-Kanal 485
DAB-Mode 464
DAB-Modulator 481
Data Broadcasting 492
Data Piping 496
Data Segment Sync 435, 436
Data Storage Media Command and Control 496
Data Streaming 496
Datagram 496
Datenzeile 23
DCT 3, 101, 114, 124, 126
DCT-Koeffizienten 125, 130
DDB 517
Decoding Time Stamp 521
Decoding Time Stamps 34, 51
DFT 97
differentielle Amplitude 20
differentielle Phase 20
Differenzbild 122
Differenz-Plus-Code-Modulation 118

Digital Audio Broadcasting 6, 141,
   304, 455
Digital Multimedia Broadcasting -
   Terrestrial 79
Digital Multimedia Broadcasting –
   Terrestrial 503
Digital Radio Mondiale 455
Digital Versatile Disc 4
Digital Versatile Disk 164
Digital Video Broadcasting 3, 522
DII 497, 517
Dirac 100
Dirac-Impuls 105, 310
Discrete Multitone 304
Diskrete Cosinustransformation 102
Diskrete Cosinus-Transformation 3
Diskrete Fouriertransformation 97
Diskrete Sinustransformation 102
DMB-T 79, 503, 517
Dolby Digital 4, 142, 152
Dopplereffekt 389
Doppler-Effekt 361
Downlink 252
DPCM 118
DQPSK 470
DRM 455, 517
DSCQS 198
DSI 497, 517
DSM-CC 414, 495, 517
DSM-CC-Sections 53, 54
DTS 51, 124, 517, 521
Dummybytes 175
DVB 3, 517, 522
DVB-C 4, 272, 283, 522
DVB-C-Empfänger 275
DVB-C-Modulator 274
DVB-Data Broadcasting 417
DVB-H 4, 412, 413, 416, 495
DVB-Measurement Guidelines 290
DVB-S 231, 234, 522
DVB-S2 256
DVB-S-Kanal 264
DVB-S-Meßtechnik 261
DVB-S-Modulator 237
DVB-S-Settop-Box 250
DVB-T 305, 522

DVB-T-Empfänger 350
DVB-T-Modulator 347
DVB-T-Nettodatenrate 344
DVB-T-Störeinflüsse 402
DVB-T-Systemparameter 337
DVD 4

EAV 85
E_B/N_0 268
EBU-Teletext 157
ECM 47, 517, 522
EDGE 409
Einträgerverfahren 307
EIT 68, 75, 517, 522
EIT_Error 191
Electronical Program Guide 52, 68
Elementary Stream 34, 517, 522
EMM 47, 517, 522
END 298
End of Active Video 85
Energy-Dispersal 238
Ensemble Transport Interface 457,
   462
Entitlement Control Massages 47
Entitlement Control Messages 522
Entitlement Management Massages
   47
Entitlement Management Messages
   522
EPG 52, 68
Equalizer 276
Equivalent Noise Degradation 298
Error Vector Magnitude 283, 297
ES 517
ETI 457, 462
ETR 290 177
ETT 75, 517, 522
Event Information Table 68, 75,
   522
EVM 297
Extended Text Table 522

Fading 306, 308, 324
fall of the cliff 195
Faltungscoder 241
Faltungscodierung 477

Farbauflösung 117
Farbdifferenzsignal 86, 117
Farbdifferenzsignale 83
Farbkanal 21
Fast Fourier Transformation 126
Fast Fouriertransformation 99
Fast Information Channel 469, 478
FBAS 7
FEC 476, 518
Fensterfunktion 110
FFT 99, 148
FFT-Abtastfenster 320
FIB 489
FIC 469, 478, 487
Field-Codierung 134
FIG 489
Flimmereffekt 13
FM 207
Footprint 248
Forney-Interleaver 240
Fourieranalyse 93
Fouriertransformation 94
Fouriertransformierte 310
F-PAD 465
Frequency Division Multiplex 309
Frequenzmodulation 207
FSK 208

Gauß'sche Glockenkurve 289
Gauß'sche Normalverteilung 388
gauß'sches Rauschen 288
Gauß-Kanal 359
geostationär 231
Ghost Pattern 450
gleichmäßigem Fehlerschutz 478
Gleichwellennetz 366, 490
Gleichwellennetze 364
GMSK 410
GOP 122
GOP-Header 136
GOP-Struktur 123
GPS 365
Grautreppe 28
Group of Pictures 122
Gruppenlaufzeit 96
GSM 409

Guard Interval 318, 328, 367, 371

H.264 138
Halbbilder 10
Hammingfenster 111
Hanningfenster 110
HDTV 89, 113, 508
hierarchische Modulation 335
Hierarchische Modulation 323, 326
High Definition Television 89
High Priority Path 326, 329
Hilbert-Transformation 225
Hilbert-Transformator 227
Hilbert-Transformierte 316
Horizontalaustastlücke, 85
Horizontal-Synchronimpuls 8
Hörschwelle 145
H-Sync 13
HTML 495
Huffman-Codierung 131
Huffmann-Codierung 113

I 209
I/Q-Diagramm 284
IDFT 99
IFFT 314, 325
IFFT-Abtastfrequenz 338
IFFT-Bandbreite 468
Imaginärteil 94, 95, 209
Impulsantwort 403
Inphase 209
Integrated Receiver Decoder 523
Integrated Services Digital
    Broadcasting - Terrestrial 451
Interferenzstörer 283, 292, 389
interlaced 91
Interleaver 240
Intersymbol-Interferenz 307
Intersymbolübersprechen 324
Intersymbol-Übersprechen 307
Inverse Diskrete
    Fouriertransformation 97
Inverse Fast Fouriertransformation
    314
IQ-Amplituden-Imbalance 390
IQ-Amplituden-Ungleichheit 293

IQ-Demodulation 221
IQ-Fehler 277, 293, 389, 443
IQ-Imbalance 293
IQ-Modulation 212
IQ-Modulator 16, 213
IQ-Phasenfehler 294, 391
IRD 518, 523
Irrelevanzreduktion 114, 140
ISDB-T 4, 451
ISDB-T-Modulator 452
ISDN 457
ITU-BT.R601 83, 117
ITU-J83C 4

J83A 282
J83B 281
J83C 282
J83D 282
Joint Photographics Expert Group 3
Joint Photographics Experts Group 124
JPEG 3, 103, 114, 124

Kaiser-Bessel-Fenster 111
Kanalkodierung 523
Kanalschätzung 398
Kanalsimulator 301
Kommunikationssatellit 231
komplexen Zahlenebene 209
Konstellation 222
Konstellationsanalyse 387
Konstellationsanalyzer 284
Konstellationsdiagramm 446
Konstellations-diagramm 284
Konstellations-Diagramm 288
Ku-Band 537

Lauflängencodierung 114
Layer II 141, 150
LDPC 256, 518
Lineare Verzerrungen 19
Lippensynchronisation 50
Lippensynchronisitation 188
LNB 248
Low Priority Path 326, 329

Low Voltage Differential Signaling 523
Luminanz 14, 120
Luminanz Nonlinearity 21
Luminanzkanal 21
Luminanzpixel 120
Luminanzrauschmessung 29
Luminanzsignal 8, 84, 86
LVDS 171, 518, 523

Main Profile@High Level 132
Main Profile@Main Level 132
Main Service Channel 469, 485
Makro-Block 120
Mapper 213, 215, 274
Mapping 219
MASCAM 141
Maskierungsschwelle 145
Masking-Pattern Adapted Subband Coding And Multiplexing 141
Masking-Pattern Universal Subband Integrated Coding and Multiplexing 141
Master Guide Table 75, 523
Matched Filter 276
MCI 488
MDFT 152
Measurement Guidelines 177
Megaframe 369
Mehrkanalton 154
Mehrträgerverfahren 304, 308
Mehrwegempfang 303
MER 295, 296, 400, 448
Mess-Sender 269, 301
MGT 75, 518, 523
MHEG 495, 518
MHP 499, 518
MiniDV 165
MIP 518
MIP-Inserter 369
Mischer 209
Mithörschwelle 145
MMDS 31
Modulation Error Ratio 295, 400, 448
MOT 486, 492, 518

Moving Picture Experts Group 524
Moving Pictures Expert Group 3,
    31
MP@ML 524
MP3 153
MPE 413, 416
MPEG 3, 31, 114, 518, 524
MPEG Layer III 152
MPEG.4 Part 10 138
MPEG-1 3, 163
MPEG-2 3, 163, 524
MPEG-21 166
MPEG-2-Analyzer 177
MPEG-2-Messdecoder 177
MPEG-2-Transportstrom 37, 171
MPEG-4 166
MPEG-4 Part 10 168
MPEG-7 166
MPEG-Layer III 152
MSC 469, 485
Multimedia Home Platform 499
Multimedia Object Transfer 486,
    492
Multiprotocol Encapsulation 413,
    415
Multi-Protocol-Encapsulation 54
MUSICAM 141, 455

Network Information Table 62, 524
NICAM 7
Nipkow 2
NIT 62, 518, 524
NIT_Error 191
Noise Margin 298
Noise-Marker 265, 300, 386
Non-Return-to-Zero-Code 156
NRZ-Code 207, 215
NTSC 7, 10, 16
Null Packet 524
Nullsymbol 470
Nyquist-Bandbreite 290, 299

Object Carousel 497
Object-/Data-Carousel 496
Objektive Bildqualitätsanalyse 199
OFDM 93, 100, 324, 518, 524

Ohr 143
Orthogonal Frequency Division
    Multiplex 93, 100
Orthogonalität 311
Orthogonalitätsbedingung 312

Packet Identity 524
Packet Mode 486
Packetized Elementary 34
Packetized Elementary Stream 33,
    525
PAD 465
PAL 7, 10, 16
PALplus 2
PAT 45, 56, 518, 526
PAT_Error 181
Payload 525
Payload Unit Start Indicator 525
Pay-TV 47
PCMCIA 518, 525
PCR 50, 187, 518, 527
PCR_accuracy_error 187
PCR_Error 187
PCR-Jitter 50, 187, 525
PDH 457, 518
Perceptual Coding 464
PES 33, 34, 518, 525
PES-Header 34, 525
PES-Packet 526
PES-Paket 35
Phasenjitter 283, 291, 388, 443, 447
Picture Freeze 204
Picture Loss 204
PID 42, 46, 518, 524
PID_Error 183
Pilotträger 323
PL 479
PMT 45, 57, 58, 59, 518, 527
PMT_Error 181
portable Indoor 373
Predicted Picture 122
Presentation Time Stamp 526
Presentation Time Stamps 51, 188
Private Sections 62
Profile 518
Profile → MP@ML 518

Program and System Information
  Protocol 75
Program Associated Data 465
Program Association Table 45, 526
Program Clock Reference 50, 187,
  527
Program Map Table 45, 57, 59, 527
Program Specific Information 45,
  53, 527
Program Stream 527
Program-Info-Loop 60
progressiv 91
Protection Level 479
Prüfzeilenmesstechnik 29
PS 518
PSI 45, 53, 518, 527
PSIP 75, 77, 430, 518, 526
PSK 208
Psychoakustisches Modell 149
PTS 188, 518, 526
PTS_Error 188
Punktierung 245

Q 209
QAM 208, 518, 527
QAM-Signal 285
QEF 279
QPSK 217, 218, 220, 233, 518, 527
Quadrature Amplitude Modulation
  527
Quadrature Phase Shift Keying 217,
  527
Quantisierung 127
Quantisierungsrauschen 147, 149
Quantisierungstabelle 129
Quantizer Scale Factor 129
Quellencodierung 527

Rating Region Table 75, 528
Rauschbandbreite 386
Rauschleistung 266
Rayleigh-Kanal 360
Realteil 94, 95, 209
Rechteckfenster 111
Rechteckimpuls 104
Redundanzreduktion 113, 140

Reed-Solomon 235, 274, 297
Reed-Solomon-Coder 179
Reed-Solomon-Dekoder 262
Reed-Solomon-Fehlerschutz 40
Referenzbild 120
Restträger 392
RGB 10
Rice-Kanal 360
RLC 130
RMS-Detektor 264, 299
Rolloff 247, 273, 291
RRT 75, 518, 528
RST 69, 528
RST_Error 191
Rückwärtsprädiktion 130
Run Length Coding 130
Running Status Table 69, 528

S/N 267, 388
SA 202
Satellitentransponder 234
SAV 85
SAW 275, 284
Scattered Pilots 330
Schulter 322
Schulterabstand 269, 283, 300, 404
Schutzintervall 307, 318, 365
Schwarzweiß 2
Schwarzzeile 28
Schwunderscheinung 303, 307, 320
Schwunderscheinungen 306
Scrambling Control Bits 189
SDH 457, 518
SDI 171
SDI-Signal 87
SDT 518, 528
SDT_Error 191
SDTV 32, 89, 113, 170
SECAM 7, 10
Section 52, 53, 528
Section-Syntax-Indicator 55
Senderabstand 365
Serial Digital Interface 171
Service Description Table 528
Service Descriptor Table 65
Service Information 62, 528

SFN 364, 490
SFN-Adapter 369
SI 62, 518
SI_other_Error 193
SI_Repetition_Error 190
Signalpegel 283
sin(x)/x 105, 310
Single Frequency Network 369, 490
Sinusanteil 94
SI-Tabellen 191
Slice 135
SONET 518
Sound Loss 204
Spatial Activity 202
Spektrumanalyzer 261, 298
SSB 228
SSCQE 198
SSU 501, 518
ST 70, 518
Standard Definition Television 170
Standard Definition Televison 89
Standard Definition Video 113
Standardabweichung 289
Start Code Prefix 34
Start of Active Video 85
statische Nichtlinearität 20
Statistical Multiplex 37
STC 49
STD 518, 529
Störabstand 278, 283
Stream Mode 486
Stream Types 61
STT 75, 518, 529
Stuffing Table 70, 528
Subchannel 461
Subjektive Bildqualitätsanalyse 198
Super-Video-CD 164
SVCD 164
Symbol 221
Symboldauer 221
Symbolrate 221, 307
Sync_Byte_Error 180
Sync-Amplitude 26
Syncbyte 529
Sync-Byte 38, 43
Sync-Byte-Invertierung 238

Synchrone, Parallele
    Transportstromschnittstelle 172
Synchronimpuls 12
System Target Decoder 529
System Time Table 529

TA 202, 203, 204
Table_ID 55, 529
TCP 415
TDMA 309
T-DMB 486, 494, 503, 518
TDT 69, 518, 530
TDT_Error 191
Teilbandquantisierer 149
Temporal Activity 202
Terrestrial Digital Multimedia
    Broadcasting 503
Terrestrial Virtual Channel Table
    76, 529
Test Transmitter 301
TFPR 469, 472, 473, 482
TII 473
Tilt 27
Time and Date Table 530
Time Frequency Phase Reference
    472
Time Offset Table 69, 530
Time Reference Sequence 86
Time&Date Table 69
Time-Slicing 419
TIST 482, 490
TMCC 452
TOT 69, 518, 530
TPS 331, 332
TPS-Parameter 383
TPS-Träger 330, 333
Trägerunterdrückung 294
Transformationscodierung 127, 149
Transmitter Identification
    Information 473
Transport error indicator 263
Transport Error Indicator 240, 530
Transport Error Indicator Bit 40
Transport Priority 81
Transport Scrambling Control 81
Transport Stream 530

Transport_error 184
Transport-Error-Indicator 251
Transportstrompakete 36
Trellis Coder 242
Trellis-Coder 434
Trellis-Diagramm 244
Trellis-Encoder 444
TRS 86
TS 518
TS ASI 174
TS PARALLEL 172
TS_sync_loss 179
TS-ASI 171
TS-Header 530
TS-Packet 531
Tukey-Fenster 111
TVCT 76, 518, 529
TV-Kanalbelegung 533
TV-Kanaltabelle 533
TWA 234, 247

Überallfernsehen 507

UDP 415
UHF 7
UMTS 409
unequal FEC 462
unequal Forward Error Correction
    463
Unequal Forward Error Correction
    479
unreferenced_PID 192
UNT 499, 501
Untertitel 155
Unterträgerabstand 338
Uplink 247

Variable Length Coding 113
VBI 160
VCD 165
Vektordarstellung 208
Vektordiagramm 96

Vektor-Scope 16
Vertical Blanking Information 160
Vestigial Sideband 443
Video Program System 33, 69, 155,
    159
Video Quality Analyzer 202
Video-CD 164
Video-DVD 164
Videoelementarstrom 133, 135
Videokomprimierung 113
Video-PES 137
Videotext 23, 155
Videotextzeile 156
Vielträgerverfahren 308
Viterbi 250, 262
Viterbi-Decoder 245, 444
Viterbi-Dekoder 262
VPS 23, 33, 69, 155, 159
VQEG 197
VSB 518, 531
V-Sync 13

Wahrnehmungscodierung 149, 464
Weißimpulsamplitude 26

XML 495
X-PAD 465

Y 86
Y/C 10
Y-Signal 8

Zeigerdarstellung 209
Zig-Zag-Scan 129
Zig-Zag-Scanning 114
Zweidimensionale DCT 128
Zwischenzeilenverfahren 91

π/4-shift-Differential Quadrature
    Phase Shift Keying 466
π/4-shift-DQPSK 460, 467, 470

Druck: Krips bv, Meppel
Verarbeitung: Stürtz, Würzburg